T-Engine 论坛嵌入式系统技术系列丛书

嵌入式实时操作系统 T-Kernel 2.0

［日］坂村健　著

梁　青　编译

北京航空航天大学出版社

内容简介

T-Kernel 是源码开放的嵌入式实时操作系统内核,它占据了全球嵌入式微处理器操作系统市场约 60% 的份额。本书从 T-Kernel、T-Engine 和 ITRON 关系及结构入手,详细介绍了 T-Kernel 规范、通用 T-Kernel 规范、T-Kernel/OS 函数、T-Kernel/SM 函数、T-Kernel/DS 函数和 T-Monitor 规范等内容,特别是对 T-Kernel 函数和使用规范进行了细致全面的介绍说明。全书共分 5 大部分,第 1 部分概要介绍了 T-Engine 起源,以及 T-Kernel、T-Engine 和 ITRON 关系及结构;第 2 部分详细介绍了 T-Kernel 规范、通用 T-Kernel 规范、T-Kernel/OS 函数、T-Kernel/SM 函数和 T-Kernel/DS 函数等;第 3 部分详细介绍了 T-Monitor 功能定义;第 4 部分为 T-Engine 相关参考文献目录;第 5 部分为 T-Kernel 的 C 语言接口和错误代码列表等。5 大部分合为一体,全面系统地说明了 T-Kernel 的标准规范。

本书是学习和使用 T-Kernel 者的必备手册,可作为从事嵌入式系统应用开发的工程技术人员以及高等院校相关专业师生的参考用书。

图书在版编目(CIP)数据

嵌入式实时操作系统 T-Kernel 2.0 /(日)坂村健著;梁青编译. -- 北京:北京航空航天大学出版社,2012.4
ISBN 978-7-5124-0304-8

Ⅰ. ①嵌… Ⅱ. ①坂… ②梁… Ⅲ. ①实时操作系统 Ⅳ. ①TP316.2

中国版本图书馆 CIP 数据核字(2010)第 261431 号

日文版原名:T-Kernel 標準ハソドブツク 改訂新版.
Copyright © 2005 by T-Engine Forum.
Translation Copyright © 2012 by Beijing University of Aeronautics and Astronautics Press.
本书中文简体字版由日本 T-Engine 论坛授权北京航空航天大学出版社在中华人民共和国境内独家出版发行。版权所有。
北京市版权局著作权合同登记号 图字:01-2010-7757 号

嵌入式实时操作系统 T-Kernel 2.0

[日] 坂村健 著
梁 青 编译
责任编辑 张 楠 王 松

*

北京航空航天大学出版社出版发行

北京市海淀区学院路 37 号(邮编 100191) http://www.buaapress.com.cn
发行部电话:(010)82317024 传真:(010)82328026
读者信箱:emsbook@gmail.com 邮购电话:(010)82316936
三河市汇鑫印务有限公司印装 各地书店经销

*

开本:710×1000 1/16 印张:30.25 字数:662 千字
2012 年 4 月第 1 版 2012 年 4 月第 1 次印刷 印数:4 000 册
ISBN 978-7-5124-0304-8 定价:69.00 元(含光盘 1 张)

若本书有倒页、脱页、缺页等印装质量问题,请与本社发行部联系调换。联系电话:(010)82317024

前　言

近年来随着嵌入式实时操作系统的高速发展，其重要性越来越凸现出来。这里所说的嵌入式实时操作系统是指用于手机信号控制、汽车发动机控制或卫星姿态控制等在规定时间内不完成处理就不能满足其功能要求的机器控制系统，即用于硬实时处理的系统。

只能预计处理平均完成时间的 Windows 和 Linux 等一般的信息处理系统是不能应用于上述领域的。如果使用了这样的信息处理系统，为了在任务最繁重的时候也能完成处理，就需要为对应某些特殊高峰期的要求而设置高速处理系统，但这种高速处理系统在日常的一般应用时并非必需的，这样必然会导致性价比降低。特别是对于那些特殊应用的嵌入式产品，可以利用 T-Kernel 实现合理的实时调度，仅仅占用比一般信息处理系统更低的资源，实现更高的性能。

目前，中国正在积极推进的"感知中国"的核心技术中，物联网和传感器网络备受瞩目。"感知中国"的实现需要配备大量的计算机，因此计算机系统的小型化、低功耗化、低成本化是必不可少的。对于"感知中国"的实现，嵌入式实时操作系统的重要性就凸现出来。事实上，在物联网和传感器网络中发挥核心作用的就是嵌入式实时系统。

本书是世界上应用广泛的嵌入式实时操作系统 TRON OS 最新版的 T-Kernel 规范的译本。

TRON 在以高品质著称的日本产品中有着广泛的应用。这虽然是由其作为 OS 的技术性能决定的，但是 TRON 是在嵌入式实时操作系统领域中完全开放并免费的 OS，并且是有组织地维护其规范的、可信赖的系统，这两点也极大地推动了其在日本产品中的应用。TRON 拥有开放式架构以及居世界前列嵌入式实时操作系统的应用成果，这些成果和经验积淀出了易于使用的、精练的规范。

T-Kernel 取得了在由 ARM 和 Intel 的 CPU 为起点的世界上大多数的嵌入式微处理器内核上运行的骄人成绩，还开发了文件管理、TCP/IP 和 GUI 等各种各样的中间件。相信本书可以为今后 TRON 在中国的推广以及嵌入式系统的发展做出贡献。

嵌入式实时操作系统 T-Kernel 2.0

  本书以 2005 年发行的使用手册为基础，加入了截止 2011 年 3 月的最新内容，并对细节错误进行了修正。

  T-Engine 论坛还计划陆续出版相关的嵌入式技术丛书。以此期待增加更多理解 T-Kernel 相关技术的工作人员，在中国未来嵌入式系统领域的发展上起到更广泛的作用。

  最后，对致力于此书再版翻译和校对工作的梁青、芦欣、李然、谈磊等诸位先生表示衷心的感谢。

坂村　健
2011 年 10 月

译者序

  T-Kernel 是 1984 年日本东京大学的坂村健教授创立的 TRON(True Realtime Operating System Nuclear)嵌入式实时操作系统的核心部分。TRON 经过 20 多年的发展，派生出了 B-TRON、C-TRON、E-TRON 和 I-TRON 等多个分支，其中 I-TRON 的最新版本被标准化为 T-Kernel，其相应的开发平台称为 T-Engine。由于 TRON 的嵌入式实时性能好，T-Engine 使用方便，在人造卫星的轨道控制、家电的色彩控制、收音机的音响控制、打印机的打印控制、物联网技术相关的电子标签 RFID 等通信传输控制的嵌入式实时系统中 TRON 得到广泛应用。迄今为止，世界上已经有数十亿个基于 TRON 开发出来的电子产品。TRON 另一个最大的特点是嵌入式实时操作系统的核心部分 T-Kernel 的源代码及相应的 T-Kernel 使用手册日文原版是免费开源的。所以 TRON 有希望成为中国未来的嵌入式系统技术核心。

  2005 年译者曾经与周立功先生等共同主持翻译过《源码开放的嵌入式实时操作系统 T-Kernel》使用手册中文版。随着 TRON 的发展，T-Kernel 的源代码不断更新换代，相应的 T-Kernel 使用手册日文原版的内容也作了较大修改。在坂村健教授的大力支持下，我们以 2011 年 T-Kernel(Ver. 2.00)使用手册日文原版为基础，参照《源码开放的嵌入式实时操作系统 T-Kernel》中文版的内容，重新翻译为《嵌入式实时操作系统 T-Kernel 2.0》中文版。为了方便中国读者，本书中尽量吸收了截止 2011 年 3 月对于 T-Kernel 标准使用手册的修改内容。同时，随书光盘中也尽量收集了截止 2011 年 3 月的最新版 T-Kernel(Ver. 2.00)标准使用手册的英文原版及对应的 T-Kernel(Ver. 2.00)最新版开源软件(tkernel 2.00)。关于 T-Kernel 相关开源软件的最新信息及使用规则，请读者参照 T-Engine 的官方网站http://www.t-engine.org/。

  在翻译过程中得到坂村健、石川千秋、李然、谈磊、芦欣、梁宇昕、陈敏等诸位的鼎力支持，在此表示感谢。希望本书能为中国未来的嵌入式系统技术的发展及物联网技术普及有所帮助。

梁 青
2011 年 10 月

系统调用的记述形式

在本规范的系统调用说明的部分,对于每个系统调用,用以下的形式进行描述。

说明—系统调用名称

C 语言接口
表示进行系统调用时的 C 语言函数接口。

参　数
用于描述系统调用的参数。

返回参数
用于描述系统调用的返回值和返回参数

错误码
用于描述调用系统调用时可能发生的错误。

※以下错误虽然没有在各系统调用的错误码说明中出现,但是也可能发生。
E_SYS、E_NOSPT、E_MACV、E_OACV
※E_CTX 错误,只在肯定会发生该错误码的系统调用(例如,有可能进入等待状态的系统调用)的说明中才会出现。对于那些依赖于实现,有可能会发生此错误的系统调用,此错误码将不会被包括在系统调用的错误码说明中。

说　明
用于描述系统调用的功能。
※当一个参数的传递值有多种选择时,使用下面的表述方法来描述参数。
(x ‖ y ‖ z)　　　—指定设置 x,y 和 z 中的任何一个参数。
x｜y　　　　　　—x 和 y 可以同时设置(这时取 x 和 y 的或运算)
[x]　　　　　　—x 是可选的。
例:

wfmode := (TWF_ANDW || TWF_ORW)|［TWF_CLR］时,wfmode 可以表示下面 4 种情况中的任何一种情况。

TWF_ANDW

TWF_ORW

(TWF_ANDW　| TWF_CLR)

(TWF_ORW　| TWF_CLR)

补充说明

对需要强调或注意的地方进行了补充说明。

设计理由

对采用某个特定规则的设计理由进行了描述。

目 录

第 1 部分　T-Engine 工程和 T-Kernel

1　何谓 T-Engine ……………………………………………………………………… 3
2　单一来源化的 T-Kernel 与 T-License ………………………………………… 5
3　T-Engine 开发套件 ……………………………………………………………… 6
4　T-Engine 系统构成 ……………………………………………………………… 8
　4.1　标准开发平台 T-Engine ……………………………………………………… 8
　4.2　T-Engine 软件构成 …………………………………………………………… 9
　4.3　T-Kernel 的概要 ……………………………………………………………… 11
　4.4　T-Kernel 的核心对象 ………………………………………………………… 12
　4.5　T-Kernel 的动态资源管理 …………………………………………………… 13
　4.6　T-Kernel 的内存管理 ………………………………………………………… 14
　4.7　T-Kernel 的标准化 …………………………………………………………… 16

第 2 部分　T-Kernel 功能描述

1　T-Kernel 概要 …………………………………………………………………… 21
　1.1　T-Kernel 的定位 ……………………………………………………………… 21
　1.2　可伸缩性 ……………………………………………………………………… 22
　1.3　T-Kernel 2.0 概要 …………………………………………………………… 23
　　1.3.1　T-Kernel 2.0 的定位和基本方针 ……………………………………… 23
　　1.3.2　T-Kernel 2.0 的追加功能 ………………………………………………… 23
2　T-Kernel 规范的基本概念 ……………………………………………………… 26
　2.1　基本术语 ……………………………………………………………………… 26
　2.2　任务状态与调度规则 ………………………………………………………… 27
　　2.2.1　任务状态 ………………………………………………………………… 27

- 2.2.2 任务调度规则 ··················· 30
- 2.3 中断处理 ··························· 32
- 2.4 任务异常处理 ····················· 33
- 2.5 系统状态 ··························· 33
  - 2.5.1 非任务部执行时的系统状态 ··· 33
  - 2.5.2 任务独立部与准任务部 ······ 34
- 2.6 对　象 ······························· 36
- 2.7 内　存 ······························· 36
  - 2.7.1 地址空间 ····················· 36
  - 2.7.2 非常驻内存 ·················· 37
  - 2.7.3 保护级别 ····················· 37
- **3 T-Kernel 规范通用规定** ············ 39
  - 3.1 数据类型 ························· 39
    - 3.1.1 一般数据类型 ··············· 39
    - 3.1.2 系统定义数据类型 ·········· 41
  - 3.2 系统调用 ························· 43
    - 3.2.1 系统调用形式 ··············· 43
    - 3.2.2 任务独立部可调用的系统调用 ··· 44
    - 3.2.3 系统调用的调用限制 ······· 45
    - 3.2.4 参数数据包的扩展 ········· 45
    - 3.2.5 功能码 ························ 45
    - 3.2.6 错误码 ························ 46
    - 3.2.7 超　时 ························ 46
    - 3.2.8 相对时间与系统时间 ······· 47
    - 3.2.9 定时器中断间隔 ············ 48
  - 3.3 高级语言对应例程 ············· 48
- **4 T-Kernel/OS 的功能** ··············· 50
  - 4.1 任务管理功能 ···················· 50
  - 4.2 任务附属同步功能 ·············· 75
  - 4.3 任务异常处理功能 ·············· 93
  - 4.4 同步和通信功能 ················· 101
    - 4.4.1 信号量 ························ 101
    - 4.4.2 事件标识 ····················· 107
    - 4.4.3 邮　箱 ························ 116
  - 4.5 扩展同步·通信功能 ··········· 125
    - 4.5.1 互斥体 ························ 125

目录

　　4.5.2　消息缓冲区 ·· 134
　　4.5.3　集合点 ·· 144
4.6　内存池管理功能 ·· 162
　　4.6.1　固定大小的内存池 ·· 162
　　4.6.2　大小可变的内存池 ·· 169
4.7　时间管理功能 ·· 176
　　4.7.1　系统时间管理 ·· 176
　　4.7.2　周期性处理程序 ·· 182
　　4.7.3　报警处理程序 ·· 191
4.8　中断管理功能 ·· 198
4.9　系统状态管理功能 ·· 202
4.10　子系统管理功能 ·· 211

5　T-Kernel/系统管理功能　228
5.1　系统内存管理功能 ·· 229
　　5.1.1　系统内存分配 ·· 229
　　5.1.2　内存分配库函数 ·· 232
5.2　地址空间管理功能 ·· 238
　　5.2.1　设置地址空间 ·· 239
　　5.2.2　检测地址空间 ·· 241
　　5.2.3　虚拟地址空间管理 ·· 246
5.3　设备管理功能 ·· 256
　　5.3.1　设备驱动程序的通用说明 ·· 257
　　5.3.2　设备输入输出操作 ·· 262
　　5.3.3　注册设备驱动程序 ·· 283
5.4　中断管理功能 ·· 301
　　5.4.1　CPU 中断控制 ·· 301
　　5.4.2　中断控制器控制 ·· 303
5.5　I/O 端口访问支持功能 ·· 308
　　5.5.1　访问 I/O 端口 ·· 308
　　5.5.2　高精度延迟 ·· 313
5.6　节电管理功能 ·· 314
5.7　系统配置信息管理功能 ·· 316
　　5.7.1　获取系统配置信息 ·· 317
　　5.7.2　标准系统配置信息 ·· 318
5.8　内存高速缓存控制功能 ·· 320
5.9　物理定时器功能 ·· 323

5.9.1　物理定时器的使用例 ································· 325
　5.10　实用工具集功能 ··· 331
　　　5.10.1　设置对象名 ··· 331
　　　5.10.2　快速锁・多点锁库函数 ······························ 332
　5.11　启动子系统和设备驱动程序 ······························ 340
　　　5.11.1　启动处理 ··· 340
　　　5.11.2　终止处理 ··· 341
6　T-Kernel/DS 功能 ·· 342
　6.1　内核内部状态获取功能 ······································· 342
　6.2　执行跟踪功能 ·· 379
7　附　录 ·· 385
　7.1　设备驱动程序相关规范 ······································· 385
　　　7.1.1　设备属性的磁盘种类 ································· 385
　　　7.1.2　设备的属性数据 ·· 386
　　　7.1.3　设备事件通知用事件类型 ························· 386
8　参　考 ·· 388
　8.1　C 语言接口一览 ··· 388
　　　8.1.1　T-Kernel/OS ··· 388
　　　8.1.2　T-Kernel/SM ··· 392
　　　8.1.3　T-Kernel/DS ··· 395
　8.2　错误码一览 ·· 397
　　　8.2.1　正常结束错误类(0) ···································· 397
　　　8.2.2　内部错误类(5～8) ······································ 397
　　　8.2.3　不支持的错误类(9～16) ····························· 397
　　　8.2.4　参数错误类(17～24) ·································· 398
　　　8.2.5　调用上下文环境错误类(25～32) ················· 398
　　　8.2.6　资源限制错误类(33～40) ··························· 399
　　　8.2.7　对象状态错误类(41～48) ··························· 399
　　　8.2.8　解除等待错误类(49～56) ··························· 399
　　　8.2.9　设备错误类(57～64)(T-Kernel/SM) ············ 400
　　　8.2.10　各种状态错误类(65～72)(T-Kernel/SM) ··· 400

第 3 部分　T-Monitor 功能定义

1　T-Monitor 规范概述 ··· 403
2　系统功能 ·· 404
　2.1　硬件初始化 ·· 404

2.2　系统启动 ……………………………………………………… 404
　　2.3　异常/中断/陷阱处理函数 ……………………………………… 405
　3　调试功能 ……………………………………………………………… 406
　　3.1　控制台连接 …………………………………………………… 406
　　3.2　命令格式 ……………………………………………………… 406
　　3.3　命令一览 ……………………………………………………… 408
　4　程序支持功能 ………………………………………………………… 424
　5　引导处理的细节 ……………………………………………………… 430
　　5.1　引导处理概述 ………………………………………………… 430
　　5.2　可引导设备的搜索 …………………………………………… 430
　　5.3　主引导程序的装载和启动 …………………………………… 431

第 4 部分　T-Engine 相关参考文献目录

　1　T-Engine 的相关专刊 ………………………………………………… 435
　2　T-Engine 的相关大事记总索引(2002 年 1 月～2005 年 4 月) …… 436
　　2.1　普通说明 ……………………………………………………… 436
　　2.2　硬件技术说明 ………………………………………………… 438
　　2.3　软件技术说明 ………………………………………………… 440
　3　你该如何使用 T-Kernel ……………………………………………… 444
　4　License(T-Kernel)的源代码许可协议 …………………………… 446

第 5 部分　参　考

　1　C 语言接口的列表 …………………………………………………… 453
　　1.1　T-Kernel/OS …………………………………………………… 453
　　1.2　T-Kernel/SM …………………………………………………… 456
　　1.3　T-Kernel/DS …………………………………………………… 458
　2　错误代码表 …………………………………………………………… 460
　3　修订记录 ……………………………………………………………… 463
　4　T-Kernel 的 API 索引 ………………………………………………… 465

第 1 部分

T-Engine 工程与 T-Kernel

1 何谓 T-Engine

T-Engine 是指能够在短时间内高效开发嵌入式实时系统的标准开发平台。T-Engine 工程的目标即通过将硬件、操作系统、基本中间件和开发环境等规范标准化，来提高运行软件，特别是中间件和设备驱动程序的通用性、移植性和复用性，使嵌入式设备及其控制软件的开发效率得以提高，并缩短开发时间，降低开发成本。

T-Engine 工程除了将以前相当于 ITRON 功能的标准实时操作系统规范以 T-Kernel 为名进行标准化之外，还对嵌入式设备原型开发评价用的硬件规范（有 T-Engine 开发板和 μT-Engine 开发板两种）、T-Monitor 规范（相当于 PC 机 BIOS）、文件系统等基本中间件的规范和开发环境接口规范（源码的描述形式、目标代码的格式、全局函数和变量的命名方法等）进行了标准化。ITRON 工程与 T-Engine 工程标准化范围的不同点如表 1.1 所列。

表 1.1 ITRON 工程与 T-Engine 工程的标准化范围

项 目		ITRON 工程	T-Engine 工程
CPU		无规定	无规定（32 位）
开发板的物理形状		无规定	标准化注
开发板的硬件（串行、USB 等）	规格（功能）	无规定	标准化注
	实现	无规定	自由
相当于 BIOS 功能（非 OS 运行环境下的硬件操作用调试器）	规格	无规定	标准化（T-Monitor）
	实现	无规定	自由
实时 OS 基本功能（任务管理和同步通信等）	规格（API）	无规定	标准化（T-Kernel/OS）
	实现	无规定	一体化（单一来源）
开发环境（编译器和库文件等）	规格（I/F）	无规定	标准化
	实现	无规定	自由
基本中间件（文件系统等）		无规定	标准化（T-Kernel Extension 等）

注：对 T-Engine 设备不进行约束。

嵌入式实时操作系统 T-Kernel 2.0

T-Engine 的实时核心 T-Kernel，在充分利用嵌入式设备领域中拥有众多业绩的 ITRON 成果的同时引入子系统等新功能，是能够实现从小型嵌入式设备到大型高级系统开发的具有可扩展性的操作系统。它不仅可以作为类似过去 ITRON 的控制系统的操作系统使用，也能够作为泛在网络社会中高功能信息终端系统的操作系统使用。

T-Kernel 仅包含做为实时核心的基本功能，并不包括文件管理、网络管理和 GUI（Graphical User Interface）等功能，这与 ITRON 是一致的。文件管理等功能由运行于 T-Kernel 上的基本中间件来提供，与 T-Kernel 组合使用。最具代表性的是提供文件管理、事件管理和进程管理等功能的 T-Kernel Extension。此外，还将 GUI、TCP/IP 通信、MPEG 和 MP3 等多媒体、语音识别和语音合成、手写文字识别、安全等方面的多种中间件以及浏览器等大型应用程序和各种设备的设备驱动程序开发移植到 T-Engine，从而大幅缩短嵌入式系统的开发周期、减少开发工时。

另外，虽然 T-Engine 的硬件可用作最终产品的开发评价板或原型，但在一般情况下不会将其作为最终产品（批量产品）使用。T-Engine 开发的产品在确定最终产品即量产时常常会碰到因去掉一些不必要的设备而需要缩小基板的尺寸，或者需要将其安装到紧凑的外壳中的情况，因此在量产时通常都需要重新制作硬件。这种基于 T-Engine 开发的应用产品统称为"T-Engine 设备"。当然，T-Engine 设备并不受 T-Engine 工程规定的标准规范所约束。T-Engine 设备的硬件规格是自由的，同时 T-Kernel 或中间件也可以削减一些不需要的功能或进行调整与定制。

与 T-Engine 并行开发出了一种被称为 eTRON 的安全体系。eTRON 能够在非接触型 IC 卡或接触型 SIM 芯片中将那些不能复制、修改、伪造的电子实体（entity）进行加密保存，然后再通过它将电子实体内的数据解释成电子钱包或电子车票等有用的信息，该安全体系在电子商务领域的应用非常广泛。在 T-Engine 及 μT-Engine 的硬件上已经标配了 eTRON 的 SIM 插口，因此利用 eTRON 可以很容易地开发出电子支付系统。该应用的升级版是目前正在开发的一个被称为 T-Dist 的中间件线上发布系统，T-Dist 可以通过 eTRON 以电子付款的方式来支付使用 T-Engine 中间件所需的使用许可费用。

T-Engine 工程由 T-Engine 论坛及各会员公司共同运营。T-Engine 论坛自 2002 年 6 月由 22 家会员公司发起之后，会员数量急增，到 2005 年已成为全世界主要嵌入式 CPU 制造商、软件制造商、嵌入式设备制造商和家电制造商等约 500 家公司参加的庞大机构。

T-Engine 论坛
http://www.t-engine.org/

单一来源化的 T-Kernel 与 T-License

  T-Engine 工程为了完全实现软件的通用性,已经将实时核心 T-Kernel 的实现进行了一体化,并且公开了源代码。在取得软件使用许可合同 T-License 后,任何人都可以从 T-Engine 论坛的网站(http://www.t-engine.org/)上免费获得 T-Kernel 的源代码。用户可以根据嵌入式最终产品的使用或最终产品的要求进行自由的改造或调整,不需要支付专利使用费。但是,根据 T-License 的规定,必须在其最终产品中以某种形式标明使用了 T-Kernel 系统。

3 T-Engine 开发套件

如上所述，T-Engine 的实时核心 T-Kernel 可以从 T-Engine 论坛网站上无偿下载获得。但是在 T-Kernel 系统上进行程序开发的实际过程中，除了需要作为目标硬件（实机）的标准 T-Engine 开发板或 μT-Engine 开发板之外，还需要与 CPU 相匹配的编译器等开发环境和开发工具，对 T-Kernel 进行引导或对设备进行初始设定的 T-Monitor、连接开发控制台的串口驱动程序、保存程序的文件系统和存放文件的 CF 卡驱动程序等。这些全部由用户来准备并不是不可能的，但是需要占用大量的时间，不太现实。因此，集成了在 T-Engine 上进行程序开发所必需的硬件和软件的 T-Engine 开发套件（即在标准 T-Engine 开发板或 μT-Engine 开发板上附加这些周边软件和文档）已开始发售。

市场已存在基于多种 CPU 平台（如 SH、MIPS(VR、TX 等)、ARM 等）的 T-Engine 开发套件，用户可以根据用途或最终产品准备采用的 CPU 类型来选择适合的开发套件。另外，还有 LCD 开发板、LAN 开发板、FPGA 开发板、通用开发板等可选开发板，以及在 T-Engine 开发套件上运行的各种中间件，将这些硬件和软件组合利用，可以在短时间内开发出嵌入式原型。

多数 T-Engine 开发套件都备有英语版，同时对海外用户提供技术支持，如表 1.2 所列。

第1部分 T-Engine 工程与 T-Kernel

表 1.2 T-Engine 开发套件

SH-series and M32 CPU（RENESAS）	T-Engine/SH7727，T-Engine/SH7751R，T-Engine/SH7760，T-Engine/SH7720，μT-Engine/M32104
MIPS CPU（NEC and TOSHIBA）	T-Engine/VR5500，T-Engine/TX4956，T-Engine/VR4131
ARM CPU	T-Engine/ARM720-SIC（EPSON） T-Engine/ARM920-MXI（Freescale） T-Engine/ARM926-MB8（FUJITSU） T-Engine/ARM720-LH7（SHARP） T-Engine/ARM922-LH7（SHARP） μT-Engine/ARM7-LH79532（SHARP）
V850 CPU	μT-Engine/V850-MA3（NEC）
Nios CPU：	μT-Engine/Nios II（ALTERA）

注：① 表中包括 2005 年 4 月预定发售的产品；（）内为 CPU 制造商名称。
② 咨询地点：个人媒体（Personal Media）株式会社。
Tel. 03-5475-2185/tc-sales@personai-media.co.jp/http：//www.personai-media.co.jp/tc/

4 T-Engine 系统构成

4.1 标准开发平台 T-Engine

  T-Engine 工程标准开发平台简称为 T-Engine。

  在过去的嵌入式开发中,开发板会因 CPU 和制造商的不同而有差异,即使使用相同的操作系统,软件的移植性也很差。T-Engine 通过规范不同 CPU 的通用外设和标准化操作系统 T-Kernel 解决了软件移植性的问题。另外,T-Engine 也对开发板的尺寸等规格进行了明确地规范,提升了产品的通用性。

  T-Engine 针对不同的目的制定了多种规范。目前,已制定的规范主要有标准 T-Engine 和 μT-Engine 两种。表 1.3 是标准 T-Engine 和 μT-Engine 规范的概要。两种规范的基本结构是一致的,其不同点在于开发目标所采用的外部硬件规格不同。从软件方面来看,除了一部分硬件不同以外,基本上可视为是相同的,操作系统 T-Kernal 在两种规范上的运行也是一样的。

1. 标准 T-Engine

  标准 T-Engine 是高级信息终端或移动设备的开发平台。

  T-Engine 使用的 CPU 是具有 MMU(内存管理单元)的 32 位 CPU。另外,液晶显示屏、触摸板以及 USB 接口等设备是其标准配件。

  用 T-Engine 进行开发的一个成功案例就是高性能 PDA。虽然标准 T-Engine 是开发平台,但是设备已小型化,所以只要给标准 T-Engine 本体加上电池和外壳,就可以作为 PDA 的试验机使用。

第 1 部分　T-Engine 工程与 T-Kernel

表 1.3　标准 T-Engine 和 μT-Engine 的功能概要

功　能	标准 T-Engine	μT-Engine
CPU	32 位	32 位
MMU	需要	任意
RAM	需要(容量任意)	需要(容量任意)
Flash 存储器	需要(容量任意)	需要(容量任意)
eTRON 卡 I/F	SIM 连接器×1	SIM 连接器×1
LCD 面板 I/F	需要	任意
触摸面板 I/F	需要	任意
实时时钟锁	需要	需要
卡 I/F	PCMCIA Type II×1	CGF-‖×1 MMC 或 SD×1
USB Host I/F	符合 USB1.1×1	任意
串行端口	1ch(115.2 kbps 以上)	1ch(115.2 kbps 以上)
开关	电源开关 复位开关 NMI 开关	电源开关 复位开关 NMI 开关 其他×2
语音输入输出	耳机端口×1 耳机麦克风×1	任意
扩展总线 I/F	T-Engine 标准 1 slot	T-Engine 标准 1 slot
电源连接器	符合 EIAJ RC-5320A	符合 EIAJ RC-5320A
开发板尺寸	75 mm×120 mm	60 mm×85 mm

2. μT-Engine

μT-Engine 是以开发嵌入式设备为主的开发平台。

因此，μT-Engine 不需要像标准 T-Engine 那样将液晶显示屏做为标准配件，而且板子的尺寸也更加小型化。μT-Engine 使用的也是 32 位 CPU，但并不要求必须具有 MMU 功能。

4.2　T-Engine 软件构成

T-Engine 的软件构成是以 T-Kernel 为核心，系统层次结构如图 1.1 所示。下面将对各层逐一进行说明。

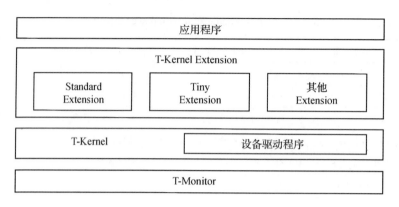

图 1.1　T-Engine 软件构成

1．T-Monitor

T-Monitor 的主要功能是初始化硬件和启动系统。例如：对异常和中断的处理、并提供基本的调试功能。

T-Engine 接上电源（系统重启）后，首先启动 T-Monitor。T-Monitor 对必要的硬件设备进行初始化后启动 T-Kernel。

调试功能能够执行、停止接近硬件级别的程序，并获取这些执行程序的各种信息。上层软件也能够使用此功能。

2．T-Kernel

实时操作系统 T-Kernel 是 T-Engine 系统的核心。

T-Kernel 是继承并强化了 μITRON 技术的实时操作系统。μITRON 的功能大部分都是由 T-Kernel 实现的，后面章节还会对 T-Kernel 进行详细的说明。

另外，T-Kernel 也可作为后述 T-Kernel Extension 的微内核。T-Kernel 并不提供文件系统和网络协议等上位系统功能，这些功能由 T-Kernel Extension 提供。

3．设备驱动程序

设备驱动主要是对硬件进行控制的程序。

μITRON 没有标准化设备驱动程序规范，但 T-Engine 对 T-Kernel 设备驱动程序规范进行了标准化。各设备的驱动程序都在 T-Kernel 的管理下运行，应用程序可以通过 T-Kernel 系统调用来调用设备驱动程序。

另外，还为磁盘，音频，串口等标准硬件制定了各自的标准设备驱动规范。

4．T-Kernel Extension

T-Kernel Extension 是扩展了 T-Kernel 功能，实现了操作系统（OS）上层功能的程序。

T-Kernel Extension 以 T-Kernel Standard Extension 标准规范为主，还包括面向

小规模嵌入式设备的 T-Kernel Tiny Extension 以及 T-Java、T-Linux 等规范。

T-Kernel Standard Extension 以 T-Kernel 子系统的方式实现,提供了文件系统和进程管理功能。

T-Kernel 与这些 T-Kernel Extension 组合使用,可以实现与 Unix 等系统一样的高级系统功能。另外,如果更换 T-Kernel Extension,在 T-Engine 上也能够实现不同功能的操作系统。

5. 应用程序

应用程序是指由用户编写的能够在 T-Engine 系统软件上运行的程序。

根据在系统软件上的运行阶层,大致可以分成以下 3 种形式。

(1) 运行在 T-Monitor 上的程序

T-Monitor 具备有加载和执行程序的调试功能,利用这种功能可以在 T-Monitor 上运行程序。但是由于程序在 T-Monitor 上运行,所以基本上不能利用 T-Kernel 和设备驱动程序等其他系统功能。因此,在 T-Monitor 上运行的程序主要用于硬件的测试和调试,而并不适用于正式的应用程序。

(2) 运行在 T-Kernel 上的程序

在 T-Kernel 上运行是 T-Engine 应用程序的基本运行形式,这与以前使用 μITRON 的嵌入式设备程序的运行形式相似。应用程序包含一个或多个任务,各任务都可以调用 T-Kernel 的系统调用。适用于小规模嵌入式设备的应用。

(3) 运行在 T-Kernel Extension 上的程序

运行在 T-Kernel Extension 上的程序与前述运行在 T-Kernel 上的程序有很大的不同。这些程序并不使用 T-Kernel 的系统调用,而是通过使用 Extension 所提供的系统调用来实现。因此,程序的形态和运行环境由 T-Kernel Extension 的种类决定。

4.3　T-Kernel 的概要

T-Kernel 按功能可分成 T-Kernel/OS(Operating System)、T-Kernel/SM(System Manager)、T-Kernel/DS(Debugger Support)三部分。

T-Kernel/OS 是 T-Kernel 的核心部分,实现了任务管理和同步控制等实时操作系统的基本功能。过去 μITRON 功能的部分主要包含在 T-Kernel/OS 中。

T-Kernel/SM 提供了设备驱动、系统内存管理等系统总体的管理功能。T-Kernel/SM 功能是在 T-Kernel 上由 μITRON 扩展而来的。

T-Kernel/DS 是为调试器等开发工具而提供的功能。因此,通常在程序运行的时候可以无视 T-Kernel/DS 的存在。

各部分的具体功能如表 1.4 所列。

表 1.4　T-Kernel/OS、T-Kernel/SM 和 T-Kernel/DS 的功能

分 类	功 能	分 类	功 能
T-Kernel/OS	任务管理功能 同步通信功能 内存管理功能 异常/中断控制功能 时间管理功能 子系统管理功能	T-Kernel/SM	系统内存管理功能 地址空间管理功能 设备管理功能 中断管理功能 I/O 端口访问支持功能 省电功能 系统构成信息管理功能
		T-Kernel/DS	内核内部状态查询功能 执行跟踪功能

4.4　T-Kernel 的核心对象

T-Kernel 与 μITRON 一样，都把作为操作对象的资源称为核心对象或简称为对象。任务、周期处理程序、信号量、邮箱等全部属于核心对象。在 T-Kernel 上编程可以认为是在编写核心对象。

T-Kernel/OS 的核心对象如表 1.5 所列。

任务是在 T-Kernel 系统上运行的程序的执行单位。应用程序一般由一个或多个任务组成。各任务在 T-Kernel 系统的控制下，按照设定的优先级分时执行。

表 1.5　T-Kernel/OS 的核心对象一览表

分 类	核心对象
任务相关	任务
同步(通信相关	信号量 事件标识 邮箱
扩展同步(通信相关	互斥体 消息缓冲区 集合点端口
内存池管理相关	固定大小的内存池 大小可变的内存池
时间管理相关	周期性处理程序 报警处理程序

为了实现任务间的同步通信，提供了信号量、事件标识、邮箱等同步通信功能和互斥体、消息缓冲区和集合点端口等扩展同步通信功能。

内存池是通过任务来确保动态内存的机制。例如，通过邮箱能够访问从其他任务传送过来的数据领域。

周期性处理程序和报警处理程序总称为时间事件处理程序，是由 T-Kernel 的时间管理功能所执行的任务以外的程序。

时间事件处理程序这种不属于任务的程序，被称为任务独立部（与任务无关的部分），其他的还有中断处理程序等。

另外，前面介绍的 T-Kernel 的对象及其功能可以认为与 μITRON 大致上是相同的。

4.5　T-Kernel 的动态资源管理

T-Kernel 动态管理各种资源的功能，对于 T-Engine 这种中间件的流通平台来说是极其重要的，这一点与 μITRON 有很大的不同。

在 T-Kernel 上编程时首先必须注意的是，内核对象 ID 是系统动态分配的。

无论是 T-Kernel 还是 μITRON 都是根据 ID 的数值来识别核心对象的。例如，通过任务 ID 来识别任务；通过信号量 ID 来识别信号量。

在 μITRON 上编程时是通常这些 ID 值是通过静态指定分配的，用户可以分配任意数值*。例如，在编程过程中分配任务 ID 时就可以指定任务 A 的 ID 是 1，任务 B 的 ID 是 2。

而 T-Kernel 的对象 ID 全部是在任务执行时自动进行分配的。例如，任务生成时任务 ID 是由 T-Kernel 内部处理来进行分配的，用户不能给任务分配任意 ID 值。因此，必须牢记从内核分配的 ID 在程序中是一个变量。

T-Kernel 的内存管理原则上也是动态分配的。

μITRON 则是由用户进行内存分配，也就是说所谓的内存映射是在程序编写时静态指定的。例如，μITRON 在创建内存池时，必须由用户来分配内存池的内存空间并且必须将该内存空间告知 μITRON 系统。而 T-Kernel 在创建内存池时只需指定内存池的大小，之后 T-Kernel 会在程序执行时自动分配内存空间。信息缓冲区空间和任务的堆栈空间与之相同。

另外，T-Kernel 也适用于使用 MMU 的高级内存管理。这方面将在后面的章节予以说明。

---

* μITRON4.0 中也增加了动态分配 ID 的功能。

4.6 T-Kernel 的内存管理

T-Kernel 一个突出的特征就是支持 MMU 内存管理功能。

MMU 是实现内存保护和虚拟内存的硬件设备，标准 T-Engine 的 CPU 必须具备该功能。不使用 MMU 时程序运行于物理内存的物理地址空间。过去 μITRON 的程序就是这样实现的。使用 MMU 时，程序运行于虚拟内存的逻辑地址空间。

在 T-Engine 系统中，实际上是 T-Kernel Extension 在控制 MMU 进行内存管理。T-Kernel 本身只是为 T-Kernel Extension 提供了内存管理的基本功能。因此，内存管理模型取决于 T-Kernel Extension，通过改变 T-Kernel Extension 就可以灵活地对应不同种类的内存管理机制。另外，T-Kernel 可以在不使用 MMU 的系统（或者不具有 MMU 的 CPU）上运行。

下面将以 T-Kernel Extension 为前提介绍内存管理机制。

1. 固有空间与共有空间

使用 MMU 时 T-Kernel 的任务在逻辑地址空间上运行。逻辑地址空间分为任务固有空间和共有空间。

任务固有空间即属于这个空间内的任务才能访问的内存空间。通常一个任务属于某一特定的任务固有空间。多个任务可以同时属于同一个任务固有空间，但绝不允许一个任务属于多个任务固有空间。

共有空间即所有任务都可以访问的内存空间。共有空间包括系统使用的空间和任务间共享的空间。

任务只能访问自己所属的任务固有空间和共有空间，如图 1.2 所示。

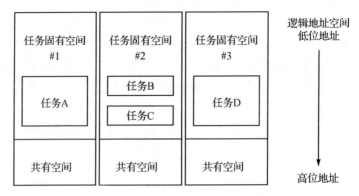

图 1.2　任务固有空间和共有空间

图 1.2 中的 A 任务可以访问任务固有空间 #1 和共有空间。任务 B 和任务 C 可以访问任务固有空间 #2 和共有空间。任务 D 只能够访问任务固有空间 #3 和共有空

第1部分　T-Engine 工程与 T-Kernel

间。各任务固有空间即使在逻辑地址空间上有重叠的地方,实际上分配的物理内存也是不同的。因此,任务 A 和任务 B 即使访问任务固有空间上的同一内存地址,实际上所访问的真实内存地址也是不同的。

这样,对每个任务设定任务固有空间可以防止其他任务破坏该任务的内存数据。但同时各任务间就不能共用全局变量了,因此在移植 μITRON 程序时需要加以注意。必须确保各任务间需要共享的数据在共有空间上。

各任务的任务固有空间是在任务生成时指定的。另外,在不使用 MMU 时指定的任务固定空间会被无视。

2．内存保护级别

T-Kernel 为内存空间设定了保护级别。保护级别从 0 级到 3 级,共有 4 个级别。数值越小级别越高。

另外,可以为任务设定与保护级别相对应的执行级别。执行级别为 N 的任务,能够访问 N 级别以下的内存空间。例如,执行级别为 2 的任务,能够访问保护级别为 2 和 3 的内存空间。

表 1.6 规定了保护/执行级别的用途。

如果保护/执行级别不够,即使是共有空间的内存地址也不能访问。这样就可以防止用户应用程序破坏系统的内存数据。

表 1.6　内存保护级别

级　别	用　途
0 级	系统软件(OS、设备驱动程序等)
1 级	系统应用程序
2 级	未使用(预留)
3 级	用户应用程序

保护/执行级别是利用 CPU、MMU 等硬件功能来实现的。因此,保护/执行级别功能实际上依存于硬件。例如,在 CPU 支持特权模式和用户模式这两种执行模式的情况下,分配级别 3 是用户模式,级别 0 到级别 2 是特权模式,实际上从级别 0 到级别 2 并不进行内存保护。

3．虚拟内存管理

T-Kernel Extension 的虚拟内存管理通过将内存中的数据交换到磁盘等外部储存设备上这一方法,可以使用比实际物理内存更大的地址空间。但是,交换内存数据时发生的磁盘访问等操作,会导致执行限制或实时性降低的问题。因此,T-Kernel 能够指定常驻内存和非常驻内存。常驻内存指定的空间,通常情况下是存在于物理内存而不能进行交换的。

4.7 T-Kernel 的标准化

T-Kernel 的目的之一，就是提高各种不同规模的嵌入式设备系统的中间件等软件的可移植性。按照 T-Kernel 规范制成的中间件，只需重新编译就可以在 CPU 不同的 T-Engine 间进行移植。

为了实现这一目的，T-Kernel 中没有进行 μITRON 那样的弱标准化，而是进行强标准化。为了将依存实现的部分降到最低限，即使是不同 CPU 的 T-Kernel，也尽量减少规范上的不同点。

另外，T-Kernel 规范只有一个，并不设定所谓的子规范。

T-Kernel 规范是为对应大规模高级系统而制定的。所以，可以根据系统的要求将那些不要的或难以实现的功能进行"简易实现"。

"简易实现"是指不具有规范中规定的功能，但调用此功能也不会产生异常的实现。

例如，没有 MMU 功能的 CPU（或不使用 MMU 的系统），不可能实现任务固有空间等功能，也不需要以 MMU 为前提的内存管理功能。在这种情况下，即使设定了任务固有空间也会被无视，在调用内存管理功能时也不会进行实际的处理，而是继续正常运行，这就是简易实现。在这里，不进行任务固有空间的设定，不调用内存管理功能的实现是不被允许的。也就是说，在 T-Kernel 上运行的程序不需要知道系统是否使用 MMU，只要同一源程序能够运行即可。

为了实现这一标准化，T-Kernel 的源程序由 T-Engine 论坛统一管理，不同的 T-Kernel源程序是不允许流通的。

另外，当嵌入到实际产品时，可以修改 T-Kernel 或者删除一些功能使其更加适合系统。这意味着 T-Kernel 是可以修改的。

但是，修改后的 T-Kernel 只允许作为对象使用，修改的源程序是不允许流通的。

图 1.3 为 T-Kernel 标准化结构。

第 1 部分　T-Engine 工程与 T-Kernel

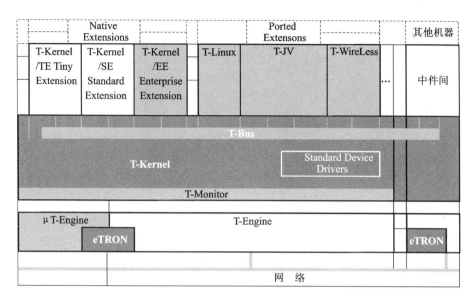

图 1.3　T-Kernel 的标准化结构

第 2 部分

T-Kernel 功能描述

1 T-Kernel 概要

1.1 T-Kernel 的定位

T-Kernel 在 T-Engine 系统中的定位如图 2.1 所示。

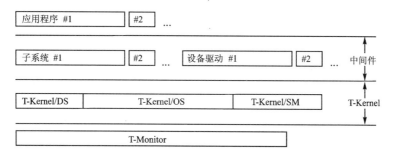

图 2.1 T-Kernel 的定位

广义的 T-Kernel 由 T-Kernel 操作系统（T-Kernel/OS）、T-Kernel 系统管理（T-Kernel/SM）和 T-Kernel 调试支持（T-Kernel/DS）三部分组成。狭义的 T-Kernel 就是指 T-Kernel 操作系统。

T-Kernel 操作系统（T-Kernel/OS）提供以下功能：
- 任务管理功能；
- 任务附属同步功能；
- 任务异常处理功能；
- 同步通信功能；
- 扩展同步通信功能；

- 内存池管理功能；
- 中断管理功能；
- 时间管理功能；
- 系统状态管理功能；
- 子系统管理功能。

T-Kernel 系统管理(T-Kernel/SM)提供以下功能：

- 系统内存管理功能；
- 地址空间管理功能；
- 设备管理功能；
- 中断管理功能；
- I/O 端口访问支持功能；
- 省电管理功能；
- 系统配置信息管理功能；
- 内存高速缓存控制功能；
- 物理定时器功能；
- 实用工具集功能。

T-Kernel/调试支持(T-Kernel/DS)提供下列专用于调试的功能：

- 内核内部状态获取功能；
- 执行跟踪功能。

与 T-Kernel 1.0 的差异

内存高速缓存控制功能、物理定时器功能和实用工具集功能是 T-Kernel 2.0 追加的功能。

1.2 可伸缩性

作为嵌入式系统的实时内核，T-Kernel 的目标是适用于各种规模的系统，以及提高设备驱动程序及中间件等各种软件的可移植性。

T-Kernel 规范是为支持大规模系统而设计的。因此，包含了一些对小型系统来说不必要的功能。但是如果定义子规范就会影响设备驱动程序或中间件等的可移植性。并且不同的目标系统所需要的功能也不同，所以很难定义一致的子规范。

因此，T-Kernel 没有定义分级的子规范。原则上讲，所有与 T-Kernel 兼容的操作系统都必须完整地实现 T-Kernel 规范。尽管如此，对于那些由于目标系统硬件制约而无法实现的功能还是可以进行简易实现。

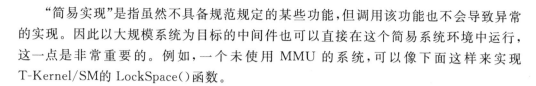

"简易实现"是指虽然不具备规范规定的某些功能,但调用该功能也不会导致异常的实现。因此以大规模系统为目标的中间件也可以直接在这个简易系统环境中运行,这一点是非常重要的。例如,一个未使用 MMU 的系统,可以像下面这样来实现 T-Kernel/SM 的 LockSpace()函数。

```
#define LockSpace(addr,len)(E_OK)
```

但是未使用 MMU 的系统不实现 LockSpace(),返回 E_NOSPT 是不可以的。

反过来,以未使用 MMU 的系统为目标开发中间件时,如果实现上没有使用 LockSpace(),那么这个中间件就无法适用于使用 MMU 的系统了。

T-Kernel 在目标系统的实现过程中可以省略不必要的功能,也允许更改功能。但是这时的 T-Kernel 被认为是更改过的 T-Kernel。

中间件提供者必须注意以下两点。

- 所提供的中间件必须满足 T-Kernel 的所有要求。也就是说,不能只限于满足特定的目标系统,必须能够适用于各种规格的系统。
- 允许用户精简不需要的功能。

1.3　T-Kernel 2.0 概要

1.3.1　T-Kernel 2.0 的定位和基本方针

随着 T-Engine 论坛成立时发布的 T-Kernel(T-Kernel 1.0)的业绩及其产品的稳步增加,可以活用高性能化、高功能化硬件等功能的追加需求日益高涨。为了满足这种需求,推出了迈向新发展阶段的实时操作系统 T-Kernel 2.0 规范。

T-Kernel 2.0 规范保持了以往 T-Kernel 的经验优势,同时为了能够顺利升级为增强内核,T-Kernel 1.0 是向上兼容 T-Kernel 2.0 的。不但源代码兼容而且二进制兼容、例如当 T-Kernel 1.0 升级为 T-Kernel 2.0 时,T-Kernel 1.0 上运行的设备驱动程序、中间件和应用程序等不需要重新编译就可以在 T-Kernel 2.0 上运行。

另外,T-Kernel 2.0 规范基于 XML,便于阅读和检索,对于不容易理解的表示和说明也进行了修改。

1.3.2　T-Kernel 2.0 的追加功能

1. 微秒单位的时间管理功能

对于周期性处理程序和报警处理程序等时间管理功能以及超时等与时间相关的功能,T-Kernel 1.0 能处理的时间单位是毫秒,而 T-Kernel 2.0 追加了处理微秒单位时间的 API。

在处理微秒单位的时间时,32 位的数据能处理的时间长度就显得短了,因此引入 64 位的数据作为时间参数(参考下面"64 位整数数据类型的导入")。

例 1.1　64 位微秒单位 API 的例子

```
/* T-Kernel1.0 的 32 位毫秒单位的 API */
tk_sta_alm(ID almid, RELTIM almtim)

/* T-Kernel2.0 的 64 位微秒单位的 API */
tk_sta_alm(ID almid, RELTIM_U almtim_u)
```

T-Kernel 2.0 并没有把处理时间的 API 都统一为微秒单位。根据向上兼容的基本方针,T-Kernel 1.0 的毫秒单位的 API 可以在 T-Kernel 2.0 上直接使用,两者以并存的形式存在。

T-Kernel 时间管理功能实际的时间分辨率是由 5.7.2 小节的定时器中断间隔(TTimPeriod)指定的。因此,为了能够将时间管理功能的参数正确设置为微秒单位的时间,定时器中断间隔(TTimPeriod)需要设置为非常短的时间。请参阅 5.7.2 小节的详细说明。

另外,32 位有符号整数处理的最长时间,毫秒单位时约为 24 天,微秒单位时约为 35 分钟。64 位数据在实际的时间处理上是没有限制的。

2. 大容量设备的对应

为了支持硬盘等大容量设备,一部分设备管理功能的参数也采用 64 位的数据。
具有 64 位参数的 API 的名称是在对应的 T-Kernel 1.0 的 API 名称的后面加"_d"后缀。d 是 double integer 的意思。另外,64 位的参数其名称后面也要加"_d"后缀。

例 1.2　具有 64 位参数的 API 的例子

```
/* T-Kernel1.0 的 API */
tk_swri_dev(ID dd, W start, VP buf, W size, W * asize)

/* T-Kernel2.0 的具有 64 位参数的 API */
tk_swri_dev_d(ID dd, D start_d, void * buf, W size, W * asize)
```

例如,对于块大小为 512 字节的普通硬盘,数据宽度为 32 位的 T-Kernel 1.0 能处理的最大容量约为 1TB(＝512×(2^31))("^"为幂)。T-Kernel 2.0 追加的 64 位的 API 就可以解除这个限制。

3. 64 位整数数据类型的导入

为了能够实现前 2 项,数据类型和一部分的 API 参数导入了 64 位的整数。T-

Kernel 规范采用了标准 C 语言(C99)定义的 long long 型。64 位整数数据类型的名称,有符号整数用 D,无符号整数用 UD 表示。"D"表示 Double integer。

4. 其他功能的追加

追加了高速缓存相关的功能、物理定时器功能和实用工具集功能。

T-Kernel 规范的基本概念

2.1 基本术语

1. 任务和自任务

"任务"是指程序中并行运行的基本逻辑单元。同一任务的指令是顺序执行，而不同任务的指令则是并行执行的。但是，所谓并行是从应用程序角度来看的概念上的动作。实现上是在内核控制下的各任务的分时运行。

另外，正在进行系统调用的任务被称为"自任务"。

2. 切换和切换器

"切换"或"任务切换"是指处理器对执行的任务进行替换的动作。实现切换的内核机制叫做"切换器"或"任务切换器"。

3. 调度和调度器

"调度"（或"任务调度"）是指决定下一个应该执行的任务的处理过程。实现调度的内核机制叫做"调度器"（或"任务调度器"）。通常，调度器的功能是在系统调用处理过程中或切换器内实现的。

4. 上下文环境

程序运行的环境通常被称为"上下文环境"。为了上下文环境能够一致，最基本的条件是处理器的运行模式必须相同并且使用的堆栈空间必须一致。但上下文环境是一个从应用程序角度来看的概念，即使是应该在独立的上下文环境中运行的处理，实现上也可能会在相同的处理器运行模式及相同的堆栈空间中运行。

5. 优先级

决定处理运行先后次序的顺序关系称为"优先级"。优先级较低的处理在运行时，如有优先级更高的处理进入可运行状态，原则上先运行拥有较高优先级的处理。

补充说明

优先级是应用程序为了控制任务或消息的处理顺序分配的一个参数。而优先级是规范为了明确处理运行的先后次序使用的一个概念。任务间的优先级取决于优先级。

6. API 和系统调用

API（Application Program Interface）是能够从应用程序和中间件调用 T-Kernel 功能的标准接口的总称。API 除了包含能够直接调用内核功能的系统调用，还包含扩展 SVC、宏和库函数。

7. 内　　核

狭义的内核只包括 T-Kernel/OS 和 T-Kernel/DS。广义的内核是指 T-Kernel 全体。

T-Kernel/SM 是利用 T-Kernel/OS 子系统功能的 T-Kernel/OS 的扩展功能，严格意义上不属于内核。

称 T-Kernel 或 T-Kernel 本体时是指 T-Kernel/OS、T-Kernel/SM 和 T-Kernel/DS 的合集。

8. 具体实现定义

没有标准化成规范的事项。各具体实现都有其特有的实现规范。具体的实现内容必须明确记载于实现规范上。不能确保应用程序中依存于具体实现定义事项部分的移植性。

9. 具体实现依存

实现规范要明示由目标系统或系统运行条件引起的运行变化事项。各具体实现必须规定自己的动作。具体的实现内容必须明确记载于实现规范上。应用程序在移植时依存于具体实现定义事项部分，一般都需要变更。

2.2　任务状态与调度规则

2.2.1　任务状态

任务状态大致可分成下面 5 种。其中，广义的等待状态可进一步划分为 3 种状态。

另外,运行状态和就绪状态总称为可运行状态。

1. 运行状态(RUNNING)

当前任务正在运行的状态。在任务独立部运行期间,如果没有特别规定在进入任务独立部之前正在运行的任务被认为处于运行状态。

2. 就绪状态(READY)

由于有更高优先级的任务正在运行,任务虽然已经完成运行前的准备但却不能运行的状态。换言之,只有在该任务的优先级在所有处于就绪状态的任务中最高时方可运行。

3. 广义的等待状态

由于运行条件未达到而导致任务不能运行的状态。换言之,即任务正在等待某些条件被满足的状态。任务处于广义等待状态时,程序计数器和寄存器的值等表示程序运行状况的信息都会被保存起来。当任务从该状态返回运行状态时,程序计数器和寄存器的值等信息都将立即恢复为任务进入等待状态前的值。广义等待状态被细分为下述 3 种状态。

(1) 等待状态(WAITING)

调用了某些系统调用,这些系统调用在某些条件得到满足之前中断了自任务的运行的状态。

(2) 挂起状态(SUSPENDED)

任务运行被其他任务强行中断的状态。

(3) 二重等待状态(WAITING-SUSPENDED)

等待状态和挂起状态重叠在一起的状态。处于等待状态的任务如果被强制挂起,该任务则处于二重等待状态。

T-Kernel 明确区分"等待状态"和"挂起状态"。一个任务本身不能将自己变为"挂起状态"。

4. 休止状态

任务未启动或运行已结束的状态。任务处于休止状态时,代表运行状况的信息不会被保存。当任务从休止状态开始启动时,将从任务的起始地址开始运行。除非另行规定否则寄存器的值也不会被保存。

5. 未登录状态

任务建立前或删除后的一种虚拟状态,此时任务并未在系统中登录。

根据实现的方法,任务可能会处于一些过渡状态,而这些过渡状态并不属于上述任何一种状态(参阅 2.5 节)。

当转到就绪状态的任务的优先级高于当前正在运行任务的优先级时,该任务在进入就绪状态的同时会立刻切换到运行状态。这种情况就称为抢占,即之前处于运行状态的任务被刚转入到运行状态的任务抢占了。请注意,即使在系统调用的功能说明中描述的是转换到就绪状态,该任务也可能立刻进入运行状态,这取决于它的优先级。

任务启动是指休止状态的任务进入就绪状态。因此,休止状态和未登录状态以外的状态总称为启动状态。任务退出是指任务从启动状态转到休止状态。

任务等待的解除是指把任务从等待状态转为就绪状态,或者从二重等待状态转为挂起状态。任务挂起的恢复是指把任务从挂起状态转为就绪状态,或者从二重等待状态转为等待状态。

图 2.2 所示为任务状态转换的典型的实现方法。根据具体的实现方法,除了上面列出的状态之外,还可能会有其他状态。

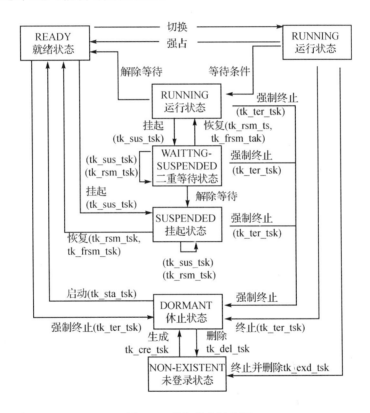

图 2.2　任务状态迁移图

为了明确任务状态的转换并且加强对系统调用的理解,T-Kernel 将操作自任务的系统调用与操作他任务的系统调用明确地区分开来,这也是 T-Kernel 的一大特色。将操作自任务的系统调用与操作他任务的系统调用区分开来,也可以看成是把从运行状态开始的状态转换与从其他状态开始的状态转换区分开来,如表 2.1 所列。

表 2.1 自任务与他任务的区别与状态迁移图

项目	对自任务的操作 (从运行状态开始的迁移)	对他任务的操作 (从运行状态以外开始的迁移)
任务迁移到等待状态 (包括挂起状态)	tk_slp_tsk 运行状态 ↓ 等待状态	tk_sus_tsk 就绪状态、挂起状态 ↓ 等待状态、二重等待状态
任务结束	tk_ext_tsk 运行状态 ↓ 休止状态	tk_ter_tsk 就绪状态、等待状态 ↓ 休止状态
任务删除	tk_exd_tsk 运行状态 ↓ 未登录状态	tk_del_tsk 休止状态 ↓ 未登录状态

补充说明

等待状态和挂起状态互不影响,被强制转换到挂起状态并不会影响到任务等待解除的条件。换言之,不论任务处于等待状态还是二重等待状态,等待解除的条件都是相同的。因此,当一个处于等待获得某些资源(信号量资源或内存块等)状态的任务被强制挂起并进入二重等待状态时,资源分配(信号量资源或内存块的分配)的条件不会改变,还是和被强制挂起前一样。

设计理由

T-Kernel 之所以将等待状态(自任务导致的等待)和挂起状态(他任务导致的等待)进行区分,是因为这两状态有时会互相叠加为二重等待状态。将等待状态,挂起状态和二重等待状态进行区别可以使任务状态的转换更加明确,使系统调用的理解更加容易。另外,处于等待状态的任务不会调用系统调用,因此不同类型的等待状态(例如,等待唤醒的等待状态和等待获得信号量资源的等待状态)是不会叠加的。因为 T-Kernel 规范只有一种等待状态是由其他任务引起的(挂起状态),所以对于挂起状态的叠加可用嵌套的过程进行处理,这样任务状态的转换就更加明确了。

2.2.2 任务调度规则

T-Kernel 规范采用基于任务优先级的抢占式调度方法,优先级相同的任务之间按先来先服务的原则(FCFS,First Come First Served)进行调度。调度规则取决于任务的优先级,而任务间的优先级则是根据任务的优先级按照下面几个条件来确定的:如果有多个任务处于可运行状态,那么拥有最高优先级的任务将会切换到运行状态,其他的任务则处于就绪状态;决定任务的优先级时,对于优先级不同的任务优先级较高的任务具有较高的优先级,而在优先级相同的任务之间,先转为可运行状态(运行状态和就绪状态)的任务有较高的优先级。但通过调用系统调用可以修改优先级相同的任务的优先级。

当拥有最高优先级的任务发生变化时,运行状态的任务会立刻被切换。但是,在切换不能进行的情况下,任务的切换将会延迟到可以发生切换为止。

补充说明

T-Kernel 规范的调度规则规定,只要有高优先级的任务处于运行状态,低优先级的任务就不会运行。也就是说,除非高优先级的任务由于进入等待状态等原因转为不可运行状态,否则其他任务不会运行。这与分时系统 TTS(Time Sharing System)的调度方式有本质的不同,在分时系统中每个任务都是平等执行的。

但是允许通过调用系统调用来改变同优先级任务之间的优先级,应用程序可以通过调用这些系统调用来实现 TSS 的代表调度方式轮询(round-robin scheduling)。

优先级相同的任务之间,具有高优先级的任务先进入可运行状态(运行状态或者就绪状态)的过程如图 2.3 所示。图 2.3(a)表示的是优先级为 1 的任务 A,优先级为 2 的任务 B、任务 C 和任务 D,以及优先级为 3 的任务 E 顺序启动后的优先级关系。此时,优先级最高的任务 A 进入运行状态。

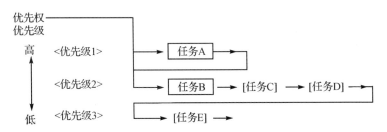

图 2.3(a)　初始状态的优先级

任务 A 退出后,优先级次高的任务 B 进入运行状态图 2.3(b)。之后任务 A 再次启动,任务 B 被抢占而返回就绪状态;但由于任务 B 比任务 C 和任务 D 早进入可运行状态,因此任务 B 在相同优先级的任务中还是拥有最高优先级,任务优先级返回到图 2.3(a)所示的状态。

下面,在图 2.3(b)的状态下任务 B 进入等待状态后,因为任务的优先级只在可运行状态下有意义,所以优先级的状态如图 2.3(c)所示。当任务 B 的等待状态被解除后,任务 B 再次进入可运行状态,但此时任务 B 的优先级会低于相同优先级任务 C 和

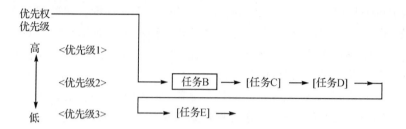

图 2.3(b) 任务 B 进入运行状态后的优先级

任务 D 的优先级,状态如图 2.3(d)所示。

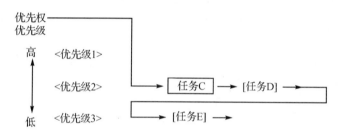

图 2.3(c) 任务 B 转入等待状态后的优先级

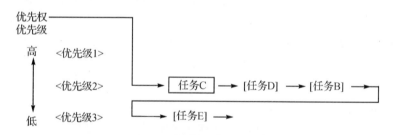

图 2.3(d) 任务 B 等待解除后的优先级

综上所述,处于就绪状态的任务进入运行状态后又返回就绪状态,其优先级是具有相同优先级的任务中最高的;但如果任务从运行状态进入等待状态,然后解除等待再返回可运行状态时,其优先级则变为具有相同优先级任务中最低的。

同样,任务从挂起状态返回到可运行状态,任务的优先级也会变为具有相同优先级任务中最低的。在虚拟内存系统中,等待页面调入是作为挂起状态来处理的,因此在这样的系统中任务的优先级会由于页面调入而发生变化。

2.3 中断处理

T-Kernel 规范的中断包括由设备引起的外部中断和由 CPU 异常产生的中断。可以为每个中断号定义一个中断处理程序。中断处理程序的启动方法包括不通过操作系统直接启动和通过高级语言对应例程启动两种。请参阅 4.8 节的详细说明。

2.4 任务异常处理

T-Kernel 规范定义了任务异常处理机制来处理程序异常,但 CPU 异常是作为中断来处理的。

任务异常处理机制是指通过调用指定任务的异常处理请求的系统调用来中断任务的运行,转而执行任务异常处理程序的功能。任务的异常处理程序与被中断的任务在相同的上下文环境中运行。从任务异常处理程序返回后,被中断的任务继续运行。

应用程序可以为每个任务注册一个异常处理程序。

请参阅 4.3 节的详细说明。

2.5 系统状态

2.5.1 非任务部执行时的系统状态

在 T-Kernel 系统上编写运行任务的代码时,可以参考任务状态迁移图来跟踪任务状态的改变。但是,中断处理程序或扩展 SVC 处理程序等更接近系统内核级的代码也是由用户来编写的,此时如果不考虑非任务部即任务以外部分执行时的系统状态就无法正确编写代码。本章将对 T-Kernel 的系统状态进行说明。

系统状态分类如图 2.4 所示。

图 2.4 所示的状态中,过渡状态相当于操作系统运行中(系统调用执行中)的状态。从用户的角度来看,用户调用的各种系统调用是不可分地在执行,系统调用内部的运行状态对于用户来说是不可见的。所以将操作系统运行中的状态作为过渡状态来考虑,将其内部视为黑盒子来操作。

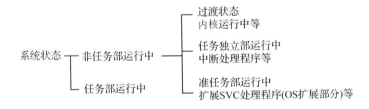

图 2.4 系统状态的分类

但是,在下列情况下过渡状态不能不可分地运行。

- 包含分配或释放内存操作的系统调用在进行分配或释放内存的操作时。(T-Kernel/SM 的系统内存管理函数被调用时)
- 在虚拟内存系统的系统调用处理过程中访问非常驻内存时。

强制终止(tk_ter_tsk)处于上述过渡状态的任务时,结果是无法保证的;此外,强制挂起(tk_sus_tsk)也会使任务停止在过渡状态,这样可能会导致死锁等问题出现。

因此,原则上不宜使用 tk_ter_tsk 和 tk_sus_tsk。这些系统调用只应当在虚拟内存系统或调试器这样可视为操作系统一部分的子系统的内部使用。

对由特定任务(称为请求任务)发出的请求进行处理的部分称为准任务部,准任务部属于非任务部。例如用户定义的子系统的扩展 SVC 处理程序就作为准任务部运行。在准任务部中可以确定自任务,请求任务即为自任务。另外,可以像一般任务那样考虑任务的状态转移,也可以调用进入等待状态的系统调用。由此可以得出,准任务部与请求任务调用的子程序的动作是相同的。但是,因为准任务部属于 OS 的扩展部分,所以其处理器的运行模式及堆栈空间和任务部是不同的。也就是说,当从任务部进入到准任务部时,处理器的运行模式和堆栈空间都要进行切换。这一点与在任务部中调用函数或子程序是不同的。

在非任务部中,由和任务部或准任务部运行完全无关的因素引起的处理属于任务独立部。具体来说,由外部中断启动的中断处理程序或经过指定的时间后启动的时间事件处理程序(周期性处理程序或报警处理程序)等都作为任务独立部运行。需要注意的是,无论外部中断还是经过指定的时间启动的时间事件处理程序与此时正在运行的任务是毫无关系的。

非任务部分为过渡状态、准任务部和任务独立部三部分。此外,通常任务程序正在执行的状态称为任务部运行中状态。

2.5.2 任务独立部与准任务部

任务独立部(中断处理程序、时间事件处理程序等)的特征是,识别进入任务独立部之前正在运行的任务毫无意义,不存在"自任务"的概念。因此,在任务独立部中不能调用那些可以进入等待状态的系统调用或默认以自任务为操作对象的系统调用。另外,由于在任务独立部中无法识别当前正处于运行状态的任务,所以不会发生任务切换。即使有必要进行切换也会延迟到退出任务独立部后再进行,这就是延迟切换(delayed dispatching)原则。

如果属于任务独立部的中断处理程序允许任务切换的发生,那么中断处理程序剩余部分的处理将会被推迟到此处启动的任务之后,这样在中断嵌套情况下会引起一些问题,如图 2.5 所示。

在图 2.5 中,任务 A 运行时中断 X 被触发,之后在中断 X 运行中断处理程序时又有另一个优先级更高的中断 Y 被触发,此时如果中断 Y 在(1)处返回后立即切换并启

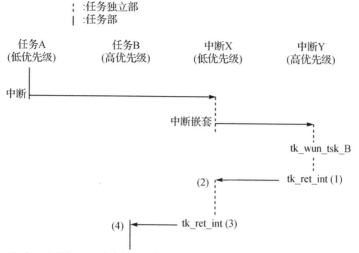

图 2.5 中断嵌套和延迟切换

动任务 B,那么只有在任务 B 运行结束,任务 A 变为运行状态时才会执行中断 X 的中断处理(2)~(3)部分。这样,低优先级中断 X 的处理不仅被高优先级的中断 Y 抢占,还会有被中断 Y 启动的任务 B 抢占的危险。这种情况下就无法保证中断处理优先于任务运行,无法编写中断处理。这就是设计延迟切换原则的理由。

准任务部与任务独立部不同,它的特征是能够识别在进入准任务部之前正在运行的任务(请求任务),与任务部有同样的状态定义以及在准任务部中能够进入等待状态。在准任务部中,可以像普通任务运行的状态那样进行切换。因此,操作系统扩展等准任务部虽然属于非任务部,但与中断处理优先于所有任务不同,准任务部并不是总优先于任务部运行。

下面两个例子描述了任务独立部和准任务部之间的区别。

- 在任务 A(优先级 8=低)运行时某中断被触发,此中断处理程序(任务独立部)调用了 tk_wup_tsk 系统调用唤醒任务 B(优先级 2=高),但根据延迟切换原则此时不会进行切换,而是继续运行中断处理程序的剩余部分,tk_ret_tsk 被调用中断处理程序结束之后才会进行切换,任务 B 才开始运行。
- 在任务 A(优先级 8=低)中调用某扩展系统调用,此扩展 SVC 处理程序(准任务部)调用了 tk_wup_tsk 系统调用唤醒任务 B(优先级 2=高)。此时延迟切换原则无效,调用 tk_wup_tsk 系统调用后会发生切换,任务 A 在准任务部中进入就绪状态,任务 B 则会在执行扩展 SVC 处理程序的剩余部分之前先执行,进入运行状态。SVC 处理程序的剩余部分会在再次发生切换任务 A 进入运行状态时执行。

2.6 对象

作为内核操作对象的资源统称为"对象"。除了任务对象还包括内存池、信号量、事件标识、邮箱等同步与通信机制以及时间事件处理程序(周期处理程序和警报处理程序)等。

原则上在创建对象时可以设定对象的属性。属性决定了对象行为上的细微差别和初始状态。当对象的属性设定为 TA_XXXXX 时,该对象称为"具有 TA_XXXXX 属性的对象"。没有特别需要设定的属性时,可设定为 TA_NULL(=0)。一般不提供读取注册对象属性的接口。

对象或者事件处理程序属性的低位表示系统属性,高位表示具体实现方案的特有属性。T-Kernel 规范没有明确规定低位/高位分界位的位置,基本上标准规范未定义的位都可以作为自定义属性使用。但是,原则上系统属性都从最低位向最高位顺序分配,而具体实现方案的特有的属性则是从最高位向最低位顺序分配,未定义的属性位必须清 0。

对象也可以包含扩展信息。扩展信息在对象注册时指定,在对象开始运行时作为参数传入,对内核的操作没有影响。扩展信息可通过查询对象状态的系统调用获得。

对象通过 ID 号来识别。ID 号是 T-Kernel 在创建对象时自动分配的,不能由用户指定。因此在调试的时候识别对象就比较困难。为了解决这个问题可以在创建对象的时候指定调试用对象名称。这个对象名称专供调试用,只能从 T-Kernel/DS 的功能进行查询。另外 T-Kernel 不能进行对名称的检查。

2.7 内 存

2.7.1 地址空间

内存地址空间分为共有空间和任务固有空间。共有空间可以被所有的任务访问,而任务固有空间只能被属于它的任务访问见图 2.6。某一任务的固有空间可以属于多个任务。

虽然任务固有空间和共有空间的逻辑地址空间取决于 CPU(以及 MMU),依存于具体实现方案,但是,原则上任务固有空间位于低位地址而共有空间位于高位地址。

中断处理程序等任务独立部不属于任务所以不能拥有自己的任务固有空间。因此,任务独立部属于进入任务独立部之前正在运行的任务的固有空间,也就是说与 tk_get_tid 返回的当前正在运行任务的固有空间一致。若此时没有任务处于运行状态,那么任务固有空间则不确定。

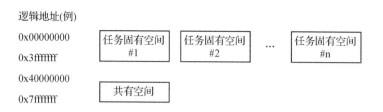

图 2.6 地址空间

T-Kernel 不进行地址空间的创建与管理等操作,通常这些操作由具有地址空间管理等功能的子系统完成。

在没有 MMU(或者不使用 MMU)的系统中,可以认为任务固有空间不存在。

2.7.2 非常驻内存

内存包括常驻内存和非常驻内存。

访问非常驻内存时需要把数据从硬盘等存储设备传送到内存,所以需要进行通过驱动程序访问硬盘等非常复杂的处理。由此可知,在切换禁止或中断禁止状态下,或是在任务独立部运行时,不能访问非常驻内存。

同理,在操作系统进行内部处理时也必须避免在临界区(critical section)内访问非常驻内存。值得注意的是,作为参数传递给系统调用的内存地址指向非常驻内存的情况。是否允许非常驻内存作为系统调用的参数取决于具体的实现方案。

T-Kernel 不进行因访问非常驻内存而引起的硬盘数据传送等操作,通常这些操作由具有虚拟内存管理等功能的子系统完成。

在不使用虚拟内存的系统中,可以简单忽略系统调用等指定非常驻内存的情况,全部作为常驻内存来处理。

2.7.3 保护级别

T-Kernel 设定了 0～3 四个保护级别。
- 0 为最高级别,3 为最低级别。
- 只能访问保护级别等于或低于当前保护级别的内存。
- 调用系统调用或扩展 SVC 以及产生中断或 CPU 异常都可能导致当前保护级别的改变。
- 当运行中的任务访问比当前保护级别高的内存时,通常 MMU 会检测出内存访问冲突,产生 CPU 异常。

各保护级别的用途如下:

保护级别

0　内核、子系统、设备驱动程序等

1　系统应用程序任务

2　保留

3　用户应用程序任务

非任务部(任务独立部和准任务部等)运行于保护级别0。保护级别1~3只能运行任务部。任务部也可以运行于保护级别0。

根据MMU有时候也可能只分为特权和用户两个保护级别。这时保护级别0~2被看作是特权级别,保护级别3被看作是用户级别。在没有MMU的系统或不使用MMU的系统中,保护级别0~3被视为是等同的。

3 T-Kernel 规范通用规定

3.1 数据类型

3.1.1 一般数据类型

```
typedef  char                B;      /* 有符号 8 位整数      */
typedef  short               H;      /* 有符号 16 位整数     */
typedef  int                 W;      /* 有符号 32 位整数     */
typedef  unsigned char       UB;     /* 无符号 8 位整数      */
typedef  unsigned short      UH;     /* 无符号 16 位整数     */
typedef  unsigned int        UW;     /* 无符号 32 位整数     */
typedef  signed long long    UD;     /* 有符号 64 位整数     */

typedef  char                VB;     /* 无类型 8 位数据      */
typedef  short               VH;     /* 无类型 16 位数据     */
typedef  int                 VW;     /* 无类型 32 位数据     */
typedef  long long           VD;     /* 无类型 64 位数据     */
typedef  void               *VP;     /* 无类型指针           */

typedef  volatile B          _B;     /* 带 volatile 声明的类型  */
typedef  volatile H          _H;
typedef  volatile W          _W;
typedef  volatile D          _D;
typedef  volatile UB         _UB;
typedef  volatile UH         _UH;
```

```
typedef   volatile UW        _UW;
typedef   volatile UD        _UD;

typedef   int                INT;             /* 带符号的处理器位宽整数  */
typedef   unsigned int       UINT;            /* 无符号的处理器位宽整数  */

typedef   INT                ID;              /* 通用 ID                */
typedef   INT                MSEC;            /* 通用时间(毫秒)          */
typedef   void               (*FP)();         /* 通用函数指针            */
typedef   INT                (*FUNCP)();      /* 通用函数指针            */

#define   LOCAL              static           /* 本地符号定义            */
#define   EXPORT                              /* 全局符号定义            */
#define   IMPORT              extern          /* 全局符号声明            */

/*
 * 布尔值
 *   虽然定义了 TRUE=1,但是任何不为 0 的值都被认为是真(TRUE)
 *   因此,不应使用 bool==TRUE 的判定方法
 *   应当使用 bool!=FALSE 的判定方法
 */
typedef   INT                BOOL;
#define   TRUE               1                /* 真 */
#define   FALSE              0                /* 伪 */

/*
 * TRON 字符
 */
typedef   UH                 TC;              /* TRON 字符 */
#define   TNULL              ((TC)0)          /* TRON 字符串结束符 */
```

注意事项

※ VB、VH、VW、VD 与 B、H、W、D 不同之处在于前者只指定了位宽而没有指定数据的类型;后者则清楚地指定了是整数类型。

※ 处理器位宽必须大于等于 32 位。因此 INT 和 UINT 一定是 32 位或大于 32 位。

※ BOOL 虽然定义了 TRUE=1,但任何不为 0 的值都被认为是真,因此不应使用 bool==TRUE,而应使用 bool!=FALSE 的判定方法。

补充说明

诸如堆栈大小、唤醒次数和消息长度等明显不为负的参数，原则上其数据类型使用有符号整数（INT）。使用整数时尽可能使用有符号的数，这是 TRON 的一个基本规则。参数超时时限（TMO tmout）使用有符号整数，TMO_FEVR（＝-1）具有特殊的含义。那些使用无符号数据类型的参数一般作为位模式操作参数使用（对象属性、事件标识等）。

与 T-Kernel 1.0 的差异

- 追加了 64 位的 D 和 UD。D 是 Double integer 的意思。另外，有符号整数的定义增加了 signed。为了明确表示 W 和 UW 是 32 位将 int 改为 long。
- T-Kernel 1.0 的 MSEC 为 INT（处理器位宽整数），T-Kernel 2.0 改为 W（固定为 32 位）。
- T-Kernel 1.0 中 exinf 等数据类型使用 VP，而在 T-Kernel 2.0 中因为 CONST 限定修饰符的关系原则上不使用 VP，而用数据类型定义 void 代替 VP。虽然 T-Kernel 2.0 为了兼容性保留了 VP 的定义，但是并不推荐使用 VP。

3.1.2 系统定义数据类型

为了明确参数的意义，对经常出现的或有特殊含义的数据类型进行了如下定义。

```
typedef   INT              FN;          /*功能码*/
typedef   INT              RNO;         /*集合点编号*/
typedef   UW               ART;         /*对象/处理程序属性*/
typedef   INT              ER;          /*错误码*/
typedef   INT              PRI;         /*优先级*/
typedef   W                TMO;         /*毫秒单位的超时时限*/
typedef   D                TMO_U;       /*64 位微秒单位的超时时限*/
typedef   UW               RELTIM;      /*毫秒单位的相对时间*/
typedef   UD               RELTIM_U;    /*64 位微秒单位的相对时间*/

typedef struct system{                  /*毫秒单位的系统时间*/
    W                      hi;          /*高 32 位*/
    UW                     lo;          /*低 32 位*/
} SYSTIM;

typedef   D                SYSTIM_U;    /*64 位微秒单位的系统时间*/
```

```
/*
 *  通用常量
 */
#define  NULL          0           /* 空指针 */
#define  TA_NULL       0           /* 未指定特殊属性 */
#define  TMO_POL       0           /* 轮询 */
#define  TMO_FEVR      (-1)        /* 无限等待 */
```

注意事项

  多个数据类型组成复合数据类型时，用其中最主要的数据类型代表。例如，tk_cre_tsk 的返回值可能是任务 ID 或是错误代码，但因为主要是任务 ID 所以使用 ID 作为返回值的数据类型。

与 T-Kernel 1.0 的差异

  追加了 64 位微秒单位的超时时限 TMO_U、64 位微秒单位的相对时间 RELTIM_U 和 64 位微秒单位的系统时间 SYSTIM_U。RELTIM_U 和 RELTIM 无符号，SYSTIM_U 和 SYSTIM 有符号。另外，SYSTIM 是由 2 个 32 位的成员组成的构造体，而 SYSTIM_U 为了能够灵活使用 64 位数据没有定义为构造体而是定义为普通的 64 位整数。

  T-Kernel 1.0 的毫秒单位的超时时限 TMO 为 INT，T-Kernel 2.0 改为 W。另外，T-Kernel 1.0 的对象属性等 ATR 和毫秒单位的相对时间 RELTIM 为 UINT，T-Kernel 2.0 改为 UW。

补充说明

  在命名方针上，表示微秒（μsec）含义的参数和数据类型都要在最后加"_u"（u 是 μ 的意思）或"_U"后缀，除此之外的表示 64 位整数含义的参数和数据类型都要在最后加"_d"（d 是 double integer 的意思）或"_D"后缀。TMO_U、RELTIM_U 和 SYSTIM_U 就是按这个方针命名的数据类型。

3.2 系统调用

3.2.1 系统调用形式

T-Kernel 采用 C 语言作为标准高级语言,并且将从 C 语言程序中调用系统调用的接口方法进行了标准化。

而汇编级的接口方法由具体实现方法来定义。因此即使用汇编编程,也推荐使用 C 语言接口的调用方法,这样只要 CPU 相同就可以保证汇编程序在不同操作系统间的可移植性。

为系统调用的接口制定了以下的通用原则:
- 所有系统调用都定义成 C 语言函数。
- 函数返回 0 或正值表示正常结束,负值为错误代码。

系统调用接口的处理部分(实际上是调用 T-Kernel 功能的部分)是通过用汇编语言编写的库函数实现的。这些库函数被称为接口库。考虑到可移植性一般不使用 C 语言的宏、内联函数和内联汇编代码等。

对于系统调用的 C 语言接口,当使用数据包或指针传递参数的时候,T-Kernel 为了明确表示指针指向的参数不能修改而使用限定修饰符 CONST。

CONST 虽然和 C 语言的限定修饰符 const 功能相同,但是在混杂着不支持限定修饰符 const 的程序的情况下,为了能够使用 #define 的宏功能禁用编译器的检查功能,使用了和 const 类似的别名。

CONST 的具体使用方法如下所示。另外,详细情况依存于具体实现。

1. 通用 include 文件中都包含的定义

```
/* 定义了 TKERNEL_CHECK_CONST 的情况下进行 const 的检查 */
#ifdef TKERNEL_CHECK_CONST
#define CONST const
#else
#define CONST
#endif
```

2. 程序中的函数定义和系统调用的定义使用 CONST

例 3.1 CONST 使用例子

```
tk_cre_tsk( CONST T_CTSK *pk_ctsk );
foo_bar( CONST void *buf );
```

3. Makefile 中指定 const 有效

例 3.2　指定 const 有效的例子

```
CFLAGS + = DTKERNEL_CHECK_CONST
```

※ 如果没有上述指定,将禁用 const 的检查。

T-Kernel 2.0 以后的版本,强烈推荐程序中标明 CONST,并且指定 const 的检查有效。

与 T-Kernel 1.0 的差异

系统调用的 C 语言接口中追加 CONST,并推荐对限定修饰符 const 进行检查。但是对于不支持限定修饰符 const 的程序也提供了解决方法。

3.2.2　任务独立部可调用的系统调用

下面的系统调用可以在任务独立部及切换禁止的状态下进行调用,而其他的系统调用是否能在任务独立部及切换禁止的状态下使用取决于具体实现。

tk_sta_tsk	启动任务
tk_wup_tsk	唤醒任务
tk_rel_wai	强制解除任务等待
tk_sus_tsk	强制挂起任务
tk_sig_sem	返回信号量资源
tk_set_flg	设置事件标识
tk_sig_tev	发送任务事件
tk_rot_req	任务优先级回转
tk_get_tid	取得任务 ID
tk_sta_cyc	启动周期性处理程序
tk_stp_cyc	停止周期性处理程序
tk_sta_alm	启动报警处理程序
tk_sta_alm_u	启动报警处理程序(微秒单位)
tk_stp_alm	停止报警处理程序
tk_ref_tsk	查询任务状态
tk_ref_tsk_u	查询任务状态(微秒单位)
tk_ref_cyc	查询周期性处理程序状态
tk_ref_cyc_u	查询周期性处理程序状态(微秒单位)
tk_ref_alm	查询报警处理程序状态
tk_ref_alm_u	查询报警处理程序状态(微秒单位)
tk_ref_sys	查询系统状态
tk_ret_int	从中断处理程序中返回(可以只从用汇编语言编写的中断处理程序中调用)

3.2.3 系统调用的调用限制

可以对系统调用的调用进行保护级别的限制。如果在比指定的保护级别低的保护级别运行的任务(任务部)调用系统调用会返回 E_OACV 错误。

调用扩展 SVC 不会受限制。

例如,如果禁止从低于 1 的保护级别下调用系统调用,那么运行在保护级别 2 和 3 的任务就不能调用系统调用。也就是说运行在保护级别 2 和 3 的任务只能调用扩展 SVC,即子系统功能。

这样就能够在 T-Kernel 与 T-Kernel Extension 组合使用时,防止基于 T-Kernel Extension 规范的任务直接调用 T-Kernel 的功能,即把 T-Kernel 作为微内核使用的功能。

系统调用限制保护级别可以通过系统配置管理功能进行设定。系统配置管理功能请参阅 5.7 节。

3.2.4 参数数据包的扩展

传递给系统调用的参数有些是以数据包的形式传入的。数据包形式的参数包括把信息传给系统调用的输入参数(T_CTSK 等)和从系统调用返回信息的输出参数(T_RTSK 等)。

可以在系统调用的输入参数数据包中追加特有的信息。但是,标准规范定义的数据类型和顺序不能改变,也不可以删除。追加的特有信息必须放在标准规范定义的数据类型之后。

在系统调用的输入参数数据包中追加的特有信息,即使在没有被初始化的情况下,也必须保证在调用系统调用后能够正常运行。

通常会在标准规范的属性标识的具体实现区域里定义用于表示追加信息是否为有效值的标识。该标识设定为(1)时,表示追加的信息有效;该标识设定为(0)时,表示追加的信息未初始化而使用默认缺省值。

这是为了在标准规范下开发的程序,只需要重新编译就能够在具体实现了扩展功能的操作系统上运行而规定的。

3.2.5 功能码

功能码是为了识别系统调用而分配给各个系统调用的编号。

系统调用的功能码没有特别指定,全部在具体实现时定义。

扩展 SVC 的功能码,请参见 tk_def_ssy。

3.2.6 错误码

系统调用的返回值原则上都是有符号整数,发生错误会返回负的错误码,处理正常结束则返回 E_OK(=0)或正值。正常结束时返回值的含义由各个系统调用规定。但调用后不返回任何值的系统调用例外,这种系统调用在 C 语言 API 中声明为没有返回值(即 void 类型的函数)。

错误码包含主错误码和子错误码。错误码的低 16 位是子错误码,其余的高位是主错误码。主错误代码根据检测的必要性和发生的状况等被分成不同的错误类别。T-Kernel/OS 不使用子错误码,子错误码一直为 0。

```
#define MERCD(er)        ((ER)(er) >> 16)         /* 主错误码 */
#define SERCD(er)        ((H)(er))                /* 子错误码 */
#define ERCD(mer,ser)    ((ER)(mer) << 16 | (ER)(UH)(ser))
```

3.2.7 超 时

可能导致进入等待状态的系统调用都具有超时功能。如果处理未能在指定的时限内完成,那么将取消处理,从系统调用中返回(此时会返回 E_TMOUT 错误)。

本着"系统调用返回错误时,对调用方无副作用"的原则,在超时情况下,系统调用调用方的系统状态一般不会改变。但在系统调用的功能上,取消处理后无法返回初始状态的情况会作为例外在系统调用的说明中明确指出。

超时时限设为 0 时,即使在系统调用中出现应该进入等待状态的情况,也不会进入等待状态。调用超时时限为 0 的系统调用称为轮询(polling),进行轮询的系统调用不可能进入等待状态。

原则上各个系统调用的说明描述的都是没有设置超时时限(换句话说,一直等待)时的动作。即使系统调用说明中有"进入等待状态"或"转换到等待状态"的描述,在指定了超时时限的情况下,超过时限后等待状态也会被解除,系统调用返回错误码 E_TMOUT;在轮询的情况下,系统调用直接返回 E_TMOUT,不进入等待状态。

超时时限(TMO 类型)设为正值表示超时时限,设为 TMO_POL(=0)表示轮询,设为 TMO_FEVR(=-1)表示一直等待。在指定了超时时限的情况下,从系统调用被调用开始经过了指定的时间后,必须保证进行超时处理。

补充说明

调用进行轮询的系统调用时任务不会进入等待状态,因此任务优先级不会改变。

一般实现中如果超时时限设为 1,将在系统调用被调用后的第二个时间中断(time

tick)时进行超时处理。由于这种实现不能指定超时时限为 0(0 分配给 TMO_POL),所以就无法在系统调用被调用后的第一个时间中断时进行超时处理。

3.2.8 相对时间与系统时间

事件发生的时间,在被指定为从调用系统调用的时间等开始的相对值的情况下,使用相对时间(RELTIM 类型或 RELTIM-U 型)。事件发生的时间用相对时间来指定时,必须保证从基准时间开始经过指定的时间后进行事件处理。此外,事件发生间隔等也可以用相对时间(RELTIM 类型 RELTIM-U 型)来指定。对相对时间的解释依场合而定。用绝对值指定时间时,使用系统时间(SYSTEM 类型 RELTIM-U 型)。内核规范提供了设定系统时间的功能,即使用该功能改变了系统时间,也不会影响用相对时间指定的事件在现实世界中发生的时间(称为真实时间),变化的只是该事件发生时的系统时间。

```
SYSTEM 系统时间    时间单位为毫秒,64 位有符号整数。
typedef struct  system {
W   hi;    /*高 32 位*/
UW  lo;    /*低 32 位*/
} SYSTIM;

SYSTEM_U 系统时间    时间单位为微秒,64 位有符号整数。
Typedef D  SYSTEM_U;    /*64 位*/

RELTIM 相对时间    时间单位为毫秒,32 位无符号整数(UW)
typedef UW   RELTIM;

RELTIM_U 相对时间    时间单位为微秒,64 位无符号整数(UD)
typedef UD   RELTIM_U;    /*64 位微秒单位的相对时间*/

TMO 超时时限    时间单位为毫秒,32 位有符号整数(W)。
typedef W   TMO;
TMO_FEVR( = -1)表示永久等待

TMO_U 超时时限    时间单位为微秒,64 位有符号整数(D)。
typedef D   TMO_U;    /*64 位微秒单位的超时时限*/
TMO_FEVR( = -1)表示永久等待
```

补充说明

用 RELTIM、RELTIM_U、TMO、TMO_U 指定的时间,必须保证超过指定的时间后才进行超时等处理。例如,时间中断的周期是 1 ms,超时时限也设为 1 ms,那么超时处理将在调用系统调用后的第二个时间中断发生(第一个时间中断时未超过 1 ms)。

3.2.9 定时器中断间隔

T-Kernel 时间管理功能实际的时间分辨率是由 5.7.2 小节的定时器中断间隔(TTimPeriod)指定的。定时器中断间隔(TTimPeriod)的默认值是 10 ms。实际可以设定的范围或可动作的范围依赖于具体实现。

如果缩短定时器中断间隔,除了定时器中断引起的系统开销会增加,同时因时钟或硬件的限制时钟的误差也可能会增大。

3.3 高级语言对应例程

当任务或处理程序由高级语言编写时,为了能够将内核相关的处理和语言环境相关的处理区分开,提供了高级语言对应例程。可以通过设定对象或处理程序属性(TA_HLNG)的方式来指定是否使用高级语言对应例程。

未指定 TA_HLNG 属性时,任务或处理程序直接从 tk_cre_tsk 或 tk_def_??? 参数所指定的起始地址开始运行。指定 TA_HLNG 属性时,先运行高级语言的启动处理程序(高级语言对应例程),然后再间接跳转到 tk_cre_tsk 或 tk_def_??? 参数所指定的起始地址开始运行。从操作系统来看,这种情况是将任务的起始地址或处理程序地址作为高级语言对应例程的参数来使用。采用这种方法能够将内核相关的处理和语言环境相关的处理区分开,便于对应不同的语言环境。

若使用高级语言对应例程,将任务或处理程序用 C 语言函数编写时,只需简单地调用函数的返回方法(return 或"}"),就可以自动执行终止任务的系统调用或从处理程序返回的系统调用。

在具有 MMU 的系统中,运行在与操作系统相同的保护级别下的中断处理程序等的高级语言对应例程比较容易实现,但是,对于运行在与操作系统不同的保护级别下的任务或任务异常处理程序等,其高级语言对应例程的实现却比较困难。因此对于任务,即使使用了高级语言对应例程,也无法保证可以通过从函数中返回来终止任务,从函数中返回情况下的动作未定义。在任务的最后必须调用退出自任务(tk_ext_tsk)或退出并删除自任务(tk_exd_tsk)的系统调用。任务异常处理程序的高级语言对应例程以源代码的形式提供,会嵌入在用户程序中。

高级语言对应例程的内部动作如图 2.7 所示。

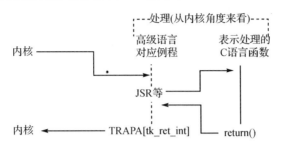

图 2.7　高级语言对应例程的动作

T-Kernel/OS 的功能

本章将详细说明 T-Kernel/OS(T-Kernel/Operating System)提供的系统调用。

4.1 任务管理功能

任务管理功能是指直接操作或查询任务状态的功能。包括创建/删除任务、启动/退出任务、取消任务启动请求、改变任务优先级和查询任务状态等功能。任务是通过 ID 编号来进行识别的对象。任务的 ID 编号称为任务 ID。关于任务状态和任务调度规则，请参照 2.2 节所述。

为了控制任务的运行顺序，每个任务都设有基础优先级和当前优先级。通常提到的任务优先级都是指任务的当前优先级。任务的基础优先级是指在任务启动时被初始化的启动优先级。没有使用互斥体功能时任务的当前优先级通常与基础优先级一致，因此，任务启动后的当前优先级就是任务启动优先级。使用互斥体时如何设置当前优先级将在 4.5.1 小节进行详述。

任务结束时内核会对互斥体进行解锁，但是不会释放任务获得的资源(信号量、内存块等)。任务结束时的资源释放工作由应用程序来负责完成。

1. tk_cre_tsk—创建任务

C 语言接口

```
#include <tk/tkernel.h>
ID tskid = tk_cre_tsk (CONST T_CTSK * pk_ctsk);
```

参　数

CONST T_CTSK * pk_ctsk　　　Packet to Create Task　　　　任务创建信息

pk_ctsk 的内容

void *	exinf	Extended Information	扩展信息
ATR	tskatr	Task Attribute	任务属性
FP	task	Task Start Address	任务起始地址
PRI	itskpri	Initial Task Priority	任务启动优先级
INT	stksz	Stack Size	栈的大小(字节)
INT	sstksz	System Stack Size	系统栈大小(字节)
void *	stkptr	User Stack Pointer	用户堆栈指针
void *	uatb	Address Of Task Space Page Table	任务固有空间页表
INT	lsid	Logical Space ID	逻辑空间 ID
ID	resid	Resource ID	资源 ID
UB	dsname[8]	DS Object name	DS 对象名称

—(以下可以追加依赖于具体实现的其他成员变量)—

返回参数

ID	tskid	Task ID	任务 ID
	或	Error Code	错误码

错误码

E_NOMEM	内存不足(无法分配控制块或堆栈的内存)
E_LIMIT	任务的数目超出系统限制
E_RSATR	保留属性(tskatr 错误或不可用),指定的协处理器不存在
E_NOSPT	不支持的功能(在不支持 TA_USERSTACK,TA_TASKSPACE 的情况下)
E_PAR	参数错误
E_ID	错误的资源 ID
E_NOCOP	指定的协处理器不可用(硬件上没有协处理器或检测到异常操作)

可用的上下文环境

任务部	准任务部	任务独立部
○	○	×

说 明

创建一个任务并给它分配一个 ID。具体来说,就是给创建的任务分配一个 TCB (Task Control Block)任务控制块,并以 itskpri,task,stksz 等信息为基础进行初始化操作。

对象任务被创建后处于休止状态(DORMANT)。

itskpri 用于指定任务启动时优先级的初始值。任务的优先级是从 1 到 140 之间的值,数值越小任务的优先级越高。

使用者可以利用 exinf 参数自由地追加与对象任务有关的各种信息。exinf 参数设置的信息将做为启动参数传递给任务,另外可以通过 tk_ref_tsk 函数将其取出。如果需要更大的空间来保存用户信息或想在任务运行时改变其内容时,就需要使用者来确保这块内存,将这块内存的地址放入到 exinf 中。内核并不关心 exinf 的内容。

tskatr 的低位表示系统属性,高位表示特有属性。tskatr 的系统属性如下。

```
tskatr     := (TA_ASM) || (TA_HLNG)
           | [TA_SSTKSZ] | [TA_USERSTACK] | [TA_TASKSPACE] | [TA_RESID]
           | [TA_DSNAME]
           | (TA_RNG0 || TA_RNG1 || TA_RNG2 || TA_RNG3)
           | [TA_COP0] | [TA_COP1] | [TA_COP2] | [TA_COP3] | [TA_FPU]
```

TA_ASM	对象任务用汇编语言编写
TA_HLNG	对象任务用高级语言编写
TA_SSTKSZ	指定系统堆栈大小
TA_USERSTACK	指定用户堆栈指针
TA_TASKSPACE	指定任务固有空间
TA_RESID	指定所属资源组
TA_DSNAME	指定 DS 对象名称
TA_RNGn	指定任务运行的保护级别 n
TA_COPn	指定任务使用第 n 个协处理器(包括浮点协处理器和DSP)
TA_FPU	指定使用浮点协处理(通用指定,特指 TA_COPn 中浮点运算协处理器)

特有属性可用于将任务指定为调试对象等(依赖于系统的具体实现)。系统属性的保留部分,将来可用于多处理器系统的属性设置等。

```
#define  TA_ASM        0x00000000    /* 汇编程序 */
#define  TA_HLNG       0x00000001    /* 高级语言程序 */
#define  TA_SSTLKSZ    0x00000002    /* 指定系统堆栈大小 */
#define  TA_USERSTACK  0x00000004    /* 指定用户堆栈指针 */
#define  TA_TASKSPACE  0x00000008    /* 指定任务固有空间 */
#define  TA_RESID      0x00000010    /* 指定所属资源组 */
#define  TA_DSNAME     0x00000040    /* 指定 DS 对象名称 */
#define  TA_RNG0       0x00000000    /* 运行在保护等级 0 */
#define  TA_RNG1       0x00000100    /* 运行在保护等级 1 */
#define  TA_RNG2       0x00000200    /* 运行在保护等级 2 */
#define  TA_RNG3       0x00000300    /* 运行在保护等级 3 */
#define  TA_COP0       0x00001000    /* 使用 ID = 0 的协处理器 */
#define  TA_COP1       0x00002000    /* 使用 ID = 1 的协处理器 */
#define  TA_COP2       0x00004000    /* 使用 ID = 2 的协处理器 */
#define  TA_COP3       0x00008000    /* 使用 ID = 3 的协处理器 */
```

指定 TA_HLNG 属性时,任务启动以后并不是直接跳到 task 的地址上执行,而是通过高级语言的环境设定程序(高级语言对应例程)后再跳到 task 的地址去执行。指定 TA_HLNG 属性的任务的形式如下:

```
void task(INT stacd, void * exinf)
{
    /*
    处理
    */
    tk_ext_tsk(); 或 tk_exd_tsk();/* 退出任务 */
}
```

tk_sta_tsk 函数指定的任务启动代码 stacd 和 tk_cre_tsk 函数指定的 exinf 扩展信息这两个参数,作为任务启动的参数而传入。

结束任务时,不允许从上述函数中直接返回(return),否则运行结果将变得不可预知(取决于具体实现)。

指定 TA_ASM 属性时任务的形式取决于具体实现,但是做为启动参数的 stacd 和 exinf 是必须传入的。

任务一般是在 TA_RNGn 指定的保护级别下运行的,但在调用系统调用或扩展 SVC 时保护级别变为 0 级别,从系统调用或扩展 SVC 返回以后又恢复到原来的保护级别。

每个任务都有系统堆栈和用户堆栈两个堆栈。用户堆栈在 TA_RNGn 指定的保护级别下使用,而系统堆栈在保护级别 0 使用。调用系统调用或扩展 SVC 时,会导致保护级别的迁移,相应的堆栈也会进行切换。

需要注意的是,设定为 TA_RNG0 属性的任务,因为不会进行保护级别的迁移,所以堆栈也不会进行切换。TA_RNG0 时,按照用户堆栈和系统堆栈大小的合计生成一块堆栈,用作用户堆栈兼系统堆栈。

指定 TA_SSTLKSZ 属性时,sstksz 参数变为有效。而未设定 TA_SSTLKSZ 属性时,sstksz 参数将会被忽略,使用默认的系统堆栈大小。

指定 TA_USERSTACK 属性时,stkptr 参数变为有效。该属性设定之后,内核将不再为任务准备用户堆栈而由调用者来准备,此时 stksz 参数必须设置为 0。未设定 TA_USERSTACK 属性时,stkptr 参数将会被忽略。注意,如果 TA_RNG0 属性被指定了,就不能再指定 TA_USERSTACK 属性。同时指定 TA_RNG0 属性和 TA_USERSTACK 属性时会产生 E_PAR 错误。

指定 TA_TASKSPACE 属性时,uatb 和 lsid 参数变为有效,用于设定任务固有空间。未指定 TA_TASKSPACE 属性时,uatb 和 lsid 参数将会被忽略,任务固有空间将无法确定。在任务固有空间无法确定的情况下,只允许访问共有空间而不允许访问固有空间。不管有没有指定 TA_TASKSPACE 属性,任务创建后都可以改变任务固有空间。注意,改变任务固有空间后,即使任务返回到休止状态(DORMANT),也不会恢复到任务创建时所指定的固有空间,将一直使用最后设定的任务固有空间。

指定 TA_RESID 属性时,resid 参数变为有效,用于设定任务所属的资源组(参阅

4.10节)。未指定TA_RESID属性时,resid参数将会被忽略,任务会被设置成属于系统资源组。注意,当所属资源组被改变时,即使任务返回到休止状态(DORMANT),也不会恢复到任务创建时所设定的资源组,将一直使用最后设定的资源组。(请参照tk_cre_res)

指定TA_DSNAME属性时,dsname参数变为有效,用于设定DS对象的名称。DS对象的名称在调试时用来识别对象,DS对象的名称只能由T-kernel/DS系统调用(td_ref_dsname和td_set_dsname)来操作。请参照td_ref_dsname和td_set_dsname的详细说明。未指定TA_DSNAME属性时,dsname参数将会被忽略,在此情况下调用td_ref_dsname和td_set_dsname系统调用会返回E_OBJ错误码。

补充说明

任务只能在TA_RNGn指定的保护级别或保护级别为0的其中一个保护级别下运行。例如,指定了TA_RNG3保护级别的任务,是不会在保护级别1或2下运行的。

在不具有独立中断堆栈的系统中,中断处理使用系统堆栈,在保护级别0下运行。

系统堆栈默认大小是根据系统调用运行时消耗的内存来决定的。在不具有独立中断堆栈的系统中,还要考虑到中断处理的消耗。

系统堆栈是在保护级别0下共有空间上的常驻内存。未指定TA_USERSTACK属性时,用户堆栈是在TA_RNGn指定的保护级别下共有空间上的常驻内存。指定TA_USERSTACK属性时,用户堆栈的内存属性由调用者决定,也可以指定为任务固有空间上的非常驻内存。

TA_COPn的定义取决于CPU等硬件,没有可移植性。TA_FPU是TA_COPn定义中具有可移植性的浮点运算协处理器的通用定义。例如,如果浮点协处理器是TA_COP0,那么TA_FPU就是TA_COP0。不需要使用浮点协处理器时,定义TA_FPU=0。

即使在没有MMU的系统中,为了便于移植TA_RNGn等属性也必须保留。例如,可以将任何指定当作TA_RNG0处理而不返回错误。

但是,对于在没有MMU的系统中不好对应的TA_USERSTACK和TA_TASKSPACE属性,可以返回E_NOSPT错误码。

2. tk_del_tsk——删除任务

C语言接口

```
#include <tk/tkernel.h>
ER ercd = tk_del_tsk(ID tskid);
```

参　数

ID	tskid	Task ID	任务ID

返回参数

ER	ercd	Error Code	错误码

第 2 部分　T-Kernel 功能描述

错误码

E_OK	正常结束	
E_ID	错误的 ID(tskid 错误或不可用)	
E_NOEXS	对象不存在(tskid 所指定的任务不存在)	
E_OBJ	错误的对象状态(任务不处于休止状态(DORMANT))	

可用的上下文环境

任务部	准任务部	任务独立部
○	○	×

说　明

删除 tskid 所指定的任务。

具体来说，是将 tskid 所指定的任务从休止状态(DORMANT)转为未登录状态(NON-EXISTENT)，并把 TCB 以及栈空间进行释放。另外任务 ID 也会被释放。对一个未处于休止状态(DORMANT)的任务，调用此系统调用后将会返回错误码 E_OBJ。

tskid 不能指定为自任务。由于自任务不处于休止状态(DORMANT)，如果指定了自任务将会返回错误码 E_OBJ。自任务的删除是由系统调用 tk_exd_tsk 来进行的。

3．tk_sta_tsk—启动任务

C 语言接口

```
#include <tk/tkernel.h>
ER ercd = tk_sta_tsk(ID tskid, INT stacd);
```

参　数

ID	tskid	Task ID	任务 ID
INT	stack	Task Start Code	任务启动代码

返回参数

ER	ercd	Error Code	错误码

错误码

E_OK	正常结束
E_ID	错误的 ID(tskid 错误或不可用)
E_NOEXS	对象不存在(tskid 所指定的任务不存在)
E_OBJ	错误的对象状态(任务不处于休止状态(DORMANT))

可用的上下文环境

任务部	准任务部	任务独立部
○	○	○

说 明

启动 tskid 所指定的任务。具体来说,是将任务从休止状态(DORMANT)转为就绪状态。

启动时可以通过 stacd 来设置向任务传递的参数。对任务进行查询便能够得到此参数,因此利用此参数可进行简单的信息通信。

启动时的任务优先级就是对象任务被创建时所指定的任务启动优先级。

此系统调用的启动要求不会进行排队。如果对象任务不处于休止状态(DORMANT),调用此系统调用会被忽略,并返回错误码 E_OBJ。

4. tk_ext_tsk—退出自任务

C 语言接口

　　＃include <tk/tkernel.h>
　　void tk_ext_tsk();

参　数

　　无

返回参数

　　※不会返回到调用此系统调用(调用源)的上下文环境中。

错误码

　　※可能会检测到下面的错误,但即使检测出此错误,也不会返回到调用此系统调用(调用源)的环境(上下文)中。因此,是不能够将错误码做为系统调用的返回值直接返回的。检测到错误时的运行结果主要取决于具体的实现。

　　E_CTX　　　　　上下文环境错误(在任务独立部或任务切换禁止状态下运行)

可用的上下文环境

任务部	准任务部	任务独立部
○	○	×

说　明

自任务正常退出,转为休止状态(DORMANT)。

补充说明

调用 tk_ext_tsk 退出任务时,任务之前所获得的资源(内存块、信号量等)并不会自动进行释放,因此使用者应该在退出任务之前将获取的资源进行释放。

tk_ext_tsk 是不能够返回到调用源环境中的系统调用。因为此系统调用即使检测出某些错误并返回错误码,调用源通常为了避免系统被挂起也不会去检查这些错误。所以,此系统调用即使检测出错误,也不会返回到调用源环境中。

任务返回休止状态(DORMANT)时,TCB 所包含的任务优先级等信息会被重置。例如,通过调用 tk_chg_pri 改变了优先级的任务,调用 tk_ext_tsk 退出任务后,任务的优先级会被重置为 tk_cre_tsk 创建任务时指定的启动优先级(itskpri)。

那些不能够返回到调用源环境中的系统调用,全部以 tk_ret_?? 或 tk_ext_??(tk_exd_??)方式命名。

5. tk_exd_tsk—退出并删除自任务

C 语言接口

　　# include <tk/tkernel.h>
　　void tk_exd_tsk();

参　　数

　　无

返回参数

　　※不会返回到调用此系统调用(调用源)的上下文环境中。

错误码

　　※可能会检测到下面的错误,但即使检测出此错误,也不会返回到调用此系统调用(调用源)的环境(上下文)中。因此,是不能够将错误码做为系统调用的返回值直接返回的。检测到错误时的运行结果主要取决于具体的实现。

　　E_CTX　　　　　上下文环境错误(在任务独立部或任务切换禁止状态下运行)

可用的上下文环境

任务部	准任务部	任务独立部
〇	〇	×

说　　明

　　正常退出并且删除自任务。自任务转为未登录状态(NON-EXISTENT)。

补充说明

　　使用 tk_exd_tsk 终止任务时,任务之前所获得的资源(内存块、信号量等)并不会自动进行释放,因此使用者应该在终止任务之前将获取的资源进行释放。

　　tk_exd_tsk 是不能够返回到调用源环境中的系统调用。因为此系统调用即使检测出某些错误并返回错误码,调用源通常为了避免系统被挂起也不会去检查这些错误。所以,此系统调用即使检测出错误,也不会返回到调用源环境中。

6. tk_ter_tsk—强制结束他任务

C 语言接口

　　# include <tk/tkernel.h>
　　ER ercd = tk_ter_tsk(ID tskid);

参　数

| ID | tskid | Task ID | 任务 ID |

返回参数

| ER | ercd | Error Code | 错误码 |

错误码

E_OK	正常结束
E_ID	错误的 ID(tskid 错误或不可用)
E_NOEXS	对象不存在(tskid 所指定的任务不存在)
E_OBJ	错误的对象状态(任务处于休止状态(DORMANT)或任务为自任务)

可用的上下文环境

任务部	准任务部	任务独立部
○	○	×

说　明

强制结束 tskid 所指定的任务。tskid 所指定的任务转为休止状态(DORMANT)。

对象任务即使处于等待状态(包括挂起状态(SUSPENDED)),也会解除这些等待而结束。例如,对象任务在某等待队列(信号量等待等)中,通过调用 tk_ter_tsk 可以将其从等待队列中删除。

此系统调用不能指定自任务(调用任务本身)。指定自任务时会返回错误码 E_OBJ。

tk_ter_tsk 所指定的对象任务的状态和执行结果的关系如表 8 所列。

表 2.2　tk_ter_tsk 所指定的对象任务的状态和执行结果

对象任务状态	tk_ter_tsk 的 ercd	处 理
就绪状态与运行状态(RUNNING,READY)(除自任务之外)	E_OK	强制结束处理
运行状态(RUNNING)(自任务)	E_OBJ	无操作
等待状态(WAITING)	E_OK	强制结束处理
挂起状态(SUSPENDED)	E_OK	强制结束处理
二重等待状态(WAITING-SUSPENDED)	E_OK	强制结束处理
休止状态(DORMANT)	E_OBJ	无操作
未登录状态(NON-EXISTENT)	E_NOEXS	无操作

补充说明

调用 tk_ter_tsk 结束任务时,任务之前所获得的资源(内存块、信号量等)并不会自动进行释放,因此使用者应该在结束任务之前将获取的资源进行释放。

第 2 部分　T-Kernel 功能描述

任务返回休止状态(DORMANT)时,TCB 所包含的任务优先级等信息会被重置。例如,通过调用 tk_chg_pri 改变了优先级的任务,调用 tk_ter_tsk 结束任务后,任务的优先级会被重置为 tk_cre_tsk 创建任务时指定的启动优先级(itskpri)。

强制结束他任务,通常只在调试等与 OS 密切相关的任务里调用。一般的应用程序或中间件,原则上是不允许使用的。理由如下所示。

强制结束时,不管对象任务处于何种状态,都会进行强制结束操作的。例如,强制结束一个正在调用中间件功能的任务时,此任务就会在中间件运行途中被终止。如果允许这种情况发生的话,就不能保证中间件的正常运行。

如上所述,在任务状态不明确的情况下不能强制结束任务。因此,一般不允许使用强制结束任务的系统调用。

7. tk_chg_pri—更改任务优先级

C 语言接口

```
#include <tk/tkernel.h>
ER ercd = tk_chg_pri(ID tskid, PRI tskpri);
```

参　数

```
ID      tskid       Task ID              任务 ID
PRI     tskpri      Task Priority        任务优先级
```

返回参数

```
ER      ercd        Error Code           错误码
```

错误码

```
E_OK              正常结束
E_ID              错误的 ID(tskid 错误或不可用)
E_NOEXS           对象不存在(tskid 所指定的任务不存在)
E_PAR             参数错误(tskpri 错误或不可用)
E_ILUSE           非法调用(超过最高优先级限制)
```

可用的上下文环境

任务部	准任务部	任务独立部
○	○	×

说　明

将 tskid 所指定任务的基础优先级更改为 tskpri 所指定的值。同时,任务当前优先级也会被更改。

任务优先级数值的范围是 1~140,数值越小优先级越高。

当 tskid 设定为 TSK_SELF(＝0)时,对象任务为自任务(调用任务本身)。但是从任务独立部调用 tskid 设定为 TSK_SELF 的此系统调用时,会返回 E_ID 错误。另外,当 tskpri 设定为 TPRI_INI(＝0)时,对象任务的基础优先级会恢复到任务的启动优先级(itskpri)。

使用此系统调用更改以后的优先级,在任务结束之前是一直有效的。当任务返回休止状态(DORMANT)时,之前更改的优先级将会被丢弃,重新重置为任务创建时所指定的启动优先级(itskpri)。但是,在任务处于休止状态(DORMANT)时更改的优先级是有效的。任务下次会以更改后的优先级来启动。

当对象任务当前优先级与基础优先级一致(不使用互斥体时,这种条件总能满足的)时,运行此系统调用的结果如下:

对象任务处于运行状态时,任务的优先级会随着优先级的更改而变化,优先级被更改的任务在同优先级的所有任务中优先级最低。

同样,当对象任务处于按优先级排队的等待队列时,在等待队列中的顺序也会随着优先级的更改而变化,优先级被更改的任务会被排到同优先级的这些任务的末尾。

当对象任务已经锁定或者等待锁定一个 TA_CEILING 属性的互斥体时,如果 tskpri 所指定的基础优先级高于此互斥体的上限优先级,则返回 E_ILUSE 错误。

补充说明

调用此系统调用会改变对象任务在按优先级排队的等待队列中的顺序,因此可能会导致对象任务或等待队列中的其他任务的等待状态被解除(消息缓冲区的发送等待队列以及可变长内存池取得等待队列)。

对象任务等待锁定 TA_INHERIT 属性的互斥体时,调用此系统调用更改基础优先级后,需要进行动态优先级继承的处理。

当对象任务是不使用互斥体的自任务时,若指定更改后的优先级为自任务本身的基础优先级,则调用此系统调用会导致自任务的优先级变为同优先级的所有任务中最低的。因此,可以利用此系统调用来放弃执行权。

8. tk_chg_slt—更改任务时间片

C 语言接口

```
#include <tk/tkernel.h>
ER ercd = tk_chg_slt(ID tskid, RELTIM slicetime);
```

参数

ID	tskid	Task ID	任务 ID
RELTIM	slicetime	Slice Time	时间片(毫秒)

返回参数

| ER | ercd | Error Code | 错误码 |

错误码

E_OK	正常结束
E_ID	错误的 ID(tskid 错误或不可用)
E_NOEXS	对象不存在(tskid 所指定的任务不存在)
E_PAR	参数错误(slicetime 错误)

可用的上下文环境

任务部	准任务部	任务独立部
○	○	×

说　明

将 tskid 指定的任务的时间片更改为 slicetime 指定的值。

时间片功能,用于任务的轮转调度。当一个任务持续运行了 slicetime 以上的时间后,此任务的优先级会被排到同优先级的所有任务之后,执行权将自动交给下一个任务。

slicetime＝0 表示无时间限制,任务不会自动出让执行权。任务创建的时候 slicetime 被设置为 0。

tskid＝TSK_SELF＝0 表示指定的任务是自任务(调用任务本身)。但是从任务独立部调用此系统调用时,若设定 tskid＝TSK_SELF,会返回 E_ID 错误。

通过此系统调用更改的时间片,在任务结束之前一直保持有效。当任务返回到休止状态(DORMANT)时,会把之前更改的时间片丢弃,重新设置为任务创建时的时间片(slicetime＝0)。但是,在任务处于休止状态(DORMANT)时更改的时间片是有效的。在下次任务启动时,会使用这个更改后的时间片。

补充说明

执行权被更高优先级任务抢占的时间不计入到指定任务的持续运行时间内。另外,即使被高优先级的任务抢占了执行权,也不会认为其运行是不连续的。总之,被高优先级的任务抢占执行权的时间会被无视,只计算该任务的运行时间。

如果指定任务是唯一一个运行在这个优先级的任务,时间片则没有意义,任务会一直持续运行。

如果在相同优先级的任务中有 slicetime＝0 的任务,一旦这个任务取得执行权,就会停止轮转调度。

运行时间的计算方法取决于具体实现,它并不需要特别精确。反过来,应用程序也不能期待它有很高的精度。

9. tk_chg_slt_u—更改任务时间片(微秒单位)

C 语言接口

```
#include <tk/tkernel.h>
```

ER ercd = tk_chg_slt_u(ID tskid, RELTIM_U slicetime_u);

参　数

ID	tskid	Task ID	任务 ID
RELTIM_U	slicetime_u	Slice Time	时间片（微秒）

返回参数

ER	ercd	Error Code	错误码

错误码

E_OK	正常结束
E_ID	错误的 ID(tskid 错误或不可用)
E_NOEXS	对象不存在(tskid 所指定的任务不存在)
E_PAR	参数错误(slicetime_u 错误)

可用的上下文环境

任务部	准任务部	任务独立部
○	○	×

说　明

该系统调用就是将 tk_chg_slt 的参数 slicetime 替换为 64 位微秒单位的 slicetime_u。除了将参数变为 slicetime_u,此系统调用的说明和 tk_chg_slt 相同。请参阅 tk_chg_slt 的详细说明。

与 T-Kernel 1.0 的差异

T-Kernel 2.0 追加的系统调用。

10. tk_get_tsp—获取任务固有空间

C 语言接口

\#include <tk/tkernel.h>
ER ercd = tk_get_tsp(ID tskid, T_TSKSPC * pk_tskspc);

参　数

ID	tskid	Task ID	任务 ID
T_TSKSPC *	pk_tskspc	Packet of Task Space	任务固有空间信息

返回参数

ER	ercd	Error Code	错误码

pk_tskspc 的内容

void	*uatb	Address of Task Space Page Table	任务固有空间页表地址

| INT | lsid | Logical Space ID | 任务固有空间 ID(逻辑空间 ID) |

错误码

E_OK	正常结束
E_ID	错误的 ID(tskid 错误或不可用)
E_NOEXS	对象不存在(tskid 所指定的任务不存在)
E_PAR	参数错误(pk_tskspc 错误)

可用的上下文环境

任务部	准任务部	任务独立部
○	○	×

说　明

用于获取 tskid 所指定的任务的当前任务固有空间信息。

此系统调用能够指定自任务(tskid＝TSK_SELF＝0)，但是从任务独立部调用此系统调用时，若设定 tskid＝TSK_SELF＝0，会返回 E_ID 错误。

补充说明

pk_tskspc 内容(uatb,,lsid)的正确性取决于具体实现，但尽可能遵循上面定义来实现。

11. tk_set_tsp—设置任务固有空间

C 语言接口

```
＃include <tk/tkernel.h>
ER ercd = tk_set_tsp(ID tskid, CONST T_TSKSPC * pk_tskspc);
```

参　数

| ID | tskid | Task ID | 任务 ID |
| CONST T_TSKSPC * | pk_tskspc | Packet of Task Space | 任务固有空间信息 |

返回参数

| ER | ercd | Error Code | 错误码 |

pk_tskspc 的内容

| void * | uatb | Address of Task Space Page Table | 任务固有空间页表地址 |
| INT | lsid | Logical Space ID | 任务固有空间 ID(逻辑空间 ID) |

错误码

E_OK	正常结束
E_ID	错误的 ID(tskid 错误或不可用)
E_NOEXS	对象不存在(tskid 所指定的任务不存在)

E_PAR	参数错误(pk_tskspc 错误)	

可用的上下文环境

任务部	准任务部	任务独立部
○	○	×

说　明

设置 tskid 所指定的任务的任务固有空间。

此系统调用能够指定自任务(tskid＝TSK_SELF＝0)，但是从任务独立部调用此系统调用时，若设定 tskid＝TSK_SELF＝0，会返回 E_ID 错误。

任务固有空间改变造成的影响，内核并不会干预。若一任务的任务空间在任务执行时被更改了，那么任务很可能会发生跑飞等问题，这就需要由调用者来避免这些问题的发生。

补充说明

pk_tskspc 内容(uatb,,lsid)的正确性取决于具体实现，但尽可能遵循上面定义来实现。

12. tk_get_rid—获取任务所属资源组

C 语言接口

```
# include <tk/tkernel.h>
ID resid = tk_get_rid(ID  tskid);
```

参　数

ID	tskid	Task ID	任务 ID

返回参数

ID	resid	Resource ID	资源 ID
	或	Error Code	错误码

错误码

E_ID	错误的 ID(tskid 错误或不可用)	
E_NOEXS	对象不存在(tskid 所指定的任务不存在)	
E_OBJ	任务所属资源组不存在	

可用的上下文环境

任务部	准任务部	任务独立部
○	○	×

说　明

返回 tskid 所指定任务的所属资源组的资源 ID。

此系统调用能够指定自任务（tskid＝TSK_SELF＝0），但是从任务独立部调用此系统调用时，若设定 tskid＝TSK_SELF＝0，会返回 E_ID 错误。

补充说明

资源组的说明请参阅 4.10 节。

若所属资源组被删除的话，此系统调用也可能会返回被删除的资源 ID。是否返回错误（E_OBJ）取决于具体实现方法。（请参阅 tk_cre_res, tk_del_res）

子系统可使用该函数。子系统通过资源 ID 来识别进程。但是，当应用程序通过调用扩展 SVC 来运行子系统的处理时，不能指定资源 ID。这时子系统就需要利用该函数获取资源 ID。

13. tk_set_rid—设置任务所属资源组

C 语言接口

```
#include <tk/tkernel.h>
ID   oldid = tk_set_rid(ID tskid, ID resid);
```

参　数

| ID | tskid | Task ID | 任务 ID |
| ID | resid | Resource ID | 新资源 ID |

返回参数

| ID | oldid | Old Resource ID | 旧资源 ID |
| | 或 | Error Code | 错误码 |

错误码

| E_ID | 错误的 ID（tskid、resid 错误或不可用） |
| E_NOEXS | 对象不存在（tskid、resid 指定的对象不存在） |

可用的上下文环境

任务部	准任务部	任务独立部
○	○	×

说　明

将 tskid 所指定任务的当前资源组更改为 resid 所指定的资源组。返回值是更改之前的旧资源组的资源 ID。

此系统调用能够指定自任务（tskid＝TSK_SELF＝0），但是从任务独立部调用此系统调用时，若设定 tskid＝TSK_SELF＝0，会返回 E_ID 错误。

补充说明

资源组的说明请参阅 4.10 节。

即使 resid 的资源组在调用之前就被删除，调用的时候也可能不会返回错误，是否返回 E_NOEXS 错误取决于具体的实现。原则上来说,调用者不应该指定一个被删除的资源组。

14. tk_get_reg—获取任务寄存器

C 语言接口

```
#include <tk/tkernel.h>
ER ercd = tk_get_reg(ID tskid, T_REGS * pk_regs, T_EIT * pk_eit, T_CREGS * pk_cregs);
```

参　数

ID	tskid	Task ID	任务 ID
T_REGS *	pk_regs	Packet of Registers	通用寄存器
T_EIT *	pk_eit	Packet of EIT Registers	异常时保存的寄存器
T_CREGS *	pk_cregs	Packet of Control Registers	控制寄存器

返回参数

ER	ercd	Error Code	错误码

T_REGS,T_EIT,T_CREGS 的内容由 CPU 及实现来定义。

错误码

E_OK	正常结束
E_ID	错误的 ID(tskid 错误或不可用)
E_NOEXS	对象不存在(tskid 所指定的任务不存在)
E_OBJ	错误的对象状态(调用任务是自任务)
E_CTX	上下文环境错误(从任务独立部调用)

可用的上下文环境

任务部	准任务部	任务独立部
○	○	×

说　明

获取 tskid 所指定任务的当前寄存器的信息。

若 pk_regs、pk_eit、pk_cregs 参数分别设置成 NULL 时,则不能获得对应的寄存器信息。

调用此系统调用获取到的寄存器值,未必是任务部正在执行时的值。

对于自任务,不能够调用此系统调用,否则返回 E_OBJ 错误。

补充说明

原则上来说,任务上下文中的所有寄存器信息都可以被获得,不仅包括 CPU 上的物理寄存器,还包括内核上那些虚拟寄存器。

15. tk_set_reg—设置任务寄存器

C 语言接口

```
#include <tk/tkernel.h>
ER ercd = tk_set_reg(ID tskid, CONST T_REGS * pk_regs, CONST T_EIT * pk_eit, CONST T_CREGS * pk_cregs);
```

参　数

ID	tskid	Task ID	任务 ID
CONST T_REGS *	pk_regs	Packet of Registers	通用寄存器
CONST T_EIT *	pk_eit	Packet of EIT Registers	异常时保存的寄存器
CONST T_CREGS *	pk_cregs	Packet of Control Registers	控制寄存器

T_REGS, T_EIT, T_CREGS 的内容由 CPU 及实现来定义。

返回参数

ER	ercd	Error Code	错误码

错误码

E_OK	正常结束
E_ID	错误的 ID(tskid 错误或不可用)
E_NOEXS	对象不存在(tskid 所指定的任务不存在)
E_OBJ	错误的对象状态(对象任务是自任务)
E_CTX	上下文环境错误(从任务独立部调用)
E_PAR	错误的寄存器值(取决于具体的实现)

可用的上下文环境

任务部	准任务部	任务独立部
○	○	×

说　明

设置 tskid 所指定任务的当前寄存器的信息。

若 pk_regs、pk_eit、pk_cregs 参数分别设置成 NULL 时,则对应的寄存器未被设置。

设置的寄存器的值,未必是任务部执行时的值。设置寄存值造成的影响,内核并不会干预。

但是,对于内核不允许改变的寄存器或寄存器相应位,是不能够进行更改的。(依存于具体实现。)

自任务不能够调用此系统调用,否则返回 E_OBJ 错误。

16. tk_get_cpr—获取协处理器寄存器

C 语言接口

　　#include <tk/tkernel.h>
　　ER ercd = tk_get_cpr(ID tskid, INT copno, T_COPREGS * pk_copregs);

参　数

ID	tskid	Task ID	任务 ID
INT	copno	Coprocessor Number	协处理器编号(0～3)
T_COPREGS *	pk_copregs	Packet of Coprocessor Registers	协处理器寄存器

返回参数

ER	ercd	Error Code	错误码

pk_copregs 的内容

T_COP0REG	cop0	Coprocessor Number 0 Register	协处理器 0 的寄存器
T_COP1REG	cop1	Coprocessor Number 1 Register	协处理器 1 的寄存器
T_COP2REG	cop2	Coprocessor Number 2 Register	协处理器 2 的寄存器
T_COP3REG	cop3	Coprocessor Number 3 Register	协处理器 3 的寄存器

　　T_COPnREG 的内容由 CPU 及实现来定义。

错误码

E_OK	正常结束
E_ID	错误的 ID(tskid 错误或不可用)
E_NOEXS	对象不存在(tskid 所指定的任务不存在)
E_OBJ	错误的对象状态(对象任务为自任务)
E_CTX	上下文环境错误(从任务独立部调用)
E_PAR	参数错误(copno 错误或指定的协处理器不存在)

可用的上下文环境

任务部	准任务部	任务独立部
○	○	×

说　明

　　获取 tskid 所指定任务的寄存器 copno 的当前信息。
　　取得的寄存器的值,未必是任务部正在执行时的值。
　　自任务不能调用此系统调用,否则返回 E_OBJ 错误。

补充说明

　　原则上来说,任务上下文中的所有寄存器的信息都可以被获得,不仅包括 CPU 上的物理寄存器，还包括内核上那些虚拟寄存器。

17. tk_set_cpr—设置协处理器寄存器

C 语言接口

```
#include <tk/tkernel.h>
ER ercd = tk_set_cpr(ID tskid, INT copno, CONST T_COPREGS * pk_copregs);
```

参　　数

ID	tskid	Task ID	任务 ID
INT	copno	Coprocessor Number	协处理器编号(0～3)
CONST T_COPREGS *	pk_copregs	Packet of Coprocessor Registers	协处理器寄存器

pk_copregs 的内容

T_COP0REG	cop0	Coprocessor Number 0 Register	协处理器 0 的寄存器
T_COP1REG	cop1	Coprocessor Number 1 Register	协处理器 1 的寄存器
T_COP2REG	cop2	Coprocessor Number 2 Register	协处理器 2 的寄存器
T_COP3REG	cop3	Coprocessor Number 3 Register	协处理器 3 的寄存器

返回参数

ER	ercd	ErrorCode	错误码

错误码

E_OK	正常结束
E_ID	错误的 ID(tskid 错误或不可用)
E_NOEXS	对象不存在(tskid 所指定的任务不存在)
E_OBJ	错误的对象状态(对象任务为自任务)
E_CTX	上下文环境错误(从任务独立部调用)
E_PAR	参数错误(copno 错误或指定的协处理器不存在)

设置的寄存器值错误(依存于具体实现)

可用的上下文环境

任务部	准任务部	任务独立部
○	○	×

说　　明

设置 tskid 所指定的任务中协处理器 copno 的信息。

设置的寄存器的值，未必是任务部执行时的值。寄存器值改变造成的影响，内核并不会干预。

但是，对于内核不允许改变的寄存器或寄存器相应位是不能够进行更改的。(依存于具体实现)

自任务不能调用此系统调用,否则返回 E_OBJ 错误。

18. tk_inf_tsk—获取任务统计信息

C 语言接口

```
#include <tk/tkernel.h>
ER ercd = tk_inf_tsk(ID tskid, T_ITSK * pk_itsk, BOOL clr);
```

参　数

ID	tskid	Task ID	任务 ID
T_ITSK *	pk_itsk	Packet to Refer Task Statistice	任务统计信息
BOOL	clr	Clear	是否清除任务统计信息

返回参数

ER	ercd	Error Code	错误码

pk_itsk 的内容

RELTIM	stime	System Time	累积的系统级别运行时间(毫秒)
RELTIM	utime	User Time	累积的用户级别运行时间(毫秒)

—(以下可以追加依赖于具体实现的其他成员变量)—

错误码

E_OK	正常结束
E_ID	错误的 ID(tskid 错误或不可用)
E_NOEXS	对象不存在(tskid 所指定的任务不存在)
E_PAR	参数错误(pk_itsk 错误)

可用的上下文环境

任务部	准任务部	任务独立部
○	○	×

说　明

获取 tskid 所指定的任务的统计信息。

clr=TRUE≠0 时,取得统计信息后,将积累的时间复位(清零)。

此系统调用能够指定自任务(tskid=TSK_SELF=0),但是从任务独立部调用此系统调用时,若设定 tskid=TSK_SELF=0,会返回 E_ID 错误。

任务统计信息(T_ITSK)的 stime、utime 返回的是四舍五入到毫秒单位的值。如果想获取微秒单位的信息请使用 tk_inf_tsk_u。

补充说明

系统级别运行时间是指在 TA_RNG0 下运行的时间,用户级别运行时间是指在

TA_RNG0 以外级别下运行的时间。因此,在 TA_RNG0 级别创建的任务,运行时间都计为系统级别运行时间。

运行时间的计算方法取决于具体实现,它并不需要特别精确。反过来,应用程序也不能期待它有很高的精度。

19. tk_inf_tsk_u—获取任务统计信息(微秒单位)

C 语言接口

```
#include <tk/tkernel.h>
ER ercd = tk_inf_tsk_u (ID tskid, T_ITSK_U * pk_itsk_u, BOOL clr);
```

参　数

ID	tskid	Task ID	任务 ID
T_ITSK_U *	pk_itsk_u	Packet to Refer Task Statistice	任务统计信息
BOOL	clr	Clear	是否清除任务统计信息

返回参数

ER	ercd	Error Code	错误码

pk_itsk_u 的内容

RELTIM_U	stime_u	System Time	累积的系统级别运行时间(微秒)
RELTIM_U	utime_u	User Time	累积的用户级别运行时间(微秒)

—(以下可以追加依赖于具体实现的其他成员变量)—

错误码

E_OK	正常结束
E_ID	错误的 ID(tskid 错误或不可用)
E_NOEXS	对象不存在(tskid 所指定的任务不存在)
E_PAR	参数错误(pk_itsk_u 错误)

可用的上下文环境

任务部	准任务部	任务独立部
○	○	×

说　明

该系统调用就是将 tk_inf_tsk 的返回参数 stime 和 utime 替换为 64 位微秒单位的 stime_u 和 utime_u。

除了将返回参数变为 stime_u 和 utime_u,此系统调用的说明和 tk_inf_tsk 相同。请参阅 tk_inf_tsk 的详细说明。

嵌入式实时操作系统 T-Kernel 2.0

与 T-Kernel 1.0 的差异

T-Kernel 2.0 追加的系统调用。

20．tk_ref_tsk—获取任务状态

C 语言接口

```
#include <tk/tkernel.h>
ER ercd = tk_ref_tsk(ID tskid, T_RTSK * pk_rtsk);
```

参　数

ID	tskid	Task ID	任务 ID
T_RTSK *	pk_rtsk	Packet to Refer Task Status	任务状态

返回参数

ER	ercd	Error Code	错误码

pk_rtsk 的内容

void *	exinf	Extended Information	扩展信息
PRI	tskpri	Task Priority	当前优先级
PRI	tskbpri	Task Base Priority	基础优先级
UINT	tskstat	Task State	任务状态
UINT	tskwait	Task Wait Factor	等待要因
ID	wid	Waiting Object ID	等待对象 ID
INT	wupcnt	Wakeup Count	唤醒请求排队数
INT	suscnt	Suspend Count	挂起请求嵌套数
RELTIM	slicetime	Slice Time	最大连续运行时间（毫秒）
UINT	waitmask	Wait Mask	被禁止等待的等待要因
UINT	texmask	Task Exception Mask	被许可的任务异常
UINT	tskevent	Task Event	发生的任务事件

—（以下可以追加依赖于具体实现的其他成员变量）—

错误码

E_OK	正常结束
E_ID	错误的 ID(tskid 错误或不可用)
E_NOEXS	对象不存在(tskid 所指定的任务不存在)
E_PAR	参数错误(pk_rtsk 错误)

可用的上下文环境

任务部	准任务部	任务独立部
○	○	○

第 2 部分 T-Kernel 功能描述

说 明

获取 tskid 所指定的任务的各种状态。

tskstat 值如下：

TTS_RUN	0x0001	运行状态（RUNNING）
TTS_RDY	0x0002	就绪状态（READY）
TTS_WAI	0x0004	等待状态（WAITING）
TTS_SUS	0x0008	挂起状态（SUSPENDED）
TTS_WAS	0x000c	二重等待状态（WAIT-SUSPENDED）
TTS_DMT	0x0010	休止状态（DORMANT）
TTS_NODISWAI	0x0080	拒绝等待禁止状态

TTS_RUN、TTS_WAI 等，用相应的比特位来表示任务的各状态，用于处于多种状态的判断是很方便的（例如，判断是运行状态（RUNNING）还是就绪状态（READY））。在上面的状态里，TTS_WAS 表示 TTS_SUS 和 TTS_WAI 的组合。TTS_SUS 不能与 TTS_RUN，TTS_RDY，TTS_DMT 进行组和。

TTS_WAI（包括 TTS_WAS）时，若调用 tk_dis_wai 禁止等待却被拒绝的话，则表示 TTS_NODISWAI 状态已被设置，TTS_NODISWAI 不能和 TTS_WAI 以外的状态组合使用。

在中断处理中，以被中断的任务为对象调用 tk_ref_tsk 后，tskstat 会返回运行状态（RUNNING）（TTS_RUN）。

tskstat 为 TTS_WAI（包括 TTS_WAS）时，tskwait 和 wid 的值如表 2.3 所列。

表 2.3 tskwait 和 wid 的值

tskwait	值	说 明	wid
TTW_SLP	0x00000001	tk_slp_tsk 引起的等待	0
TTW_DLY	0x00000002	tk_dly_tsk 引起的等待	0
TTW_SEM	0x00000004	tk_wai_sem 引起的等待	semid
TTW_FLG	0x00000008	tk_wai_flg 引起的等待	flgid
TTW_MBX	0x00000040	tk_rcv_mbx 引起的等待	mbxid
TTW_MTX	0x00000080	tk_loc_mtx 引起的等待	mtxid
TTW_SMBF	0x00000100	tk_snd_mbf 引起的等待	mbifid
TTW_RMBF	0x00000200	tk_rcv_mbf 引起的等待	mbfid
TTW_CAL	0x00000400	集合点呼叫等待	pored
TTW_ACP	0x00000800	集合点接收等待	pored
TTW_RDV	0x00001000	集合点完成等待	0
(TTW_CAL/TTW_RDV)	0x00001400	集合点呼叫或完成等待	0
TTW_MPF	0x00002000	tk_get_mpf 引起的等待	mpfi
TTW_MPL	0x00004000	tk_get_mpl 引起的等待	mplid

续表 2.3

tskwait	值	说　明	wid
TTW_EV1	0x00010000	等待任务事件♯1	0
TTW_EV2	0x00020000	等待任务事件♯2	0
TTW_EV3	0x00040000	等待任务事件♯3	0
TTW_EV4	0x00080000	等待任务事件♯4	0
TTW_EV5	0x00100000	等待任务事件♯5	0
TTW_EV6	0x00200000	等待任务事件♯6	0
TTW_EV7	0x00400000	等待任务事件♯7	0
TTW_EV8	0x00800000	等待任务事件♯8	0

tskstat 不为 TTS_WAI(包括 TTS_WAS)时，tskwait，wid 的值为 0。

waitmask 与 tskwait 是按一样的比特顺序进行排列的。

处于休止状态的任务，wupcnt＝0，suscnt＝0，tskevent＝0。

此系统调用能够指定自任务(tskid＝TSK_SELF＝0)，但是从任务独立部调用此系统调用时，若设定 tskid＝TSK_SELF＝0，会返回 E_ID 错误。

调用 tk_ref_tsk 时，若对象任务不存在，会返回 E_NOEXS 错误。

任务状态信息(T_ITSK)的 slicetime 返回的是四舍五入到毫秒单位的值。如果想获取微秒单位的信息请使用 tk_ref_tsk_u。

补充说明

这个系统调用可以设定自任务(tskid＝TSK_SELF)，但是自任务的 ID 仍然是不可知的。需要自任务 ID 时，可以利用 tk_get_tid 来获取得到。

21. tk_ref_tsk_u—获取任务状态(微秒单位)

C 语言接口

```
#include <tk/tkernel.h>
ER ercd = tk_ref_tsk_u(ID tskid, T_RTSK_U * pk_rtsk_u);
```

参　数

ID	tskid	Task ID	任务 ID
T_RTSK_U *	pk_rtsk_u	Packet to Refer Task Status	任务状态

返回参数

ER	ercd	Error Code	错误码

pk_rtsk_u 的内容

void *	exinf	Extended Information	扩展信息
PRI	tskpri	Task Priority	当前优先级
PRI	tskbpri	Task Base Priority	基础优先级

UINT	tskstat	Task State	任务状态
UINT	tskwait	Task Wait Factor	等待要因
ID	wid	Waiting Object ID	等待对象 ID
INT	wupcnt	Wakeup Count	唤醒请求排队数
INT	suscnt	Suspend Count	挂起请求嵌套数
RELTIM_U	slicetime_u	Slice Time	最大连续运行时间(微秒)
UINT	waitmask	Wait Mask	被禁止等待的等待要因
UINT	texmask	Task Exception Mask	被许可的任务异常
UINT	tskevent	Task Event	发生的任务事件

—(以下可以追加依赖于具体实现的其他成员变量)—

错误码

E_OK	正常结束
E_ID	错误的 ID(tskid 错误或不可用)
E_NOEXS	对象不存在(tskid 所指定的任务不存在)
E_PAR	参数错误(pk_rtsk_u 错误)

可用的上下文环境

任务部	准任务部	任务独立部
○	○	○

说　明

该系统调用就是将 tk_ref_tsk 的返回参数 slicetime 替换为 64 位微秒单位的 slicetime_u。

除了将返回参数变为 slicetime_u,此系统调用的说明和 tk_ref_tsk 相同。请参阅 tk_ref_tsk 的详细说明。

与 T-Kernel 1.0 的差异

T-Kernel 2.0 追加的系统调用。

4.2　任务附属同步功能

任务附属的同步功能,是通过直接控制任务状态来实现任务同步的功能。这些功能包括使任务进入休眠状态和唤醒任务,取消任务的唤醒请求,强制解除任务等待状态,强制任务挂起和恢复挂起任务,延迟自任务的运行,任务事件以及禁止任务的进入等待状态等。

任务的唤醒请求是排队等待的,即对于未处于休眠状态的任务进行了唤醒操作,那么就会记录下这次唤醒请求,之后即使调用了使该任务进入休眠状态的系统调用,任务也不会进入休眠状态。任务利用唤醒请求的排队数来实现任务唤醒请求的排队。任务唤醒请求的排队数在任务启动被清零。

任务的挂起请求是嵌套的，即对于原来已处于挂起状态（包括二重等待状态）的任务再次进行强制挂起操作，那么就会记录下这次挂起请求，之后即使调用了使该任务从挂起状态（包括二重等待状态）恢复的系统调用，任务也不会进行恢复操作。任务利用挂起请求的嵌套数来实现任务挂起请求的嵌套。任务挂起请求的嵌套数，在任务启动时被清零。

1. tk_slp_tsk—使自任务进入休眠状态

C 语言接口

```
#include <tk/tkernel.h>
ER ercd = tk_slp_tsk(TMO tmout);
```

参　数

| TMO | tmout | Timeout | 超时时限（毫秒） |

返回参数

| ER | ercd | Error Code | 错误码 |

错误码

E_OK	正常结束
E_PAR	参数错误（tmout≤(-2)）
E_RLWAI	等待状态被强制解除（等待期间调用了 tk_rel_wai）
E_DISWAI	通过等待禁止解除等待
E_TMOUT	无应答或超时
E_CTX	上下文环境错误（在任务独立部或任务切换禁止状态下运行）

可用的上下文环境

任务部	准任务部	任务独立部
○	○	×

说　明

调用 tk_slp_tsk 系统调用，使自任务从运行状态（RUNNING）转为休眠状态（等待 tk_wup_tsk 状态）。但是，当自任务的唤醒请求排队等待即自任务的唤醒请求排队数大于 1 时，只是将唤醒请求排队数减去 1，自任务不会进入休眠状态而是继续运行。

若在 tmout 所指定的时间内对此任务进行了 tk_wup_tsk 调用，那么此系统调用会正常结束。若在 tmout 所指定的时间内未对此任务进行 tk_wup_tsk 调用，就会返回 E_TMOUT 错误。当设置 tmout=TMO_FEVR=(-1)时，表示超时时间是无限大的，此任务将一直保持休眠状态直到对其进行 tk_wup_tsk 调用。

补充说明

　　tk_slp_tsk 是使自任务进入休眠状态的系统调用,因此,tk_slp_tsk 不可进行嵌套。但是,其他任务可能会对进入休眠状态的任务进行 tk_sus_tsk 操作,此时任务会就会进入二重等待状态(WAITING-SUSPENDED)。

　　如果只是单纯的延迟任务,应使用 tk_dly_tsk 而不是 tk_slp_tsk。

　　此系统调用原则上只允许应用程序使用,而不允许中间件使用。主要原因如下:

　　如果有 2 个以上的地方利用唤醒等待来实现同步,唤醒时就会造成混乱,进而使运行出错。例如,如果应用程序和中间件双方都利用唤醒等待来实现同步,当中间件处于唤醒等待状态时,应用程序很可能已进行了唤醒请求,这时,中间件和应用程序都不能正常运行。

　　因此,在何处使任务进入唤醒等待状态等状况如果不能确定就不能正确地实现任务的同步。使任务进入休眠状态通常做为一种实现任务同步的简单方法来使用,但为了保证在应用程序中能自由地使用,原则上中件间是不能使用的。

2. tk_slp_tsk_u—使自任务进入休眠状态(微秒单位)

C 语言接口

```
#include <tk/tkernel.h>
ER ercd = tk_slp_tsk_u(TMO_U tmout_u);
```

参　　数

TMO_U	tmout_u	Timeout	超时时限(微秒)

返回参数

ER	ercd	Error Code	错误码

错误码

E_OK	正常结束
E_PAR	参数错误(tmout_u≤(-2))
E_RLWAI	等待状态被强制解除(等待期间调用了 tk_rel_wai)
E_DISWAI	通过等待禁止解除等待
E_TMOUT	无应答或超时
E_CTX	上下文环境错误(在任务独立部或任务切换禁止状态下运行)

可用的上下文环境

任务部	准任务部	任务独立部
○	○	×

说　　明

　　该系统调用就是将 tk_slp_tsk 的参数 tmout 替换为 64 位微秒单位的 tmout_u。

除了将参数变为 tmout_u，此系统调用的说明和 tk_slp_tsk 相同。请参阅 tk_slp_tsk 的详细说明。

与 T-Kernel 1.0 的差异

T-Kernel 2.0 追加的系统调用。

3. tk_wup_tsk—唤醒他任务

C 语言接口

```
#include <tk/tkernel.h>
ER ercd = tk_wup_tsk (ID tskid);
```

参　数

| ID | tskid | Task ID | 任务 ID |

返回参数

| ER | ercd | Error Code | 错误码 |

错误码

E_OK	正常结束
E_ID	错误的 ID(tskid 错误或不可用)
E_NOEXS	对象不存在(tskid 所指定的任务不存在)
E_OBJ	错误的对象状态(对象任务为自任务或处于休止状态(DORMANT))
E_QOVR	排队或嵌套溢出(排队数 wupcnt 溢出)

可用的上下文环境

任务部	准任务部	任务独立部
○	○	×

说　明

在 tk_slp_tsk 使 tskid 所指定的任务进入等待状态的情况下，调用此系统调用可将任务从这种等待状态中释放出来。

此系统调用不能指定自任务（调用任务本身）。指定自任务时会返回错误码 E_OBJ。

在对象任务没有调用 tk_slp_tsk、不处于等待状态的情况下，调用 tk_wup_tsk 会将唤醒请求排队。即对任务进行 tk_wup_tsk 调用的记录会被保留下来，之后即使对象任务进行 tk_slp_tsk 调用该任务也不会进入等待状态，把这个过程叫做唤醒请求的排队。

唤醒请求排队的具体动作如下。每个任务的 TCB 中都保存一个叫做唤醒请求排队数(wupcnt)的状态值，这个值的初始值为 0(tk_sta_tsk 执行时的值)。对一个未处于休眠状态的任务执行 tk_wup_tsk 后，对象任务的唤醒请求排队数会加 1。而另一方面，对象任务执行 tk_slp_tsk 后，这个任务的唤醒请求排队数会减 1。唤醒请求数为 0 的任务执行 tk_slp_tsk 后,唤醒请求排队数并不是变为负值,而是该任务进入等待状态。

通常情况下,tk_wup_tsk 可能只排队等待一回(wupcnt＝1)。唤醒请求排队数(wupcnt)的最大值取决于具体实现,可以设置成 1 以上的任意值。也就是说,对未处于等待状态的任务调用 1 回 tk_wup_tsk 并不会返回错误,但调用 2 回以上是否返回错误,这主要取决于具体实现。

当调用 tk_wup_tsk 使得唤醒请求排队数(wupcnt)超过了最大值上限后,会返回 E_QOVR 错误。

4. tk_can_wup—取消任务唤醒请求

C 语言接口

```
#include <tk/tkernel.h>
INT wupcnt = tk_can_wup(ID tskid);
```

参 数

ID	tskid	Task ID	任务 ID

返回参数

INT	wupcnt	Wakeup Count	排队等待的唤醒请求回数
	或	Error Code	错误码

错误码

E_ID	错误的 ID(tskid 错误或不可用)
E_NOEXS	对象不存在(tskid 所指定的任务不存在)
E_OBJ	错误的对象状态(对象任务处于休止状态(DORMANT))

可用的上下文环境

任务部	准任务部	任务独立部
○	○	×

说　明

取消 tskid 所指定任务的所有唤醒请求,同时返回唤醒请求排队数(wupcnt)。即将唤醒请求排队数(wupcnt)清零。

tskid＝TSK_SELF＝0 表示指定的任务是自任务。但是从任务独立部调用此系统调用时,若设定 tskid＝TSK_SELF＝0 会返回 E_ID 错误。

补充说明

在对任务进行周期性唤醒操作的情况下,可利用此系统调用来判断是否能在分配时间内完成处理。即在前回唤醒请求的处理已经结束并且 tk_slp_tsk 的调用之前,监视这个过程的任务调用 tk_can_wup,如果返回 1 以上的值,那么就表示前回唤醒请求处理在分配时间内没有完成。这样,可以对处理的延迟采取一些措施。

5. tk_rel_wai—解除他任务等待状态

C 语言接口

```
#include <tk/tkernel.h>
ER ercd = tk_rel_wai(ID tskid);
```

参　数

| ID | tskid | Task ID | 任务 ID |

返回参数

| ER | ercd | Error Code | 错误码 |

错误码

E_OK	正常结束
E_ID	错误的 ID(tskid 错误或不可用)
E_NOEXS	对象不存在(tskid 所指定的任务不存在)
E_OBJ	错误的对象状态(对象任务不处于等待状态 (包括自任务和处于休止状态(DORMANT)的情况))

可用的上下文环境

任务部	准任务部	任务独立部
○	○	○

说　明

强制解除 tskid 所指定任务的某种等待状态(不包括挂起状态)。

对于被 tk_rel_wai 系统调用解除等待状态的任务,会返回 E_RLWAI 错误码。

通过调用 tk_rel_wai 提出的解除等待要求不会进行排队。也就是说,若 tskid 所指定的任务处于等待状态,则等待状态会被解除;若对象任务未处于等待状态,调用时会会返回 E_OBJ 错误。若指定任务为自任务,也会返回 E_OBJ 错误。

tk_rel_wai 系统调用不能解除挂起状态(SUSPENDED)。若对象任务处于二重等待状态(WAITING-SUSPENDED),调用此系统调用后任务会转为挂起状态(SUS-PENDED)。如果想解除挂起状态(SUSPENDED)需要另外调用 tk_rsm_tsk 或 tk_frsm_tsk。

调用 tk_rel_wai 系统调用时,对象任务的状态与运行结果的关系如表 2.4 所列。

补充说明

利用报警处理程序,在某任务进入等待状态的一段时间后,就调用此系统调用,可以实现类似处理超时的功能。

第 2 部分 T-Kernel 功能描述

表 2.4 tk_rel_wai 所指定的对象任务的状态与运行结果的关系

对象任务状态	tk_rel_wai 的 ercd	处理
可运行状态(RUNNING,READY)（自任务除外）	E_OBJ	无操作
运行状态(RUNNING)（自任务）	E_OBJ	无操作
等待状态(WAITING)	E_OK	等待解[注]
挂起状态(SUSPENDED)	E_OBJ	无操作
二重等待状态(WAITING-SUSPENDED)	E_OK	转为挂起状态
休止状态(DORMANT)	E_OBJ	无操作
未登录状态(NON-EXISTENT)	E_NOEXS	无操作

注：返回 E_RLWAI 错误给对象任务。能够保证对象任务在没有获得需要的资源(不用满足解除等待的条件)的情况下，任务的等待状态就能被解除。

tk_rel_wai 与 tk_wup_tsk 主要有以下区别。

- tk_wup_tsk 只能解除因 tk_slp_tsk 而进入的等待状态，而 tk_rel_wai 除此之外还能够解除因 tk_wai_flg，tk_wai_sem，tk_rcv_msg，tk_get_blk 等进入的等待状态。
- 对于处于等待状态的任务，tk_wup_tsk 解除等待状态会正常结束（返回 E_OK），而 tk_rel_wai 解除等待状态会返回错误 E_RLWAI。
- 调用 tk_wup_tsk 时，如果对象任务还未执行 tk_slp_tsk，那么唤醒请求就会进行排队等待。但调用 tk_rel_tsk 时，如果对象任务未处于等待状态，那么就会返回 E_OBJ 错误。

6. tk_sus_tsk—使他任务进入挂起状态

C 语言接口

＃include <tk/tkernel.h>
ER ercd = tk_sus_tsk(ID tskid);

参　数

　　ID　　tskid　　　　Task ID　　　　　　　　任务 ID

返回参数

　　ER　　ercd　　　　Error Code　　　　　　 错误码

错误码

　　E_OK　　　　正常结束
　　E_ID　　　　错误的 ID(tskid 错误或不可用)

E_NOEXS	对象不存在（tskid 所指定的任务不存在）
E_OBJ	错误的对象状态（对象任务是自任务或处于休止状态（DORMANT））
E_QOVR	排队或嵌套溢出（嵌套数 suscnt 溢出）

可用的上下文环境

任务部	准任务部	任务独立部
○	○	○

说 明

　　使 tskid 所指定的任务进入挂起状态（SUSPENDED），中断任务的执行。

　　处于挂起状态（SUSPENDED）的任务，可通过 tk_rsm_tsk 或 tk_frsm_tsk 系统调用来解除。

　　对一个已处于等待状态的任务进行 tk_sus_tsk 操作后，对象任务就会处于等待状态和挂起状态的复合状态：二重等待状态（WAITING－SUSPENDED）。若此时对象任务的等待解除条件被满足，那么对象任务状态就会转为挂起状态（SUSPENDED）；相反的若对此任务进行 tk_rsm_tsk 操作，那么对象任务就会恢复到以前的等待状态。（请参阅图 2.2。）

　　挂起状态（SUSPENDED）意味着是由他任务发出的系统调用导致中断的状态，因此，这个系统调用不能够指定自任务，若指定自任务会返回 E_OBJ 错误。

　　若从任务独立部（与任务无关的部分）来调用此系统调用，在任务切换禁止的情况下指定处于运行状态（RUNNING）的任务时会返回 E_CTX 错误。

　　若对某任务进行多次 tk_sus_tsk 调用，那么这个任务会多次进入挂起状态（SUSPENDED），这被称为挂起请求的嵌套。在这种情况下，需要调用相同次数的 tk_rsm_tsk 操作，对象任务才会恢复到原来的状态。因此，可能会出现 tk_sus_tsk～ tk_rsm_tsk 对的嵌套。

　　挂起请求嵌套功能的有无以及嵌套数的限制值，取决于具体实现。

　　在不能进行挂起请求嵌套的系统中对任务进行多次 tk_sus_tsk 调用，或嵌套数超出了所允许的范围，会返回 E_QOVR 错误。

补充说明

　　当任务为了获取某种资源而处于等待状态（信号量等待等），并且也处于挂起状态（SUSPENDED）时，资源的分配与任务是否处于挂起状态（SUSPENDED）无关。即使任务处于挂起状态（SUSPENDED），资源分配也不会被延迟，资源分配或等待状态解除的优先级也不会被改变。即挂起状态（SUSPENDED）与其他处理和任务状态属于正交关系。

　　为了延迟挂起状态（SUSPENDED）任务的资源分配（暂时降低其优先级），用户可以将 tk_sus_tsk，tk_rsm_tsk 与 tk_chg_pri 一起组合使用。

　　任务挂起仅限于与 OS 紧密相关的部分使用，比如，虚拟内存的页面处理或调试器

的中断处理等。原则上普通应用程序或中间件不能使用,理由如下:

　　任务发生挂起与任务的运行状态无关。例如,任务在调用中间件的过程中被挂起后,任务就会在中间件内部处理时停止。中间件可能会通过互斥控制进行资源管理等处理,若一任务在中间件内部获取到资源以后停止了,那么其他任务就不可能使用此中间件了。这种情况下,就会造成一系列连锁反应:导致其他任务停止和系统死锁(DEADLOCK)。

　　因此,任务决不应该在不可知的状态下被停止,一般情况下禁止使用任务挂起功能。

7. tk_rsm_tsk—恢复挂起状态的任务

C 语言接口

```
#include <tk/tkernel.h>
ER ercd = tk_rsm_tsk(ID tskid);
```

参　　数

| ID | tskid | Task ID | 任务 ID |

返回参数

| ER | ercd | Error Code | 错误码 |

错误码

E_OK	正常结束
E_ID	错误的 ID(tskid 错误或不可用)
E_NOEXS	对象不存在(tskid 所指定的任务不存在)
E_OBJ	错误的对象状态(对象任务不处于挂起状态(SUSPENDED))
	(包括自任务或休止状态(DORMAND)的情况))

可用的上下文环境

任务部	准任务部	任务独立部
○	○	×

说　　明

　　解除 tskid 所指定的任务的挂起状态(SUSPENDED)。即如果 tk_sus_tsk 中断了任务的执行使其进入挂起状态(SUSPENDED),那么对这个任务调用调用此系统调用后,会解除任务的挂起状态并恢复其执行。

　　当对象任务处于二重等待状态(WAITING-SUSPENDED)时,对此任务执行 tk_rsm_tsk 调用后,只能解除任务的挂起状态(SUSPENDED),使对象任务进入等待状态。(请参阅图 2.2。)

　　此系统调用不能指定自任务(调用任务本身)。如果指定自任务会返回 E_OBJ 错误。

利用 tk_rsm_tsk 系统调用，只能解除一个挂起请求的嵌套（suscnt）。对于被进行多次（suscnt≥2）tk_sus_tsk 操作的对象任务，执行 tk_rsm_tsk 操作后对象任务还是会处于挂起状态（SUSPENDED）。

补充说明

对处于运行状态（RUNNING）或就绪状态（READY）的任务进行 tk_sus_tsk 操作使其进入挂起状态（SUSPENDED）后，再利用 tk_rsm_tsk 或 tk_frsm_tsk 对任务进行恢复操作，这时该任务的优先级在优先级相同的任务中变得最低。

例如，相同优先级的任务 A 和任务 B 执行下面的系统调用后，结果如下：

```
tk_sta_tsk(tskid = task_A, stacd_A);
tk_sta_tsk(tskid = task_B, stacd_B);
/* 根据 FCFS 规则，这时的优先级即执行顺序是 task_A→task_B */
tk_sus_tsk(tskid = task_A);
tk_rsm_tsk(tskid = task_A);
/* 这时的优先级即执行顺序是 task_B→task_A      */
```

8. tk_frsm_tsk——强制恢复挂起状态的任务

C 语言接口

```
#include <tk/tkernel.h>
ER ercd = tk_frsm_tsk(ID tskid);
```

参　　数

| ID | tskid | Task ID | 任务 ID |

返回参数

| ER | ercd | Error Code | 错误码 |

错误码

E_OK	正常结束
E_ID	错误的 ID（tskid 错误或不可用）
E_NOEXS	对象不存在（tskid 所指定的任务不存在）
E_OBJ	错误的对象状态（对象任务不处于挂起状态（SUSPENDED）（包括自任务或休止状态（DORMAND）的情况））

可用的上下文环境

任务部	准任务部	任务独立部
○	○	×

说　　明

解除 tskid 所指定的任务的挂起状态（SUSPENDED）。即如果 tk_sus_tsk 中断了任务的执行使其进入挂起状态(SUSPENDED),那么对这个任务调用调用此系统调用后,会解除任务的挂起状态并恢复其执行。

当对象任务处于二重等待状态(WAITING-SUSPENDED)时,对此任务执行 tk_frsm_tsk 调用后,只能解除任务的挂起状态(SUSPENDED),使对象任务进入等待状态。(请参阅图 2.2。)

此系统调用不能指定自任务(调用任务本身)。如果指定自任务会返回 E_OBJ 错误。

利用 tk_frsm_tsk 系统调用,挂起请求的嵌套(suscnt)都会被解除(suscnt=0)。因此,即使对象任务被进行了多次(suscnt≥2)tk_sus_tsk 操作,所有的挂起请求(suscnt=0)也都会被解除。即挂起状态(SUSPENDED)一定会被解除,而且只要任务不处于二重等待状态(WAITING-SUSPENDED),解除挂起状态的任务就会恢复执行。

补充说明

对处于运行状态(RUNNING)或就绪状态(READY)的任务进行 tk_sus_tsk 操作使其进入挂起状态(SUSPENDED)后,再利用 tk_rsm_tsk 或 tk_frsm_tsk 对任务进行恢复操作,这时该任务的优先级在优先级相同的任务中变得最低。

例如,相同优先级的任务 A 和任务 B 执行下面的系统调用后,结果如下:

```
tk_sta_tsk(tskid = task_A, stacd_A);
tk_sta_tsk(tskid = task_B, stacd_B);
/* 根据 FCFS 规则,这时的优先级即执行顺序是 task_A→task_B */
tk_sus_tsk(tskid = task_A);
tk_frsm_tsk(tskid = task_A);
/* 这时的优先级即执行顺序是 task_B→task_A        */
```

9. tk_dly_tsk—延迟任务

C 语言接口

```
#include <tk/tkernel.h>
ER ercd = tk_dly_tsk(RELTIM dlytim);
```

参　数

| RELTIM | dlytim | Delay Time | 延迟时间(毫秒) |

返回参数

| ER | ercd | Error Code | 错误码 |

错误码

E_OK	正常结束
E_NOMEM	内存不足
E_PAR	参数错误(dlytim 错误)

E_CTX	上下文环境错误(在任务独立部或任务切换禁止状态下运行)	
E_RLWAI	等待状态被强制解除(等待期间调用了 tk_rel_wai)	
E_DISWAI	因等待禁止而解除等待	

可用的上下文环境

任务部	准任务部	任务独立部
○	○	×

说　明

暂时停止自任务的执行,进入等待状态。自任务停止的时间由 dlytim 来指定。

延迟时的等待状态也是等待状态中的一种,调用 tk_rel_wai 能够解除这种等待状态。

调用了此系统调用的任务,即使是处于挂起状态(SUSPENDED)或等待-挂起状态(WAITING-SUSPENDED)时,也会对经过的时间进行计数。

dlytim 的基准时间(时间单位)与系统时间的基准时间(=1 ms)相同。

补充说明

此系统调用与 tk_slp_tsk 不同,延迟结束是正常结束。在延迟中,即使对任务进行 tk_wup_tsk 操作,也不会解除任务的等待状态。在延迟时间到达之前,只有 tk_ter_tsk 和 tk_rel_wai 系统调用能够终止 tk_dly_tsk。

10. tk_dly_tsk_u—延迟任务(微秒单位)

C 语言接口

```
#include <tk/tkernel.h>
ER ercd = tk_dly_tsk_u(RELTIM_U dlytim_u);
```

参　数

RELTIM_U	dlytim_u	Delay Time	延迟时间(微秒)

返回参数

ER	ercd	Error Code	错误码

错误码

E_OK	正常结束	
E_NOMEM	内存不足	
E_PAR	参数错误(dlytim_u 错误)	
E_CTX	上下文环境错误(在任务独立部或任务切换禁止状态下运行)	
E_RLWAI	等待状态被强制解除(等待期间调用了 tk_rel_wai)	
E_DISWAI	因等待禁止而解除等待	

可用的上下文环境

任务部	准任务部	任务独立部
○	○	×

说　明

该系统调用就是将 tk_dly_tsk 的参数 dlytim 替换为 64 位微秒单位的 dlytim_u。
除了将参数变为 dlytim_u，此系统调用的说明和 tk_dly_tsk 相同。请参阅 tk_dly_tsk 的详细说明。

与 T-Kernel 1.0 的差异

T-Kernel 2.0 追加的系统调用。

11. tk_sig_tev—发送任务事件

C 语言接口

```
#include <tk/tkernel.h>
ER ercd = tk_sig_tev(ID tskid, INT tskevt);
```

参　数

| ID | tskid | Task ID | 任务 ID |
| INT | tskevt | Task Event | 任务事件编号(1～8) |

返回参数

ER　　　ercd　　　Error Code　　　错误码

错误码

E_OK	正常结束
E_ID	错误的 ID(tskid 错误或不可用)
E_NOEXS	对象不存在(tskid 所指定的任务不存在)
E_OBJ	错误的对象状态(对象任务处于休止状态(DORMANT))
E_PAR	参数错误(tskevt 错误)

可用的上下文环境

任务部	准任务部	任务独立部
○	○	○

说　明

向 tskid 所指定的任务发送 tskevt 指定类型的任务事件。
对于每个任务都保存有 8 种类型的任务事件，可以用 1 到 8 来指定。
任务事件发送的次数不会被保存，只保存事件是否发生。
tskid=TSK_SELF=0 表示指定的任务是自任务(调用任务本身)。但是从任务独立部调用此系统调用时,若设定 tskid＝TSK_SELF＝0,会返回 E_ID 错误。

补充说明

任务事件的功能与 tk_slp_tsk 和 tk_wup_tsk 类似,都是用于同步功能的,但有以下两点不同。

- 唤醒请求(任务事件)的次数不会被保存。
- 唤醒请求可分为 8 种事件类型。

对于同一个任务,在 2 个地方以上使用同一个事件类型来实现同步会造成混乱。因此,应该明确地分配事件类型。

任务事件一般用于中间件,原则上来讲不在应用程序中使用。在应用程序中推荐使用 tk_slp_tsk 和 tk_wup_tsk。

12. tk_wai_tev—等待任务事件

C 语言接口

```
# include <tk/tkernel.h>
INT tevptn = tk_wai_tev(INT waiptn, TWO tmout);
```

参　　数

| INT | waiptn | Wait Event Pattern | 等待任务事件的模式 |
| TMO | tmout | Timeout | 超时时限(毫秒) |

返回参数

| INT | tevptn | Task Event Pattern | 等待解除时任务事件的模式 |
| | 或 | Error Code | 错误码 |

错误码

E_PAR	参数错误(waiptn 或 tmout 错误)
E_RLWAI	等待状态被强制解除(等待期间调用了 tk_rel_wai)
E_DISWAI	因等待禁止而解除等待
E_TMOUT	无应答或超时
E_CTX	上下文环境错误(在任务独立部或任务切换禁止状态下运行)

可用的上下文环境

任务部	准任务部	任务独立部
○	○	×

说　　明

等待 waiptn 所指定的任务事件中的任何一个事件发生。当任务事件发生导致等待被解除时,waiptn 所指定任务事件会被清除(发生时的任务事件 &＝～waiptn)。返回值是等待被解除时发生的任务事件状态(清除之前的状态)。

waiptn 及 tevptn 是由各任务事件进行 1<<（任务事件编号－1）后的比特值再进行逻辑或（OR）运算得到的值组成的。

通过 tmout 能够指定等待时间的最大值（超时时限值）。若没有满足等待解除的条件，那么超过 tmout 的时间后，此系统调用会返回 E_TMOUT 超时错误。

tmout 只能指定正值。tmout 的基准时间（时间单位）与系统时间的基准时间（＝1 毫秒）相同。

当 tmout 设置为 TMO_POL＝0 时，表示超时时限为 0，即使没有发生任务事件，也不会进入等待状态而只返回 E_TMOUT 错误。当 tmout 设置为 TMO_FEVR＝－1 时，表示超时时限是无限大，若不发生任务事件等待状态将一直持续下去。

13. tk_wai_tev_u—等待任务事件（微秒单位）

C 语言接口

```
#include <tk/tkernel.h>
INT tevptn = tk_wai_tev_u(INT waiptn, TWO_U tmout_u);
```

参　数

| INT | waiptn | Wait Event Pattern | 等待任务事件的模式 |
| TMO_U | tmout_u | Time out | 超时时限（微秒） |

返回参数

| INT | tevptn | Task Event Pattern | 等待解除时任务事件的模式 |
| | 或 | Error Code | 错误码 |

错误码

E_PAR	参数错误（waiptn 或 tmout_u 错误）
E_RLWAI	等待状态被强制解除（等待期间调用了 tk_rel_wai）
E_DISWAI	因等待禁止而解除等待
E_TMOUT	无应答或超时
E_CTX	上下文环境错误（在任务独立部或任务切换禁止状态下运行）

可用的上下文环境

任务部	准任务部	任务独立部
○	○	×

说　明

该系统调用就是将 tk_wai_tev 的参数 tmout 替换为 64 位微秒单位的 tmout_u。

除了将参数变为 tmout_u，此系统调用的说明和 tk_wai_dev 相同。请参阅 tk_wai_dev 的详细说明。

与 T-Kernel 1.0 的差异

T-Kernel 2.0 追加的系统调用。

14. tk_dis_wai—禁止任务等待状态

C 语言接口

♯include <tk/tkernel.h>

INT tskwait = tk_dis_wai(ID tskid, UINT waitmask);

参　数

| ID | tskid | Task ID | 任务 ID |
| UINT | waitmask | Wait Mask | 任务等待禁止设置 |

返回参数

| INT | tskwait | Task Wait | 任务等待禁止后的任务等待状态 |
| | 或 | Error Code | 错误码 |

错误码

E_ID	错误的 ID(tskid 错误或不可用)
E_NOEXS	对象不存在(tskid 所指定的任务不存在)
E_PAR	参数错误(waitmask 错误)

可用的上下文环境

任务部	准任务部	任务独立部
○	○	×

说　明

禁止 tskid 所指定的任务因 waitmask 所设定的等待要因而进入等待状态。如果任务已处于因 waitmask 中某一等待要因引起的等待状态时,等待会被解除。

waitmask 由以下任意的等待要因进行逻辑或运算所得到的值来表示。

```
♯define   TTW_SLP    0x00000001   /*休眠引起的等待*/
♯define   TTW_DLY    0x00000002   /*任务延迟引起的等待*/
♯define   TTW_SEM    0x00000004   /*等待信号量*/
♯define   TTW_FLG    0x00000008   /*等待事件标志*/
♯define   TTW_MBX    0x00000040   /*等待邮箱*/
♯define   TTW_MTX    0x00000080   /*等待互斥体*/
♯define   TTW_SMBF   0x00000100   /*等待邮箱缓冲区发送*/
♯define   TTW_RMBF   0x00000200   /*等待邮箱缓冲区接收*/
♯define   TTW_CAL    0x00000400   /*集合点调用时等待*/
♯define   TTW_ACP    0x00000800   /*等待集合点接收*/
```

```
#define  TTW_RDV   0x00001000   /*等待集合点完成*/
#define  TTW_MPF   0x00002000   /*等待固定大小的内存池*/
#define  TTW_MPL   0x00004000   /*等待大小可变的内存池*/
#define  TTW_EV1   0x00010000   /*等待任务事件#1*/
#define  TTW_EV2   0x00020000   /*等待任务事件#2*/
#define  TTW_EV3   0x00030000   /*等待任务事件#3*/
#define  TTW_EV4   0x00040000   /*等待任务事件#4*/
#define  TTW_EV5   0x00050000   /*等待任务事件#5*/
#define  TTW_EV6   0x00200000   /*等待任务事件#6*/
#define  TTW_EV7   0x00400000   /*等待任务事件#7*/
#define  TTW_EV8   0x00800000   /*等待任务事件#8*/
#define  TTX_SVC   0x80000000   /*禁止扩展SVC*/
```

TTX_SVC是一个特殊的参数,它禁止的不是任务的等待而是扩展SVC的调用。如果TTX_SVC参数被指定,那么任务在调用扩展SVC时会返回E_DISWAI错误。但是已经被调用的扩展SVC不会被终止。

返回值(tskwait)是tk_dis_wai执行等待禁止处理后的任务等待状态。这个值与tk_ref_tsk的tskwait值相同。tskwait值不会返回关于TTX_SVC的信息。tskwait等于0时,表示任务未进入等待状态(或等待被解除)。若tskwait不为0,则表示任务因waitmask以外的等待要因进入了等待状态。

当任务的等待状态被tk_dis_wai解除或在等待禁止状态下要进入新的等待状态时,会返回E_DISWAI。

在等待禁止状态下执行能够使任务进入这种等待的系统调用时,即使任务不会进入等待状态而可以直接进行下面的处理,还是会返回E_DISWAI。例如,在消息缓冲区的空间为可用、无须等待就能发送的情况下,即使调用tk_snd_mbf向消息缓冲区进行发送操作,也不会进行发送而是返回E_DISWAI。

在扩展SVC执行中设定的等待禁止会在从扩展SVC返回调用程序时自动解除。另外调用扩展SVC时,等待禁止也会自动解除,从扩展SVC返回以后会恢复原来的设置。

当任务返回到休止状态(DORMAND)时,等待禁止也会自动解除。然而,任务处于休止状态(DORMAND)时设置的等待禁止是有效的,在任务下次启动时使用。

信号量等主要的对象可以在创建的时候设定TA_NODISWAI参数。用TA_NODISWAI参数创建的对象,拒绝来自tk_dis_tsk的任何等待禁止,其等待不能被禁止。

tskid=TSK_SELF=0表示指定的任务是自任务(调用任务本身)。但是从任务独立部调用此系统调用时,若设定tskid=TSK_SELF=0,会返回E_ID错误。

补充说明

等待禁止功能可用来中止扩展SVC处理程序的执行,一般使用在中断函数中。(不只限定于这个功能。)

集合点的等待禁止,相比之下要复杂一些。基本上在集合点要进入等待状态时如果检测到等待禁止,等待会被解除。

下面列举几个具体的例子。

当 TTW_CAL 等待未被禁止而 TTW_RDV 等待被禁止时,呼叫任务首先进入集合点呼叫等待,之后集合点被接受该任务进入集合点完成等待时,等待会被解除,返回 E_DISWAI。而接收任务在收到消息进入集合点成立状态后发送应答(tk_rpl_rdv)会发生对方不存在(E_OBJ)的错误。

集合点在转发时,也能够使用等待禁止。此时的运行情况取决于转发集合点端口的属性,比如,转发的目的端口指定了 TA_NODISWAI 属性时,等待禁止就会被拒绝。

在进入集合点完成等待状态以后禁止 TTW_CAL 等待,在这种状态下进行集合点转发操作应该进入集合点呼叫等待状态,但因 TTW_CAL 的设置等待被禁止了。这时,E_DISWAI 会返回给集合点呼叫方(tk_cal_por)和转发方(tk_fwd_por)。

15. tk_ena_wai—解除任务等待禁止

C 语言接口

```
#include<tk/tkernel.h>
ER ercd = tk_ena_wai(ID tskid);
```

参　　数

| ID | tskid | Task ID | 任务 ID |

返回参数

| ER | ercd | Error Code | 错误码 |

错误码

E_OK	正常结束
E_ID	错误的 ID(tskid 错误或不可用)
E_NOEXS	对象不存在(tskid 所指定的任务不存在)

可用的上下文环境

任务部	准任务部	任务独立部
○	○	×

说　　明

解除 tskid 所指定任务的通过 tk_dis_wai 设定的所有等待禁止条件。

此系统调用能够指定自任务(tskid=TSK_SELF=0),但是从任务独立部调用此系统调用时,若设定 tskid=TSK_SELF=0,会返回 E_ID 错误。

4.3 任务异常处理功能

任务异常处理功能是指在任务的上下文环境中对任务中发生的异常事件进行中断处理的功能。

以下条件全部具备时任务异常处理程序在会被启动。

(1) 通过 tk_def_tex 注册任务异常处理程序
(2) 通过 tk_ena_tex 允许任务异常
(3) 通过 tk_ras_tex 产生任务异常

任务异常处理程序作为任务的一部分,在任务的上下文环境及任务创建时所指定的保护级别下运行。除了与任务异常相关的状态之外,任务异常处理程序的任务状态和普通任务部完全相同,可使用的系统调用也相同。

任务异常处理程序仅在对象任务正在执行时才能启动。如果发生任务异常时对象任务正处于非执行状态中,则在对象任务返回执行时启动任务异常处理程序。准任务部(扩展 SVC)运行中发生异常时,调用该扩展 SVC 的 break 函数,由 break 函数中止扩展 SVC 的处理并返回到任务部。

发生的任务异常请求在任务异常处理程序被调用时(任务异常处理程序开始执行时)清除。

任务异常的编号从 0～31 共有 32 种,0 的优先级最高,31 的优先级最低。此外,任务异常编号 0 有特殊的处理方式。

1. 任务异常编号 1～31

- 任务异常处理程序不能嵌套。任务异常处理程序执行中发生的任务异常将被保留以等待处理(任务异常 0 的情况除外)。
- 从任务异常处理程序中返回时,任务从被任务异常中断的位置开始恢复运行。
- 任务异常处理程序可以不返回而直接用 longjmp() 等指令跳转到任务内的任意位置。

2. 任务异常编号 0

- 编号 1～31 的任务异常处理程序运行中时,编号 0 的异常处理可以被嵌套执行。编号 0 的异常处理程序运行中则不能嵌套。
- 任务异常处理程序运行前,用户堆栈指针会被重置为任务启动时的初始值。但是,在用户堆栈和系统堆栈不分离的系统中,不重置堆栈指针。
- 不能再从异常处理程序返回到任务处理中。必须终止任务。

1. tk_def_tex—定义任务异常处理程序

C 语言接口

```
#include <tk/tkernel.h>
ER ercd = tk_def_tex(ID tskid, CONST T_DTEX * pk_dtex);
```

参　　数

| ID | tskid | Task ID | 任务 ID |
| CONST T_DTEX * | pk_dtex | Packet to Difine Task Exception | 任务异常处理程序定义信息 |

pk_dtex 的内容：

| ATR | texatr | Task Exception Attribute | 任务异常处理程序属性 |
| FP | texhdr | Task Exception Handler | 任务异常处理程序地址 |

—（以下可以追加依赖于具体实现的其他成员变量）—

返回参数

| ER | ercd | Error Code | 错误码 |

错误码

E_OK	正常结束
E_NOMEM	内存不足（管理块所需要的内存无法确保）
E_ID	错误的 ID（tskid 错误或不可用）
E_NOEXS	对象不存在（tskid 指定的任务不存在）
E_OBJ	错误的对象状态（tskid 指定的任务运行在保护级别 0）
E_RSATR	保留属性（texatr 错误或不可用）
E_PAR	参数错误（pk_dtex 错误或不可用）

可用的上下文环境

任务部	准任务部	任务独立部
○	○	×

说　　明

　　定义 tskid 所指定任务的任务异常处理程序。一个任务只能定义一个异常处理程序；对已定义过的任务再次进行定义将覆盖原有定义。pk_dtex=NULL 时解除定义。

　　定义或解除定义任务异常处理程序时，会清除待处理的任务异常请求，并禁止所有的任务异常（需要调用 tk_ena_tex 来重新设置异常有效）。

　　参数 texatr 的低位表示系统属性，高位表示依赖于具体实现的属性。在目前的版本中，未定义 texatr 的系统属性。

　　任务异常处理程序的大致形式如下：

```
void texhdr(INT texcd)
```

```
{
    /*
      任务异常处理
    */

    /* 终止任务异常处理程序 */
    if(texcd = = 0){
        tk_ext_tsk();或 tk_exd_tsk();
    } else {
        tk_end_tex();
        return 或 longjmp();
    }
}
```

任务异常处理程序只能是相当于 TA_ASM 属性的对象，系统不支持高级语言的任务异常处理程序。也就是说，任务异常处理程序的入口部分需要直接用汇编语言编写。内核的提供者必须提供用于调用上述 C 语言的任务异常处理程序的汇编语言源代码。即必须提供等效于高级语言对应例程的源代码。

创建时的保护级别是 TA_RNG0 的任务，无法使用任务异常。

补充说明

任务创建时不会定义任务异常处理程序，任务异常也是被禁止的。

任务返回休止状态（DORMANT）时，将自动解除任务异常处理的定义，并禁止任务异常，同时清除待处理的任务异常。但是，可以在休止状态（DORMANT）下定义任务异常处理程序。

任务异常通常由 tk_ras_tex 产生，属于软异常，与 CPU 异常没有直接关系。

2. tk_ena_tex—允许任务异常

C 语言接口

```
#include <tk/tkernel.h>
ER ercd = tk_ena_tex(ID tskid,UINT   texptn);
```

参　　数

| ID | tskid | Task ID | 任务 ID |
| UINT | texptn | Task Exception Pattern | 任务异常模式 |

返回参数

| ER | ercd | Error Code | 错误码 |

错误码

| E_OK | | 正常结束 |

E_ID	错误的 ID(tskid 错误或不可用)	
E_NOEXS	对象不存在(tskid 指定的任务不存在或未定义任务异常处理程序)	
E_PAR	参数错误(texptn 错误或不可用)	

可用的上下文环境

任务部	准任务部	任务独立部
○	○	×

说　明

允许 tskid 所指定任务的任务异常。

允许任务异常编号为 x 的异常时,设置 texptn 的左起第 x 位为 1 即可。

tk_ena_tex 设置 texptn 所指定的任务异常有效。假设当前的异常允许状态为 texmask,则操作后结果如下:

允许:texmask |＝texptn

Texptn 的所有位均为 0 时不会对 texmask 进行任何操作。但是也不会返回错误。

没有定义任务异常处理程序时,允许任务异常的操作无效。

也适用于处于休止状态(DORMANT)的任务。

3. tk_dis_tex—禁止任务异常

C 语言接口

```
#include <tk/tkernel.h>
ER ercd = tk_dis_tex(ID tskid,UINT   texptn);
```

参　数

ID	tskid	Task ID	任务 ID
UINT	texptn	Task Exception Pattern	任务异常模式

返回参数

ER	ercd	Error Code	错误码

错误码

E_OK	正常结束
E_ID	错误的 ID(tskid 错误或不可用)
E_NOEXS	对象不存在(tskid 指定的任务不存在或未定义任务异常处理程序)
E_PAR	参数错误(texptn 错误或不可用)

可用的上下文环境

任务部	准任务部	任务独立部
○	○	×

说 明

禁止 tskid 所指定任务的任务异常。

禁止任务异常编号为 x 的异常时，设置 texptn 的左起第 x 位为 1 即可。

tk_dis_tex 禁止 texptn 所指定的任务异常。假设当前的异常允许状态为 texmask，则操作后结果如下：

禁止：texmask &= ~texptn

Texptn 的所有位均为 0 时不会对 texmask 进行任何操作。但是也不会返回错误。

被禁止的任务异常将被忽略，也不进入待处理状态。禁止某个异常时，如果待处理的异常中有该异常，则该任务异常请求将被舍弃（待处理状态被清除）。

也适用于处于休止状态（DORMANT）的任务。

4. tk_ras_tex—产生任务异常

C 语言接口

```
#include <tk/tkernel.h>
ER ercd = tk_ras_tex(ID tskid, INT texcd);
```

参　数

ID	tskid	Task ID	任务 ID
INT	texcd	Task Exception Code	任务异常编号(0～31)

返回参数

ER	ercd	Error Code	错误码

错误码

E_OK	正常结束
E_ID	错误的 ID(tskid 错误或不可用)
E_NOEXS	对象不存在(tskid 指定的任务不存在或未定义任务异常处理程序)
E_OBJ	对象状态错误(tskid 指定的任务处于休止状态)
E_PAR	参数错误(texcd 错误或不可用)
E_CTX	上下文环境错误(在任务独立部或禁止切换状态下执行)

可用的上下文环境

任务部	准任务部	任务独立部
○	○	×

说 明

对 tskid 指定的任务产生异常编号为 texcd 的异常。但是如果 tskid 指定的任务不允许编号为 texcd 的异常，则新产生的任务异常将被无视并且不会被挂起。这种情况下本系统调用将返回 E_OK。

如果 tskid 指定的任务已经在运行异常处理程序，则新产生的任务异常被挂起以等待处理。新异常被挂起的情况下，即使对象任务处于扩展 SVC 运行中也不会调用 break 函数。

但是，如果 texcd=0，那么即使对象任务正在运行异常处理程序，也会直接中断并处理新异常。此时，如果对象任务正在运行编号 1~31 的异常对应的任务异常处理程序，则新的任务异常被处理；如果正在运行扩展 SVC，则调用 break 函数。如果对象任务正在执行 0 任务异常的异常处理程序，则新产生的任务异常将被忽略。

通过设置 tskid=TSK_SELF=0 来指定对象任务为自任务。

不能在任务独立部中调用(E_CTX)。

补充说明

如果对象任务处于扩展 SVC 运行中，则该扩展 SVC 对应的 break 处理程序在调用 tk_ras_tex 的准任务部中运行。即 break 处理程序的上下文环境就是把调用 tk_ras_tex 的任务作为请求任务的准任务部。

因此，在这种情况下，break 函数运行结束之前 tk_ras_tas 不会返回。因此规定不能在任务独立部中调用 tk_ras_tex。

如果 break 函数运行中，调用 tk_ras_tex 的任务发生任务异常，则该异常会被挂起直到 break 函数结束为止。

5. tk_end_tex—终止任务异常处理程序

C 语言接口

　　# include <tk/tkernel.h>
　　INT texcd = tk_end_tex(BOOL enatex);

参　数

BOOL	enatex	Enable Task Exception	是否允许触发任务异常处理程序

返回参数

INT	texcd	Task Exception Code	待处理的异常编号
	或	Error Code	错误码

错误码

　　E_CTX　　上下文环境错误(在任务异常处理程序外调用或所处理的任务异常编号为 0(是否检测取决于具体实现))

可用的上下文环境

任务部	准任务部	任务独立部
○	○	×

说 明

终止当前任务异常处理,允许触发新的任务异常处理程序。如果有任务异常在等待处理,则其中优先级最高的任务异常编号作为返回值被返回;如果没有任务异常在等待处理,则返回 0。

如果 enatex=FALSE,且有正等待处理的任务异常,则不允许触发新的任务异常处理程序。在这种情况下,从 tk_end_tex 中返回时,应当对返回值 texcd 所对应的任务异常进行处理。没有待处理异常的情况下(返回 0),才允许触发新的任务异常处理程序。

如果 enatex=TRUE,则不管有没有待处理的任务异常,都允许触发新的任务异常处理程序。即使有任务异常在等待处理,任务异常处理程序也将终止。

只有 tk_end_tex 可以终止任务异常处理程序。从任务异常处理程序被启动开始,到调用 tk_end_tsk 为止,任务异常处理程序一直处于运行状态。如果没有调用 tk_end_tex 就从任务异常处理程序中返回,任务将依然处于任务异常处理程序中。同样地,如果不调用 tk_end_tex 直接用 longjmp 跳出任务异常处理程序,则跳转目标仍将处于任务异常处理程序运行中状态。

当有任务异常在等待处理时,调用 tk_end_tex,会使正等待处理的任务异常得到处理。这种时候,即使 tk_end_tex 是被扩展 SVC 处理程序所调用,也不会调用该扩展 SVC 处理程序的 break 函数。如果该扩展 SVC 是被别的扩展 SVC 嵌套调用,则当该扩展 SVC 返回时,上一级扩展 SVC 对应的 break 函数被调用。直到返回任务部之后,才调用新的任务异常处理程序。

任务异常编号为 0 的情况下,不能终止任务异常处理程序,所以不能调用 tk_end_tex。任务异常编号为 0 的时候调用 tk_end_tex 的结果不确定(依赖于具体实现)。

不能在任务异常处理程序之外调用 tk_end_tex。在任务异常处理程序之外调用 tk_end_tex 时的结果不确定(依赖于具体实现)。

补充说明

调用 tk_end_tex(TRUE),且有任务异常正等待处理的情况下,tk_end_tex 返回后会立即触发新的任务异常处理程序。此时,因为堆栈还未恢复,所以有可能导致堆栈溢出。因此,一般会采用 tk_end_tex(FALSE)循环处理剩下的任务异常:

```
void texhdr(INT texcd)
{
    if (texcd = = 0){
        /*
            任务异常 0 用的处理
        */
        tk_exd_tsk();
    }
    do {
```

```
            /*
                任务异常 1～31 用的处理
            */
        } while ((texcd = tk_end_tex(FALSE)) > 0);
}
```

严格来讲,如果任务异常在 tk_end_tex 返回 0,循环终止之后,退出 texhdr 之前的时间间隔内产生,同样存在堆栈未恢复而再次进入 texhdr 的可能性。但是,由于任务异常是软件产生的,通常不可能与任务运行无关地凭空产生,所以在实际应用中应该不构成问题。

6. tk_ref_tex—查询任务异常状态

C 语言接口

```
#include <tk/tkernel.h>
ER ercd = tk_ref_tex(ID tskid, T_RTEX * pk_rtex);
```

参　　数

ID	tskid	Task ID	任务 ID
T_RTEX *	pk_rtex	Packet to Refer Task Exception	任务异常状态

返回参数

ER	ercd	Error Code	错误码

pk_rtex 的内容

UINT	pendtex	Pending Task Exception	待处理的任务异常
UINT	texmask	Task Exception Mask	允许产生的任务异常

—(以下可以追加依赖于具体实现的其他成员变量)—

错误码

E_OK	正常结束
E_ID	错误的 ID(tskid 错误或不可用)
E_NOEXS	对象不存在(tskid 指定的任务不存在)
E_PAR	参数错误(pk_rtex 错误)

可用的上下文环境

任务部	准任务部	任务独立部
○	○	×

说　　明

取得 tskid 所指定任务的任务异常状态。

pendtex 表示待处理的任务异常。这些任务异常已经发生,但是还未被处理。

texmask 表示被允许的任务异常。

pendtex 和 texmask 都是 1<<((任务异常编号)形式的值。

可通过设置 tskid=TSK_SELF=0 来指定对象任务为自任务。但是,从任务独立部调用本系统调用并设置 tskid=TSK_SELF=0 的话,会出错并返回错误码 E_ID。

4.4 同步和通信功能

同步和通信功能是通过独立于任务的对象来实现任务之间同步和通信的功能。包括信号量、事件标识和邮箱。

4.4.1 信号量

信号量(semaphore)是通过对可用资源的计数,来实现资源使用时的互斥或同步的对象。相关功能包括:信号量的创建/删除功能,信号量对应资源的获取/释放功能以及查询信号量状态功能。信号量对象通过 ID 号(被称为信号量 ID)识别。

信号量对象包含一个指示可用资源数的资源计数器和一个等待获取资源的任务队列。释放 m 个资源的一方(事件通知方),使信号量资源计数增加 m。而获取 n 个资源的一方(事件等待方),则使信号量资源计数减少 n。信号量资源不足(具体来说,减去请求资源数之后信号量资源计数为负)的时候,尝试获取资源的任务进入等待状态,直到足够的资源被释放。等待信号量资源的任务,被加入到该信号量的等待队列中。

另外,为防止信号量对应的资源被过度释放,每个信号量都可以设置最大资源数。超过最大资源数的资源被释放(具体来说,信号量的资源计数增加之后超过最大资源数)时将会报错。

1. tk_cre_sem—创建信号量

C 语言接口

```
#include <tk/tkernel.h>
ID semid = tk_cre_sem(CONST T_CSEM * pk_csem);
```

参　数

```
CONST T_CSEM *    pk_csem      Packet to Create Semaphore    信号量创建信息
```

pk_csem 的内容

```
void *    exinf       Extended Infomation         扩展信息
ATR       sematr      Semaphore Attribute         信号量属性
INT       isemcnt     Initial Semaphore Count     初始资源数
INT       maxsem      Maximum Semaphore Count     最大资源数
```

| UB | dsname[8] | DS Object Name | DS 对象名 |

—（以下可以追加依赖于具体实现的其他成员变量）—

返回参数

| ID | semid | Semaphore ID | 信号量 ID |
| | 或 | Error Code | 错误码 |

错误码

E_NOMEM	内存不足（无法分配用于管理的内存块）
E_LIMIT	信号量计数超出系统限制
E_RSATR	保留属性（sematr 错误或不可用）
E_PAR	参数错误（pk_csem 错误，isemcnt，maxsem 为负或错误）

可用的上下文环境

任务部	准任务部	任务独立部
○	○	×

说明

创建一个信号量，并给它分配一个信号量 ID。具体来说就是为创建的信号量分配管理用内存块，资源数初始值设为 isemcnt，最大资源数设为 maxsem。另外，maxsem 至少应能设为 65 535。是否可以设为 65 535 以上的值，依具体实现而定。

用户可以自由利用 exinf 来设置与对象信号量相关的信息。exinf 参数中设置的信息可通过 tk_ref_sem 读取。为加入用户信息而需要更大的内存空间，或者需要中途更改的情况下，由用户自己确保需要的内存，并将该内存地址赋给 exinf。内核不关心 exinf 的内容。

sematr 的低位表示系统属性，高位表示具体实现特定的属性。系统属性部分如下所示：

sematr := (TA_TFIFO||TA_TPRI)|(TA_FIRST||TA_CNT)|[TA_DSNAME]|[TA_NODISWAI]

TA_TFIFO	等待任务按 FIFO 的顺序排列
TA_TPRI	等待任务按优先级顺序排列
TA_FIRST	等待队列前端的任务优先获得资源
TA_CNT	请求能够满足的任务优先获得资源
TA_DSNAME	设定 DS 对象名
TA_NODISWAI	无法通过 tk_dis_wai 禁止等待

通过 TA_FIFO 和 TA_TPRI，可以设定任务在信号量的等待队列里的排列方法。如果指定属性为 TA_TFIFO，则任务等待队列是先进先出的，如果是 TA_TPRI，任务等待队列按任务的优先级顺序排列。

TA_FIRST 和 TA_CNT 指定获取资源的优先顺序。TA_FIRST 和 TA_CNT 属性并不改变任务在等待队列中的排列顺序，等待队列的排列顺序由 TA_FIFO 和 TA_

TPRI 决定。

如果指定 TA_FIRST 属性,则从等待队列的先头开始顺序分配资源,和请求资源数没有关系。只要队列中第一个任务还未获得所请求的资源,队列后面的任务就无法获取资源。

TA_CNT 则根据任务所请求的资源数量能否得到满足来分配。具体来说,从队列的第一个任务开始顺序检查所请求的资源数,将资源分配给所请求的资源数能够得到满足的任务,而不是分配给请求资源数最少的任务。

指定 TA_DSNAME 属性时,dsname 有效,并将其设置为信号量的 DS 对象名。调试器利用 DS 对象名来识别对象,DS 对象名只能通过 T_Kernel/DS 的系统调用 td_ref_dsname 和 td_set_dsname 访问。详细情况参考 td_ref_dsname 和 td_set_dsname。TA_DSNAME 未设置的情况下,dsname 被忽略,调用 td_ref_dsname 和 td_set_dsname 会返回 E_OBJ 错误。

```
#define   TA_TFIFO      0x00000000   /* 根据 FIFO 原则管理等待队列 */
#define   TA_TPRI       0x00000001   /* 根据优先级管理等待队列 */
#define   TA_FIRST      0x00000000   /* 等待队列前端的任务优先获得资源 */
#define   TA_CNT        0x00000002   /* 请求能够满足的任务优先获得资源 */
#define   TA_DSNAME     0x00000040   /* DS 对象名 */
#define   TA_NODISWAI   0x00000080   /* 无法禁止等待 */
```

2. tk_del_sem—删除信号量

C 语言接口

```
#include <tk/tkernel.h>
ER ercd = tk_del_sem(ID semid);
```

参　数

```
ID    semid        Semaphore ID              信号量 ID
```

返回参数

```
ER    ercd         Error Code                错误码
```

错误码

```
E_OK          正常结束
E_ID          错误的 ID 号(semid 错误或不可用)
E_NOEXS       对象不存在(semid 所指定的信号量不存在)
```

可用的上下文环境

任务部	准任务部	任务独立部
○	○	×

说 明

删除 semid 所指定的信号量。

本系统调用释放信号量 ID 和用于管理的内存块。

对象信号量中即使有任务正在等待条件满足,本系统调用也能正常结束,但会向等待此信号量的任务返回错误码 E_DLT。

3. tk_sig_sem—释放信号量资源

C 语言接口

```
#include <tk/tkernel.h>
ER ercd = tk_sig_sem(ID semid, INT cnt);
```

参 数

ID	semid	Semaphore ID	信号量 ID
INT	cnt	Count	释放的资源数

返回参数

ER	ercd	Error Code	错误码

错误码

E_OK	正常结束
E_ID	错误的 ID 号(semid 错误或不可用)
E_NOEXS	对象不存在(semid 所指定的信号量不存在)
E_QOVR	资源数溢出(semcnt 超过最大资源数)
E_PAR	参数错误(cnt ≤ 0)

可用的上下文环境

任务部	准任务部	任务独立部
○	○	×

说 明

向 semid 指定的信号量释放 cnt 个资源。如果有任务正在等待对象信号量的资源,则检查该任务请求的资源数,可能的话为其分配资源。被分配了资源的任务将进入就绪状态。某些条件下,会有多个任务分配到资源并进入就绪状态。

信号量计数器增加之后超过最大资源数(maxcnt)的情况下,返回错误码 E_QOVR。此时不进行任何动作,资源不会被释放,计数器的值(semcnt)也不变。

补充说明

信号量计数器(semcnt)的值超过初始值(isemcnt)的情况下,不返回错误。因为当信号量不是用于互斥而是用于同步(类似于 tk_wup_tsk 和 tk_slp_tsk 的作用)的时候,信号量计数(semcnt)有可能会超过初始值(isemcnt)。将信号量用于互斥时,可以通过设置初始值(isemcnt)等于最大资源数(maxsem)来检查计数增加导致的错误。

4. tk_wai_sem—获取信号量资源

C 语言接口

```
#include <tk/tkernel.h>
ER ercd = tk_wai_sem(ID semid, INT cnt, TMO tmout);
```

参　数

ID	semid	Semaphore ID	信号量 ID
INT	cnt	Count	请求资源数
TMO	tmout	Timeout	超时时限(毫秒)

返回参数

ER	ercd	Error Code	错误码

错误码

E_OK	正常结束
E_ID	错误的 ID 号(semid 错误或不可用)
E_NOEXS	对象不存在(semid 所指定的信号量不存在)
E_PAR	参数错误(tmout ≤ －2 或 cnt ≤ 0)
E_DLT	等待对象被删除(等待期间对象信号量被删除)
E_RLWAI	等待状态被强制解除(等待期间接受 tk_rel_wai 调用)
E_DISWAI	由于等待禁止而解除等待
E_TMOUT	无应答或超时
E_CTX	上下文环境错误(任务独立部或切换禁止状态下调用)

可用的上下文环境

任务部	准任务部	任务独立部
○	○	×

说　明

　　从 semid 指定的信号量中获取 cnt 个资源。如果所请求资源可以满足,则调用本系统调用的任务不进入等待状态而继续运行。此时,该信号量的资源计数器(semcnt)的值减少 cnt。如果所请求资源无法满足,则调用本系统调用的任务进入等待状态,即被加入到该信号量的等待队列中。这种情况下,信号量的资源计数值不发生变化。

　　可以用 tmout 来指定最长等待时间。如果 tmout 的时间经过后等待解除的条件依然没有满足(未调用 tk_sig_sem),则本系统调用终止,返回超时错误码 E_TMOUT。

　　tmout 只能指定为正值。tmout 的基准时间(时间单位)和系统的基准时间(＝1 ms)相同。

指定 tmout 为 TMO_POL＝0 时，即使无法获取资源也不进入等待状态而是直接返回 E_TMOUT。指定 tmout 为 TMO_FEVR＝(－1)的情况下，任务会一直等待直到获得资源为止。

5. tk_wai_sem_u—获取信号量资源(微秒单位)

C 语言接口

　　＃include <tk/tkernel.h>
　　ER ercd = tk_wai_sem_u(ID semid, INT cnt, TMO_U tmout_u);

参　　数

ID	semid	Semaphore ID	信号量 ID
INT	cnt	Count	请求资源数
TMO_U	tmout_u	Timeout	超时时限(微秒)

返回参数

ER	ercd	Error Code	错误码

错误码

E_OK	正常结束
E_ID	错误的 ID 号(semid 错误或不可用)
E_NOEXS	对象不存在(semid 所指定的信号量不存在)
E_PAR	参数错误(tmout_u ≤ (－2)或 cnt ≤ 0)
E_DLT	等待对象被删除(等待期间对象信号量被删除)
E_RLWAI	等待状态被强制解除(等待期间接受 tk_rel_wai 调用)
E_DISWAI	由于等待禁止而解除等待
E_TMOUT	无应答或超时
E_CTX	上下文环境错误(任务独立部或切换禁止状态下调用)

可用的上下文环境

任务部	准任务部	任务独立部
○	○	×

说　　明

　　该系统调用就是将 tk_wai_sem 的参数 tmout 替换为 64 位微秒单位的 tmout_u。
　　除了将参数变为 tmout_u,此系统调用的说明和 tk_wai_sem 相同。请参阅 tk_wai_sem 的详细说明。

与 T-Kernel 1.0 的差异

　　T-Kernel 2.0 追加的系统调用。

6. tk_ref_sem—查询信号量状态

C 语言接口

　　♯include <tk/tkernel.h>
　　ER ercd = tk_ref_sem(ID semid, T_RSEM * pk_rsem);

参　　数

ID	semid	Semaphore ID	信号量 ID
T_RSEM *	pk_rsem	Packet to Refer Semaphore Status	信号量状态信息

返回参数

ER	ercd	ErrorCode	错误码

pk_rsem 的内容

void *	exinf	Extended Information	扩展信息
ID	wtsk	Wait Task Infomation	有无等待任务
INT	semcnt	Semaphore Count	现在的信号量计数器的值

—（以下可以追加依赖于具体实现的其他成员变量）—

错误码

E_OK	正常结束
E_ID	错误的 ID 号(semid 错误或不可用)
E_NOEXS	对象不存在(semid 所指定的信号量不存在)
E_PAR	参数错误(pk_rsem 错误)

可用的上下文环境

任务部	准任务部	任务独立部
○	○	×

说　　明

　　查询 semid 指定的信号量的状态，把当前信号量计数器的值(semcnt)、有无等待任务(wtsk)和扩展信息(exinf)作为返回参数返回。

　　wtsk 指示的是正在等待该信号量的任务的 ID。多个任务在等待信号量的情况下，返回队列头部的任务的 ID；没有任务在等待信号量时返回 wtsk=0。

　　如果指定的信号量不存在，则返回错误码 E_NOEXS。

4.4.2　事件标识

　　事件标识是用来实现同步的对象，用标志的每一位来表示事件的有无。相关功能包括：事件标识的创建和删除、事件标识的设置和清除、等待事件标识以及查询事件标识的状态。事件标识对象通过 ID 号（被称为事件标识 ID）来识别。

事件标识对象包含用每一位来表示对应事件有无的位模式（bit pattern）数据和等待该事件标识的任务队列。事件标识的位模式数据，有时也简称为事件标识。事件通知方可以设置或清除事件标识的指定位。而事件等待方可以在事件标识的指定位的全部或任意一位被设置之前，使任务进入事件标识等待状态。进入事件标识等待状态的任务，被加入到该事件标识的等待队列中。

1. tk_cre_flg—创建事件标识

C 语言接口

```
#include <tk/tkernel.h>
ID flgid = tk_cre_flg(CONST T_CFLG * pk_cflg);
```

参　数

CONST T_CFLG *	pk_cflg	Packet to Create EventFlag	事件标识的创建信息

pk_cflg 的内容

void *	exinf	Extended Information	扩展信息
ATR	flgatr	Event Flag Attribute	事件标识的属性
UINT	iflgptn	Initial EventFlag Pattern	事件标识的初始值
UB	dsname[8]	DS Object Name	DS 对象名

—（以下可以追加依赖于具体实现的其他成员变量）—

返回参数

ID	flgid	EventFlag ID	事件标识 ID
	或	Error Code	错误码

错误码

E_NOMEM	内存不足（无法分配用于管理的内存块）
E_LIMIT	事件标识的数量超出系统限制
E_RSATR	保留属性（flgatr 错误或不可用）
E_PAR	参数错误（pk_cflg 错误）

可用的上下文环境

任务部	准任务部	任务独立部
○	○	×

说　明

创建事件标识，并给它分配一个事件标识 ID。具体来说就是为创建的事件标识分配管理用内存块，并将初始值设为 iflgtn。事件标识以处理器的字（Word）为单位进行处理。全部操作都以字单位进行。

用户可以自由利用 exinf 来设置与对象事件标识相关的信息。exinf 参数中设置的信息可通过 tk_ref_flg 读取。增加用户信息而需要更大的内存空间,或者需要中途更改时,由用户自己确保所需要的内存,并将该内存地址赋给 exinf。操作系统不关心 exinf 的内容。

flgatr 的低位是系统属性,高位是依赖于具体实现的属性。flgatr 的系统属性部分如下所示:

```
flgatr:=(TA_TFIFO||TA_TPRI)|(TA_WMUL||TA_WSGL)|[TA_DSNAME]|[TA_NODISWAI]
TA_TFIFO      等待任务按 FIFO 的顺序排列
TA_TPRI       等待任务按优先级顺序排队
TA_WSGL       不允许多个任务同时等待(Wait Single Task)
TA_WMUL       允许多个任务同时等待(Wait Multiple Task)
TA_DSNAME     设定 DS 对象名
TA_NODISWAI   无法通过 tk_dis_wai 禁止等待
```

TA_WSGL 属性禁止多个任务同时处于等待状态。TA_WMUL 属性则允许多个任务同时等待。

通过 TA_FIFO 和 TA_TPRI 属性,可以设定任务在事件标识的等待队列里的排列方法。如果指定属性为 TA_TFIFO,则任务等待队列是先进先出的,而如果是 TA_TPRI,任务等待队列按任务的优先级顺序排列。但是,由于指定了 TA_WSGL 属性的情况下不存在等待队列,此时无论指定 TA_TFIFO 和 TA_TPRI 中的哪一个效果都一样。

多个任务等待中的情况下,从队列头部开始顺序检查等待条件是否成立,等待条件成立的任务被解除等待。因此,队列中的第一个任务不一定最先被解除等待状态。而且,如果多个任务的等待条件成立,每个条件成立的任务都会被解除等待。

当 TA_DSNAME 设置时,dsname 有效,可指定 DS 对象名。调试器利用 DS 对象名来识别对象,DS 对象名只能通过 T_Kernel/DS 的系统调用 td_ref_dsname 和 td_set_dsname 访问。详细情况参考 td_ref_dsname 和 td_set_dsname。TA_DSNAME 未设置的情况下,dsname 被忽略,调用 td_ref_dsname 和 td_set_dsname 会返回 E_OBJ 错误。

```
#define    TA_TFIFO      0x00000000    /* 根据 FIFO 原则管理等待队列 */
#define    TA_TPRI       0x00000001    /* 根据优先级管理等待队列 */
#define    TA_WSGL       0x00000000    /* 禁止多个任务等待 */
#define    TA_WMUL       0x00000008    /* 允许多个任务等待 */
#define    TA_DSNAME     0x00000040    /* DS 对象名 */
#define    TA_NODISWAI   0x00000080    /* 无法禁止等待 */
```

2. tk_del_flg—删除事件标识

C 语言接口

```
#include <tk/tkernel.h>
ER ercd = tk_del_flg(ID flgid);
```

参　数

| ID | flgid | EventFlag ID | 事件标识 ID |

返回参数

| ER | ercd | Error Code | 错误码 |

错误码

E_OK	正常结束
E_ID	错误的 ID(flgid 错误或不可用)
E_NOEXS	对象不存在(flgid 指定的事件标识不存在)

可用的上下文环境

任务部	准任务部	任务独立部
○	○	×

说　明

删除 flgid 指定的事件标识。

调用本系统调用可以释放事件标识 ID 和管理用内存块。

即使有任务正在等待此事件标识，本系统调用也会正常结束，但会向处于等待状态的任务返回错误码 E_DLT。

3．tk_set_flg—设置事件标识

C 语言接口

```
#include <tk/tkernel.h>
ER ercd = tk_set_flg(ID flgid, UINT setptn);
```

参　数

| ID | flgid | EventFlag ID | 事件标识 ID |
| UINT | setptn | Set Bit Pattern | 要设置的位模式 |

返回参数

| ER | ercd | Error Code | 错误码 |

错误码

E_OK	正常结束
E_ID	错误的 ID 号(flgid 错误或不可用)
E_NOEXS	对象不存在(flgid 所指定的事件标识不存在)

可用的上下文环境

任务部	准任务部	任务独立部
○	○	○

说 明

tk_set_flg 在 flgid 指定的事件标识中设置 setptn 所指示的位。即对 flgid 指定的事件标识的值,用 setptn 的值做或运算。(就是对事件标识的值 flgptn 进行 flgptn |= setptn 的操作)

通过 tk_set_flg 改变事件标识的值的结果是,如果一个通过 tk_wai_flg 在等待该事件标识的任务的等待解除条件被满足,则该任务的等待状态被解除,进入运行状态(RUNNING)或就绪状态(READY)(处于二重等待状态(WAITING－SUSPENDED)下的等待任务进入挂起状态(SUSPENDED))。

setptn 的所有位为 0 时调用 tk_set_flg,不会对对象事件标识作任何操作,但也不会返回错误。

对具有 TA_WMUL 属性的事件标识来说,可能有多个任务等待同一个事件标识。此时在事件标识中也会维护一个等待任务队列。这种情况下,一次 tk_set_flg 调用可能会导致多个任务被解除等待。

4. tk_clr_flg—清除事件标识

C 语言接口

```
＃include <tk/tkernel.h>
ER ercd = tk_clr_flg(ID flgid, UINT clrptn);
```

参　　数

ID	flgid	EventFlag ID	事件标识 ID
UINT	clrptn	Clear Bit Pattern	要清除的位模式

返回参数

| ER | ercd | Error Code | 错误码 |

错误码

E_OK	正常结束
E_ID	错误的 ID 号(flgid 错误或不可用)
E_NOEXS	对象不存在(flgid 所指定的事件标识不存在)

可用的上下文环境

任务部	准任务部	任务独立部
○	○	×

说 明

tk_clr_flg 清除事件标识中 clrptn 中为 0 的位。即对 flgid 指定的事件标识的值,用 clrptn 的值作逻辑与操作。(就是对事件标识的值 flgptn 进行 flgptn &= setptn 的

操作）

调用 tk_clr_flg 不会导致正在等待对象事件标识的任务被解除等待,即不会产生切换。

clrptn 的所有位为 1 时调用 tk_clr_flg,不会对对象事件标识作任何操作,但也不会返回错误。

对具有 TA_WMUL 属性的事件标识来说,可能有多个任务等待同一个事件标识。此时在事件标识中也会维护一个等待任务队列。

5. tk_wai_flg—等待事件标识

C 语言接口

```
#include <tk/tkernel.h>
ER ercd = tk_wai_flg(ID flgid, UINT waiptn, UINT wfmode, UINT *p_flgptn, TMO tmout);
```

参　数

ID	flgid	EventFlag ID	事件标识 ID
UINT	waiptn	Wait Bit Pattern	等待的位模式
UINT	wfmode	Wait EventFlag Mode	等待模式
UINT *	p_flgptn	Pointer to EventFlag Bit Pattern	返回参数 flgptn 的数据包地址
TMO	tmout	Timeout	超时时限

返回参数

| ER | ercd | Error Code | 错误码 |
| UINT | flgptn | EventFlag Bit Pattern | 等待解除时的位模式 |

错误码

E_OK	正常结束
E_ID	错误的 ID 号（flgid 错误或不可用）
E_NOEXS	对象不存在（flgid 指定的事件标识不存在）
E_PAR	参数错误（waiptn = 0, wfmode 错误, tmout ≤ (-2)）
E_OBJ	错误的对象状态（多个任务等待一个具有 TA_WSGL 属性的事件标识）
E_DLT	等待对象被删除（等待期间对象事件标识被删除）
E_RLWAI	等待状态被强制解除（等待期间 tk_rel_wai 被调用）
E_DISWAI	由于等待禁止而解除等待
E_TMOUT	无应答或超时
E_CTX	上下文环境错误（任务独立部或切换禁止状态下调用）

可用的上下文环境

任务部	准任务部	任务独立部
○	○	×

说 明

tk_wai_flg 按照 wfmode 指示的等待解除条件,等待 flgid 指定的事件标识被设置。

如果 flgid 指定的事件标识已经满足 wfmode 指示的等待解除条件,则该任务继续运行,无须进入等待状态。

wfmode 的设定如下所示：

wfmode : = (TWF_ANDW||TWF_ORW)|[TWF_CLR||TWF_BITCLR]

TWF_ANDW	0x00	AND 等待
TWF_ORW	0x01	OR 等待
TWF_CLR	0x10	清除所有位
TWF_BLTCLR	0x20	只清除条件位

如果指定 TWF_ORW,则等待 flgid 指定的事件标识中 waiptn 所指定的任意一位被设置(OR 等待)。而指定 TWF_ANDW 的情况下,等待 flgid 指定的事件标识中 waiptn 所指定的所有位被设置(AND 等待)。

没有指定 TWF_CLR 的情况下,任务满足条件被解除等待时,事件标识的值维持不变。如果指定了 TWF_CLR,则任务满足条件被解除等待时,事件标识的所有位都将清零。而如果指定了 TWF_BITCLR,则当有任务满足条件被解除等待时,只把事件标识中和该任务的等待解除条件相一致的位清零(事件标识值 &=～等待解除条件)。

返回参数 flgptn 返回由本系统调用导致的等待状态被解除时的事件标识的值(TWF_CLR 或 TWF_BITCLR 被指定的情况下,返回事件标识位被清除前的值)。通过 flgptn 返回的值满足该系统调用的等待解除条件。另外,由于超时等原因导致等待被解除的情况下,flgptn 的内容不确定。

可以用 tmout 来指定等待超时时间。如果 tmout 的时间经过后等待解除的条件依然没有满足,则本系统调用终止,返回超时错误码 E_TMOUT。

tmout 指定为正值时,tmout 的基准时间(时间单位)和系统的基准时间(=1 ms)相同。

指定 tmout 为 TMO_POL=0 时,0 被指定为超时值,即使条件未满足也不进入等待状态而是直接返回 E_TMOUT。指定 tmout 为 TMO_FEVR=(−1)的情况下,超时值无限大,任务会一直等待直到满足条件为止。

在超时的情况下,即使指定了 TWF_CLR 或 TWF_BITCLR,事件标识也不会被清除。

将 waiptn 设为 0 会产生参数错误 E_PAR。

对已经有等待任务存在且具有 TA_WSGL 属性的事件标识,其他任务不可以执行 tk_wai_flg。这种情况下,无论后调用 tk_wai_flg 的任务是否进入等待状态(等待解除条件是否满足),都会返回错误码 E_OBJ。

另一方面,对具有 TA_WMUL 属性的事件标识对象来说,多个任务可以同时等待同一个事件标识。此时在事件标识中也会维护一个等待任务对列。这种情况下，一次 tk_set_flg 调用可能会导致多个任务被解除等待。

具有 TA_WMUL 属性的事件标识，维护多个任务的等待队列的情况下，动作如下：

- 任务在等待队列中的顺序按 FIFO 或优先级顺序排列（但解除等待依 waiptn 和 wfmode 的关系而定，并不一定从队头开始）。
- 如果队列中有任一任务指定 wfmode 为清除（TWF_CLR 或 TWF_BITCLR），则当该任务解除等待时事件标识位被清除。
- 队列中位于指定 TWF_CLR 或 TWF_BITCLR 的任务之后的任务，见到的是清除后的事件标识。

优先级相同的多个任务由于 tk_set_flg 被调用而同时被解除等待的情况下，等待解除后的任务优先级，和原来在事件标识的等待队列中的顺序一致。

补充说明

如果调用 tk_wai_flg 时将所有位的"OR 等待"指定为解除等待的条件（waiptn=0xff…ff，wfmode=TWF_ORW），则可以利用 tk_set_flg 来发送消息。但是，不能发送所有位为 0 的消息；而且，前一条消息被 tk_wai_flg 读出之前就用 set_flg 发送下一条消息的话，前一条消息将丢失。也就是说，无法实现消息队列。

指定 waiptn=0 会导致 E_PAR 错误，因此正在事件标识对象中等待的任务的 waiptn 肯定不为 0。如果用 tk_set_flg 将事件标识的所有位都置为 1，则不管事件标识中的任务在等待什么样的条件，位于队列头部的任务一定会被解除等待。

多个任务等待同一个事件标识的功能在下面的情况中很有用。例如，任务 B 和任务 C 在(2)和(3)处调用 tk_wai_flg 等待，直到任务 A 调用(1)tk_set_flg。如果允许多个任务等待同一个事件标识，不管系统调用(1)、(2)、(3)以何种顺序执行，结果都将相同，如图 2.8 所示。而反过来，不允许多个任务等待同一个事件标识且系统调用按(2)→(3)→(1)的顺序执行的情况下，(3)的 tk_wai_flg 会导致 E_OBJ 错误。

图 2.8　多个任务等待同一个事件标识

设计理由

指定 waiptn=0 返回 E_PAR 错误的原因是：如果允许指定 waiptn=0，则无论以后设置事件标识值为何值，都不可能退出等待状态。

6. tk_wai_flg_u—等待事件标识(微秒单位)

C 语言接口

```
#include <tk/tkernel.h>
ER ercd = tk_wai_flg_u(ID flgid, UINT waiptn, UINT wfmode, UINT * p_flgptn, TMO_U tmout_u);
```

参　数

ID	flgid	EventFlag ID	事件标识 ID
UINT	waiptn	Wait Bit Pattern	等待的位模式
UINT	wfmode	Wait EventFlag Mode	等待模式
UINT *	p_flgptn	Pointer to EventFlag Bit Pattern	返回参数 flgptn 的数据包地址
TMO_U	tmout_u	Timeout	超时时限(微秒)

返回参数

ER	ercd	Error Code	错误码
UINT	flgptn	EventFlag Bit Pattern	等待解除时的位模式

错误码

E_OK	正常结束
E_ID	错误的 ID 号(flgid 错误或不可用)
E_NOEXS	对象不存在(flgid 指定的事件标识不存在)
E_PAR	参数错误(waiptn = 0, wfmode 错误, tmout_u≤(-2))
E_OBJ	错误的对象状态(多个任务等待一个具有 TA_WSGL 属性的事件标识)
E_DLT	等待对象被删除(等待期间对象事件标识被删除)
E_RLWAI	等待状态被强制解除(等待期间 tk_rel_wai 被调用)
E_DISWAI	由于等待禁止而解除等待
E_TMOUT	无应答或超时
E_CTX	上下文环境错误(任务独立部或切换禁止状态下调用)

可用的上下文环境

任务部	准任务部	任务独立部
○	○	×

说　明

该系统调用就是将 tk_wai_flg 的参数 tmout 替换为 64 位微秒单位的 tmout_u。

除了将参数变为 tmout_u,此系统调用的说明和 tk_wai_flg 相同。请参阅 tk_wai_flg 的详细说明。

与 T-Kernel 1.0 的差异

T-Kernel 2.0 追加的系统调用。

7. tk_ref_flg—查询事件标识状态

C 语言接口

```
#include <tk/tkernel.h>
ER ercd = tk_ref_flg(ID flgid, T_RFLG * pk_rflg);
```

参　数

ID	flgid	EventFlag ID	事件标识 ID
T_RFLG *	pk_rflg	Packet to Refer EventFlag Status	返回状态信息的数据地址

返回参数

ER	ercd	Error Code	错误码

pk_rflg 的内容

void *	exinf	Extended Information	扩展信息
ID	wtsk	Wait Task Infomation	有无等待任务
UINT	flgptn	EventFlag Bit Pattern	事件标识的位模式数据

—(以下可以追加依赖于具体实现的其他成员变量)—

错误码

E_OK	正常结束
E_ID	错误的 ID(flgid 错误或不可用)
E_NOEXS	对象不存在(flgid 所指定的事件标识不存在)
E_PAR	参数错误(pk_rflg 错误)

可用的上下文环境

任务部	准任务部	任务独立部
○	○	×

说　明

查询 flgid 指定的事件标识状态,在返回参数中返回当前的标志值(flgptn)、等待事件标识的任务信息(wtsk)和扩展信息(exinf)。

wtsk 用来返回正在等待事件标识的任务的 ID。有多个任务在等待事件标识(仅当指定 TA_WMUL 属性时)的情况下,返回队列头部的任务的 ID;没有任务在等待事件标识的时候返回 wtsk＝0。

如果指定的事件标识不存在,则返回错误码 E_NOEXS。

4.4.3　邮　箱

邮箱是通过传递放置于共享内存中的消息来实现同步和通信的对象。相关的功能包括:邮箱的创建和删除,发送消息到邮箱中,接收邮箱中的消息以及查询邮箱的状态。邮箱对象通过 ID 号(被称为邮箱 ID)来识别。

邮箱对象包含被发送消息的消息队列和等待接收消息的任务队列。消息发送方(事件通知方)将要发送的消息放入消息队列。而消息接收方(事件等待方)从消息队列中取出一条消息。如果消息队列中没有消息,则进入等待状态,等待接收从邮箱中发来的消息。进入等待消息状态的任务被加入到该邮箱的等待任务队列中。

通过邮箱功能实际发送和接收的是位于送信方和收信方共享内存上的消息的起始地址,不复制消息的内容。内核通过链表(link list)来管理消息队列中的消息。应用程序必须在消息的头部确保内核用于链表的内存空间。这块空间被称为消息头。消息头和紧接其后的应用程序用来放置消息的空间合称为消息包。向邮箱发送消息的系统调用,接受消息包的起始地址(pk_msg)作为输入参数。

另外从邮箱接收消息的系统调用,将消息包的起始地址作为输出参数返回。

消息队列按消息优先级顺序排列的情况下,消息头中一定要保留存放消息优先级(msgpri)的内存空间,如图 2.9 所示。

用户实际上并不能将消息内容放置在消息包开始处,而是放置在消息头之后图 2.9 中的消息内容部分)。

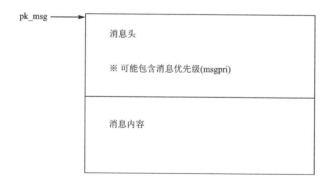

图 2.9 邮箱消息的格式

当消息被放置到消息队列中时,内核会重写消息头的内容(消息优先级除外)。应用程序不要重写消息头(包括消息优先级)的内容。如果应用程序在消息发送后重写消息头,则邮箱的动作将无法预知。此规则不仅适用于应用程序直接重写消息头,而且也适用于向内核传递消息头地址,内核重写消息头内容的情况。因此,已经送入消息队列中的消息被再次向邮箱发送时的动作也将无法预知。

补充说明

因为消息头的内存空间由应用程序确保,所以对于消息队列的消息数没有限制。而且,发送消息的系统调用也不会导致任务进入等待状态。

消息包可以使用从固定长内存池或大小可变的内存池中动态分配的内存块,也可以使用静态的内存空间,但是不能位于任务的固有空间上。

一般多按以下方法使用:送信方的任务从内存池中分配内存,作为消息包来发送,接收方任务取出消息内容后直接释放,将内存返回内存池。

内存池管理功能管理的是共有空间的内存。

上述使用方法程序例子如下所示。

```
/* 消息类型定义 */
typedef struct {
    T_MSG msgque;              /* T_MFIFO 属性时的消息头 */
    UB msgcont[MSG_SIZE];      /* 消息内容 */
} T_MSG_PACKET;

/* 获取内存块体和发送消息的任务处理 */
    T_MSG_PACKET * pk_msg;
    ...
    /* 从固定大小的内存池获取内存块 */
    /* 固定大小内存块的大小要等于或者大于 sizeof ( T_MSG_PACKET ) */
    tk_get_mpf ( mpfid , ( void * * )& pk_msg , TMO_FEVR );
    /* pk_msg -> msgcont[]下面生成消息 */
    ...
    /* 发送消息 */
    tk_snd_mbx ( mbxid , ( T_MSG * ) pk_msg );

/* 接收消息和释放内存块的任务处理 */
    T_MSG_PACKET * pk_msg ;
    ...
    /* 接收消息 */
    tk_rcv_mbx ( mbxid , ( T_MSG * * )& pk_msg , TMO_FEVR );
    /* 确认 pk_msg -> msgcont[]下面消息的内容并对其进行处理 */
    ...
    /* 将内存块返回给固定大小的内存池 */
    tk_rel_mpf ( mpfid , ( void * ) pk_msg
```

1. tk_cre_mbx—创建邮箱

C 语言接口

```
#include <tk/tkernel.h>
ID mbxid = tk_cre_mbx(CONST T_CMBX * pk_cmbx);
```

参　数

CONST T_CMBX *　　pk_cmbx　　Packet to Create Mailbox　　　邮箱的创建信息

pk_cmbx 的内容

```
void*      exinf       Extended Infomation      扩展信息
ART        mbxatr      Mailbox Attribute        邮箱属性
UB         dsname[8]   DS Object Name           DS 对象名
```
—(以下可以追加依赖于具体实现的其他成员变量)—

返回参数

```
ID         mbxid       Mailbox ID               邮箱 ID
           或          Error Code               错误码
```

错误码

```
E_NOMEM    内存不足(无法分配用于管理的内存块)
E_LIMIT    邮箱数量超出系统限制
E_RSATR    保留属性(mbxatr 错误或不可用)
E_PAR      参数错误(pk_cmbx 错误)
```

可用的上下文环境

任务部	准任务部	任务独立部
○	○	×

说　明

创建邮箱,并给它分配一个邮箱 ID。具体来说就是为创建的邮箱分配管理用内存块。

用户可以自由利用 exinf 来设置与对象邮箱相关的信息。exinf 参数中设置的信息可通过 tk_ref_flg 读取。为增加用户信息而需要更大的内存空间,或者需要中途更改的情况下,由用户自己确保需要的内存,并将该内存地址赋给 exinf。内核不关心 exinf 的内容。

mbxatr 的低位表示系统属性,高位表示具体实现特定的属性。mbxatr 的系统属性部分如下所示:

```
mbxatr := (TA_TFIFO)|(TA_MFIFO||TA_MPRI)|[TA_DSNAME]|[TA_NODISWAI]
TA_TFIFO       等待任务按 FIFO 的顺序排列
TA_TPRI        等待任务按优先级顺序排列
TA_MFIFO       消息按 FIFO 的顺序排列
TA_MPRI        消息按优先级顺序排列
TA_DSNAME      设定 DS 对象名
TA_NODISWAI    无法通过 tk_dis_wai 禁止等待
```

通过 TA_FIFO 和 TA_TPRI,可以指定任务在邮箱的等待队列里的排列方法。如果指定邮箱属性为 TA_TFIFO,则任务等待队列是先进先出的,而如果是 TA_TPRI,任务等待队列按任务的优先级顺序排列。

TA_MFIFO 和 TA_MPRI 用来设定消息在消息队列(等待被接受的消息的等待

队列)中的排列方法。如果邮箱有 TA_MFIFO 属性,则消息按先进先出的顺序排列;如果有 TA_MPRI 属性则消息按优先级顺序排列。消息优先级在消息包的特定区域中设置。消息优先级为正值,1 表示优先级最高,数值越大,优先级越低。PRI 类型所能表示的最大值即为最低优先级。优先级相同的消息按先进先出的顺序排列。

当 TA_DSNAME 设置时,dsname 有效,可设置 DS 对象名。调试器利用 DS 对象名来识别对象,DS 对象名只能通过 T_Kernel/DS 的系统调用 td_ref_dsname 和 td_set_dsname 访问。详细情况参考 td_ref_dsname 和 td_set_dsname。TA_DSNAME 未设置的情况下,dsname 被忽略,调用 td_ref_dsname 和 td_set_dsname 会返回 E_OBJ 错误。

```
#define    TA_TFIFO      0x00000000    /* 根据 FIFO 原则管理等待队列 */
#define    TA_TPRI       0x00000001    /* 根据优先级管理等待队列 */
#define    TA_MFIFO      0x00000000    /* 根据 FIFO 原则管理消息队列 */
#define    TA_MPRI       0x00000002    /* 根据优先级管理消息队列 */
#define    TA_DSNAME     0x00000040    /* DS 对象名 */
#define    TA_NODISWAI   0x00000080    /* 无法禁止等待 */
```

补充说明

通过邮箱传递的消息本体放置在共享内存中,实际发送和接收的只有消息的起始地址。因此,消息不能放置在任务固有空间里。

2. tk_del_mbx—删除邮箱

C 语言接口

```
#include <tk/tkernel.h>
ER  ercd  = tk_ref_flg(ID mbxid);
```

参　数

ID   mbxid   Mailbox ID   邮箱 ID

返回参数

ER   ercd   Error Code   错误码

错误码

E_OK   正常结束
E_ID   错误的 ID(mbxid 错误或不可用)
E_NOEXS   对象不存在(mbxid 所指定的邮箱不存在)

可用的上下文环境

任务部	准任务部	任务独立部
○	○	×

说　明

删除 mbxid 指定的邮箱。

本系统调用将释放邮箱 ID 和管理用内存空间等。

即使有任务正在等待消息，本系统调用也会正常结束，但是会向处于等待消息状态的任务返回错误码 E_DLT。而如果邮箱中还有消息，邮箱也会被删除，且不返回错误。

3. tk_snd_mbx—向邮箱发送消息

C 语言接口

```
#include <tk/tkernel.h>
ER    ercd  = tk_snd_mbx(ID mbxid, T_MSG* pk_msg);
```

参　数

| ID | mbxid | Mailbox ID | 邮箱 ID |
| T_MSG* | pk_msg | Packet of Message | 消息包起始地址 |

返回参数

| ER | ercd | ErrorCode | 错误码 |

错误码

E_OK		正常结束
E_ID		错误的 ID 号(mbxid 错误或不可用)
E_NOEXS		对象不存在(mbxid 指定的邮箱不存在)
E_PAR		参数错误(pk_msg 错误，msgpri≤0)

可用的上下文环境

任务部	准任务部	任务独立部
○	○	×

说　明

发送以 pk_msg 为起始地址的消息数据包给 mbxid 指定的邮箱。

消息数据包的内容不复制，接收消息时只传递起始地址(pk_msg 的值)。因此在接受消息的任务取出消息内容之前，消息数据包的内容是不能改写的。

对象邮箱中已经有任务在等待消息的情况下，位于队头的任务的等待状态被解除，传递给 tk_snd_mbx 的 pk_msg 被发送到该任务，作为 tk_rcv_mbx 的返回参数返回。如果没有任务正在等待指定邮箱中的消息，则被发送的消息进入该邮箱的消息队列。无论哪种情况，调用 tk_snd_mbx 的任务都不会进入等待状态。

pk_msg 是消息包(包括消息头在内)的起始地址。消息头的格式如下：

```
typedef struct t_msg{
```

```
    ??        /*内容依具体实现而定(但是是固定长)*/
}T_MSG;
typedef  struct  t_msg_pri  {
    T_MSG    msgque;   /*消息队列使用*/
    PRI      msgpri;   /*消息优先级*/
}T_MSG_PRI;
```

消息头在邮箱属性是 TA_MFIFO 的情况下为 T_MSG，在邮箱属性是 TA_MPRI 时为 T_MSG_PRI。消息头的大小是通过 sizeof(T_MSG)或 sizeof(T_MSG_PR)取得的固定长。

实际的消息必须放置在紧接消息头之后的区域中。消息本体的大小无限制，也可以是可变长。

补充说明

通过 tk_snd_mbx 的消息发送，与接收方任务的状态无关。换句话说，消息发送是异步的。进入(发送方)等待队列中的不是任务本身，而是发送的消息。即，存在消息的等待队列(消息队列)和接收任务的等待队列，但不存在发送任务的等待队列。

邮箱发送和接收的消息体是在共有内存上，实际上发送和接受的只是起始地址。因此不可以将消息体放在任务固有空间上。

4. tk_rcv_mbx—接收邮箱中的消息

C 语言接口

```
#include <tk/tkernel.h>
ER ercd = tk_rcv_msg(ID mbxid, T_MSG ** ppk_msg, TMO tmout);
```

参　数

ID	mbxid	Mailbox ID	邮箱 ID
T_MSG **	ppk_msg	Pointer to Packet of Message	返回参数 pk_msg 的数据地址
TMO	tmout	Timeout	超时时限

返回参数

ER	ercd	Error Code	错误码
T_MSG *	pk_msg	Packet of Message	消息包首地址

错误码

E_OK	正常结束
E_ID	错误的 ID(mbxid 错误或不可用)
E_NOEXS	对象不存在(mbxid 指定的邮箱不存在)
E_PAR	参数错误(tmout≤(-2))
E_DLT	等待对象被删除(等待消息期间对象邮箱被删除)
E_RLWAI	等待状态被强制解除(等待期间接受 tk_rel_wai 调用)

E_DISWAI	由于等待禁止而解除等待
E_TMOUT	无应答或超时
E_CTX	上下文环境错误(任务独立部或切换禁止状态下调用)

可用的上下文环境

任务部	准任务部	任务独立部
○	○	×

说 明

从 mbxid 指定的邮箱中接收消息。

对象邮箱中没有消息(消息队列为空)的情况下,调用本系统调用的任务进入等待状态,进入等待消息的消息队列。如果邮箱中已经有消息,则取出消息队列的第一条消息,作为返回参数 pk_msg 返回。

可以用 tmout 来指定超时时限。指定了超时时限的情况下,如果 tmout 的时间经过后等待解除的条件依然没有满足(没有消息到达),则本系统调用终止,返回超时错误码 E_TMOUT。

Tmout 只能指定为正值。tmout 的基准时间(时间单位)和系统的基准时间(=1 ms)相同。

指定 tmout 为 TMO_POL=0 时,0 被指定为超时值,即使没有消息也不进入等待状态而是直接返回 E_TMOUT。指定 tmout 为 TMO_FEVR=(-1)的情况下,超时值无限大,任务会一直等待直到消息到达为止。

补充说明

pk_msg 是消息包(包括消息头在内)的起始地址。消息头是 T_MSG(TA_MFIF 属性)或 T_MSG_PRI(TA_MPRI 属性)。

邮箱发送和接收的消息体是在共有内存上,实际上发送和接受的只是起始地址。因此不可以将消息体放在任务固有空间上。

5. tk_rcv_mbx_u—接收邮箱中的消息(微秒单位)

C 语言接口

```
#include <tk/tkernel.h>
ER ercd = tk_rcv_msg_u(ID mbxid, T_MSG * * ppk_msg, TMO_U tmout_u);
```

参 数

ID	mbxid	Mailbox ID	邮箱 ID
T_MSG * *	ppk_msg	Pointer to Packet of Message	返回参数 pk_msg 的数据地址
TMO_U	tmout_u	Timeout	超时时限(微秒)

返回参数

| ER | ercd | Error Code | 错误码 |

| T_MSG * | pk_msg | Packet of Message | 消息包首地址 |

错误码

E_OK	正常结束
E_ID	错误的 ID(mbxid 错误或不可用)
E_NOEXS	对象不存在(mbxid 指定的邮箱不存在)
E_PAR	参数错误(tmout_u≤(-2))
E_DLT	等待对象被删除(等待消息期间对象邮箱被删除)
E_RLWAI	等待状态被强制解除(等待期间接受 tk_rel_wai 调用)
E_DISWAI	由于等待禁止而解除等待
E_TMOUT	无应答或超时
E_CTX	上下文环境错误(任务独立部或切换禁止状态下调用)

可用的上下文环境

任务部	准任务部	任务独立部
○	○	×

说 明

该系统调用就是将 tk_rcv_mbx 的参数 tmout 替换为 64 位微秒单位的 tmout_u。除了将参数变为 tmout_u,此系统调用的说明和 tk_rcv_mbx 相同。请参阅 tk_rcv_mbx 的详细说明。

与 T-Kernel 1.0 的差异

T-Kernel 2.0 追加的系统调用。

6. tk_ref_mbx—获取邮箱状态

C 语言接口

```
#include <tk/tkernel.h>
ER ercd = tk_ref_mbx(ID mbxid, T_RMBX * pk_rmbx);
```

参 数

| ID | mbxid | Mailbox ID | 邮箱 ID |
| T_RMBX * | pk_rmbx | Packet to Refer Mailbox Status | 邮箱状态信息 |

返回参数

| ER | ercd | Error Code | 错误码 |

pk_rmbx 的内容

void *	exinf	Extended Infomation	扩展信息
ART	wtsk	Wait Task Infomation	有无等待任务
T_MSG *	pk_msg	Packet of Message	下一个消息包的起始地址

—(以下可以追加依赖于具体实现的其他成员变量)—

错误码

E_OK	正常结束
E_ID	错误的 ID(mbxid 错误或不可用)
E_NOEXS	对象不存在(mbxid 所指定的邮箱不存在)
E_PAR	参数错误(pk_rmbx 错误)

可用的上下文环境

任务部	准任务部	任务独立部
○	○	×

说　明

　　获取 mbxid 所指定邮箱的各种状态,返回下一条消息(消息队列中的第一条消息)、等待任务的信息(wstk)和扩展信息(exinf)。

　　wtsk 是在该邮箱中等待的任务的 ID。多个任务正在等待的情况下,返回等待队列中第一个任务的 ID。如果没有任务在等待,则返回 wtsk＝0。

　　如果指定邮箱不存在,则返回错误码 E_NOEXS。

　　pk_msg 是下次调用 tk_rcv_msg 时会收到的消息。如果消息队列中没有消息,则 pk_msg＝NULL。无论什么情况下,pk_msg＝NULL 和 wtsk＝0 之中至少有一个成立。

4.5　扩展同步·通信功能

　　扩展同步和通信功能是利用独立于任务的对象,来实现任务之间更复杂的同步和通信功能,包括互斥体,消息缓冲区和和集合点端口。

4.5.1　互斥体

　　互斥体是使用共享资源时在任务之间进行排他控制的对象。为了防止无界优先级反转,互斥体支持优先级继承协议(priority inheritance protocol)和优先级上限协议(priority ceiling protocol)。

　　互斥体功能包括:互斥体的创建/删除、互斥体的锁定/解锁、互斥体状态的获取。互斥体对象由 ID 值来识别,用于识别互斥体的 ID 值称为互斥体 ID。

　　每个互斥体都有一个状态(锁定/未锁定)和一个等待锁定互斥体的任务队列。对于每一个互斥体,内核会记录下锁定互斥体的任务;对于每个任务,内核也会记录下它所锁定的互斥体。任务在使用资源之前,会尝试对互斥体加锁。如果该互斥体已经被其他任务锁定,在互斥体被解锁之前,任务进入等待锁定互斥体的状态,并被加入互斥体的等待队列中。任务使用完资源后,需要将互斥体进行解锁。

如果互斥体属性中指定了 TA_INHERIT(=0x02),互斥体采用优先级继承协议;如果指定了 TA_CEILING(=0x03),则采用优先级上限协议。对于 TA_CEILING 属性的互斥体,应将可能锁定互斥体的任务中基础优先级最高的任务的基础优先级,设为该互斥体的上限优先级。如果基础优先级比该上限优先级更高的任务尝试锁定互斥体,会返回 E_ILUSE 错误。而且,如果试图用 tk_chg_pri 将正锁定或正等待锁定互斥体的任务的基础优先级改为比该互斥体的上限优先级更高的值,tk_chg_pri 会返回 E_ILUSE 错误。

为了防止无界优先级逆转,这些协议规定对互斥体的操作会改变任务的当前优先级。严格遵循优先级继承协议和优先级上限协议的话,任务当前优先级必须和相关的最高优先级一致。这叫做严格优先级控制规则。

- 任务的基础优先级。
- 任务锁定 TA_INHERIT 属性的互斥体时,等待锁定该互斥体的任务中,当前优先级最高的任务的当前优先级。
- 任务锁定 TA_CEILING 属性的互斥体时,任务所锁定的互斥体中,上限优先级最高的互斥体的上限优先级。

这里,等待 TA_INHERIT 互斥体的任务的当前优先级,因互斥体的操作或基础优先级的改变(通过 tk_chg_tsk)而发生改变的情况下,可能有必要修正正锁定互斥体的任务的当前优先级。这叫做动态优先级继承。再进一步,如果正锁定互斥体的任务正在等待另一个 TA_INHERIT 互斥体,则对正锁定另一互斥体的任务,也有必要进行动态优先级继承处理。

在 T-Kernel 规范中,除上述的严格优先级控制规则外,还规定了限定当前优先级改变条件的优先级控制规则(称为简化优先级控制规则),采用哪种优先级控制规则,取决于具体实现。具体来说,在简化优先级控制规则中,任务的当前优先级只向更高的方向改变,向更低方向的改变仅发生在任务不再锁定任何互斥体时(此时任务当前优先级恢复到基础优先级)。更具体地说,只在以下几种情况下才需要改变当前优先级。

- A 任务锁定了 TA_INHERIT 属性的互斥体,B 任务的当前优先级比 A 任务当前优先级高,当 B 任务开始等待 A 锁定的互斥体时。
- B 任务正等待 A 锁定的 TA_INHERIT 属性的互斥体,当更改 B 任务的当前优先级比 A 任务当前优先级更高时。
- 锁定上限优先级比任务当前优先级更高的 TA_CEILING 属性的互斥体时。
- 任务不再锁定任何互斥体时。

当由于互斥体的操作,导致任务当前优先级发生改变的时候,进行以下处理:

当前优先级被改变的任务处于可运行状态的情况下,任务的优先级随优先级的改变而改变,其在优先级和改变后优先级相同的任务中的优先级(优先顺序)取决于具体实现。当前优先级被改变的任务处于某个按优先度排序的等待队列中时,在等待队列中的顺序也会随任务优先级的改变而改变,其在优先级和改变后优先级相同的任务中的顺序取决于具体实现。当任务结束时,其锁定的互斥体被全部解锁。若任务锁定了多个互斥体,解锁的顺序取决于具体实现,相关的具体处理细节,请参阅 tk_unl_mtx 的说明。

补充说明

　　TA_TFIFO 属性或 TA_TPRI 属性的互斥体的功能,和最大资源数为 1 的信号量(二进制信号量)相同,但互斥体只能由锁定它的任务来解锁,而且锁定互斥体的任务结束时,互斥体会自动解锁。

　　这里所说的优先级上限协议是广义上的优先级上限协议,不是最初提出的优先级上限协议算法。严格说来是被称为 highest lock protocol 的算法。

　　对互斥体的操作改变了任务当前优先级,结果优先级被改变的任务在按优先度排序的等待队列中的顺序也随之改变的情况下,可能有必要解除该任务或此等待队列中其他任务的等待状态。

设计理由

　　互斥体操作导致任务当前优先级改变时,该任务在所有具有改变后优先级的任务中的优先级(优先顺序)取决于具体实现的理由是:在应用程序中,可能因为使用互斥体功能而导致任务当前优先级频繁改变,但随之导致的任务频繁切换是应该避免的(当前优先级被改变的任务,在所有具有改变后优先级的任务中的优先级最低的话,就会发生不必要的任务切换)。理想的做法是继承任务的优先级而不是优先级,但这样的规范在实现时会增加开销,因此这部分处理留给具体实现来决定。

1. tk_cre_mtx—创建互斥体

C 语言接口

```
#include <tk/tkernel.h>
ID mtxid = tk_cre_mtx(CONST T_CMTX * pk_cmtx);
```

参　数

```
CONST T_CMTX *    pk_cmtx      Packet to Create Mutex        互斥体的创建信息
```

pk_cmtx 内容

```
void *    exinf          Extended Information        扩展信息
ATR       mtxatr         Mutex Attribute             互斥体属性
```

| PRI | ceilpri | Ceiling Priority of Mutex | 互斥体上限优先级 |
| UB | dsname[8] | DS Object name | DS 对象名 |

—（以下可以追加依赖于具体实现的其他成员变量）—

返回参数

| ID | mtxid | Mutex ID | 互斥体 ID |
| | 或 | Error Code | 错误码 |

错误码

E_NOMEM	内存不足（无法分配用于管理的内存块）
E_LIMIT	互斥体的数量超出系统限制
E_RSATR	保留属性（mtxatr 错误或不可用）
E_PAR	参数错误（pk_cmtx 或 ceilpri 错误）

可用的上下文环境

任务部	准任务部	任务独立部
○	○	×

说　明

　　创建一个互斥体，并给它分配一个互斥体 ID。具体来说就是给创建的互斥体分配用于管理的内存块。

　　用户可以利用 exinf 来保存传递互斥体相关的信息，保存的信息可以通过系统调用 tk_ref_mtx 取出。如果需要更大的空间来保存用户信息或想在运行时改变其内容，用户必须确保内存，并将内存地址传入 exinf，内核不关心 exinf 中的内容。

　　mtxatr 的低位表示系统属性，高位表示特有属性。mtxatr 的系统属性如下。

```
mtxatr:= (TA_TFIFO || TA_TPRI || TA_INHERIT || TA_CEILING)|
        [TA_DSNAME] | [TA_NODISWAI]
TA_TFIFO       等待任务按 FIFO 方式排列
TA_TPRI        等待任务按优先级顺序排列
TA_INHERIT     优先级继承协议
TA_CEILING     优先级上限协议
TA_DSNAME      设定 DS 对象名
TA_NODISWAI    拒绝通过 tk_dis_wai 设置等待禁止
```

　　指定 TA_TFIFO 属性时，互斥体的任务等待队列为先进先出在指定 TA_TPRI，TA_INHERIT，TA_CEILING 属性时，按任务优先级的顺序排列。指定 TA_INHERIT 属性时，表示使用优先级继承协议，指定 TA_CEILING 属性时，表示使用优先级上限协议。

　　ceilipri 参数仅在指定 TA_CEILING 时有效，用于设置互斥体的上限优先级。

　　指定 TA_DSNAME 属性时，dsname 参数变为有效，用于设定 DS 对象的名称。

DS 对象的名称在调试时用来识别对象,DS 对象的名称只能由 T-Kernel/DS 的系统调用(td_ref_dsname 和 td_set_dsname)来操作。请参照 td_ref_dsname 和 td_set_dsname 的说明。未指定 TA_DSNAME 属性时,dsname 参数将会被忽略,此时调用 td_ref_dsname 和 td_set_dsname 会返回 E_OBJ 错误码。

```
#define    TA_TFIFO       0x00000000    /* 按 FIFO 方式管理等待队列 */
#define    TA_TPRI        0x00000001    /* 按优先级顺序管理等待队列 */
#define    TA_INHERIT     0x00000002    /* 优先级继承协议 */
#define    TA_CEILING     0x00000003    /* 优先级上限协议 */
#define    TA_DSNAME      0x00000040    /* DS 对象名 */
#define    TA_NODISWAI    0x00000080    /* 拒绝等待禁止 */
```

2. tk_del_mtx—删除互斥体

C 语言接口

```
#include <tk/tkernel.h>
ER ercd = tk_del_mtx(ID mtxid);
```

参　数

| ID | mtxid | Mutex ID | 互斥体 ID |

返回参数

| ER | ercd | Error Code | 错误码 |

错误码

E_OK	正常结束
E_ID	错误的 ID 值(mtxid 错误或不可用)
E_NOEXS	对象不存在(mtxid 所指定的互斥体不存在)

可用的上下文环境

任务部	准任务部	任务独立部
○	○	×

说　明

删除 mtxid 所指定的互斥体。

调用此系统调用后,将释放互斥体 ID 及管理控制块的内存空间。

即使有任务正在等待此互斥体,调用此系统调用也不会返回错误,但对于处于等待状态的任务,会返回 E_DLT 错误。

互斥体被删除后,从锁定它的任务来看,任务所锁定的互斥体减少了。若此互斥体是一个 TA_INHERIT 或 TA_CEILING 属性的互斥体,正锁定这个互斥体的任务的优先级可能会改变。

3. tk_loc_mtx—锁定互斥体

C 语言接口

```
#include <tk/tkernel.h>
ER ercd = tk_loc_mtx(ID mtxid, TMO tmout);
```

参　数

ID	mtxid	Mutex ID	互斥体 ID
TMO	tmout	Timeout	超时时限(毫秒)

返回参数

ER	ercd	Error Code	错误码

错误码

E_OK	正常结束
E_ID	无效的 ID 号(mtxid 错误或不可用)
E_NOEXS	对象不存在(mtxid 所指定的互斥体不存在)
E_PAR	参数错误(tmout≤(-2))
E_DLT	等待的对象被删除(等待期间,互斥体被删除)
E_RLWAI	强制解除等待状态(在等待期间,tk_rel_wai 被调用)
E_DISWAI	因为等待禁止而解除等待
E_TMOUT	无应答或超时
E_CTX	上下文环境错误(在任务独立部或在任务切换禁止时执行)
E_ILUSE	错误使用(多重锁定,超出上限优先级的限制)

可用的上下文环境

任务部	准任务部	任务独立部
○	○	×

说　明

　　锁定 mtxid 所指定的互斥体。如果互斥体能够立即被锁定,调用此系统调用后,任务不会进入等待状态,继续向下执行,此时互斥体变为锁定状态。如果互斥体正处于锁定状态,调用此系统调用后,任务会进入等待状态,即任务被加入该互斥体的等待队列中。

　　利用 tmout 可以指定等待时间的最大值(超时时限)。如果任务没有满足等待解除条件,经过 tmout 时间后,此系统调用会结束,返回 E_TMOUT 超时错误。

　　tmout 只能设置成正值。tmout 的基准时间(时间单位)与系统时间的基准时间(=1 ms)一致。

　　当 tmout 设置为 TMO_POL=0 时,表示超时时限为 0,即使任务不能够锁定互斥体,也不会进入等待状态,此时返回 E_TMOUT 错误。当 tmout 设置为 TMO_FEVR

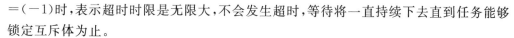

=(-1)时,表示超时时限是无限大,不会发生超时,等待将一直持续下去直到任务能够锁定互斥体为止。

如果目标互斥体已经被自任务锁定,则返回 E_ILUSE 错误(多重锁定)。

目标互斥体为 TA_CEILING 属性的情况下,如果自任务的基础优先级[2]比互斥体的上限优先级高,会返回 E_ILUSE 错误(超出上限优先级的限制)。

补充说明

● TA_INHERIT 属性的互斥体

自任务进入等待锁定的状态时,如果锁定此互斥体的任务的当前优先级低于自任务的当前优先级,锁定互斥体的任务的当前优先级会被提升到与自任务相同。等待锁定的任务还没有锁定互斥体之前就结束(超时等)时,锁定互斥体的任务的优先级会下调到剩下的等待锁定任务中的最高优先级。但是否下调取决于具体实现。

(a)等待锁定互斥体的任务的当前优先级中的最高优先级。

(b)正锁定互斥体的任务锁定的其他互斥体中的最高优先级。

(c)锁定互斥体的任务的基础优先级[注]。

● TA_CEILING 属性的互斥体

自任务锁定互斥体之后,如果自任务的当前优先级比互斥体的上限优先级低,自任务的优先级会被提升到互斥体的上限优先级。

4. tk_loc_mtx_u—锁定互斥体(微秒单位)

C 语言接口

```
# include <tk/tkernel.h>
ER ercd = tk_loc_mtx_u(ID mtxid, TMO_U tmout_u);
```

参　　数

```
ID        mtxid        Mutex ID        互斥体 ID
TMO_U     tmout_u      Timeout         超时时限(微秒)
```

返回参数

```
ER        ercd         Error Code      错误码
```

错误码

```
E_OK         正常结束
E_ID         无效的 ID 号(mtxid 错误或不可用)
E_NOEXS      对象不存在(mtxid 所指定的互斥体不存在)
E_PAR        参数错误(tmout_u≤(-2))
E_DLT        等待的对象被删除(等待期间,互斥体被删除)
```

注:基础优先级:表示因互斥体操作而自动上调前的优先级。最后一次调用 tk_chg_pri 时设定的优先级(包括互斥体锁定中调用的情况),或未调用 tk_chg_pri,创建任务时指定的优先级,即为基础优先级。

E_RLWAI	强制解除等待状态(在等待期间,tk_rel_wai 被调用)
E_DISWAI	因为等待禁止而解除等待
E_TMOUT	无应答或超时
E_CTX	上下文环境错误(在任务独立部或在任务切换禁止时执行)
E_ILUSE	错误使用(多重锁定,超出上限优先级的限制)

可用的上下文环境

任务部	准任务部	任务独立部
○	○	×

说　明

该系统调用就是将 tk_loc_mtx 的参数 tmout 替换为 64 位微秒单位的 tmout_u。

除了将参数变为 tmout_u,此系统调用的说明和 tk_loc_mtx 相同。请参阅 tk_loc_mtx 的详细说明。

与 T-Kernel 1.0 的差异

T-Kernel 2.0 追加的系统调用。

5. tk_unl_mtx—解锁互斥体

C 语言接口

＃include <tk/tkernel.h>
ER ercd = tk_unl_mtx(ID mtxid);

参　数

ID	mtxid	Mutex ID	互斥体 ID

返回参数

ER	ercd	Error Code	错误码

错误码

E_OK	正常结束
E_ID	错误的 ID 号(mtxid 错误或不可用)
E_NOEXS	对象不存在(mtxid 所指定的互斥体不存在)
E_ILUSE	错误使用(不是自任务锁定的互斥体)

可用的上下文环境

任务部	准任务部	任务独立部
○	○	×

说　明

对 mtxid 所指定的互斥体进行解锁。

如果有任务在等待锁定此互斥体,那么等待队列最前端的任务被解除等待,互斥体由该任务锁定。

如果指定并未被自任务锁定的互斥体,调用此系统调用会返回 E_ILUSE 错误。

补充说明

若解除锁定的互斥体是 TA_INHERIT 属性或 TA_CEILING 属性的互斥体,有必要按照下述方法下调任务优先级。

解锁后,自任务不再锁定任何互斥体的情况下,将自任务的优先级下调到自任务的基础优先级。

自任务还有锁定的互斥体存在的情况下,将自任务的优先级下调到所锁定互斥体中的最高优先级。

(a)自任务锁定的具有 TA_INHERIT 属性的互斥体等待队列中任务的当前优先级中最高的优先级。

(b)自任务锁定的具有 TA_CEILING 属性的互斥体设定的上限优先级中最高的优先级。

(c)基础优先级

但是,还存有锁定的互斥体的情况下,是否进行优先级下调,取决于具体实现。

正锁定互斥体的任务运行结束(休止状态(DORMANT)或进入未登录状态(NON-EXISTENT))时,该任务所锁定的所有互斥体都会自动被 T-Kernel 解锁。

6. tk_ref_mtx—查询互斥体状态

C 语言接口

```
#include <tk/tkernel.h>
ER ercd = tk_ref_mtx(ID mtxid, T_RMTX * pk_rmtx);
```

参　　数

ID	mtxid	Mutex ID	互斥体 ID
T_RMTX *	pk_rmtx	Packet to Refer Mutex	互斥体状态信息

返回参数

ER	ercd	Error Code	错误码

pk_rmtx 的内容

void *	exinf	Extended Information	扩展信息
ID	htsk	Locking Task ID	锁定互斥体的任务 ID
ID	wtsk	Lock Wait Task ID	等待锁定互斥体的任务 ID

—(以下可以追加依赖于具体实现的其他成员变量)—

错误码

E_OK	正常结束
E_ID	错误的 ID 号(mtxid 错误或不可用)

E_NOEXS	对象不存在(mtxid 所指定的互斥体不存在)	
E_PAR	参数错误(pk_rmtx 错误)	

可用的上下文环境

任务部	准任务部	任务独立部
○	○	×

说　明

获取 mtxid 所指定互斥体的各种状态,在返回参数中返回锁定互斥体的任务(htsk),等待锁定互斥体的任务(wtsk),以及扩展信息(exinf)。

htsk 表示锁定互斥体的任务 ID。若没有任务锁定此互斥体,则返回 htsk=0。

wtsk 表示正在等待锁定互斥体的任务 ID。若有多个任务等待锁定互斥体时,wtsk 返回的是等待队列中最前面的任务 ID。没有等待锁定互斥体的任务时,wtsk=0。

若指定的互斥体不存在,则返回 E_NOEXS 错误。

4.5.2　消息缓冲区

消息缓冲区是通过传递可变长消息来实现同步和通信的对象。消息缓冲的功能包括:消息缓冲的创建/删除、向消息缓冲区发送消息或从消息缓冲区接收消息、查询消息缓冲区状态。用于识别消息缓冲区的 ID 值称为消息缓冲区 ID。

每个消息缓冲区都有一个等待发送消息的任务队列(发送等待队列)和一个等待接收消息的任务队列(接收等待队列)。另外,还有一个用于保存发送信息的消息缓冲区。消息发送方(发出事件通知的一方)将要发送的消息复制到消息缓冲区,如果消息缓冲区没有足够的空间存放消息,任务会进入发送等待状态,直到消息缓冲区空间足够为止。进入发送等待状态的任务,会被加入到发送等待队列中。

消息接收方(等待事件的一方)从消息缓冲区里取出一条消息。如果消息缓冲中没有消息,任务会进入接收等待状态,直到下一条消息被发送为止。进入接收等待状态的任务,会被加入到接收等待队列中。

将消息缓冲区的大小设为 0,可以实现消息的同步功能。即,发送方和接收方都等候对方调用系统调用,在双方都调用了系统调用的时刻,进行消息的通信。

补充说明

图 2.10 的例子是消息缓冲区的空间设定为 0 时,消息缓冲区的动作。图中,任务 A 和任务 B 是非同步运行的。

- 如果任务 A 先调用 tk_snd_mbf,任务 A 会进入等待状态,直到任务 B 调用 tk_rcv_mbf。之前任务 A 处于发送等待状态,如图 2.10(a)所示。
- 反过来如果任务 B 先调用 tk_rcv_mbf,任务 B 会进入等待状态,直到任务 A 调用 tk_snd_mbf。之前任务 B 处于接收等待状态,如图 2.10(b)所示。
- 任务 A 调用了 tk_snd_mbf,任务 B 也调用了 tk_rcv_mbf 的时刻,消息从任务 A 传递到任务 B,此后双方都进入可运行状态。

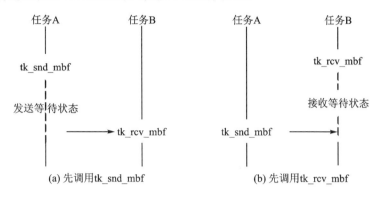

图 2.10　通过消息缓冲区实现同步通信

处于发送等待状态中的任务,按其在队列中的顺序进行消息发送。例如,向消息缓冲区发送 40 个字节的消息的任务 A,和向消息缓冲区发送 10 个字节的消息的任务 B,按 A 前 B 后的顺序排列在等待队列中,此时因其他任务从消息缓冲区中接收消息,导致缓冲区有了 20 个字节的空余空间,这种情况下任务 B 不会在任务 A 之前发送消息。

消息缓冲区可用来传递大小可变的消息。和邮箱不同的是,向消息缓冲发送的消息被复制到缓冲区中。

在实现方法上,假定消息缓冲区通过环形缓冲来实现。

---

1. tk_cre_mbf——创建消息缓冲区

C 语言接口

```
#include <tk/tkernel.h>
ID mbfid = tk_cre_mbf(CONST T_CMBF * pk_cmbf);
```

参　数

```
CONST T_CMBF *      pk_cmbf      Packet to Create Message Buffer     消息缓冲区的创建信息
```

pk_cmbf 的内容:

```
void *    exinf       Extended Information         扩展信息
ATR       mbfatr      Message Buffer Attribute     消息缓冲区属性
INT       bufsz       Buffer Size                  消息缓冲区的大小(字节)
INT       maxsz       Max Message Size             最大消息的大小(字节)
UB        dsname[8]   DS Object Name               DS 对象名
```

—(以下可以追加依赖于具体实现的其他成员变量)—

返回参数

ID	mbfid	Message Buffer ID	消息缓冲区 ID
或		Error Code	错误码

错误码

E_NOMEM	内存不足（无法分配用于控制块或环形缓冲区空间的内存）
E_LIMIT	消息缓冲区的数量超出系统限制
E_RSATR	保留属性（mbfatr 错误或不可用）
E_PAR	参数错误（pk_cmbf 错误，bufsz, maxmsz 是负值或错误）

可用的上下文环境

任务部	准任务部	任务独立部
○	○	×

说　明

创建消息缓冲区，并分配消息缓冲区 ID。具体来说，为创建的消息缓冲区分配管理用内存块。并根据 bufsz 指定的大小，为作为消息队列（等待接收的消息的等待队列）使用的环形缓冲区分配内存区。

消息缓冲区是管理可变长消息的发送和接收的对象。和邮箱不同，发送或接收消息时，会复制消息的内容。而且缓冲区已满的情况下，消息发送方会进入等待状态。

用户可以利用 exinf 来保存传递与消息缓冲区有关的信息，保存的信息可以通过系统调用 tk_ref_mbf 取出。如果需要更大的空间来保存用户信息或想在运行时改变其内容，用户必须确保内存，并将内存地址传入 exinf，内核不关心 exinf 中的内容。

mbfatr 的低位表示系统属性，高性表示特有属性。mbfatr 的系统属性如下。

```
mbfatr:= (TA_TFIFO || TA_TPRI)|[TA_DSNAME] | [TA_NODISWAI]
```

TA_TFIFO	等待发送的任务按 FIFO 方式排列
TA_TPRI	等待发送的任务按优先级方式排列
TA_DSNAME	设定 DS 对象名
TA_NODISWAI	拒绝通过 tk_dis_wai 设置等待禁止

如果缓冲区已满，发送消息的任务会进入消息缓冲区的等待队列，排列方式由 TA_TFIFO 和 TA_TPRI 属性指定。指定 TA_TFIFO 属性时，任务等待队列按 FIFO 方式排列；指定 TA_TPRI 属性时，任务等待队列按任务优先级顺序排列。注意，缓冲区内的消息队列只按 FIFO 方式排列。

等待接收消息的任务的等待队列也只按 FIFO 方式排列。

指定 TA_DSNAME 属性时，dsname 参数变为有效，用于设定 DS 对象的名称。DS 对象的名称在调试时用来识别对象，DS 对象的名称只能通过 T-Kernel/DS 的系统调用（td_ref_dsname 和 td_set_dsname）来操作。请参照 td_ref_dsname 和 td_set_ dsname 的说明。未指定 TA_DSNAME 属性时，dsname 参数将会被忽略，此时调用 td_ref_dsname 和 td_set_dsname，会返回 E_OBJ 错误码。

```
#define   TA_TFIFO      0x00000000    /* 按 FIFO 方式管理送信等待的任务队列 */
#define   TA_TPRI       0x00000001    /* 按优先级顺序管理送信等待的任务队列 */
#define   TA_DSNAME     0x00000040    /* DS 对象名 */
#define   TA_NODISWAI   0x00000080    /* 拒绝等待禁止 */
```

补充说明

有多个任务处于发送等待状态时，总是按等待队列的顺序解除发送等待。

例如，任务 A 准备发送 30 字节的消息，任务 B 准备发送 10 字节的消息，按 A－B 先后顺序排列，即使消息缓冲区空出了 20 字节的可用空间，任务 B 也不能在任务 A 前发送消息。

实现消息队列的环形缓冲区中也包含每条消息的管理信息，因此 bufsz 指定的环形缓冲区大小，通常和消息队列中所有消息的大小之和并不一致。一般后者更小。这表示 bufsz 不具有严格的意义。

可以创建 bufsz＝0 的消息缓冲区。在这种情况下，利用这个消息缓冲区能够实现发送方和接收方完全同步的通信。也就是说，tk_snd_mbf 和 tk_rcv_mbf 其中一方的系统调用先执行，执行的任务就会进入等待状态，另一方的系统调用再执行时，进行消息传递（复制），之后双方都恢复运行。

bufsz＝0 时，消息缓冲区的具体动作如下。

(1) 在图 2.11 中，任务 A 和任务 B 非同步运行。如果任务 A 先到达①，执行 tk_snd_mbf(mbfid)后，在任务 B 到达②之前，任务 A 进入发送等待状态，此时对任务 A 调用 tk_ref_tsk 的话，tskwait＝TTW_SMBF。反过来，如果任务 B 先到达②，执行 tk_rcv_mbf(mbfid)后，在任务 A 到达①之前，任务 B 进入接收等待状态，对这种状态的任务 B 调用 tk_ref_tsk 的话，tskwait＝TTW_RMBF。

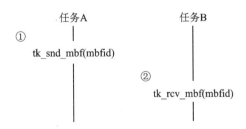

在①位置时进入的等待是消息发送等待(TTW_SMBF)
在②位置是进入的等待是消息接收等待(TTW_RMBF)

图 2.11　使用 bufsz＝0 的消息缓冲区实现同步通信

(2) 任务 A 执行了 tk_snd_mbf(mbfid)且任务 B 也执行了 tk_rcv_mbf(mbfid)的时刻，消息从任务 A 传递给任务 B，双方的等待状态都被解除，恢复运行。

2. tk_del_mbf—删除消息缓冲区

C 语言接口

#include <tk/tkernel.h>
ER ercd = tk_del_mbf(ID mbfid);

参　　数

ID	mbfid	Message Buffer ID	消息缓冲区 ID

返回参数

ER	ercd	Error Code	错误码

错误码

E_OK	正常结束
E_ID	错误的 ID(mbfid 错误或不可用)
E_NOEXS	对象不存在(mbfid 所指定的消息缓冲区不存在)

可用的上下文环境

任务部	准任务部	任务独立部
○	○	×

说　　明

删除 mbfid 所指定的消息缓冲区。

调用此系统调用后,将释放消息缓冲区 ID 及管理控制块的内存空间。

即使消息缓冲区中有等待接收消息或等待发送消息的任务,此系统调用也会正常结束,但是等待的任务会返回 E_DLT 错误。如果消息缓冲区中还有消息,里面的消息会被丢弃。

3. tk_snd_mbf—向消息缓冲区发送消息

C 语言接口

#include <tk/tkernel.h>
ER ercd = tk_snd_mbf(ID mbfid, CONST void * msg, INT msgsz, TMO tmout);

参　　数

ID	mbfid	Message Buffer ID	消息缓冲区 ID
CONST void *	msg	Send Message	发送消息数据的首地址
INT	msgsz	Send Message Size	发送消息的大小(字节)
TMO	tmout	Timeout	超时时限(毫秒)

第 2 部分　T-Kernel 功能描述

返回参数

| ER | ercd | Error Code | 错误码 |

错误码

E_OK	正常结束
E_ID	错误的 ID(mbfid 错误或不可用)
E_NOEXS	对象不存在(mbfid 所指定的消息缓冲区不存在)
E_PAR	参数错误(msgsz≤0,msgsz>masxsz,msg 错误,tmout≤(-2))
E_DLT	等待对象被删除(等待期间对象消息缓冲区被删除)
E_RLWAI	被强制解除等待状态(等待期间 tk_rel_wai 被调用)
E_DISWAI	因等待禁止而被解除等待
E_TMOUT	无应答或超时
E_CTX	上下文环境错误(在任务独立部中或在任务切换禁止时执行)

可用的上下文环境

任务部	准任务部	任务独立部
○	○	×(※有些条件下可用)

说　明

　　调用 tk_snd_tsk 后,将 msg 所指定地址处的消息发送给 mbfid 所指定的消息缓冲区。消息的大小由 msgsz 设定。即,将 msg 地址开始 msgsz 大小的消息,复制到 mbfid 所指定的消息缓冲区的消息队列中。假设消息队列是通过环形缓冲区来实现的。

　　若 msgszw 值大于用 tk_cre_mbf 创建消息缓冲区时设定的 maxmsz 值,会返回 E_PAR 错误。

　　如果没有足够的空间,无法将 msg 的消息复制到消息队列时,调用此系统调用的任务会进入消息发送等待状态,进入发送等待队列中,等待有可用的缓冲区空间。等待发送的任务的排列顺序在调用 tk_cre_mbf 时指定(FIFO 或优先级顺序)。

　　利用 tmout 可以指定等待时间的最大值(超时时限)。如果任务没有满足等待解除条件(没有足够可用缓冲空间),经过 tmout 时间后,此系统调用会结束,返回 E_TMOUT 超时错误。

　　tmout 只能设置成正值。tmout 的基准时间(时间单位)与系统时间的基准时间(=1 ms)一致。

　　当 tmout 设置为 TMO_POL=0 时,表示超时时限为 0,即使结果没有足够的可用缓冲空间,也不会进入等待,此时返回 E_TMOUT 错误。当 tmout 设置为 TMO_FEVR=(-1)时,表示超时时限是无限大,不会发生超时,等待将一直持续下去直到缓冲区有足够的可用空间。

　　不能发送大小为 0 的消息,当设置 msgsz≤0 时,会返回 E_PAR 错误。

在任务独立部中或任务切换禁止的状态下调用此系统调用时,会返回 E_CTX 错误,但是设定 tmout=TMO_POL 时,根据具体实现,也可能可以在任务独立部或任务切换禁止的状态下调用此系统调用。

4. tk_snd_mbf_u——向消息缓冲区发送消息(微秒单位)

C 语言接口

```
#include <tk/tkernel.h>
ER ercd = tk_snd_mbf_u(ID mbfid, CONST void * msg, INT msgsz, TMO_U tmout_u);
```

参　数

ID	mbfid	Message Buffer ID	消息缓冲区 ID
CONST void *	msg	Send Message	发送消息数据的首地址
INT	msgsz	Send Message Size	发送消息的大小(字节)
TMO_U	tmout_u	Timeout	超时时限(微秒)

返回参数

| ER | ercd | Error Code | 错误码 |

错误码

E_OK	正常结束
E_ID	错误的 ID(mbfid 错误或不可用)
E_NOEXS	对象不存在(mbfid 所指定的消息缓冲区不存在)
E_PAR	参数错误(msgsz≤0,msgsz>masxsz,msg 错误,tmout_u≤(-2))
E_DLT	等待对象被删除(等待期间对象消息缓冲区被删除)
E_RLWAI	被强制解除等待状态(等待期间 tk_rel_wai 被调用)
E_DISWAI	因等待禁止而被解除等待
E_TMOUT	无应答或超时
E_CTX	上下文环境错误(在任务独立部中或在任务切换禁止时执行)

可用的上下文环境

任务部	准任务部	任务独立部
○	○	×(※有些条件下可用)

说　明

该系统调用就是将 tk_snd_mbf 的参数 tmout 替换为 64 位微秒单位的 tmout_u。

除了将参数变为 tmout_u,此系统调用的说明和 tk_snd_mbf 相同。请参阅 tk_snd_mbf 的详细说明。

与 T-Kernel 1.0 的差异

T-Kernel 2.0 追加的系统调用。

5. tk_rcv_mbf—从消息缓冲区接收消息

C 语言接口

include <tk/tkernel.h>

INT msgsz = tk_rcv_mbf(ID mbfid, void * msg, TMO tmout);

参　　数

ID	mbfid	Message Buffer ID	消息缓冲区 ID
void *	msg	Receive Message	接收消息的地址
TMO	tmout	Timeout	超时时限(毫秒)

返回参数

INT	msgsz	Receive Message Size	接收的消息大小(字节)
	或	Error Code	错误码

错误码

E_ID	错误的 ID(mbfid 无效或不可用)
E_NOEXS	对象不存在(mbfid 所指定的消息缓冲区不存在)
E_PAR	参数错误(msg 错误,tmout≤(-2))
E_DLT	等待对象被删除(等待期间对象消息缓冲区被删除)
E_RLWAI	等待状态被强制解除(等待期间 tk_rel_wai 被调用)
E_DISWAI	因等待禁止而被解除等待
E_TMOUT	无应答或超时
E_CTX	上下文环境错误(在任务独立部中或在任务切换禁止时执行)

可用的上下文环境

任务部	准任务部	任务独立部
○	○	×

说　　明

从 mbfid 所指定的消息缓冲区中接收一条消息,将消息保存到 msg 所指定的地址空间。即,将 mbfid 所指定的消息缓冲区的消息队列先头的消息内容,复制到 msg 中,所复制的消息大小通过 msgsz 返回。

若 mbfid 所指定的消息缓冲区中没有消息(消息队列为空),调用此系统调用后,任务会进入等待状态,进入接收等待队列,等待有消息被发送。接收等待队列总是先进先出。

利用 tmout 可以指定等待时间的最大值(超时时限)。如果任务没有满足等待解除条件(没有消息到达),经过 tmout 时间后,此系统调用会结束,返回 E_TMOUT 超时错误。

tmout 只能设置成正值。tmout 的基准时间(时间单位)与系统时间的基准时间

(=1 ms)一致。

当 tmout 设置为 TMO_POL=0 时,表示超时时限为 0,即使结果没有消息,也不会进入等待,此时返回 E_TMOUT 错误。当 tmout 设置为 TMO_FEVR=(-1)时,表示超时时限是无限大,不会发生超时,等待将一直持续下去直到有消息到来。

6. tk_rcv_mbf_u—从消息缓冲区接收消息(微秒单位)

C 语言接口

```
#include <tk/tkernel.h>
INT msgsz = tk_rcv_mbf_u(ID mbfid, void * msg, TMO_U tmout_u);
```

参　　数

ID	mbfid	Message Buffer ID	消息缓冲区 ID
void *	msg	Receive Message	接收消息的地址
TMO_U	tmout_u	Timeout	超时时限(微秒)

返回参数

INT	msgsz	Receive Message Size	接收的消息大小(字节)
	或	Error Code	错误码

错误码

E_ID	错误的 ID(mbfid 无效或不可用)
E_NOEXS	对象不存在(mbfid 所指定的消息缓冲区不存在)
E_PAR	参数错误(msg 错误,tmout_u≤(-2))
E_DLT	等待对象被删除(等待期间对象消息缓冲区被删除)
E_RLWAI	等待状态被强制解除(等待期间 tk_rel_wai 被调用)
E_DISWAI	因等待禁止而被解除等待
E_TMOUT	无应答或超时
E_CTX	上下文环境错误(在任务独立部中或在任务切换禁止时执行)

可用的上下文环境

任务部	准任务部	任务独立部
○	○	×

说　　明

该系统调用就是将 tk_rcv_mbf 的参数 tmout 替换为 64 位微秒单位的 tmout_u。

除了将参数变为 tmout_u,此系统调用的说明和 tk_rcv_mbf 相同。请参阅 tk_rcv_mbf 的详细说明。

与 T-Kernel 1.0 的差异

T-Kernel 2.0 追加的系统调用。

7. tk_ref_mbf—查询消息缓冲区状态

C 语言接口

```
#include <tk/tkernel.h>
ER ercd = tk_ref_mbf(ID mbfid, T_RMBF * pk_rmbf);
```

参　　数

ID	mbfid	Message Buffer ID	消息缓冲区 ID
T_RMBF *	pk_rmbf	Packet to Refer Message Buffer Status	消息缓冲区状态信息

返回参数

ER	ercd	Error Code	错误码

pk_rmbf 内容

void *	exinf	Extended Information	扩展信息
ID	wtsk	Wait Task Information	有无等待接收的任务
ID	stsk	Send Task Information	有无等待发送的任务
INT	msgsz	Message Size	下一条消息的大小（字节）
INT	frbufsz	Free Buffer Size	空闲缓冲区的大小（字节）
INT	maxmsz	Maximum Message Size	最大消息长度（字节）

—（以下可以追加依赖于具体实现的其他成员变量）—

错误码

E_OK	正常结束
E_ID	错误的 ID(mbfid 错误或不可用)
E_NOEXS	对象不存在(mbfid 所指定的消息缓冲区不存在)
E_PAR	参数错误(pk_rmbf 错误)

可用的上下文环境

任务部	准任务部	任务独立部
○	○	×

说　　明

获得 mbfid 所指定的消息缓冲区的各种状态，通过返回参数返回等待发送的任务（stsk），下一条消息的大小（msgsz），空闲缓冲区大小（frbufsz），消息最大长度（maxmsz），等待接收的任务（wtsk）及扩展信息（exinf）。

wtsk 返回消息缓冲区中正在等待接收的任务的 ID，stsk 返回等待发送的任务的 ID 有多个等待任务时，指任务等待队列最前端的任务 ID。没有等待任务的时，值为 0。

如果消息缓冲区不存在，会返回 E_NOEXS 错误。

msgsz 返回的是消息队列最前端的消息的大小。如果消息缓冲区里没有消息，

msgsz=0。不能够发送大小为 0 的消息。

任何情况下,msgsz=0 和 wtsk=0 中至少有一方成立。

frbufsz 表示构成消息队列的环形缓冲区中空闲空间的大小。该值大致反映此后可送信(而无需等待)的消息长度。

maxmsz 返回用 tk_cre_mbf 创建消息缓冲区时指定的消息最大长度。

4.5.3 集合点

集合点功能是指当多个任务存在服务器和客户端的关系时实现这些任务间的同步和通信的功能。具体包括客户端任务和服务器任务双方等待处理请求被接受的功能、客户端任务向服务器任务发送处理请求(呼叫消息)的功能、客户端任务等待服务器任务务处理结束的功能和服务器任务向客户端任务返回处理结果消息(应答消息)的功能。通过使用集合点的系统调用就可以用简单的步骤来实现上述一系列复杂的处理。集合点功能通过称为集合点端口的对象来实现。图 2.12 为客户端任务和服务器任务间集合点的动作。

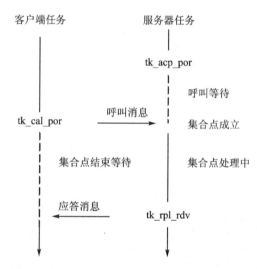

图 2.12　客户端任务和服务器任务间集合点的动作

集合点功能包括:集合点端口的创建/删除、向集合点端口发送处理请求(集合点呼叫)、从集合点端口接受处理请求(集合点接受)、返回处理结果(集合点响应)、把接受的处理请求转发给另一集合点端口(集合点转发)、查询集合点端口和集合点的状态。集合点端口对象由 ID 值来识别,用于识别集合点端口的 ID 值称为集合点端口 ID。

向集合点端口发送处理请求的任务(客户端任务)指定集合点端口、集合点条件和请求处理的相关信息,进行集合点呼叫。与之对应,从集合点端口接受处理请求的任务(服务器端任务)指定集合点端口和集合点条件,接受集合点请求,进行处理。

集合点条件用位模式表示。如果双方的位模式进行逻辑与的运算结果不为 0,则集合点成立。呼叫集合点的任务在集合点成立之前处于呼叫后等待状态。同样,接受集合点处理请求的任务,在集合点成立之前,处于集合点接受等待状态。

集合点成立后,呼叫消息从呼叫集合点的任务传递给接受请求的任务。呼叫集合点的任务进入集合点完成等待状态,等待请求处理完成。接受集合点的任务的等待会被解除,执行请求的处理,当请求的处理完成后,将处理结果以消息的形式返回给呼叫集合点的任务,结束集合点,此时呼叫集合点的任务的完成等待状态被解除。

上述的动作用图 2.13 的例子进行说明。该图中任务 A 和任务 B 异步运行。

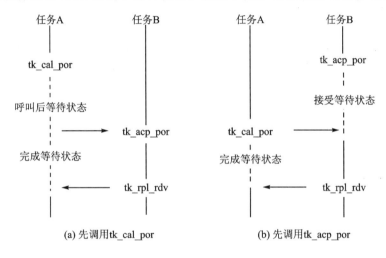

图 2.13 集合点的动作

- 若任务 A 先调用 tk_cal_por,则任务 A 进入等待状态,直至任务 B 调用 tk_acp_por。此时,任务 A 处于集合点呼叫等待状态,如图 2.13(a)所示。
- 若任务 B 先调用 tk_acp_por,则任务 B 进入等待状态,直至任务 A 调用 tk_cal_por。此时,任务 B 处于集合点接受等待状态,如图 2.13(b)所示。
- 在任务 A 调用了 tk_cal_por,任务 B 也调用了 tk_acp_por 的时刻,集合点成立,任务 A 仍保持等待状态,而任务 B 被解除等待。此时任务 A 处于集合点完成等待状态。
- 任务 B 调用 tk_rpl_rdv 的时刻,任务 A 的等待状态被解除,之后双方都处于可运行状态。

集合点端口维护一个呼叫后等待队列和一个接受等待队列,分别用来管理处于呼叫后等待状态和集合点接受等待状态的任务。而当集合点成立后,集合双方就从集合点端口中分离出来。也就是说,集合点端口不维护等待集合点完成的任务的等待队列,也不保存接受集合点处理请求的任务的相关信息。

内核中,为了识别同时成立的集合点,会给每个集合点分配一个对象编号。集合点的对象编号叫做集合点编号,集合点编号的分配方法取决于具体实现,但是至少必须包含能识别呼叫集合点的任务(客户端任务)的信息。而且,即使是同一任务呼叫的集合点,第一次成立的集合点和第二次成立的集合点也必须分配不同的,尽可能唯一的集合点编号。

补充说明

关于集合点编号的具体分配方法,举个例子:可以用呼叫集合点的任务 ID 作为集合点编号的低位,顺序编号作为集合点编号的高位。

设计理由

该功能的名称[集合点(rendezvous)]的是由客户端任务和服务器任务双方要进行交互得来的。在该功能导入的时候受到了 Ada 语言的集合点和 CSP(Communicating Sequential Process)的影响。但是 T-Kernel 提供的集合点功能和 Ada 语言的集合点是不同的。

虽然集合点功能可以通过其他同步/通信功能的组合来实现,但是,在进行应答式通信的时候,用专有的功能可以使应用程序编码更容易。

另外,也比组合其他同步/通信功能实现的效率高。例如,一个优点是,在消息传递完成之前,双方任务都处于等待状态,不需要分配额外内存来保存消息。

即使是同一任务呼叫的集合点,也必须分配不同的、尽可能唯一的集合点编号的原因是:集合点成立后,进入集合点完成等待状态的任务,由于超时或等待状态被强制解除后,再次呼叫并成立集合点的情况也是可能的,这种情况下,如果最初的集合点和后创建的集合点编号相同,那么最初集合点被终止时,因为编号一样后创建的集合点也会终止。如果给两个集合点分配不同的编号,且处于集合点完成等待状态的任务保存了等待对象的集合点编号的话,终止最初的集合点时,就可以返回错误。

1. tk_cre_por—创建集合点端口

C 语言接口

```
#include <tk/tkernel.h>
ID porid = tk_cre_por(CONST T_CPOR * pk_cpor);
```

参　数

CONST T_CPOR*　　pk_cpor　　　Packet to Create Port　　集合点端口的创建信息

pk_cpor 的内容

| void * | exinf | Extended information | 扩展信息 |
| ATR | poratr | Port Attribute | 集合点端口属性 |

INT	maxcmsz	Max Call Message Size	呼叫消息的最大长度（字节）
INT	maxrmsz	Max Replay Message Size	应答消息的最大长度（字节）
UB	dsname[8]	DS Object name	DS 对象名

—（以下可以追加依赖于具体实现的其他成员变量）—

返回参数

| ID | proid | Port ID | 集合点端口 ID |
| | 或 | Error Code | 错误码 |

错误码

E_NOMEM	内存不足（无法分配用于管理的内存块）
E_LIMIT	集合点端口的数量超出系统限制
E_RSATR	保留属性（poratr 错误或不可用）
E_PAR	参数错误（pk_cpor 错误，maxcmsz 或 maxrmsz 是负值或错误）

可用的上下文环境

任务部	准任务部	任务独立部
○	○	×

说 明

创建一个集合点端口，并分配集合点端口 ID。具体来说，系统为创建的集合点端口分配管理用内存块。集合点端口是实现基本的集合点功能的对象。

用户可以利用 exinf 来保存传递集合点端口相关的信息，保存的信息可通过系统调用 tk_ref_por 取出。如果需要更大的空间来保存用户信息或想在运行时改变其内容，用户必须确保内存，并将内存地址传入 exinf，内核不关心 exinf 中的内容。

poratr 的低位表示系统属性，高位表示具体实现特有的属性。poratr 的系统属性如下。

poratr := (TA_TFIFO || TA_TPRI)| ([TA_DSNAME] | [TA_NODISWAI])

TA_TFIFO	呼叫后等待任务队列按 FIFO 方式排列
TA_TPRI	呼叫后等待任务队列按优先级顺序排列
TA_DSNAME	设定 DS 对象名
TA_NODISWAI	拒绝通过 tk_dis_wai 设置等待禁止

指定 TA_TFIFO 或 TA_TPRI 属性能够设定集合点呼叫后等待任务的等待队列顺序，但集合点接受等待任务的等待队列顺序只有 TA_TFIFO 一种方式。

指定 TA_DSNAME 属性时，dsname 参数变为有效，用于设定 DS 对象的名称。DS 对象的名称在调试时用来识别对象，DS 对象的名称只能通过 T-Kernel/DS 的系统调用（td_ref_dsname 和 td_set_dsname）操作。请参照 td_ref_dsname 和 td_set_dsname 的说明。未指定 TA_DSNAME 属性时，dsname 参数将会被忽略，此时调用

td_ref_dsname 和 td_set_dsname，会返回 E_OBJ 错误码。

```
#define TA_TFIFO      0x00000000    /* 按 FIFO 方式管理等待任务队列 */
#define TA_TPRI       0x00000001    /* 按优先级顺序管理等待任务队列 */
#define TA_DSNAME     0x00000040    /* DS 对象名 */
#define TA_NODISWAI   0x00000080    /* 拒绝等待禁止 */
```

maxcmsz 指定呼叫集合点端口时传送消息的最大值（字节）。maxcmsz 可以指定为 0。但是 maxcmsz 指定为 0 只能适用于呼叫集合点端口时传送消息的大小为 0，无消息同步的情况。

maxrmsz 指定集合点端口应答时传送消息的最大值（字节）。maxrmsz 可以指定为 0。但是 maxrmsz 指定为 0 只能适用于集合点端口应答时传送消息的大小为 0 的情况。

2. tk_del_por—删除集合点端口

C 语言接口

```
#include <tk/tkernel.h>
ER ercd = tk_del_por(ID porid);
```

参　　数

| ID | proid | Port ID | 集合点端口 ID |

返回参数

| ER | ercd | Error Code | 错误码 |

错误码

E_OK	正常结束
E_ID	错误的 ID（porid 错误或不可用）
E_NOEXS	对象不存在（porid 指定的集合点端口不存在）

可用的上下文环境

任务部	准任务部	任务独立部
○	○	×

说　　明

删除 porid 所指定的集合点端口。

调用此系统调用后，将释放集合点端 ID 以及管理用内存块。

即使有任务正处于接受等待队列（tk_acp_por）或呼叫后等待队列（tk_cal_por）中，本系统调用正常结束，但会向处于等待状态的任务返回 E_DLT 错误。

用 tk_del_por 删除集合点端口，不会对已成立集合点的任务造成任何影响。不会

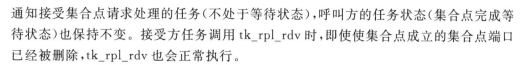

通知接受集合点请求处理的任务(不处于等待状态),呼叫方的任务状态(集合点完成等待状态)也保持不变。接受方任务调用 tk_rpl_rdv 时,即使使集合点成立的集合点端口已经被删除,tk_rpl_rdv 也会正常执行。

3. tk_cal_por—呼叫集合点端口

C 语言接口

```
# include <tk/tkernel.h>
INT rmsgsz = tk_cal_por(ID porid, UINT calptn, void * msg, INT cmsgsz, TMO tmout);
```

参　数

ID	proid	Port ID	集合点端口 ID
UINT	calptn	Call Bit Pattern	表示呼叫方选择条件的位模式
void *	msg	Message	消息数据包的地址
INT	cmsgsz	Call Message Size	呼叫消息的大小(字节)
TMO	tmout	Timeout	超时时限(毫秒)

返回参数

| INT | rmsgsz | Reply Message Size | 应答消息的大小(字节) |
| | 或 | Error Code | 错误码 |

错误码

E_ID	错误的 ID(porid 错误或不可用)
E_NOEXS	对象不存在(porid 所指定的集合点端口不存在)
E_PAR	参数错误(cmsgsz<0, cmsgsz>maxcmsz, calptn = 0, msg 错误,或 tmout≥-2)
E_DLT	等待对象被删除(等待期间集合点端口对象被删除)
E_RLWAI	被强制解除等待状态(等待期间 tk_rel_wai 被调用)
E_DISWAI	因等待禁止而被解除等待
E_TMOUT	无应答或超时
E_CTX	上下文环境错误(在任务独立部中或在任务切换禁止时执行)

可用的上下文环境

任务部	准任务部	任务独立部
○	○	×

说　明

对集合点端口进行呼叫集合点操作。

tk_cal_por 具体动作如下:如果 porid 指定的集合点端口中已经有处于接受等待状态的任务,且该任务与调用 tk_cal_por 的任务之间满足集合点成立条件,则建立集合点。这种情况下,等待接受集合点的任务进入就绪状态(READY),调用 tk_cal_por 的任务进入集合点完成等待状态。进入集合点完成等待状态的任务会因为对方(接受集合点的任务)调用 tk_rpl_rdv 而被解除等待,此时 tk_cal_por 系统调用结束。

如果 porid 指定的集合点端口中没有正等待接受请求的任务,或虽然有任务但是不满足集合点成立条件,调用 tk_cal_por 的任务会被加入集合点端口的呼叫方等待队列中,进入集合点呼叫后等待状态,呼叫方等待队列的顺序,由 tk_cre_por 创建集合点端口时指定的属性决定(FIFO 或优先级顺序)。

集合点成立条件通过接受方的 acpptn 与呼叫方的 calptn 的逻辑和运算结果是否为 0 来判断。如果结果不为 0,则集合点成立;calptn 为 0 的话,集合点不可能成立,因此返回 E_PAR 错误。

集合点成立时,呼叫方任务可以向接受方任务发送消息(呼叫消息),呼叫消息的大小由 cmsgsz 指定。具体来说,呼叫任务将从 tk_cal_por 指定的 msg 地址复制 cmsgsz 个字节到接受方任务用 tk_acp_por 指定的 msg 中。

相对的,在集合点完成时,接受方任务也可以向呼叫方任务发送消息(应答消息)。具体来说,接受方任务调用 tk_rpl_rdv 时将应答消息的内容复制到呼叫方任务用 tk_cal_por 指定的 msg 中,应答消息的大小 rmsgsz 通过 tk_cal_por 的返回值返回。这意味着 tk_cal_por 指定的 msg 地址上的消息内容,最后会被 tk_rpl_rdv 返回的应答消息所覆盖。

此外,集合点被转发的情况下,tk_cal_por 指定的 msg 的首地址开始最大 maxrmsz 大小的内存区被作为缓冲区使用,其中内容可能会被破坏。因此,tk_cal_por 请求的集合点可能会被转发的情况下,和期待的应答消息的大小无关,必须至少保证从 msg 开始 maxrmsz 大小的内存空间。(请参阅 tk_fwd_por 系统调用的详细说明)

如果 cmsgsz 的值超过 tk_cre_por 指定的 maxcmsz,会返回 E_PAR 错误。该错误在进入集合点呼叫后等待状态之前检测,出现错误的话,执行 tk_cal_por 的任务不会进入等待状态。

利用 tmout 可以指定等待时间的最大值。如果任务没有满足等待解除条件,经过 tmout 时间后,系统调用结束,返回 E_TMOUT 超时错误。

tmout 只能设置成正值。tmout 的基准时间(时间单位)与系统时间的基准时间(=1 ms)一致。

当 tmout 设置为 TMO_POL=0 时,表示超时时限为 0,即使没有任务正在等待接受请求或不满足集合点成立条件,也不会进入等待,此时返回 E_TMOUT 错误。

当 tmout 设置为 TMO_FEVR=(-1)时,表示超时时限是无限大,不会发生超时,等待将一直持续直到集合点成立为止。

tmout 指示的是到集合点成立为止的等待时间,和从集合点成立到集合点完成之间的时间无关。即,集合点成立之后,tk_cal_por 调用不会发生超时。

4. tk_cal_por_u—呼叫集合点端口（微秒单位）

C 语言接口

　　♯include <tk/tkernel.h>
　　INT rmsgsz = tk_cal_por_u(ID porid, UNIT calptn, void * msg, INT cmsgsz, TMO_U tmout_u);

参　　数

ID	proid	Port ID	集合点端口 ID
UINT	calptn	Call Bit Pattern	表示呼叫方选择条件的位模式
void *	msg	Message	消息数据包的地址
INT	cmsgsz	Call Message Size	呼叫消息的大小（字节）
TMO_U	tmout_u	Timeout	超时时限（微秒）

返回参数

INT	rmsgsz	Reply Message Size	应答消息的大小（字节）
	或	Error Code	错误码

错误码

E_ID	错误的 ID（porid 错误或不可用）
E_NOEXS	对象不存在（porid 所指定的集合点端口不存在）
E_PAR	参数错误（cmsgsz＜0，cmsgsz＞maxcmsz, calptn = 0, msg 错误,或 tmout_u≤-2）
E_DLT	等待对象被删除（等待期间集合点端口对象被删除）
E_RLWAI	被强制解除等待状态（等待期间 tk_rel_wai 被调用）
E_DISWAI	因等待禁止而被解除等待
E_TMOUT	无应答或超时
E_CTX	上下文环境错误（在任务独立部中或在任务切换禁止时执行）

可用的上下文环境

任务部	准任务部	任务独立部
○	○	×

说　　明

　　该系统调用就是将 tk_cal_por 的参数 tmout 替换为 64 位微秒单位的 tmout_u。
　　除了将参数变为 tmout_u,此系统调用的说明和 tk_cal_por 相同。请参阅 tk_cal_por 的详细说明。

与 T-Kernel 1.0 的差异

　　T-Kernel 2.0 追加的系统调用。

5. tk_acp_por—接受集合点端口

C 语言接口

```
#include <tk/tkernel.h>
INT cmsgsz = tk_acp_por(ID porid, UNIT acpptn, RNO * p_rdvno, void * msg, TMO tmout);
```

参 数

ID	proid	Port ID	集合点端口 ID
UINT	acpptn	Accept Bit Pattern	表示接受方选择条件的位模式
RNO *	p_rdvno	Pointer to Rendezvous Number	返回参数 rdvno 的数据包地址
void *	msg	Packet of Call Message	消息数据包的地址
TMO	tmout	Timeout	超时时限(毫秒)

返回参数

RNO	rdvno	Rendezvous Number	集合点编号
INT	cmsgsz	Call Message Size	呼叫消息的大小(字节)
	或	Error Code	错误码

错误码

E_ID	错误的 ID(porid 错误或不可用)
E_NOEXS	对象不存在(porid 所指定的集合点端口不存在)
E_PAR	参数错误(acpptn = 0,msg 错误,或 tmout≤ - 2》
E_DLT	等待对象被删除(等待期间集合点端口对象被删除)
E_RLWAI	被强制解除等待状态(等待期间 tk_rel_wai 被调用)
E_DISWAI	因等待禁止而被解除等待
E_TMOUT	无应答或超时
E_CTX	上下文环境错误(在任务独立部或在任务切换禁止时执行)

可用的上下文环境

任务部	准任务部	任务独立部
○	○	×

说 明

从集合点端口接受集合点请求。

tk_acp_por 具体动作如下:如果在 porid 指定的集合点端口的呼叫方等待队列中,有任务和调用 tk_acp_por 的任务之间的集合点条件能够得到满足,则建立集合点。此时,呼叫方等待队列中的那个任务被从等待队列中移除,任务状态从呼叫后等待状态(等待集合点成立)转为集合点完成等待状态,调用 tk_acp_por 的任务继续运行。

如果呼叫方等待队列中没有任务,或者有任务但不满足集合点成立条件,那么调用 tk_acp_por 的任务进入集合点接受等待状态。此时即使已经有另一任务处于集合点接受等待状态,也不会产生错误,调用 tk_acp_por 的任务会被加入集合点接受等待队列中。而且,使用一个集合点端口,可以同时对多个任务提供集合点操作,因此,在 porid 指定的集合点端口上,即使有其他任务正进行集合点操作(上一个成立的集合点相关的 tk_rpl_drv 执行之前),下个集合点的操作也不会导致错误。

集合点成立条件通过接受方的 acpptn 与呼叫方的 calptn 的逻辑和运算结果是否为 0 来判断。如果结果不为 0,则集合点成立。如果队列中第一个任务不满足条件,会顺序检查呼叫方等待队列中的每个任务。acpptn 为 0 的话,集合点不可能成立,因此返回 E_PAR 错误。到集合点成立为止,集合点呼叫方和接受方的操作是完全对称的。

集合点成立时,呼叫方任务可以向接受方任务发送呼叫消息。呼叫方任务将指定的消息内容复制到接受方任务在 tk_acp_por 中指定的 msg 中,消息大小通过 tk_acp_por 的返回值 cmsgsz 返回。

集合点接受方任务可以同时进行多个集合点处理。具体来说,已经通过 tk_acp_por 接受了集合点请求的任务,在执行 tk_rpl_rdv 之前,可以再次调用 tk_acp_por。而且第二次调用 tk_acp_por 指定的集合点端口可以和先前的集合点端口相同,也可以不同。甚至已经成立集合点的任务,对同一集合点端口再次调用 tk_acp_por 并再次成立集合点,导致同一接受方任务同时处理同一端口的多个集合点的情况也是可能的,当然此时集合点的呼叫方任务是不同的。

tk_acp_por 的返回参数 rdvno 用于区别同时成立的多个集合点,在集合点完成时作为 tk_rpl_rdv 的参数传递。也在集合点转发时作为 tk_fwd_por 的参数传递。rdvno 的内容由具体实现决定,但必须包含集合点成立对方的呼叫方任务的识别信息。

利用 tmout 可以指定等待时间的最大值。如果经过 tmout 时间后任务仍没有满足等待解除条件(集合点未成立),则本系统调用结束,返回 E_TMOUT 超时错误。

tmout 只能设置成正值。tmout 的基准时间(时间单位)与系统时间的基准时间(=1 ms)一致。

当 tmout 设置为 TMO_POL=0 时,表示超时时限为 0,即使对象集合点端口中没有处于呼叫后等待状态的任务或不满足集合点成立条件,也不会进入等待,此时返回 E_TMOUT 错误。当 tmout 设置为 TMO_FEVR=(−1)时,表示超时时限无限大,不会发生超时,等待将一直持续直到集合点成立为止。

补充说明

维护一个集合点接受方任务的等待队列,有助于实现同样处理的多个服务程序并行处理客户端请求的功能。并且使集合点端口独立于任务(集合点端口无需保存任务信息)。

接受了集合点请求的任务,由于某种原因,在集合点完成之前(调用 tk_rpl_rdv 之前)异常结束的情况下,调用 tk_cal_por 的呼叫方任务仍然一直处于集合点完成等待状态。为了避免这种情况,集合点接受方任务应在异常结束时调用 tk_rpl_rdv 或 tk_rel_wai,通知集合点呼叫方任务集合点异常结束。

rdvno 包含集合点成立对方的呼叫方任务的识别信息，且应尽可能唯一。即使是对同一个任务，第一回成立的集合点和第二回成立的集合点也应该分配不同的 rdvno 值。这样可以避免下述问题：

考虑调用 tk_cal_por 后进入集合点完成等待状态的任务，因为 tk_rel_wai 或 tk_ter_tsk＋tk_sta_tsk 被强制解除等待状态后，再次调用 tk_cal_por 并成立集合点的情况。如果前一个集合点的 rdvno 值和后一个集合点的 rdvno 值相同，那么对前一个集合点执行 tk_rpl_rdv 会结束后一个集合点。rdvno 值唯一，且处于集合点完成等待的任务记录下自己期待的 rdvno 值的话，对第一个集合点调用 tk_rpl_rdv 时就能够检测出错误。

关于 rdvno 的具体分配方法，举个例子：可以用呼叫方任务 ID 作为 rdvno 的低位，顺序编号作为 rdvno 的高位。

通过 calptn，acpptn 设置集合点成立条件，可以实现集合点的选择功能（相当于 ADA 的 select 功能），图 2.14 显示了如何用集合点实现 ADA 的 select 功能图 2.15 的例子。

ADA 只提供接受方的选择功能，而集合点可以通过将 calptn 的多个位设定为 1 来实现呼叫方的选择功能。

```
select
  when condition_A
  accept entry_A do … end;
or
  when condition_B
  accept entry_B do … end;
or
  when condition_C
  accept entry_C do … end;
end select;
```

图 2.14 使用 select 语句的 ADA 程序

- 整个 select 语句对应一个集合点端口，而不是 entry_A，entry_B，entry_C 分别对应。
- entry_A，entry_B，entry_C 分别对应 calptn 和 acpptn 的第 2^0，2^1 和 2^2 位。
- ADA 例子程序中的 select 语句用集合点实现如下。

  ```
  ptn : = 0
  If  condition_A then ptn : = ptn + 2^0 endif;
  If  condition_B then ptn : = ptn + 2^1 endif;
  If  condition_C then ptn : = ptn + 2^2 endif;
  tk_acp_por (acpptn : = ptn);
  ```

- 如果例子程序中除了 select 语句，还包含有单独的 entry_A 的 accept（不在 select 中），可以用：
  tk_acp_por(acpptn : = 2^0);
  来实现。而如果想等待处理 entry_A，entry_B，entry_C 中的任意一个，可以用：
  tk_acp_por(acpptn : = $2^2 + 2^1 + 2^0$);
  来实现。
- 另一方面，在呼叫方，如果是呼叫 entry_A，执行 tk_cal_por(calptn : = 2^0)；如果是呼叫 entry_C，则执行 tk_cal_por(calptn : = 2^2)。

图 2.15 使用集合点实现 ADA 的选择功能

设计理由

因为集合点成立后的处理不同，所以虽然呼叫方和接受方在集合点成立条件上的处理是完全对称的,仍然分成了 tk_cal_por 和 tk_acp_por 两个系统调用。呼叫方在集合点成立之后进入等待状态,而接受方进入就绪状态(READY)。

6. tk_acp_por_u—接受集合点端口(微秒单位)

C 语言接口

```
#include <tk/tkernel.h>

INT cmsgsz = tk_acp_por_u(ID porid, UINT acpptn, RNO * p_rdvno, void * msg, TMO_U tmout_u);
```

参　数

ID	proid	Port ID	集合点端口 ID
UINT	acpptn	Accept Bit Pattern	表示接受方选择条件的位模式
RNO *	p_rdvno	Pointer to Rendezvous Number	返回参数 rdvno 的数据包地址
void *	msg	Packet of Call Message	消息数据包的地址
TMO_U	tmout_u	Timeout	超时时限(微秒)

返回参数

RNO	rdvno	Rendezvous Number	集合点编号
INT	cmsgsz	Call Message Size	呼叫消息的大小(字节)
	或	Error Code	错误码

错误码

E_ID	错误的 ID(porid 错误或不可用)
E_NOEXS	对象不存在(porid 所指定的集合点端口不存在)
E_PAR	参数错误(acpptn = 0,msg 错误,或 tmout_u ≤ -2)
E_DLT	等待对象被删除(等待期间集合点端口对象被删除)
E_RLWAI	被强制解除等待状态(等待期间 tk_rel_wai 被调用)
E_DISWAI	因等待禁止而被解除等待
E_TMOUT	无应答或超时
E_CTX	上下文环境错误(在任务独立部或在任务切换禁止时执行)

可用的上下文环境

任务部	准任务部	任务独立部
○	○	×

说　明

该系统调用就是将 tk_acp_por 的参数 tmout 替换为 64 位微秒单位的 tmout_u。

除了将参数变为 tmout_u,此系统调用的说明和 tk_acp_por 相同。请参阅 tk_acp_por 的详细说明。

与 T-Kernel 1.0 的差异

T-Kernel 2.0 追加的系统调用。

7. tk_fwd_por—转发结合点到其他端口

C 语言接口

ER ercd = tk_fwd_por(ID porid, UINT calptn, RNO rdvno, void * msg, INT cmsgsz);

参　数

ID	proid	Port ID	转发目标集合点端口 ID
UINT	calptn	Call Bit Pattern	呼叫位模式(呼叫方任务的选择条件)
RNO	rdvno	Rendezvous Number	转发前的集合点编号
void *	msg	Call Message	转发消息的地址
INT	cmsgsz	Call Message Size	转发消息的大小(字节)

返回参数

ER	ercd	Error Code	错误码

错误码

E_OK	正常结束
E_ID	错误的 ID(porid 错误或不可用,porid 是其他节点的集合端口)
E_NOEXS	对象不存在(porid 所指定的集合点端口不存在)
E_PAR	参数错误(cmsgsz<0, cmsgsz>转发后的 maxcmsz, cmsgsz>转发前的 maxrmsz, calptn = 0, msg 错误)
E_OBJ	无效的对象状态(错误的 rdvno 值, 或 maxrmsz(转发后)> maxrmsz(转发前))
E_CTX	上下文环境错误(在任务独立部中调用,依具体实现而定)
E_DISWAI	因等待禁止而被解除等待

说　明

将已经接受的集合点转发给另一个集合点端口。

调用本系统调用的任务(称之为任务 X)必须处于集合点已成立(tk_acp_por 运行后)的状态。下面的说明中,称集合点对方的呼叫方任务为任务 Y,tk_acp_por 返回的集合点编号为 rdvno。在这种情况下,调用 tk_fwd_por 后,任务 X 和任务 Y 之间的集合点被解除,此后的处理和任务 Y 呼叫 porid 指定的另一个集合点端口(称之为集合点端口 B)的情况一样。

tk_fwd_por 的具体动作如下:

(1) 解除 rdvno 指示的集合点。

(2) 任务 Y 进入对 porid 指定的集合点端口的呼叫后等待状态。此时,集合点成立的呼叫方选择条件,不是任务 Y 调用 tk_cal_por 时指定的 calptn 值,而是任务 X 调用 tk_fwd_por 时指定的 calptn 值。在任务 Y 看来,是从集合点完成等待状态返回到集合点呼叫后等待状态。

（3）在此之后，如果这个对 porid 指定的集合点端口的集合点请求被接受，接受该集合点的任务和任务 Y 之间成立集合点。当然，如果 porid 指定的集合点端口上已经有正等待接受集合点的任务存在，且满足集合点成立条件，那么执行 tk_fwd_por 会马上成立集合点。在这里，集合点成立时向接受方发送的消息，不是任务 Y 调用 tk_cal_por 时指定的消息，而是任务 X 调用 tk_fwd_por 时指定的消息（和 calptn 相同）。

（4）新的集合点结束时通过 tk_rpl_rdv 返回的消息，不会被复制到任务 X 调用 tk_fwd_por 时指定的 msg 地址空间内，而是复制到任务 Y 调用 tk_cal_por 时指定的 msg 地址空间内。

基本上：

[tk_cal_por(porid=portA, calptn=ptnA, msg=mesA)之后，再运行 tk_fwd_por(porid=portB, calptn=ptnB, msg=mesB)的状态]，和[直接运行 tk_cal_por(porid=portB, calptn=ptnB, msg=mesB)的状态]是完全相同的，这样就导致内核没有必要记录集合点转发的历史。

对因调用 tk_fwd_por 而返回集合点呼叫后等待状态的任务执行 tk_ref_tsk，取得的 tskwait 为 TTW_CAL，wid 也是转发目标集合点端口的 ID。

对 tk_fwd_por 的调用会立即结束返回，不会进入等待状态。而且，调用 tk_fwd_por 后，调用 tk_fwd_por 的任务与转发前的集合点端口，转发后的集合点端口（porid 的集合点端口），以及在集合点端口上进行集合点操作的任务之间不再有任何关系。

如果 cmsgsz 大于转发后集合点端口的 maxcmsz，会返回 E_PAR 错误，该错误在集合点转发前检测，如果发生这个错误，集合点不会转发，rdvno 所指示的集合点也不会被解除。

tk_fwd_por 执行时，tk_fwd_por 所发送的消息内容会被复制到其他内存空间（例如 tk_cal_por 指定的消息缓冲区）。因此，即使在转发的集合点成立之前，改变了 tk_fwd_por 的 msg 消息内容，也不会对转发的集合点造成影响。

调用 tk_fwd_por 转发集合点时，转发后的集合点端口（porid 指定的集合点端口）的 maxrmsz，必须小于或等于转发前的集合点端口的 maxrmsz。如果转发后的集合点端口的 maxrmsz 大于转发前集合点端口的 maxrmsz，会返回 E_OBJ 错误，表示目标集合点端口不正确。集合点呼叫方的任务，会根据转发前集合点端口的 maxrmsz 的大小来准备接收应答消息的内存空间。如果集合点转发增大了应答消息的最大长度，那么可能向呼叫方返回超出预期大小的应答消息，从而产生问题。由于这个原因，集合点不能被转发给有更大 maxrmsz 值的集合点端口。

而且，tk_fwd_por 所发送的消息大小 cmsgsz 也必须小于等于集合点转发前的集合点端口的 maxrmsz。这是因为预期的 tk_fwd_por 实现方法，会将 tk_cal_por 指定的消息内存区作为 tk_fwd_por 所发送消息的缓冲区。如果 cmsgsz 大于集合点转发前的集合点端口的 maxrmsz，会返回 E_PAR 错误。（参见补充说明。）

在任务独立部中没有调用 tk_fwd_por, tk_rpl_rdv 的必要,但在切换禁止或中断禁止的任务中可以调用 tk_fwd_por, tk_rpl_rdv。此功能可用于某些处理和 tk_fwd_por 或 tk_rpl_rdv 无法分离的情况。此外,在任务独立部中调用 tk_fwd_por, tk_rpl_rdv 时的错误检测,取决于具体实现。

由于调用 tk_fwd_por,导致处于集合点完成等待状态的任务 Y 返回到集合点呼叫后等待状态的情况下,其到下一次集合点成立为止的超时设置,总是当永久等待(TMO_FEVR)处理。

转发目标集合点端口,可以和转发前集合点端口(使 rdvno 所指集合点成立的集合点端口)为同一个集合点端口。这表示通过 tk_fwd_por 放弃已接受的集合点请求。但即使这种情况下,呼叫消息和 calptn 也不再是呼叫方任务通过 tk_cal_por 所指定的,而是变更为接受方任务通过 tk_fwd_por 指定的消息和 calptn。

转发过的集合点可以再次转发。

补充说明

使用 tk_fwd_por 的服务任务的动作如图 2.16 所示。

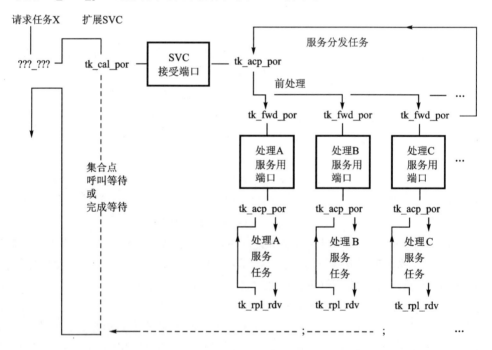

注:※ 黑色边框表示集合点端口(集合点入口)。
※ 有时可用 tk_cal_por 代替 tk_fwd_por,成为集合点嵌套。如果服务任务(处理 A~C)处理完成后可以直接恢复任务 X 的运行,用 tk_fwd_por 可以避免嵌套,效率更高。

图 2.16 使用 tk_fwd_por 的服务任务的动作示意图

一般来说,调用 tk_fwd_por 的是图 2.16 所示这样的服务分发任务(将已接受的服务请求分配给别的任务）。分发任务无论转发的集合点是否能够成立，都会继续处理下一个请求。这种情况下，因为 tk_fwd_por 的消息空间会被下一个请求使用，所以要求即使改变了消息空间的内容，也不能影响前面转发的集合点。即，tk_fwd_por 调用之后，转发的集合点成立之前，必须可以修改 tk_fwd_por 的 msg 所指定的消息内容。

在具体实现上，为了实现这个要求，允许将 tk_cal_por 指定的消息空间做为缓冲区使用。即 tk_fwd_por 处理中，将 tk_fwd_por 指定的呼叫消息复制到 tk_cal_por 指定的 msg 消息空间，从而允许调用 tk_fwd_por 的任务改变它的消息内容。集合点成立时，不管集合点是否是转发，都会将 tk_cal_por 指定的消息空间中的内容传递给接受方。

为了能够使用这样的实现方法，制定了以下规范。

- 如果 tk_cal_por 请求的集合点可能被转发，无论预期应答消息的大小为多少，都必须确保 tk_cal_por 的 msg 地址空间的大小至少为 maxrmsz。
- tk_fwd_por 发送的消息大小 cmsgsz，必须小于等于转发前集合点端口的 maxrmsz。

用 tk_fwd_por 转发集合点时，转发后集合点端口的 maxrmsz 必须小于等于转发前集合点端口的 maxrmsz。

设计理由

为了减少系统记录的状态的数量，tk_fwd_por 规范以不记录集合点转发历史为前提设计。如果需要记录集合点转发历史，不要使用 tk_fwd_por，可以使用 tk_cal_por～tk_acp_por 组合来嵌套处理。

8. tk_rpl_rdv—集合点应答

C 语言接口

```
#include <tk/tkernel.h>
ER ercd = tk_rpl_rdvr(RNO rdvno, void * msg, INT rmsgsz);
```

参　数

RNO	rdvno	Rendezvous Number	集合点编号
void *	msg	Reply Message	应答消息地址
INT	rmsgsz	Reply Message Size	应答消息大小（字节）

返回参数

ER	ercd	Error Code	错误码

错误码

E_OK	正常结束
E_PAR	参数错误（rmsgsz<0，rmsgsz>maxcmsz，或 msg 错误）
E_OBJ	对象状态不正确（rdvno 错误）

E_CTX	上下文环境错误(在任务独立部中调用,依具体实现而定)	

可用的上下文环境

任务部	准任务部	任务独立部
○	○	×

说　明

向集合点对方(呼叫方任务)返回应答,并结束集合点。

调用本系统调用的任务(称之为任务 X)必须处于已成立集合点的状态(tk_acp_por 运行后的状态)。以下说明中,称呼叫集合点的任务为任务 Y,通过 tk_acp_por 的返回参数返回的集合点编号为 rdvno。这种情况下调用 tk_rpl_rdv 之后,任务 X 和任务 Y 之间的集合点状态被解除,处于集合点完成等待状态的呼叫方任务 Y 返回到就绪状态(READY)。

调用 tk_rpl_rdv 结束集合点时,接受方任务 X 可以向呼叫方任务 Y 发送应答消息。接受方任务的应答消息将被复制到呼叫方任务调用 tk_cal_por 时指定的 msg 地址空间。应答消息的大小 rmsgsz 作为 tk_cal_por 的返回值返回。

如果 rmsgsz 大于 tk_cre_por 设定的 maxrmsz,则返回 E_PAR 错误。如果出现这个错误,集合点不会结束,调用 tk_cal_por 的任务的集合点完成等待状态也不会解除。

虽然在任务独立部中不能调用 tk_fwd_por,tk_rpl_rdv,但在切换禁止或中断禁止的任务中可以调用 tk_fwd_por,tk_rpl_rdv。此功能可用于某些处理和 tk_fwd_por 或 tk_rpl_rdv 无法分离的情况。此外,在任务独立部中调用 tk_fwd_por,tk_rpl_rdv 时的错误检测,取决于具体实现。

补充说明

如果呼叫集合点的任务,因某种理由在集合点完成之前(tk_rpl_rdv 被调用之前)异常结束,并不会直接通知集合点接受方。这种情况下,接受方任务在调用 tk_rpl_rdv 时返回 E_OBJ 错误。

集合点成立后,原则上任务就和集合点端口分离(不再需要对方信息),只有检查 tk_rpl_rdv 的消息长度时使用的 maxrmsz 依存于集合点端口,因此成立集合点的任务需要记录这个值。具体实现上,可以考虑将该值保存到进入等待状态的呼叫方任务的 TCB 或可从 TCB 访问的内存区(堆栈等)。

设计理由

tk_rpl_rdv 和 tk_fwd_por 的输入参数,指定的是用于区别集合点的 rdvno,而不是集合点端口的 ID(porid)。这是基于集合点成立后,任务不再与集合点端口有关系的原则而作的设计。

rdvno 不正确时返回 E_OBJ 而不是 E_PAR,因为 rdvno 代表着呼叫方任务。

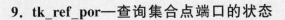

9. tk_ref_por—查询集合点端口的状态

C 语言接口

```
#include <tk/tkernel.h>
ER ercd = tk_ref_por(ID porid, T_RPOR * pk_rpor);
```

参 数

| ID | proid | Port ID | 集合点端口 ID |
| T_RPOR * | pk_rpor | Packet to Refer Port | 集合点端口状态信息 |

返回参数

| ER | ercd | Error Code | 错误码 |

pk_rpor 的内容

void *	exinf	Extended Information	扩展信息
ID	wtsk	Wait Task Information	是否有处于呼叫后等待状态的任务
ID	atsk	Accept Task Information	是否有处于接受等待状态的任务
INT	maxcmsz	Maximum Call Message Size	呼叫消息的最大长度（字节）
INT	maxrmsz	Maximum Reply Message Size	应答消息的最大长度（字节）

—（以下可以追加依赖于具体实现的其他成员变量）—

错误码

E_OK	正常结束
E_ID	错误的 ID 号（porid 错误或不可用）
E_NOEXS	对象不存在（porid 所指定的集合点端口不存在）
E_PAR	参数错误（pk_rpor 错误）

可用的上下文环境

任务部	准任务部	任务独立部
○	○	×

说 明

查询 porid 指定的集合点端口的各种状态，将是否有处于接受等待状态的任务（atsk），是否有处于呼叫后等待状态的任务（wtsk），消息的最大长度（maxcmsz，maxrmsz）和扩展信息（exinf）通过返回参数返回。

wtsk 表示集合点端口上处于呼叫后等待状态的任务的 ID，没有处于呼叫后等待状态的任务时 wtsk＝0。atsk 表示集合点端口上等待接受集合点的任务的 ID，没有等待接受集合点的任务时 atsk＝0。

如果集合点端口上有多个任务处于呼叫后等待状态或接受等待状态，则返回等待队列最先头的任务的 ID。

如果指定的集合点端口不存在,返回 E_NOEXS 错误。

补充说明

本系统调用无法取得已成立集合点的任务的信息。

4.6 内存池管理功能

内存池管理功能提供了基于软件的内存池管理和内存块分配功能。

内存池分为固定大小的内存池和大小可变的内存池,它们是互相独立的对象,系统调用是不相同的。从固定大小的内存池中分配的内存块大小是固定的,从大小可变的内存池中分配的内存块的大小是可以任意指定的。

内存池管理功能只管理共有空间上的内存,而不管理任务固有空间上的内存。

4.6.1 固定大小的内存池

固定大小的内存池是用来动态管理固定大小内存块的对象。主要包括创建和删除固定大小的内存池的功能,从固定大小的内池中获取和返回内存块的功能,获取固定大小的内存池的状态信息的功能。固定大小的内存池对象由 ID 值来识别,这个 ID 值简称为固定大小的内存池 ID。

固定大小的内存池,有一个用于内存池的内存地址空间(称为固定大小的内存池空间或简称为内存池空间)和一个等待内存块分配的任务队列。如果内存池空间已没有可分配的内存块,这时想从固定大小的内存池中获取内存块的任务,就会进入等待状态直到有内存块返回到内存池中。此时任务会被排到内存池的等待队列中。

补充说明

如果想从固定大小的内存池中获取不同大小的内存块时,必须提供多个不同大小的内存池。

1. tk_cre_mpf—创建固定大小的内存池

C 语言接口

```
#include <tk/tkernel.h>
ID mpfid = tk_cre_mpf(CONST T_CMPF * pk_cmpf);
```

参数

T_CMPF*　　pk_cmpf　　　　Packet to Create Memory Pool　　　固定大小的内存池的创建信息

pk_cmpf 的内容

void *	exinf	Extended Information	扩展信息
ART	mpfatr	Memory Pool Attribute	内存池属性
INT	mpfcnt	Memory Pool Block Count	内存池中内存块的个数
INT	blfsz	Memory Block Size	内存块的大小(字节)
UB	dsname[8]	DS Object name	DS 对象名

—(以下可以追加依赖于具体实现的其他成员变量)—

返回参数

ID	mpfid	Memory Pool ID	固定大小的内存池 ID
	或	Error Code	错误码

错误码

E_NOMEM	内存不足(用于控制块或内存池的内存无法分配)
E_LIMIT	固定大小的内存池的数量超出系统限制
E_RSATR	保留属性(mpfatr 错误或不可用)
E_PAR	参数错误(pk_cmpf 错误,mpfcnt 或 blfsz 是负值或错误)

可用的上下文环境

任务部	准任务部	任务独立部
○	○	×

说 明

创建一个固定大小的内存池,并给它分配一个 ID。具体来说,就是根据 mpfcnt 和 blfsz 参数为内存池分配一块内存空间和控制块。在调用 tk_get_mpf 系统调用时,可从内存池中获取 blfsz 大小(字节)的内存块。

使用者可以利用 exinf 来保存一些与内存池相关的信息,这些信息可以通过调用 tk_ref_mpf 来取得。如果需要更大的空间来保存用户信息或想在运行时改变其内容,就需要使用者来确保这块内存,将这块内存的地址放入到 exinf 中,内核并不关心 exinf 的具体内容。

mpfatr 的低位表示系统属性,高位表示特有属性。mpfatr 的系统属性如下。

```
mpfatr: = (TA_TFIFO || TA_TPRI)|[TA_DSNAME] |[TA_NODISWAI] |
         (TA_RNG0 ||TA_RNG1 || TA_RNG2 || TA_RNG3)
TA_TFIFO        等待任务按 FIFO 方式排队
TA_TPRI         等待任务按优先级方式排队
TA_RNGn         内存访问权限的保护级别 n
TA_DSNAME       设定 DS 对象名
TA_NODISWAI     拒绝通过 tk_dis_wai 设定的等待禁止

#define  TA_TFIFO        0x00000000    /* 按 FIFO 方式管理等待队列 */
```

```
#define  TA_TPRI      0x00000001    /* 按优先级顺序管理等待队列 */
#define  TA_DSNAME    0x00000040    /* DS 对象名 */
#define  TA_NODISWAI  0x00000080    /* 拒绝等待禁止 */
#define  TA_RNG0      0x00000000    /* 保护级别 0 */
#define  TA_RNG1      0x00000100    /* 保护级别 1 */
#define  TA_RNG2      0x00000200    /* 保护级别 2 */
#define  TA_RNG3      0x00000300    /* 保护级别 3 */
```

指定 TA_TFIFO 或 TA_TPRI 属性能够设定为了获取内存池中内存而等待的任务的排队方式。指定 TA_TFIFO 属性时,等待任务按照 FIFO 原则进行排队。指定 TA_TPRI 属性时,按照等待任务优先级的顺序进行排队。

指定 TA_RNGn 属性能够设定访问内存权限的保护级别。只有运行在指定保护级别以上(包括指定的保护级别)的任务,才能够访问这块分配的内存。如果任务的保护级别比分配的内存所指定保护级别低,就会发生 CPU 保护异常。例如,从指定保护级别为 TA_RNG1 的内存池中分配的内存,可以被运行在 TA_RNG0 和 TA_RNG1 保护级别的任务访问,但不能被运行在 TA_RNG2 和 TA_RNG3 保护级别的任务访问。

创建的内存池是共有空间上的常驻内存。不能在任务固有空间上创建内存池。

指定 TA_DSNAME 属性时,dsname 参数变为有效,用于设定 DS 对象的名称。DS 对象的名称在调试时用来识别对象,DS 对象的名称只能由 T-Kernel/DS 系统调用(td_ref_dsname 和 td_set_dsname)来操作。请参照 td_ref_dsname 和 td_set_dsname 的说明。未指定 TA_DSNAME 属性时,dsname 参数将会被忽略,调用 td_ref_dsname 和 td_set_dsname 系统调用时,会返回 E_OBJ 错误码。

补充说明

对于固定大小的内存池,如果希望能够改变内存块大小,必须得准备其他大小的内存池。也就是说,在需要不同大小的内存块的情况下,必须得创建内存块大小不同的多个内存池。

即使在没有 MMU 的系统中,为了便于移植 TA_RNGn 属性也必须保留。例如,可以将任何指定当作 TA_RNG0 处理而不返回错误。

2. tk_del_mpf—删除固定大小的内存池

C 语言接口

```
#include <tk/tkernel.h>
ER ercd = tk_del_mpf(ID mpfid);
```

参　数

| ID | mpfid | Memory Pool ID | 固定大小的内存池 ID |

返回参数

| ER | ercd | Error Code | 错误码 |

错误码

E_OK	正常结束
E_ID	错误的 ID 号(mpfid 错误或不可用)
E_NOEXS	对象不存在(mpfid 指定的固定大小的内存池不存在)

可用的上下文环境

任务部	准任务部	任务独立部
○	○	×

说　明

删除 mpfid 指定的固定大小的内存池。

此系统调用并不会去检查是否有任务已经从内存池获取到内存,即使所有的内存块都没有返回给内存池,此系统调用也会正常结束。

调用此系统调用后,对象内存池的 ID 以及管理块用的空间和内存池本身的空间都会被释放。

即使有正在等待从对象内存池中获取内存的任务,此系统调用也会正常结束,处于等待的任务则会返回 E_DLT 错误。

3. tk_get_mpf—获取固定大小的内存块

C 语言接口

```
# include <tk/tkernel.h>
ER ercd  = tk_get_mpf(ID mpfid, void * * p_blf, TMO tmout);
```

参　数

ID	mpfid	Memory Pool ID	固定大小的内存池 ID
void * *	p_blf	Pointer to Block Start Address	返回参数 p_blf 的首地址
TMO	tmout	Timeout	超时时限(毫秒)

返回参数

| ER | ercd | Error Code | 错误码 |
| void * | blf | Block Start Address | 内存块的首地址 |

错误码

E_OK	正常结束
E_ID	错误的 ID(mpfid 错误或不可用)
E_NOEXS	对象不存在(mpfid 指定的固定大小的内存池不存在)
E_PAR	参数错误(tmout≤-2)
E_DLT	等待对象被删除(在等待期间内存池被删除)
E_RLWAI	强制解除等待状态(在等待期间 tk_rel_wai 被调用)
E_DISWAI	因等待禁止而解除等待

E_TMOUT　　　无应答或超时

E_CTX　　　上下文环境错误(在任务独立部或在任务切换禁止时执行)

可用的上下文环境

任务部	准任务部	任务独立部
○	○	×

说　明

　　从 mpfid 指定的固定大小的内存池中获取内存块。获取的内存块首地址由 blf 参数返回,内存块的大小是内存池创建时 blfsz 参数指定的值。

　　获取的内存块的内容没有被清零,所以内存块中的内容是不确定的。

　　如果不能从内存池中获取内存块,调用此系统调用的任务就会排到内存池的等待队列中,直到此任务获取到内存块为止。

　　指定 tmout 参数可以设定等待时间(超时时限)的最大值。如果经过 tmout 时间后任务等待解除的条件都没有被满足(没有空闲内存),此系统调用就会结束,返回 E_TMOUT 超时错误。

　　tmout 只能设置成正值。tmout 的基准时间(时间单位)与系统时间的基准时间(=1 ms)相同。

　　当 tmout 设置为 TMO_POL=0 时,表示超时时限为 0,即使任务不能从内存池中获取内存,也不会进入等待状态而是返回 E_TMOUT 错误。

　　当 tmout 设置为 TMO_FEVR=(−1)时,表示超时时限是无限大,等待将一直持续下去直到任务能够获取到内存为止。

　　为获取内存块而进入等待状态的任务,在内存池等待队列中的顺序由内存池的属性决定,是按 FIFO 方式或者优先级方式排列的。

4. tk_get_mpf_u—获取固定大小的内存块(微秒单位)

C 语言接口

```
#include <tk/tkernel.h>
ER ercd  = tk_get_mpf_u(ID mpfid, void **p_blf, TMO_U tmout_u);
```

参　数

```
ID      mpfid       Memory Pool ID                  固定大小的内存池 ID
void ** p_blf       Pointer to Block Start Address  返回参数 p_blf 的首地址
TMO_U   tmout_u     Timeout                         超时时限(微秒)
```

返回参数

```
ER      ercd        Error Code                      错误码
void *  blf         Block Start Address             内存块的首地址
```

错误码

E_OK	正常结束	
E_ID	错误的 ID(mpfid 错误或不可用)	
E_NOEXS	对象不存在(mpfid 指定的固定大小的内存池不存在)	
E_PAR	参数错误(tmout_u≤-2)	
E_DLT	等待对象被删除(在等待期间内存池被删除)	
E_RLWAI	强制解除等待状态(在等待期间 tk_rel_wai 被调用)	
E_DISWAI	因等待禁止而解除等待	
E_TMOUT	无应答或超时	
E_CTX	上下文环境错误(在任务独立部或在任务切换禁止时执行)	

可用的上下文环境

任务部	准任务部	任务独立部
○	○	×

说 明

该系统调用就是将 tk_get_mpf 的参数 tmout 替换为 64 位微秒单位的 tmout_u。

除了将参数变为 tmout_u,此系统调用的说明和 tk_get_mpf 相同。请参阅 tk_get_mpf 的详细说明。

与 T-Kernel 1.0 的差异

T-Kernel 2.0 追加的系统调用。

5. tk_rel_mpf—释放固定大小的内存块

C 语言接口

```
#include <tk/tkernel.h>
ER ercd = tk_rel_mpf(ID mpfid, void *blf);
```

参 数

ID	mpfid	Memory Pool ID	固定大小的内存池 ID
void*	blf	Block Start Address	内存块的首地址

返回参数

ER	ercd	Error Code	错误码

错误码

E_OK	正常结束
E_ID	错误的 ID(mpfid 错误或不可用)
E_NOEXS	对象不存在(mpfid 指定的固定大小的内存池不存在)
E_PAR	参数错误(blf 错误,或内存块返回到错误的内存池)

可用的上下文环境

任务部	准任务部	任务独立部
○	○	×

说　明

将 blf 指定的内存块返回给 mpfid 指定的固定大小的内存池。

执行 tk_rel_mpf 后，正在等待从 mpfid 指定的内存池获取内存块的任务会获得此内存块，该任务的等待状态也随之被解除。

内存块必须返回到分配他的固定大小的内存池。如果检测到此内存块被返回到其他内存池，则会返回 E_PAR 错误。但是是否能检测出该错误取决于具体实现。

6. tk_ref_mpf—获取固定大小的内存池状态

C 语言接口

```
#include <tk/tkernel.h>
ER ercd = tk_ref_mpf(ID mpfid, T_RMPF *pk_rmpf);
```

参　数

| ID | mpfid | Memory Pool ID | 固定大小的内存池 ID |
| T_RMPF * | pk_rmpf | Packet to Refer Memory Pool Status | 固定大小内存池的状态信息 |

返回参数

| ER | ercd | ErrorCode | 错误码 |

pk_rmpf 内容

void *	exinf	Extended Information	扩展信息
ID	wtsk	Wait Task Information	是否有等待任务
INT	frbcnt	Free Block count	空闲内存块的个数

—（以下可以追加依赖于具体实现的其他成员变量）—

错误码

E_OK	正常结束
E_ID	错误的 ID(mpfid 错误或不可用)
E_NOEXS	对象不存在(mpfid 指定的固定大小的内存池不存在)
E_PAR	参数错误(pk_rmpf 错误)

可用的上下文环境

任务部	准任务部	任务独立部
○	○	×

说　明

获取 mpfid 指定的固定大小的内存池的状态，包括空闲内存块的个数(frbcnt)，等待任务(wtsk)的有无和扩展信息(exinf)。

wtsk 表示正在等待从该内存池获取内存块的任务 ID。如果此内存池有多个等待任务,此参数返回的是等待队列最前面的那个任务 ID。如果此内存池没有等待任务则 wtsk＝0。

若 tk_ref_mpf 指定的内存池不存在,则返回 E_NOEXS 错误。

不管在什么情况下,frbcnt＝0 和 wtsk＝0 至少有一个是成立的。

补充说明

tk_ref_mpl 返回 frsz 是空闲内存的大小(字节),而 tk_ref_mpf 返回的 frbcnt 是空闲内存块的个数。

4.6.2 大小可变的内存池

大小可变的内存池是用来动态管理任意大小的内存块的对象。主要包括创建/删除大小可变的内存池的功能,从大小可变的内存池中获取和返回内存块的功能,获取大小可变的内存池的状态信息的功能。大小可变的内存池对象由 ID 值来识别,这个 ID 值简称为大小可变的内存池 ID。

大小可变的内存池,有一个用于内存池的内存地址空间(称为大小可变的内存池的空间或简称为内存池空间)和一个等待内存块分配的任务队列。如果内存池空间已没有可分配的内存块,这时想从大小可变的内存池中获取内存块的任务,就会进入等待状态直到有内存块返回到内存池中。此时任务会被排到内存池的等待队列中。

补充说明

当有多个任务等待从内存池获取内存时,这些任务是按照等待队列中的顺序来获取内存的。例如,要从内存池中获取 400 字节内存的任务 A 和要从内存池中获取 100 字节内存的任务 B,按照 A,B 的顺序排到等待队列中,此时,若有其他任务把 200 字节的连续空间返还给内存池,那么在任务 A 获取到内存块之前任务 B 是不能获得内存块的。

1. tk_cre_mpl—创建大小可变的内存池

C 语言接口

```
#include <tk/tkernel.h>
ID mplid = tk_cre_mpl(CONST T_CMPL * pk_cmpl);
```

参　数

CONST T_CMPL * pk_cmpl　　Packet to Create Memory Pool　　大小可变的内存池的创建信息

pk_cmpf 的内容

void *	exinf	Extended Information	扩展信息
ATR	mplatr	Memory Pool Attribute	内存池属性
INT	mplsz	Memory Pool Size	内存池大小(字节)
UB	dsname[8]	DS Object name	DS 对象名

—(以下可以追加依赖于具体实现的其他成员变量)—

返回参数

ID	mplid	Memory Pool ID	大小可变的内存池 ID
	或	Error Code	错误码

错误码

E_NOMEM	内存不足(用于控制块或内存池空间的内存无法分配)
E_LIMIT	大小可变的内存池的数量超出系统限制
E_RSATR	保留属性(mplatr 错误或不可用)
E_PAR	参数错误(pk_cmpl 错误，mplsz 是负值或错误)

可用的上下文环境

任务部	准任务部	任务独立部
○	○	×

说　明

创建一个大小可变的内存池,并给它分配一个 ID。具体来说,根据 mplsz 参数为内存池分配一块内存空间和控制块。

使用者可以利用 exinf 来保存一些与内存池相关的信息,这些信息可以通过调用 tk_ref_mpl 来取得。如果需要更大的空间来保存用户信息或想在运行时改变其内容,就需要使用者来确保这块内存,将这块内存的地址放入到 exinf 中,内核并不关心 exinf 的具体内容。

mplatr 的低位表示系统属性,高位表示特有属性。mplatr 的系统属性如下。

```
mplatr: = (TA_TFIFO || TA_TPRI)|[TA_DSNAME]|[TA_NODISWAI]|
          (TA_RNG0 ||TA_RNG1 || TA_RNG2 || TA_RNG3)
```

TA_TFIFO	等待任务按 FIFO 方式排队
TA_TPRI	等待任务按优先级方式排队
TA_RNGn	内存访问权限的保护级别 n
TA_DSNAME	设定 DS 对象名
TA_NODISWAI	拒绝通过 tk_dis_wai 设定的等待禁止

```
#define  TA_TFIFO      0x00000000   /* 按 FIFO 方式管理等待队列 */
#define  TA_TPRI       0x00000001   /* 按优先级顺序管理等待队列 */
```

```
#define   TA_DSNAME      0x00000040    /* DS 对象名 */
#define   TA_NODISWAI    0x00000080    /* 拒绝禁止等待 */
#define   TA_RNG0        0x00000000    /* 保护级别 0 */
#define   TA_RNG1        0x00000100    /* 保护级别 1 */
#define   TA_RNG2        0x00000200    /* 保护级别 2 */
#define   TA_RNG3        0x00000300    /* 保护级别 3 */
```

指定 TA_TFIFO 或 TA_TPRI 属性能够设定为了获取内存池中内存而等待的任务的排队方式。指定 TA_TFIFO 属性时，等待任务按照 FIFO 原则进行排队。指定 TA_TPRI 属性时，按照等待任务优先级的顺序进行排队。

当有多个任务等待从内存池获取内存时，排在等待队列前面的任务优先获得内存。即使队列中后一个任务要求的内存很少，也不会比前一个任务先获得内存资源。例如，任务 A 需要从可变大小的内存池中获取 400 字节的内存，任务 B 需要从内存池中获取 100 字节的内存，等待队列按 A, B 的顺序排列。然后有其他任务调用 tk_rel_mpl 系统调用把 200 字节的连续内存空间返还给内存池，此时内存池中的空闲内存虽然能满足 B 的要求，但是任务 B 也不能在任务 A 之前获得内存。

指定 TA_RNGn 属性能够设定访问内存权限的保护级别。只有运行在指定保护级别以上（包括指定的保护级别）的任务，才能够访问这块分配的内存。如果任务的保护级别比分配的内存所指定保护级别低，就会发生 CPU 保护异常。例如，从指定保护级别为 TA_RNG1 的内存池中分配的内存，可以被运行在 TA_RNG0 和 TA_RNG1 保护级别的任务访问，但不能被运行在 TA_RNG2 和 TA_RNG3 保护级别的任务访问。

创建的内存池是共有空间上的常驻内存。不能在任务固有空间上创建内存池。

指定 TA_DSNAME 属性时，dsname 参数变为有效，用于设定 DS 对象的名称。DS 对象的名称在调试时用来识别对象，DS 对象的名称只能由 T-Kernel/DS 系统调用 (td_ref_dsname 和 td_set_dsname) 来操作。请参照 td_ref_dsname 和 td_set_dsname 的说明。未指定 TA_DSNAME 属性时，dsname 参数将会被忽略，调用 td_ref_dsname 和 td_set_dsname 系统调用时，会返回 E_OBJ 错误码。

补充说明

如果因等待队列中排在前面的任务的等待状态被强制解除，或者任务的优先级被更改等情况而导致内存池等待队列中任务的排列顺序发生改变时，排在队列最前面的任务会尝试着获取内存。如果此任务能够从内存池中获取到内存，那么它的等待状态就会被解除。所以，在某些情况下，即使没有调用 tk_rel_mpl，任务也可以获取内存并解除等待状态。

即使在没有 MMU 的系统中，为了便于移植 TA_RNGn 属性也必须保留。例如，可以将任何指定当作 TA_RNG0 处理而不返回错误。

设计理由

为了能够保证在处理错误或紧急事件时所需要的内存，可以创建多个大小可变的内存池以对应不同情况下的内存分配。

2. tk_del_mpl—删除大小可变的内存池

C 语言接口

　　＃include <tk/tkernel.h>
　　ER　ercd　= tk_del_mpl(ID mplid);

参　数

　　ID　　　mplid　　　Memory Pool ID　　　　大小可变的内存池 ID

返回参数

　　ER　　　ercd　　　Error Code　　　　　　错误码

错误码

　　E_OK　　　　正常结束
　　E_ID　　　　错误的 ID(mplid 错误或不可用)
　　E_NOEXS　　对象不存在(mplid 指定的大小可变的内存池不存在)

可用的上下文环境

任务部	准任务部	任务独立部
○	○	×

说　明

删除 mplid 指定的大小可变的内存池。

此系统调用并不会去检查是否有任务正在从内存池获取到内存，即使所有的内存块都没有返回给内存池，此系统调用也会正常结束。

调用此系统调用后，内存池对象的 ID 以及管理块用的内存和内存池本身的内存都会被释放。

即使有正在等待从该内存池获取内存的任务，此系统调用也会正常结束，处于等待的任务则会返回 E_DLT 错误。

3. tk_get_mpl—获取大小可变的内存块

C 语言接口

　　＃include <tk/tkernel.h>
　　ER ercd = tk_get_mpl(ID mplid, INT blksz, void * * p_blk, TMO tmout);

参　数

　　ID　　　mplid　　　Memory Pool ID　　　　　　大小可变的内存池 ID
　　INT　　　blksz　　　Memory Block Size　　　　内存块的大小(字节)
　　void * *　p_blk　　　Pointer to Block Start Address　　返回参数 blk 的首地址

| TMO | tmout | Timeout | 超时时限 |

返回参数

| ER | ercd | Error Code | 错误码 |
| VP | blk | Block Start Address | 内存块的首地址 |

错误码

E_OK	正常结束
E_ID	错误的 ID(mplid 错误或不可用)
E_NOEXS	对象不存在(mplid 指定的大小可变的内存池不存在)
E_PAR	参数错误(tmout≤－2)
E_DLT	等待对象被删除(在等待期间内存池被删除)
E_RLWAI	强制释放等待状态(在等待期间 tk_rel_wai 被调用)
E_DISWAI	因等待禁止而解除等待
E_TMOUT	无应答或超时
E_CTX	上下文环境错误(在任务独立部或在任务切换禁止时执行)

可用的上下文环境

任务部	准任务部	任务独立部
○	○	×

说　明

从 mplid 指定的大小可变的内存池中获取一块 blksz 字节大小的内存块。blf 参数返回获取的内存块首地址。

获取的内存块的内容没有被清零，所以内存块中的内容是不确定的。

如果不能从内存池中获取内存块，调用此系统调用的任务就会进入等待状态。

指定 tmout 参数可以设定等待时间(超时时限)的最大值。如果经过 tmout 时间后任务等待解除的条件都没有被满足，此系统调用就会结束，返回 E_TMOUT 超时错误。

tmout 只能设置成正值。tmout 的基准时间(时间单位)与系统时间的基准时间(＝1 ms)相同。

当 tmout 设置为 TMO_POL＝0 时，表示超时时限为 0，即使任务不能从内存池中获取内存，也不会进入等待状态而是返回 E_TMOUT 错误。

当 tmout 设置为 TMO_FEVR＝(－1)时，表示超时时限是无限大，等待将一直持续下去直到任务能够获取到内存为止。

为获取内存块而进入等待状态的任务，在内存池等待队列中的顺序由内存池的属性决定，是按 FIFO 方式或者优先级方式排列的。

4. tk_get_mpl_u—获取大小可变的内存块(微秒单位)

C 语言接口

```
#include <tk/tkernel.h>
```

```
ER ercd = tk_get_mpl_u(ID mplid, INT blksz, void * * p_blk, TMO_U tmout_u);
```

参　数

ID	mplid	Memory Pool ID	大小可变的内存池 ID
INT	blksz	Memory Block Size	内存块的大小（字节）
void * *	p_blk	Pointer to Block Start Address	返回参数 blk 的首地址
TMO_U	tmout_u	Timeout	超时时限（微秒）

返回参数

ER	ercd	Error Code	错误码
VP	blk	Block Start Address	内存块的首地址

错误码

E_OK	正常结束
E_ID	错误的 ID(mplid 错误或不可用)
E_NOEXS	对象不存在(mplid 指定的大小可变的内存池不存在)
E_PAR	参数错误(tmout_u≤－2)
E_DLT	等待对象被删除(在等待期间内存池被删除)
E_RLWAI	强制释放等待状态(在等待期间 tk_rel_wai 被调用)
E_DISWAI	因等待禁止而解除等待
E_TMOUT	无应答或超时
E_CTX	上下文环境错误(在任务独立部或在任务切换禁止时执行)

可用的上下文环境

任务部	准任务部	任务独立部
○	○	×

说　明

　　该系统调用就是将 tk_get_mpl 的参数 tmout 替换为 64 位微秒单位的 tmout_u。除了将参数变为 tmout_u，此系统调用的说明和 tk_get_mpl 相同。请参阅 tk_get_mpl 的详细说明。

与 T-Kernel 1.0 的差异

　　T-Kernel 2.0 追加的系统调用。

5. tk_rel_mpl—释放大小可变的内存块

C 语言接口

```
#include <tk/tkernel.h>
ER ercd = tk_rel_mpl(ID mplid, void * blk);
```

参　数

```
ID        mplid        Memory Pool ID              大小可变的内存池 ID
void *    blk          Block Start Address         内存块的首地址
```

返回参数

```
ER        ercd         Error Code                  错误码
```

错误码

```
E_OK                   正常结束
E_ID                   错误的 ID(mplid 错误或不可用)
E_NOEXS                对象不存在(mplid 指定的大小可变的内存池不存在)
E_PAR                  参数错误(blk 错误，或内存块返回到错误的内存池)
```

可用的上下文环境

任务部	准任务部	任务独立部
○	○	×

说　明

将 blf 指定的内存块返回给 mplid 指定的大小可变的内存池。

执行 tk_rel_mpf 后，正在等待从 mpfid 指定的内存池获取内存块的任务会获得此内存块，该任务的等待状态也随之被解除。

内存块必须返回到分配他的大小可变的内存池。如果检测到此内存块被返回到其他内存池，则会返回 E_PAR 错误。但是是否能检测出该错误取决于具体实现。

补充说明

当有内存返回给有多个任务等待的内存池时，多个任务的等待状态可能会被同时解除，这主要取决于返回内存的大小和这些任务所要获取的内存大小。优先级相同的任务的等待状态被解除后，它们的优先级顺序与它们在内存池等待队列中的顺序一致。

6. tk_ref_mpl—获取大小可变的内存池状态

C 语言接口

```
#include <tk/tkernel.h>
ER ercd = tk_ref_mpl(ID mplid, T_RMPL * pk_rmpl);
```

参　数

```
ID            mplid        Memory Pool ID                 大小可变的内存池 ID
T_RMPL *      pk_rmpl      Packet to Refer Memroy Pool    大小可变的内存池的状态信息
```

返回参数

```
ER            ercd         Error Code                     错误码
```

pk_rmpl 内容

VP	exinf	Extended Information	扩展信息
ID	wtsk	Wait Task Information	是否有等待任务
INT	frsz	Free Memory Size	空闲内存的大小(字节)
INT	maxsz	Max Memory Size	能够获取的最大内存空间的大小(字节)

—(以下可以追加依赖于具体实现的其他成员变量)—

错误码

E_OK	正常结束
E_ID	错误的 ID(mplid 错误或不可用)
E_NOEXS	对象不存在(mplid 指定的大小可变的内存池不存在)
E_PAR	参数错误(返回参数的数据包的地址不可用)

可用的上下文环境

任务部	准任务部	任务独立部
○	○	×

说　明

获取 mplid 指定的大小可变的内存池的状态，包括当前空闲内存大小(frsz)，能够获取的最大内存空间的大小(maxsz)，等待任务(wtsk)的有无和扩展信息(exinf)。

wtsk 表示正在等待从这个内存池获取内存的任务 ID。如果此内存池有多个等待任务，此参数返回的是等待队列最前面的那个任务 ID。如果此内存池没有等待任务则 wtsk＝0。

若 tk_ref_mpf 指定的内存池不存在，则返回 E_NOEXS 错误。

4.7　时间管理功能

时间管理功能是用来进行与时间相关处理的功能，包括系统时间管理功能、周期性处理程序和报警处理程序。

周期性处理程序与报警处理程序统称为时间事件处理程序。

4.7.1　系统时间管理

系统时间管理功能用于管理系统时间，包括系统时间的设定和获取以及系统运行时间的获取。

1. tk_set_tim—设置系统时间

C 语言接口

　　# include <tk/tkernel.h>
　　ER ercd   = tk_set_tim(CONST SYSTIM * pk_tim);

参　　数

　　CONST SYSTIM *   pk_tim   Packet of Current Time   当前时间(毫秒)

pk_tim 的内容

W	hi	high 32bits	用于系统时间设定的当前时间的上位 32 位
UW	lo	low 32bits	用于系统时间设定的当前时间的下位 32 位

返回参数

　　ER   ercd   Error Code   错误码

错误码

　　E_OK   正常结束
　　E_PAR   参数错误(pk_tim 错误，或设定的时间不正确)

可用的上下文环境

任务部	准任务部	任务独立部
○	○	×

说　　明

　　将 pk_tim 指定的值设定为系统时间。
　　系统时间是从 1985 年 1 月 1 日 0 时(GMT)起，以毫秒为单位开始累加计算的时间。

补充说明

　　在系统运行时调用 tk_set_tim 来改变系统时间后，并不会影响到 RELTIM 和 TMO 所指定的相对时间。例如，指定 60 s 的超时时限，在等待超时的过程中调用 tk_set_tim 将系统时间改为 60 s 后的时间，不会立即发生超时而是在经过 60 s 后才会发生。因此调用 tk_set_tim 改变的是发生超时时的系统时间。
　　通过 tk_set_tim()的 pk_tim 设定的时间不会受到定时器中断周期时间的影响，但是之后通过 tk_get_tim()读出的时间会随定时器中断周期时间分辨率的变化而变化。例如，对于定时器中断周期为 10 毫秒的系统，如果通过 tk_set_tim()设置 0005(ms)的时间，则通过 tk_get_tim()读出的时间呈 0005(ms)—>0015(ms)—>0025(ms)的变化。

2. tk_set_tim_u—设置系统时间(微秒单位)

C 语言接口

```
#include <tk/tkernel.h>
ER ercd   = tk_set_tim_u(SYSTIM_U tim_u);
```

参　　数

SYSTIM_U	tim_u	Current Time	当前时间(微秒)

返回参数

ER	ercd	Error Code	错误码

错误码

E_OK	正常结束
E_PAR	参数错误(tim_u 错误,或设定的时间不正确)

可用的上下文环境

任务部	准任务部	任务独立部
○	○	×

说　　明

该系统调用就是将 tk_set_tim 的参数 pk_tim 替换为 64 位微秒单位的 tim_u。

tk_set_tim 的参数 pk_tim 传递的是构造体 SYSTIM 类型的数据包,但 tk_set_tim_u 的参数 tim_u 传递的不是数据包而是 64 位有符号整数 SYSTIM_U 类型的值。

除了上述几点,此系统调用的说明和 tk_set_tim 相同。请参阅 tk_set_tim 的详细说明。

与 T-Kernel 1.0 的差异

T-Kernel 2.0 追加的系统调用。

3. tk_get_tim—获取系统时间

C 语言接口

```
#include <tk/tkernel.h>
ER ercd = tk_get_tim(SYSTIM * pk_tim);
```

参　　数

SYSTIM *	pk_tim	Packet of Current Time	当前时间(毫秒)

返回参数

ER	ercd	Error Code	错误码

pk_tim 的内容

| W | hi | high 32bits | 用于系统时间设定的当前时间的上位 32bit |
| UW | lo | low 32bits | 用于系统时间设定的当前时间的下位 32bit |

错误码

E_OK　　正常结束
E_PAR　　参数错误(pk_tim 错误)

可用的上下文环境

任务部	准任务部	任务独立部
○	○	×

说　明

读取系统时间的当前值,在返回参数 pk_tim 中返回。

系统时间是从 1985 年 1 月 1 日 0 时(GMT)起,以毫秒为单位开始累加计算的时间。

该系统调用获取的系统当前时间随定时器中断间隔(周期)的分辨率的变化而变化。

补充说明

tk_get_tim 不能获取比定时器中断间隔(周期)短的时间。要获取比定时器中断间隔(周期)短的时间需要利用 tk_get_tim_u()或 td_get_tim()的 ofs。

4. tk_get_tim_u—获取系统时间(微秒单位)

C 语言接口

```
#include <tk/tkernel.h>
ER ercd = tk_get_tim_u(SYSTIM_U * tim_u, UINT * ofs);
```

参　数

SYSTIM_U *　tim_u　　Time　　　　当前时间(微秒)地址
UINT *　　　ofs　　　Offset　　　返回参数 ofs 的地址

返回参数

ER　　　　　ercd　　　Error Code　错误码
SYSTIM_U　　tim_u　　 Time　　　　当前时间(微秒)
UINT *　　　ofs　　　 Offset　　　从 tim_u 开始经过的相对时间(纳秒)

错误码

E_OK　　正常结束
E_PAR　　参数错误(tim_u、ofs 错误)

可用的上下文环境

任务部	准任务部	任务独立部
○	○	×

说　明

　　该系统调用就是将 tk_get_tim 的返回参数 pk_tim 替换为 64 位微秒单位的 tim_u。另外增加返回纳秒单位的相对时间的返回参数 ofs。

　　tim_u 取决于定时器中断间隔（周期）的分辨率，想进一步获取更高精度的时间信息需要利用纳秒单位的从 tim_u 开始经过的相对时间 ofs。ofs 的分辨率取决于具体实现，一般和硬件定时器的分辨率相同。

　　如果 ofs＝NULL 则 ofs 不保存任何信息。

　　除了上述几点，此系统调用的说明和 tk_get_tim 相同。另外，除了 tim_u 的数据类型为 SYSTIM_U，此系统调用的说明和 td_get_tim 相同。请参阅 tk_get_tim 和 td_get_tim 的详细说明。

与 T-Kernel 1.0 的差异

　　T-Kernel 2.0 追加的系统调用。

5. tk_get_otm—获取系统运行时间

C 语言接口

```
#include <tk/tkernel.h>
ER ercd = tk_get_otm(SYSTIM * pk_tim);
```

参　数

| SYSTIM * | pk_tim | Packet of Operating Time | 系统运行时间（毫秒） |

返回参数

| ER | ercd | Error Code | 错误码 |

pk_tim 的内容

| W | hi | high 32bits | 系统运行时间的上位 32 位 |
| UW | lo | low 32bits | 系统运行时间的下位 32 位 |

错误码

| E_OK | 正常结束 |
| E_PAR | 参数错误（pk_tim 错误） |

可用的上下文环境

任务部	准任务部	任务独立部
○	○	×

说 明

获取系统运行的时间。

系统运行时间与系统时间不相同,它表示的是系统启动后所有运行时间的累加。调用 tk_set_tim 并不会影响系统运行时间。

系统运行时间的精度必须与系统时间的精度相同。

6. tk_get_otm_u—获取系统运行时间(微秒单位)

C 语言接口

```
#include <tk/tkernel.h>
ER ercd = tk_get_otm_u(SYSTIM_U * tim_u , UINT * ofs);
```

参 数

SYSTIM_U *	tim_u	Time	系统运行时间(微秒)
UINT *	ofs	Offset	返回参数 ofs 的地址

返回参数

ER	ercd	Error Code	错误码
SYSTIM_U	tim_u	Time	系统运行时间(微秒)
UINT	ofs	Offset	从 tim_u 开始经过的相对时间(纳秒)

错误码

E_OK	正常结束
E_PAR	参数错误(tim_u、ofs 错误)

可用的上下文环境

任务部	准任务部	任务独立部
○	○	×

说 明

该系统调用就是将 tk_get_otm 的返回参数 pk_tim 替换为 64 位微秒单位的 tim_u。另外增加返回纳秒单位的相对时间的返回参数 ofs。

tim_u 取决于定时器中断间隔(周期)的分辨率,想进一步获取更高精度的时间信息需要利用纳秒单位的从 tim_u 开始经过的相对时间 ofs。ofs 的分辨率取决于具体实现,一般和硬件定时器的分辨率相同。

如果 ofs=NULL 则 ofs 不保存任何信息。

除了上述几点,此系统调用的说明和 tk_get_otm 相同。另外,除了 tim_u 的数据类型为 SYSTIM_U,此系统调用的说明和 td_get_otm 相同。请参阅 tk_get_otm 和 td_get_otm 的详细说明。

与 T-Kernel 1.0 的差异

T-Kernel 2.0 追加的系统调用。

4.7.2 周期性处理程序

周期性处理程序是指在按一定周期启动的时间事件处理程序。包括创建/删除周期性处理程序功能，激活/停止周期性处理程序功能和获取周期性处理程序状态的功能。周期性处理程序由 ID 值来识别，这个 ID 值简称为周期性处理程序 ID。

可以在创建周期性处理程序时设定启动周期和启动相位。内核在操作周期性处理程序时，会根据设定的启动周期和启动相位来确定下次启动周期性处理程序的时间。周期性处理程序创建时后，会把创建时的时间加上启动相位做为下次启动的时间。启动周期性处理程序后，会把扩展信息 exinf 做为参数传递给处理程序，另外会把此时的启动时间加上启动周期做为下次启动的时间。当然激活周期性处理程序时，下次启动时间被重置的情况也有可能发生。

原则上周期性处理程序的启动相位值应该小于启动周期值。当启动相位比启动周期时间长时，运行情况则取决于具体实现。

周期性处理程序有两种状态，一种是有效状态，一种是无效状态。在无效状态下，即使到了应该启动处理程序的时刻处理程序也不会被启动，只会计算下次启动的时间。调用 tk_sta_cyc 系统调用后，会激活周期性处理程序，使它进入启动状态，并且会按照需要来计算下次启动周期性处理程序的时间。调用 tk_stp_cyc 系统调用后，会停止周期性处理程序使它进入停止状态。可以通过属性参数的设置来指定周期性处理程序创建后的状态

周期性处理程序的启动相位是以周期性处理程序的创建时间为基准的相对时间，用来指定首次启动周期性处理程序的时间。周期性处理程序的启动周期是以应该启动周期性处理程序的时间(不是激活时的时间)为基准的相对时间，用来指定周期性处理程序下一次启动的时间。因此，虽然周期性处理程序被启动时的时间间隔有时会比启动周期短，但是长时间内的平均启动时间间隔和启动周期应该大致相同。

补充说明

T-Kernel 时间管理功能实际的时间分辨率是由 5.7.2 小节的定时器中断间隔(TTimPeriod)指定的。即周期性处理程序和报警处理程序实际被激活的时刻取决于定时器中断间隔(TTimPeriod)。因此，周期性处理程序或报警处理程序是在应该激活的时刻紧随的定时器中断发生的时间点被激活。T-Kernel 典型的处理是在定时器中断处理中检查是否有应该被激活的周期性处理程序或报警处理程序，必要的话将这些处理程序激活。

第 2 部分　T-Kernel 功能描述

1. tk_cre_cyc—创建周期性处理程序

C 语言接口

```
#include <tk/tkernel.h>
ID cycid = tk_cre_cyc(CONST T_CCYC * pk_ccyc);
```

参　　数

　　CONST T_CCYC *　pk_ccyc　Packet to Create Cyclic Handler 周期性处理程序的创建信息

pk_ccyc 的内容

void *	exinf	Extended Information	扩展信息
ATR	cycatr	Cyclic Handler Atrribute	周期性处理程序属性
FP	cychdr	Cyclic Handler Address	周期性处理程序地址
RELTIM	cyctim	Cycle Time	周期启动的时间间隔
RELTIM	cycphs	Cycle Phase	周期启动相位
UB	dsname[8]	DS Object name	DS 对象名

—(以下可以追加依赖于具体实现的其他成员变量)—

返回参数

ID	cycid	Cyclic Handler ID	周期性处理程序 ID
	或	Error Code	错误码

错误码

E_NOMEM	内存不足(无法分配管理控制块所需的内存)
E_LIMIT	周期性处理程序的数量超出系统限制
E_RSATR	保留属性(cycatr 错误或不可用)
E_PAR	参数错误(pk_ccyc, cychdr, cyctim, cycphs 错误或不可用)

可用的上下文环境

任务部	准任务部	任务独立部
○	○	×

说　　明

　　创建一个周期性处理程序,并给它分配一个 ID。即给创建的周期性处理程序分配管理控制块所需的内存。

　　周期性处理程序是在指定的时间间隔运行的处理程序,它是做为任务独立部来运行的。

　　利用 exinf 可以保存一些与周期性处理程序相关的信息,这些信息可以通过 tk_ref_cyc 来取得。如果需要更大的空间来保存用户信息或想在运行时改变其内容,这需要使用者来确保这块内存,将这块内存的地址放入到 exinf 中,内核并不关心 exinf 的具体内容。

cycatr 的低位表示系统属性,高位表示特有属性。cycatr 的系统属性如下。

cycatr := (TA_ASM || TA_HLNG)|[TA_STA]|[TA_PHS]|[TA_DSNAME]

TA_ASM	处理程序用汇编语言编写
TA_HLNG	处理程序用高级语言编写
TA_STA	在周期性处理程序创建后立刻激活
TA_PHS	保存周期相位
TA_DSNAME	指定 DS 对象名

```
#define TA_ASM       0x00000000    /* 汇编程序 */
#define TA_HLNG      0x00000001    /* 高级语言程序 */
#define TA_STA       0x00000002    /* 激活周期性处理程序 */
#define TA_PHS       0x00000004    /* 保存周期性处理程序的周期相位 */
#define TA_DSNAME    0x00000040    /* DS 对象名 */
```

cychdr 表示周期性处理程序的首地址;cyctim 表示启动周期的时间间隔;cycphs 表示启动相位。

指定 TA_HLNG 属性时,周期性处理程序是通过高级语言例程来启动的。高级语言的例程会进行寄存器的保存与恢复,因此周期性处理程序只需调用简单的返回函数就可以结束处理。指定 TA_HLNG 属性时,周期性处理程序格式如下:

```
void cychdr(VP exinf)
{
    /*
        处理
    */
    return; /* 退出周期性处理程序 */
}
```

指定 TA_ASM 属性时,周期性处理程序的格式由具体实现方法决定,但 exinf 必须作为启动参数传递。

启动相位 cycphs 表示周期性处理程序从创建到首次启动的时间间隔,之后会每隔 cyctim 时间间隔启动一次周期性处理程序。当 cycphs 指定为 0 时,周期性程序在创建后,会马上启动。cyctim 不能设置为 0。

周期性处理程序被创建之后,至少需要经过 cycphs + cyctim * (n-1) 的时间,周期性处理程序的第 n 回启动才会发生。

指定 TA_STA 属性时,周期性处理程序被创建后会立刻进入有效状态,然后会按照上面所述的时间间隔启动周期性处理程序。若没有指定 TA_STA 属性,仍然会计算启动周期的时间,但不会启动周期性处理程序。

指定 TA_PHS 属性时,即使调用 tk_sta_cyc 激活周期性处理程序,也不会重置启动周期的时间,仍然会维持周期性处理程序创建时就开始计算的启动周期的时间。若没有指定 TA_PHS 属性,启动周期的时间会被重置,这样从调用 tk_sta_cyc 起,每隔 cyctim 时间间隔就会启动一次周期性处理程序。调用 tk_sta_cyc 重置启动周期时 cycphs 就不再适用,在这种情况下,从调用 tk_sta_cyc 开始计算,至少需要经过 cyctim * n 的时间,周期性处理程序的第 n 回启动才会发生。

在周期性处理程序运行时,由于调用某系统调用而导致处于运行状态(RUNNING)的任务转移到其他状态,在这种情况下即使此时有其他任务进入运行状态(RUNNING),也不会发生任务切换。即使任务切换是必要的,也必须等到周期性处理程序执行结束之后再进行。也就是说,周期性处理程序运行时发生的任务切换并不会马上进行,会延迟到周期性处理程序结束后进行。这个过程被称为任务切换延迟。

由于周期性处理程序是作为任务独立部来运行的,因此在周期性处理程序中不应该调用能进入等待状态或能够指定自任务的系统调用。

指定 TA_DSNAME 属性时,dsname 参数变为有效,用于设定 DS 对象的名称。DS 对象的名称在调试时用来识别对象,DS 对象的名称只能由 T-Kernel/DS 系统调用(td_ref_dsname 和 td_set_dsname)来操作。请参照 td_ref_dsname 和 td_set_dsname 的说明。未指定 TA_DSNAME 属性时,dsname 参数将会被忽略,调用 td_ref_dsname 和 td_set_dsname 系统调用时,会返回 E_OBJ 错误码。

补充说明

由于 tk_cre_cyc 中不能指定启动次数,所以一旦周期性处理程序被创建了,它会一直被反复启动,直到调用 tk_stp_cyc 或被删除为止。

当有多个时间事件处理程序或中断处理程序同时运行时,它们是按照连续的方式运行(一个处理程序执行结束后,另一个处理程序才启动),还是按照嵌套方式运行(中断一个处理程序后运行另一个处理程序,后一个处理程序结束后继续运行前一个处理程序),这取决于具体实现。不管是使用哪种方式,由于时间事件处理程序与中断处理程序都属于任务独立部,所以任务切换延迟原则一样适用。

当 cycphs 为 0 时,调用该系统调用后立即首次激活周期性处理程序。但是,根据具体实现有可能不是在该系统调用运行结束后立即激活周期性处理程序,而是在该系统调用运行中首次激活周期性处理程序。此时,周期性处理程序中的中断禁止等状态和第二次以后的通常的周期性处理程序被激活时不同。另外,cycphs 为 0 时周期性处理程序的首次激活不会等待定时器中断,即激活与定时器中断间隔无关。这方面与第二次以后的通常的周期性处理程序的激活或 cycphs 不为 0 时的周期性处理程序的激活不同。

2. tk_cre_cyc_u—创建周期性处理程序（微秒单位）

C 语言接口

```
#include <tk/tkernel.h>
ID cycid = tk_cre_cyc_u(CONST T_CCYC_U * pk_ccyc_u);
```

参　　数

CONST T_CCYC_U *　pk_ccyc_u　　Packet to Create Cyclic Handler　　周期性处理程序的创建信息

pk_ccyc_u 的内容

void *	exinf	Extended Information	扩展信息
ATR	cycatr	Cyclic Handler Atrribute	周期性处理程序属性
FP	cychdr	Cyclic Handler Address	周期性处理程序地址
RELTIM_U	cyctim_u	Cycle Time	周期启动的时间间隔（微秒）
RELTIM_U	cycphs_u	Cycle Phase	周期启动相位（微秒）
UB	dsname[8]	DS Object name	DS 对象名

—（以下可以追加依赖于具体实现的其他成员变量）—

返回参数

ID	cycid	Cyclic Handler ID	周期性处理程序 ID
	或	Error Code	错误码

错误码

E_NOMEM	内存不足（无法分配管理控制块所需的内存）
E_LIMIT	周期性处理程序的数量超出系统限制
E_RSATR	保留属性（cycatr 错误或不可用）
E_PAR	参数错误（pk_ccyc_u, cychdr, cyctim_u, cycphs_u 错误或不可用）

可用的上下文环境

任务部	准任务部	任务独立部
○	○	×

说　　明

该系统调用就是将 tk_cre_cyc 的参数 cyctim 和 cycphs 替换为 64 位微秒单位的 cyctim_u 和 cycphs_u。

除了将参数变为 cyctim_u 和 cycphs_u，此系统调用的说明和 tk_cre_cyc 相同。请参阅 tk_cre_cyc 的详细说明。

与 T-Kernel 1.0 的差异

T-Kernel 2.0 追加的系统调用。

2. tk_del_cyc—删除周期性处理程序

C 语言接口

```
#include <tk/tkernel.h>
ER ercd = tk_del_cyc(ID cycid);
```

参　数

ID	cycid	Cyclic Handler ID	周期性处理程序 ID

返回参数

ER	ercd	Error Code	错误码

错误码

E_OK	正常结束
E_ID	错误的 ID(cycid 错误或不可用)
E_NOEXS	对象不存在(cycid 所指定的周期性处理程序不存在)

可用的上下文环境

任务部	准任务部	任务独立部
○	○	×

说　明

删除 cycid 所指定的周期性处理程序。

3. tk_sta_cyc—激活周期性处理程序

C 语言接口

```
#include <tk/tkernel.h>
ER ercd  = tk_sta_cyc(ID cycid);
```

参　数

ID	cycid	Cyclic Handler ID	周期性处理程序ID

返回参数

ER	ercd	Error Code	错误码

错误码

E_OK	正常结束
E_ID	错误的 ID(cycid 错误或不可用)
E_NOEXS	对象不存在(cycid 所指定的周期性处理程序不存在)

可用的上下文环境

任务部	准任务部	任务独立部
○	○	○

说　明

激活 cycid 指定的周期性处理程序。

若指定了 TA_PHS 属性,那么调用此系统调用会在不重置周期性处理程序的启动周期时间的情况下激活周期性处理程。若原来就处于启动状态,那么不会有任何动作仍然保持在启动状态。

若没有指定 TA_PHS 属性,那么调用此系统调用会重置启动周期时间,并激活周期性处理程序。若原来就处于启动状态,那么只会重置启动周期时间,状态一直保持为启动状态。因此,经过 cyctim 时间后才会启动下一次的周期性处理程序。

4. tk_stp_cyc—停止周期性处理程序

C 语言接口

```
#include <tk/tkernel.h>
ER ercd = tk_stp_cyc(ID cycid);
```

参　数

| ID | cycid | Cyclic Handler ID | 周期性处理程序 ID |

返回参数

| ER | ercd | Error Code | 错误码 |

错误码

E_OK	正常结束
E_ID	错误的 ID(cycid 错误或不可用)
E_NOEXS	对象不存在(cycid 所指定的周期性处理程序不存在)

可用的上下文环境

任务部	准任务部	任务独立部
○	○	○

说　明

停止周期性处理程序。若已经处于停止状态,那么调用此系统调用后不会有任何动作。

5. tk_ref_cyc—获取周期性处理程序的状态

C 语言接口

```
#include <tk/tkernel.h>
ER ercd = tk_ref_cyc(ID cycid, T_RCYC * pk_rcyc);
```

参　数

ID	cycid	Cyclic Handler ID	周期性处理程序 ID
T_RCYC *	pk_rcyc	Packet to Refer Cyclic Handler status	周期性处理程序的状态信息

返回参数

ER	ercd	Error Code	错误码

pk_rcyc 的内容

void *	exinf	Extended Information	扩展信息
RELTIM	lfttim	Left Time	下次启动前剩余的时间(毫秒)
UINT	cycstat	Cyclic Handler Status	周期性处理程序的状态

—(以下可以追加依赖于具体实现的其他成员变量)—

错误码

E_OK	正常结束
E_ID	错误的 ID(cycid 错误或不可用)
E_NOEXS	对象不存在(cycid 指定的周期性处理程序不存在)
E_PAR	参数错误(pk_rcyc 错误)

可用的上下文环境

任务部	准任务部	任务独立部
○	○	○

说　明

获取 cycid 指定的周期性处理程序的状态。周期性处理程序的状态(cycstat),下次启动前剩余的时间(lfttim)和扩展信息(exinf)将会作为返回参数返回。

cycstat 返回以下信息。

```
cycstat ::= (TCYC_STP | TCYC_STA)

#define  TCYC_STP  0x00  /*周期性处理程序处于停止状态*/
#define  TCYC_STA  0x01  /*周期性处理程序处于启动状态*/
```

lfttim 返回的是下次启动前剩余的时间,与周期性处理程序处于启动状态还是停止状态没有关系。

exinf 返回的是周期性处理程序创建时作为参数指定的扩展信息。exinf 作为参数传递给周期性处理程序。

若 cycid 指定的周期性处理程序不存在,那么调用 tk_ref_cyc 时,会返回 E_NO-EXS 错误。

周期性处理程序的状态信息(T_RCYC)的剩余时间 lfttim 返回的是四舍五入到毫秒单位的值。使用 tk_ref_cyc_u 才能获取微秒单位的信息。

6. tk_ref_cyc_u—获取周期性处理程序的状态(微秒单位)

C 语言接口

```
#include <tk/tkernel.h>
ER ercd = tk_ref_cyc_u(ID cycid, T_RCYC_U *pk_rcyc_u);
```

参　数

ID	cycid	Cyclic Handler ID	周期性处理程序 ID
T_RCYC_U *	pk_rcyc_u	Packet to Refer Cyclic Handler status	周期性处理程序的状态信息

返回参数

ER	ercd	Error Code	错误码

pk_rcyc 的内容

void *	exinf	Extended Information	扩展信息
RELTIM_U	lfttim_u	Left Time	下次启动前剩余的时间(微秒)
UINT	cycstat	Cyclic Handler Status	周期性处理程序的状态

—(以下可以追加依赖于具体实现的其他成员变量)—

错误码

E_OK	正常结束
E_ID	错误的 ID(cycid 错误或不可用)
E_NOEXS	对象不存在(cycid 指定的周期性处理程序不存在)
E_PAR	参数错误(pk_rcyc_u 错误)

可用的上下文环境

任务部	准任务部	任务独立部
○	○	○

说　明

该系统调用就是将 tk_ref_cyc 的参数 lfttim 替换为 64 位微秒单位的 lfttim_u。

除了将参数变为 lfttim_u,此系统调用的说明和 tk_ref_cyc 相同。请参阅 tk_ref_cyc 的详细说明。

与 T-Kernel 1.0 的差异

T-Kernel 2.0 追加的系统调用。

4.7.3 报警处理程序

报警处理程序是指在指定的时间启动的时间事件处理程序。它包括创建/删除报警处理程序功能，激活/停止报警处理程序处理功能，获取报警处理程序状态功能。报警处理程序是用 ID 值来进行识别的对象，报警处理程序的 ID 值简称为报警处理程序 ID。

每个报警处理程序都能够设置报警处理程序的启动时间(称为报警时间)。报警时间一到就会将扩展信息(exinf)做为初始参数传递，启动报警处理程序。

报警处理程序被创建后并未设置报警时间，报警处理程序处于停止状态。激活报警处理程序(调用 tk_sta_alm)后，会设置报警时间(报警时间就是从调用 tk_sta_alm 系统调用到报警处理程序启动所经过的相对时间)。停止报警处理程序(调用 tk_stp_alm)后会取消报警时间的设置。另外报警处理程序被启动后，也可以取消报警时间的设置并停止报警处理程序的运行使其变为停止状态。

补充说明

报警处理程序实际被激活的时刻取决于定时器中断间隔(TTimPeriod)。请参阅 4.7.2 小节的补充说明。

1. tk_cre_alm—创建报警处理程序

C 语言接口

```
#include <tk/tkernel.h>
ID almid = tk_cre_alm(CONST T_CALM *pk_calm);
```

参　数

```
CONST T_CALM*  pk_calm    Packet to Create Alarm Handler    报警处理程序的创建信息
```

pk_calm 的内容

```
void *    exinf       Extended Information         扩展信息
ATR       almatr      Alarm Handler Attribute      报警处理程序属性
FP        almhdr      Alarm Handler Address        报警处理程序地址
UB        dsname[8]   DS Object Name               DS 对象名
```

返回参数

```
ID    almid    Alarm Handler ID    报警处理程序 ID
      或       Error Code          错误码
```

错误码

E_NOMEM	内存不足(无法分配管理控制块所用的内存)
E_LIMIT	报警处理程序的数量超出系统限制
E_RSATR	保留属性(almatr 错误或不可用)
E_PAR	参数错误(pk_calm,almatr,almhdr 错误或不可用)

可用的上下文环境

任务部	准任务部	任务独立部
○	○	×

说　明

创建一个报警处理程序并给它分配一个 ID。具体来说就是给创建的报警处理程序分配管理控制块。

报警处理程序是在指定的时间被启动的做为任务独立部运行的处理程序。

利用 exinf 可以保存一些与报警处理程序相关的信息,这些设定的信息可以通过 tk_ref_alm 取得。如果需要更大的空间来保存用户信息或想在运行时改变其内容,就需要使用者来分配这块内存,将这块内存的地址放入到 exinf 中,内核并不关心 exinf 中的内容。

almatr 的低位表示系统属性,高位表示特有属性。almatr 的系统属性如下。

almatr ：= (TA_ASM || TA_HLNG)|［TA_DSNAME］

TA_ASM	处理程序用汇编语言编写
TA_HLNG	处理程序用高级语言编写
TA_DSNAME	指定 DS 对象名

```
#define TA_ASM      0x00000000   /* 汇编程序 */
#define TA_HLNG     0x00000001   /* 高级语言程序 */
#define TA_DSNAME   0x00000040   /* DS 对象名 */
```

almhdr 表示报警处理程序的首地址。

指定 TA_HLNG 属性时,报警处理程序是通过高级语言例程来启动的。高级语言的例程会进行寄存器的保存与恢复,因此报警处理程序只需调用简单的返回函数就可以结束处理。指定 TA_HLNG 属性时,报警处理程序格式如下：

```
void almhdr(VP exinf)
{
    /*
        处理
    */
    return; /* 退出报警处理程序 */
```

}

　　指定 TA_ASM 属性时,报警处理程序的格式由具体实现方法决定,但 exinf 必须作为启动参数传递。

　　在报警处理程序运行时,由于调用某系统调用而导致处于运行状态(RUNNING)的任务转移到其他状态,在这种情况下即使此时有其他任务进入运行状态(RUNNING),也不会发生任务切换。即使任务切换是必要的,也必须等到周期性处理程序执行结束之后再进行。也就是说,报警处理程序运行时发生的任务切换并不会马上进行,会延迟到报警处理程序结束后进行。这个过程被称为任务切换延迟。

　　由于报警处理程序是作为任务独立部来运行的,因此在报警处理程序中不应该调用能进入等待状态或能够指定自任务的系统调用。

　　指定 TA_DSNAME 属性时,dsname 参数变为有效,用于设定 DS 对象的名称。DS 对象的名称在调试时用来识别对象,DS 对象的名称只能由 T-Kernel/DS 系统调用(td_ref_dsname 和 td_set_dsname)来操作。请参照 td_ref_dsname 和 td_set_dsname 的说明。未指定 TA_DSNAME 属性时,dsname 参数将会被忽略,调用 td_ref_dsname 和 td_set_dsname 系统调用时,会返回 E_OBJ 错误码。

补充说明

　　当有多个时间事件处理程序或中断处理程序同时运行时,它们是按照连续的方式运行(一个处理程序执行结束后,另一个处理程序才启动),还是按照嵌套方式运行(中断一个处理程序后运行另外一个处理程序,当后面这个处理程序结束后继续运行前面那个被中断的处理程序),这取决于具体实现。不管是使用哪种方式,由于时间事件处理程序与中断处理程序是属于任务独立部,所以任务切换延迟原则一样适用。

2. tk_del_alm—删除报警处理程序

C 语言接口

```
#include <tk/tkernel.h>
    ER ercd    = tk_del_alm(ID almid);
```

参　数

　　ID　　almid　　　　Alarm Handler ID　　　　报警处理程序 ID

返回参数

　　ER　　ercd　　　　Error Code　　　　　　　错误码

错误码

　　E_OK　　　　正常结束
　　E_ID　　　　错误的 ID(almid 错误或不可用)
　　E_NOEXS　　对象不存在(almid 指定的报警处理程序不存在)

可用的上下文环境

任务部	准任务部	任务独立部
○	○	×

说　明

删除报警处理程序。

3. tk_sta_alm—激活报警处理程序

C 语言接口

```
#include <tk/tkernel.h>
ER ercd = tk_sta_alm(ID almid, RELTIM almtim);
```

参　数

ID	almid	Alarm Handler ID	报警处理程序 ID
RELTIM	almtim	Alarm Time	报警处理程序启动时间（毫秒）

返回参数

ER	ercd	Error Code	错误码

错误码

E_OK	正常结束
E_ID	错误的 ID（almid 错误或不可用）
E_NOEXS	对象不存在（almid 指定的报警处理程序不存在）

可用的上下文环境

任务部	准任务部	任务独立部
○	○	○

说　明

　　设定报警处理程序的报警时间并使其变为启动状态。almtim 参数是相对时间，从调用 tk_sta_alm 的时间开始计时，经过 almtim 时间后会启动报警处理程序。若报警处理程序已经处于启动状态并且设定了报警时间，那么调用此系统调用后会取消原来的报警时间并设定一个新的报警时间。

　　当 almtim＝0 时，报警时间一经设置就立刻启动报警处理程序。

4. tk_sta_alm_u—激活报警处理程序（微秒单位）

C 语言接口

```
#include <tk/tkernel.h>
ER ercd = tk_sta_alm_u(ID almid, RELTIM_U almtim_u);
```

第 2 部分　T-Kernel 功能描述

参　数

ID	almid	Alarm Handler ID	报警处理程序 ID
RELTIM_U	almtim_u	Alarm Time	报警处理程序启动时间（微秒）

返回参数

ER	ercd	Error Code	错误码

错误码

E_OK	正常结束
E_ID	错误的 ID(almid 错误或不可用)
E_NOEXS	对象不存在(almid 指定的报警处理程序不存在)

可用的上下文环境

任务部	准任务部	任务独立部
○	○	○

说　明

该系统调用就是将 tk_sta_alm 的参数 almtim 替换为 64 位微秒单位的 almtim_u。除了将参数变为 almtim_u，此系统调用的说明和 tk_sta_alm 相同。请参阅 tk_sta_alm 的详细说明。

与 T-Kernel 1.0 的差异

T-Kernel 2.0 追加的系统调用。

5. tk_stp_alm—停止报警处理程序

C 语言接口

```
#include <tk/tkernel.h>
ER ercd = tk_stp_alm(ID almid);
```

参　数

ID	almid	Alarm Handler ID	报警处理程序 ID

返回参数

ER	ercd	Error Code	错误码

错误码

E_OK	正常结束
E_ID	错误的 ID 号(almid 错误或不可用)
E_NOEXS	对象不存在(almid 所指定的报警处理程序不存在)

可用的上下文环境

任务部	准任务部	任务独立部
○	○	○

说　明

取消报警处理程序的报警时间并使其变为停止状态。若报警处理程序已经处于停止状态，调用此系统调用后不会做任何动作。

6. tk_ref_alm—获取报警处理程序状态

C 语言接口

```
#include <tk/tkernel.h>
ER ercd = tk_ref_alm(ID almid, T_RALM *pk_ralm);
```

参　数

| ID | almid | Alarm Handler ID | 报警处理程序 ID |
| T_RALM * | pk_ralm | Packet to Refer Alarm Handler Status | 报警处理程序状态信息 |

返回参数

| ER | ercd | Error Code | 错误码 |

pk_ralm 的内容

void *	exinf	Extended Information	扩展信息
RELTIM	lfttim	Left time	处理程序启动前剩余的时间
UINT	almstat	Alarm Handler Status	报警处理程序的激活状态

—（以下可以追加依赖于具体实现的其他成员变量）—

错误码

E_OK	正常结束
E_ID	错误的 ID(almid 错误或不可用)
E_NOEXS	对象不存在(almid 指定的报警处理程序不存在)
E_PAR	参数错误(pk_ralm 错误)

可用的上下文环境

任务部	准任务部	任务独立部
○	○	○

说　明

获取 almid 指定的报警处理程序的状态。启动前剩余的时间(lfttim)和扩展信息(exinf)将做为返回参数返回。

almstat 返回以下信息：

```
almstat: = (TALM_STP | TALM_STA)

#define    TALM_STP    0x00    /* 报警处理程序处于停止状态 */
#define    TALM_STA    0x01    /* 报警处理程序处于启动状态 */
```

若报警处理程序处于启动状态，lfttim 参数返回下次启动报警处理程序的相对时间。lfttim 值的范围：tk_sta_alm 所设定的 almtim ≥ lfttim ≥ 0。由于 lfttim 的值会随着每次的时间中断而减少，当 lfttim=0 时，表示在下次时间中断时会启动报警处理程序。

exinf 返回报警处理程序创建时作为参数指定的扩展信息。exinf 作为参数传给报警处理程序。

报警处理程序处于停止状态（TALM_STP）时，lfttim 不确定。

若 almid 所指定的报警处理程序不存在，那么调用 tk_ref_alm 会返回 E_NOEXS 错误。

报警处理程序的状态信息（T_RALM）的剩余时间 lfttim 返回的是四舍五入到毫秒单位的值。使用 tk_ref_alm_u 才能获取微秒单位的信息。

7. tk_ref_alm_u—获取报警处理程序状态（微秒单位）

C 语言接口

```
#include <tk/tkernel.h>
ER ercd = tk_ref_alm_u(ID almid, T_RALM_U * pk_ralm_u);
```

参　　数

```
ID          almid      Alarm Handler ID                        报警处理程序 ID
T_RALM_U *  pk_ralm_u  Packet to Refer Alarm Handler Status    报警处理程序的状态信息
```

返回参数

```
ER          ercd       Error Code                              错误码
```

pk_ralm_u 的内容

```
void *      exinf      Extended Information                    扩展信息
RELTIM_U    lfttim_u   Left time                               处理程序启动前剩余的时间（微秒）
UINT        almstat    Alarm Handler Status                    报警处理程序的状态
```
—（以下可以追加依赖于具体实现的其他成员变量）—

错误码

```
E_OK       正常结束
E_ID       错误的 ID(almid 错误或不可用)
E_NOEXS    对象不存在(almid 指定的报警处理程序不存在)
E_PAR      参数错误(pk_ralm_u 错误)
```

可用的上下文环境

任务部	准任务部	任务独立部
○	○	○

说　明

该系统调用就是将 tk_ref_alm 的参数 lfttim 替换为 64 位微秒单位的 lfttim_u。

除了将参数变为 lfttim_u,此系统调用的说明和 tk_ref_alm 相同。请参阅 tk_ref_alm 的详细说明。

与 T-Kernel 1.0 的差异

T-Kernel 2.0 追加的系统调用。

4.8　中断管理功能

中断管理功能用于进行定义外部中断处理程序以及 CPU 异常处理程序等操作。

中断处理程序是作为任务独立部来运行的。虽然在任务独立部调用系统调用与在任务中调用系统调用的方式相同,但在任务独立部进行调用有以下限制。

- 不能调用那些默认指定自任务的系统调用;
- 不能调用那些使自任务进入等待状态的系统调用。调用这些系统调用会返回 E_CTX 错误。

任务独立部运行时不会发生任务切换,即使某系统调用的处理结果导致了任务切换请求的产生,这个任务切换也将会被延迟,直到离开任务独立部才会进行。这种方式被称为任务切换延迟(delayed dispatching)。

1. tk_def_int—定义中断处理程序

C 语言接口

```
#include <tk/tkernel.h>
ER ercd = tk_def_int(UINT dintno, CONST T_DLNT * pk_dint);
```

参　数

```
UINT            dintno    Inerrupt Define Number              中断码
CONST T_DINT *  pk_dint   Packet to Define Interrupt Handler  中断处理程序定义信息
```

pk_dint 内容

```
ATR  intatr   Interrupt Handler Attribute   中断处理程序的属性
FP   inthdr   Interrupt Handler Address     中断处理程序的地址
—(以下可以追加依赖于具体实现的其他成员变量)—
```

返回参数

| ER | ercd | Error Code | 错误码 |

错误码

E_OK	正常结束
E_NOMEM	内存不足（无法分配管理控制块用的内存）
E_RSATR	保留的属性（intatr 错误或不可用）
E_PAR	参数错误（dintno、pk_dint、inthdr 错误或不可用）

可用的上下文环境

任务部	准任务部	任务独立部
○	○	×

说 明

这里所提及的中断包括从设备发生的外部中断和 CPU 异常两种中断。

此系统调用用于定义 dintno 指定的中断码的中断处理程序，使中断处理程序可用。也就是说，将 dintno 所指定的中断码与中断处理程序地址和属性进行映射处理。

虽然 dintno 为每个具体实现定义特定的含义，但通常情况下是指中断向量编号。

intatr 的低位表示系统属性，高位表示特有属性。intatr 的系统属性如下。

```
intatr := (TA_ASM || TA_HLNG)
TA_ASM      处理程序用汇编语言编写
TA_HLNG     处理程序用高级语言编写

#define  TA_ASM    0x00000000   /* 汇编语言程序 */
#define  TA_HLNG   0x00000001   /* 高级语言程序 */
```

指定 TA_ASM 属性时，原则上在中断处理启动时内核不会介入。在发生中断时，CPU 的硬件中断处理功能（取决于具体实现，可能会由 T–Monitor 来处理）将直接启动此系统调用定义的中断处理程序。因此，中断处理程序的开头与结尾处，必须对中断处理程序所使用的寄存器进行保存与恢复。调用 tk_ret_int 系统调用或执行 CPU 的中断返回指令（或相同功能的指令），能够退出中断处理程序。

必须提供一种不需调用 tk_ret_int 且不需内核干涉就能从中断处理程序中返回的方法。不使用 tk_ret_int 的情况下，可以不进行任务切换延迟。调用 tk_ret_int 从中断处理中程序返回时，必须进行任务切换延迟。

指定 TA_HLNG 属性时，中断处理程序通过高级语言例程来启动。高级语言例程会进行寄存器的保存与恢复，因此中断处理程序只需调用 C 语言的返回函数就可以结束处理。指定 TA_HLNG 属性时，中断处理程序格式如下。

```
void inthdr(UINT dintno)
```

```
{
    /*
        处理
    */
    return;  /* 退出中断处理程序 */
}
```

传递给中断处理程序的 dintno 参数是发生中断的中断码,与 tk_def_int 所指定的 dintno 参数是一致的。由于有不同的实现方法所以也可以传递 dintno 以外的其他信息给中断处理程序。需要传递这些信息时,可以把它们做为中断处理程序的第 2 参数或后续参数进行传递。

若指定了 TA_HLNG 属性,那么从中断发生到中断处理程序开始执行这段时间内,CPU 的中断标志位是处于中断禁止状态的。也就是说,中断发生后便会进入多重中断禁止状态,此状态会一直保持到该中断的中断处理程序被调用为止。当允许多重中断时,中断处理程序内部必须能够操作 CPU 的中断标志位。

指定 TA_HLNG 属性时,在进入中断处理程序时必须能够调用系统调用。尽管上述的功能已经标准化,但还是允许进行扩展的,例如在允许多重中断的状态下追加进入中断处理程序的功能等。

若指定 TA_ASM 属性时,进入中断处理程序时的状况由每个具体实现来决定。进入中断处理程序时的堆栈状态,能否调用系统调用,系统调用的调用方法以及无须内核干预从中断处理程序中返回的方法等情况,必须要进行明确定义。

指定 TA_ASM 属性时,根据具体的实现方法可能会发生中断处理程序不作为任务独立来执行的情况。此时,需要注意以下两点。

- 允许中断后,可能会发生任务切换。
- 调用系统调用时,会作为任务部或准任务部来进行处理。

如果提供一种方法,在中断处理程序中进行某些操作后使之被检测为任务独立部,那么这种方法必须在每个具体实现中都进行声明。

不管指定 TA_HLNG 属性还是指定 TA_ASM 属性,在进入中断处理程序时,中断发生时的逻辑空间都会被保存起来。但从中断处理程序中返回时,不会将逻辑空间恢复到发生中断时的状态。在中断处理程序中允许进行逻辑空间切换,但内核不会关心逻辑空间切换带来的影响。

由于中断处理程序调用某系统调用可能会导致处于运行状态(RUNNING)的任务转移到其他状态,在这种情况下,即使此时有其他任务进入运行状态(RUNNING)也不会发生任务切换。任务切换必须等到中断处理程序结束之后再进行。即中断处理程序运行时发生的任务切换并不会马上进行,而是延迟到中断处理程序结束后进行。这个过程被称为任务切换延迟。

由于中断处理程序是作为任务独立部来运行的,因此在中断处理程序中不应该调用能进入等待状态或能够指定自任务的系统调用。

当指定 pk_dint＝NULL 时，先前定义的中断处理程序会被取消。此时将使用 T-Monitor 定义的默认的处理程序。

对于一个已经定义了中断处理程序的中断码，可以再次为它进行定义。重新定义时，不需要取消之前为此中断码定义的中断处理程序。因此，为 dintno 中断码重新定义不会返回错误。

补充说明

对于 TA_ASM 属性的各种规定，主要是为了实现中断挂钩的问题。例如，访问非法地址而产生异常时，通常是由上位程序定义的中断处理程序来检测并且进行错误处理。但在调试时，不再由上位程序进行错误处理，而是由系统定义的缺省中断处理程序来进行错误处理并且启动调试器。在这种情况下，上位程序定义的中断处理会挂钩到系统定义的缺省中断处理程序。之后，根据具体情况，要么传给调试器等系统程序进行处理，要么保持原样由自己进行处理。

2. 从中断处理程序中返回

C 语言接口

＃include ＜tk/tkernel.h＞
void tk_ret_int();

尽管这个系统调用以 C 语言接口的形式定义的，但在使用高级语言对应例程时，不用调用此系统调用。

参　数

无

返回参数

※不会返回到调用此系统调用的上下文环境。

错误码

※ 可能会检测到下面类型的错误，但即使检测到错误也不会返回到调用此系统调用的上下文环境中。因此，错误码不能做为系统调用的返回参数直接返回。检测错误后的操作与具体实现有关。

E_CTX　　　上下文环境错误（从中断处理程序外调用，此错误与具体实现有关）

可用的上下文环境

任务部	准任务部	任务独立部
○	○	×

说　明

退出中断处理程序。

在中断处理程序中调用系统调用并不会导致任务切换的发生。任务切换请求会被延迟到调用 tk_ret_int 退出中断处理程序时(任务切换延迟原则)。因此,在中断处理程序运行中发生的任务切换请求,会在调用 tk_ret_int 后统一处理。

tk_ret_int 只能在设置为 TA_ASM 属性的中断处理程序中被调用。而对于设置为 TA_HLNG 属性的中断处理程序,在高级语言程序中会调用与 tk_ret_int 等效的函数,因此,不直接调用 tk_ret_int(不能调用)。

原则上内核不介入具有 TA_ASM 属性的中断处理程序的启动。当中断发生时,CPU 的硬件中断处理功能将直接启动该中断处理程序。因此,在中断处理程序中必须对中断处理程序所使用的寄存器进行保存与恢复。

另外,调用 tk_ret_int 系统调用时的堆栈和寄存器状态必须与进入中断处理程序时的一样,因此在 tk_ret_int 中不能使用功能码的情况有可能会发生。此时 tk_ret_int 可通过使用一条与其他系统调用使用的向量分离开来的其他向量的陷阱指令来实现。

补充说明

tk_ret_int 是一个不能返回到调用者上下文环境中的系统调用。即使在检测到某种错误时能够直接返回错误码,调用者通常也不会检查这些错误,否则就有可能发生程序跑飞的情况。因此,在这些系统调用里即使发生错误时也不会将错误返回。

从中断处理程序中返回时,如果能确定不会发生任务切换(能够保证继续执行同一个任务)或者没有必要发生任务切换,那么可以使用汇编语言的返回指令来代替 tk_ret_int 系统调用来退出中断处理程序。

根据 CPU 的构造和内核的配置方式,即使通过汇编语言的中断返回指令退出中断处理程序也可能发生任务切换延迟。在这种情况下,可以把汇编语言的中断返回指令当做成 tk_ret_int 系统调用来使用。

从时间事件处理程序中调用 tk_ret_int 时,E_CTX 错误检测与具体实现有关。具体实现方式的不同可能会导致从不同类型的处理中返回。

4.9 系统状态管理功能

系统状态管理功能用于更改和获取系统状态。主要包括回转任务优先级功能,获取处于运行状态的任务 ID 功能,禁止/解除任务切换功能,获取上下文环境和系统状态功能,设定省电模式功能,获取内核版本功能。

1. tk_rot_rdq—回转任务优先级

C 语言接口

```
#include <tk/tkernel.h>
ER ercd = tk_rot_rdq(PRI tskpri);
```

参　数

| PRI | tskpri | Task Priority | 任务优先级 |

返回参数

| ER | ercd | Error Code | 错误码 |

错误码

| E_OK | 正常结束 |
| E_PAR | 参数错误(tskpri 错误) |

可用的上下文环境

任务部	准任务部	任务独立部
○	○	○

说　明

回转 tskpri 所指定优先级的任务的优先级。也就是说,在 tskpri 所指定的优先级的处于可运行状态的任务(运行状态和就绪状态)中,将优先级最高任务的优先级变为最低。

指定 tskpri＝TPRI_RUN＝0 时,会回转与当时处于运行状态(RUNNING)的任务优先级相同的任务的优先级。一般任务在调用 tk_rot_rdq 时,它会转回具有和自任务相同优先级任务的优先级。在周期性处理程序等任务独立部也能够调用 tk_rot_rdq(tskpri＝TPRI_RUN)。

补充说明

如果在可运行状态的任务中,没有或者只有一个任务的优先级与指定的优先级相同,那么系统会正常结束,并不会执行任何操作(也不返回错误)。

在任务切换许可的状态下指定优先级为 TPRI_RUN 或自任务当前的优先级为参数调用此系统调用时,在具有同优先级的任务中自任务的优先级变得最低。所以,调用此系统调用能够放弃执行权。

在任务切换禁止的状态下,在具有相同优先级的任务中优先级最高的任务不一定是当前正在执行的任务。因此,使用上述方法后自任务的优先级不一定是同优先级任务中最低的。

执行 tk_rot_rdq 的示例如图 2.16、图 2.17 所示。在图 2.16 所示的状态时,指定 tskpri＝2 调用此系统调用后,新的优先级顺序如图 2.17 所示,任务 C 将会变为运行的任务。

2. tk_get_tid—获取运行状态的任务 ID

C 语言接口

```
#include <tk/tkernel.h>
```

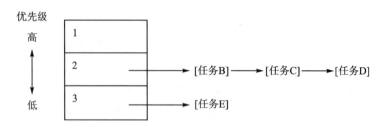

注：任务 C 是下一个要执行的任务。

图 2.17　调用 tk_rot_rdq 之前的优先级

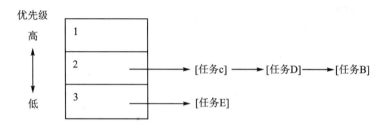

注：任务 C 是下一个要执行的任务。

图 2.18　调用 tk_rot_rdq(tskpri＝2)之后的优先级

ID tskid = tk_get_tid(void);

参　数

无

返回参数

ID　　tskid　　Task ID　　　　处于运行状态的任务 ID

错误码

无

可用的上下文环境

任务部	准任务部	任务独立部
○	○	○

说　明

获取当前处于运行状态的任务的 ID。除非在任务独立部执行，否则当前运行状态的任务就是自任务。

若当前没有任务任务处于运行状态时，将返回 0。

补充说明

tk_get_tid 返回的任务 ID 与 tk_ref_sys 返回的 runtskid 是相同的。

3. tk_dis_dsp—禁止任务切换

C 语言接口

#include <tk/tkernel.h>
ER ercd = tk_dis_dsp(void);

参　数

　　无

返回参数

　　ER　　ercd　　　　Error Code　　　　　　　错误码

错误码

　　E_OK　　　正常结束
　　E_CTX　　上下文环境错误(在任务独立部时执行)

可用的上下文环境

任务部	准任务部	任务独立部
○	○	×

说　明

　　禁止任务切换。任务切换被禁止以后,到调用 tk_ena_dsp 为止会一直处于任务切换禁止状态,自任务也不能够从运行状态(RUNNING)转移到就绪状态(READY)或等待状态(WAIT)。但由于外部中断并没有被禁止,所以即使是处于任务切换禁止状态也能够启动中断处理程序。在任务切换禁止状态下,运行中的任务可能被中断处理程序抢占(夺取 CPU 的控制权),但决不会被其他的任务抢占。

　　在任务切换禁止状态时,有以下特定操作。

- 即使中断处理程序或调用 tk_dis_dsp 的任务因执行一个系统调用而导致更高优先级的任务处于就绪状态,也不能切换到这个任务。只有在任务切换禁止结束后,才会发生任务切换。
- 若调用 tk_dis_dsp 的任务执行能够使自任务状态转变为等待状态的系统调用(tk_slp_tsk,tk_wai_sem 等),那么这些系统调用就会返回 E_CTX 错误。
- 调用 tk_ref_sys 时获取系统状态时,systat 返回参数会返回 TSS_DDSP。

　　若调用 tk_dis_dsp 的任务已经处于任务切换禁止状态,那么任务切换禁止状态将会保持不变,且不会返回错误。不管调用多少次 tk_dis_dsp,之后只需调用一次 tk_ena_dsp 就能解除任务切换禁止状态。因此,tk_dis_dsp~tk_ena_dsp 嵌套调用时需要由用户来进行管理。

补充说明

　　在任务切换禁止状态,处于运行状态的任务不能够转移到休止状态(DORMANT)

或未登录状态(NO-EXISTENT)。如果在中断或任务切换被禁止时,处于运行状态的任务调用 tk_ext_tsk 或 tk_exd_tsk 后,会检测到 E_CTX 错误。但是,由于 tk_ext_tsk 和 tk_exd_tsk 是不返回原上下文的系统调用,所以不能把错误码作为这些系统调用的返回参数返回。

4. tk_ena_dsp—允许任务切换

C 语言接口

```
#include <tk/tkernel.h>
ER ercd = tk_ena_dsp(void);
```

参　数

无

返回参数

| ER | ercd | Error Code | 错误码 |

错误码

| E_OK | 正常结束 |
| E_CTX | 上下文环境错误(在任务独立部执行) |

可用的上下文环境

任务部	准任务部	任务独立部
○	○	×

说　明

允许任务切换。即解除由 tk_dis_dsp 设定的任务切换禁止状态。

若调用 tk_ena_dsp 的任务并不处于切换禁止状态,那么任务切换允许状态会保持不变,并且不会返回错误。

5. tk_ref_sys—获取系统状态

C 语言接口

```
#include <tk/tkernel.h>
ER ercd = tk_ref_sys(T_RSYS * pk_rsys);
```

参　数

| T_RSYS * | pk_rsys | Packet to Refer System Status | 系统状态信息 |

返回参数

| ER | ercd | Error Code | 错误码 |

pk_rsys 的内容：

INT	sysstat	System State	系统状态
ID	runtskid	Running Task ID	当前处于运行状态的任务 ID
ID	schedtskid	Scheduled Task ID	应该处于运行状态的任务 ID

—（以下可以追加依赖于具体实现的其他成员变量）—

错误码

E_OK	正常结束
E_PAR	参数错误（pk_rsys 错误）

可用的上下文环境

任务部	准任务部	任务独立部
○	○	○

说　明

获取当前系统运行状态。任务切换是否被禁止、是否处于任务独立部等信息将作为返回参数返回。

sysstat 将返回以下值。

```
Sysstat := (TSS_TSK | [TSS_DDSP] | [TSS_DINT])
         || (TSS_QTSK | [TSS_DDSP] | [TSS_DINT])
         || (TSS_INDP)
```

TSS_TSK	0	任务部执行中
TSS_DDSP	1	任务切换被禁止
TSS_DINT	2	中断被禁止
TSS_INDP	4	任务独立部执行中
TSS_QTSK	8	准任务部执行中

runtskid 返回的是当前处于运行状态的任务的 ID，schedtsid 返回的是应该处于运行状态的任务的 ID。通常情况下 runtskid＝schedtskid，但有在任务切换禁止的状态下某高优先级的任务被唤醒时 runtskid≠schedtskid。另外，如果没有这样的任务将会返回 0。

在中断处理程序或时间事件处理程序中必须能够调用此系统调用。

补充说明

系统调用（tk_ref_sys）返回的信息取决于内核的具体实现，并不能保证返回的信息总是正确的。

6. tk_set_pow—设置省电模式

C 语言接口

```
#include <tk/tkernel.h>
```

```
ER ercd = tk_set_pow (UINT powmode);
```

参数

UINT	powmode	Power Mode	省电模式

返回参数

ER	ercd	Error Code	错误码

错误码

E_OK	正常结束
E_PAR	参数错误（powmode 值不可用）
E_QOVR	低功耗模式切换的禁止计数溢出
E_OBJ	低功耗模式切换的禁止计数为 0 时发出 TPW_ENALOWPOW 请求

可用的上下文环境

任务部	准任务部	任务独立部
○	○	×

说明

支持下面两种省电功能。

（1）系统空闲（无负荷）时切换到省电模式

当系统中没有任务执行时，系统会切换到硬件所提供的低功耗模式。

低功耗模式可以在短时间内降低功耗，例如从一个定时器中断到下一个定时器中断期间内，通过降低 CPU 时钟频率来降低功耗。因此，软件上并不需要复杂的模式切换，这些主要由硬件功能来实现。

（2）自动关闭电源

当系统处于无操作状态的时间超过一定的值时，系统会自动关闭电源并进入挂起状态。若外围设备向系统发出启动请求（中断等）或用户打开电源，系统将会恢复到关闭电源前的状态。

电池电量不足时，系统也会关闭电源进入挂起状态。

外围设备，外围电路以及 CPU 的电源在挂起状态都会被切断，但主内存中的内容会被保存。

tk_set_pow 设置的省电模式：

```
powmode : = (TPW_DOSUSPEND || TPW_DISLOWPOW || TPW_ENALOWPOW)

#define    TPW_DOSUSPEND       1     /* 切换到挂起状态 */
#define    TPW_DISLOWPOW       2     /* 禁止切换到低功耗模式 */
#define    TPW_ENALOWPOW       3     /* 允许切换到低功耗模式（缺省）*/
```

- TPW_DOSUSPEND:停止所有任务和处理程序的动行以及处围电路(定时器,中断控制器等),关闭电源(进入挂起)。(调用 off_pow)

  当打开电源时,外围电路会被重新启动,所有任务以及处理程序的运行也会恢复到关闭电源前的状态,系统调用返回。

  若由于某种原因在恢复操作时失败,系统会重新启动。
- TPW_DISLOWPOW:禁止切换器切换到低功耗模式。(不调用 low_pow)
- TPW_ENALOWPOW:允许切换器切换到低功耗模式。(调用 low_pow)

系统启动时,默认允许切换到低功耗模式(TPW_ENALOWPOW)。

指定 TPW_DISLOWPOW 时会累计请求次数。只有请求 TPW_ENALOWPOW 的次数与请求 TPW_DISLOWPOW 次数一样多时,才允许切换器切换到低功耗模式。虽然请求的最大次数取决于具体实现,但是必须至少为 255。

补充说明

off_pow 和 low_pow 是 T-Kernel/SM 的功能,请参阅 5.6 节的详细说明。

T-Kernel 系统不会检测由电源异常导致的系统挂起。另外,各外围设备(设备驱动)其实都应该有挂起处理,挂起时不是直接调用 tk_set_pow 而是使用 T-Kernel/SM 的挂起功能进行处理。

7. tk_ref_ver—获取内核版本

C 语言接口

```
#include <tk/tkernel.h>
ER ercd   = tk_ref_ver(T_RVER * pk_rver);
```

参　数

| T_RVER * | pk_rver | Packet to Version Information | 版本信息 |

返回参数

| ER | ercd | Error Code | 错误码 |

pk_rver 内容

UH	maker	Maker Code	内核制造商代码
UH	prid	Product ID	内核识别码
UH	spver	Specification Version	规范版本号
UH	prver	Product Version	内核版本号
UH	prno[4]	Product Number	内核产品管理信息

错误码

| E_OK | 正常结束 |
| E_PAR | 参数错误(pk_rver 错误) |

可用的上下文环境

任务部	准任务部	任务独立部
○	○	×

说　明

　　获取使用的内核版本信息,并返回 pk_rver 指定的数据包。具体来说,可以获取以下信息。

　　获取的 maker 信息表示内核制造商代码。maker 格式如图 2.19 所示。

图 2.19　maker 格式

　　prid 是用于区别内核种类的编号,prid 格式如图 2.20 所示。

　　prid 的值由 T-Kernel 提供者负责指定。因为只有这个值能区分产品,所以 T-Kernel 提供者在分配时必须仔细地商讨以便有体系地进行分配。因此,maker 与 prid 组合起来,可以专门用于识别内核种类。

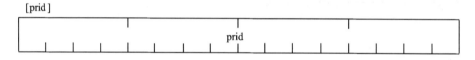

图 2.20　prid 格式

　　T-Kernel 的原始版本信息是由 T-Engine 论坛提供的,maker 与 prid 如下所示:

```
maker = 0x0000
prid = 0x0000
```

　　spver 高 4 位表示的是 OS 规范的种类,低 12 位表示的是内核遵循的规范的版本编号。spver 格式如图 2.21 所示。

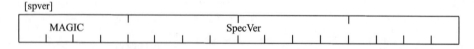

图 2.21　spver 格式

　　例如,遵循 T-Kernel 规范(Ver 2.01.xx)的 spver 信息如下:

```
MAGIC = 0x7         (T - Kernel)
SpecVer = 0x201     (Ver2.01)
Spver = 0x7201
```

　　遵循 T-Kernel 规范草拟版 Ver 2.B0.xx 的 spver 信息如下:

```
MAGIC = 0x7          (T-Kernel)
SpecVer = 0x2B0      (Ver2.B0)
Spver = 0x72B0
```

MAGIC：用来区别 OS 规范的种类。

0x0　　TRON 通用系列（TAD 等）

0x1　　保留

0x2　　保留

0x3　　保留

0x4　　保留

0x5　　保留

0x6　　保留

0x7　　T-Kernel

SpecVer：内核遵循的规范的版本编号。3 位压缩格式的 BCD 码。对于草拟版，第 2 位的值也可能用 A,B,C 表示,对应十六进制的 A,B,C。

prver 表示内核版本号,该值由内核制造商负责指定。

prno 返回内核产品的管理信息、产品编号等信息。prno 的值由内核制造商负责指定。

补充说明

对于获取版本信息的数据包格式以及构造体各成员的格式,基本上各 T-Kernel 规范之间是共通的。

通过 tk_ref_ver 获取的 SpecVer 是规范版本号的前 3 位,从第 4 位开始用于记述错误打印的修改等更改信息,调用 tk_ref_ver 是不能够得到的。对于与规范内容相对应的信息,只需知道规范版本号的前 3 位就足够了。

按照草拟版规范实现的内核,SpecVer 的第 2 位能够是 A,B,C。在这种情况下,需要注意规范的 release 版本顺序并不与 SpecVer 的大小相对应。例如规范的 release 版本顺序为：

Ver 2.A1 - Ver 2.A2 - Ver 2.B1 - Ver 2.C1 - Ver 2.00 - Ver 2.01 …

但从草拟版转为正式版的部分（Ver 2.Cx→Ver2.00 的部分）SpecVer 的大小就会反转。

4.10　子系统管理功能

子系统管理功能是为了实现在 T-Kernel 上运行的中间件等在内核中追加的被称为子系统的用户定义的功能,该功能是 T-Kernel 本体功能的扩展功能。T-Kernel/SM 的一部分功能也是通过子系统管理功能实现的。

子系统除了运行用户定义的系统调用(被称为扩展 SVC)的扩展 SVC 处理程序,还包含例外发生时进行处理的 break 函数,设备等事件发生时进行处理的 event 处理函数,任务的每一个资源组启动或结束时进行处理的 startup 函数和 cleanup 函数,以及资源管理控制块,如图 2.22 所示。

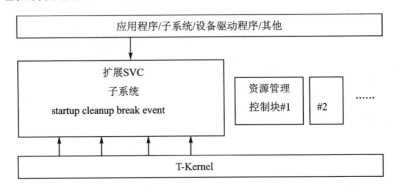

图 2.22　子系统概要

此时,扩展 SVC 处理程序直接接受并处理来自应用程序等的请求。另外,break 函数、event 处理函数、startup 函数和 cleanup 函数都是所谓的回调函数,接受并处理来自内核的请求。

补充说明

包含进程管理功能、文件管理功能等的 T-Kernel Extension(T-Kernel Standard Extension)的功能也是通过子系统管理功能实现的。另外通过子系统管理功能实现的 T-Kernel 用中间件还包括 TCP/IP 管理、USB 管理、PC 卡管理等。

子系统管理功能包含和 ITRON 的扩展 SVC 处理程序及扩展服务调用相当的功能,不是简单的追加用户定义的系统调用,而且提供了追加的系统调用处理所必需的资源管理功能及例外发生时的处理功能,这样就可以实现具有高度复杂功能的中间件。

子系统管理功能以任务所属的资源组为单位进行资源管理。而 T-Kernel 的上位中间件 T-Kernel Extension(T-Kernel Standard Extension)则通过 T-Kernel 的资源组功能实现进程功能。因此,可以以进程为单位进行子系统的资源管理,各子系统创建进程时(启动时)或结束进程时定义的 startup 函数和 cleanup 函数可以自动运行。例如,进程结束时打开的文件没有自动关闭的情况下,文件管理子系统的 cleanup 函数中有最好进行自动关闭的处理。

另外,作为 T-Kernel 本体功能的扩展功能,除了子系统管理功能还包含设备驱动功能。子系统管理功能和设备驱动功能都是和 T-Kernel 本体独立的功能模块,需要将对应的二进制程序加载到共有空间,T-Kernel 上的任务才能调用这些功能。另外两者都运行在保护级别 0。两者也有不同点,调用设备驱动的 API 固定为 open/close、read/write 型,而调用子系统的 API 可以自由定义。另外,子系统有在创建(启动)或结束资源组(进程)时自动进行资源管理的功能而设备驱动没有。

子系统通过子系统 ID 进行区别,可以同时定义并使用多个子系统。另外,子系统中也可以调用其他的子系统。

1. tk_def_ssy—定义子系统

C 语言接口

```
#include <tk/tkernel.h>
ER ercd = tk_def_ssy(ID ssid, CONST T_DSSY * pk_dssy);
```

参　数

ID	ssid	Subsystem ID	子系统 ID
CONST T_DSSY *	pk_dssy	Packet to Define Subsystem	子系统的定义信息

pk_dssy 内容

ATR	ssyatr	Subsystem Attributes	子系统属性
PRI	ssypri	Subsystem Priority	子系统优先级
FP	svchdr	Extended SVC handler address	扩展 SVC 处理程序地址
FP	breakfn	Break Function Address	break 函数地址
FP	startupfn	Startup Function Address	startup 函数地址
FP	cleanupfn	Cleanup Function Address	cleanup 函数地址
FP	eventfn	Event Handling Function Address	event 处理函数地址
INT	resblksz	Resource Control Block Size	资源管理控制块的大小(字节)

—(以下可以追加依赖于具体实现的其他成员变量)—

返回参数

ER	ercd	Error Code	错误码

错误码

E_OK	正常结束
E_ID	错误的 ID(ssid 错误或不可用)
E_NOMEM	内存不足(无法分配控制块所需的内存)
E_RSATR	保留的属性(ssyatr 错误或不可用)
E_PAR	参数错误(pk_dssy 错误或不可用)
E_OBJ	ssid 已被定义(当 pk_dssy≠ NULL 时)
E_NOEXS	ssid 未定义(当 pk_dssy = NULL 时)

可用的上下文环境

任务部	准任务部	任务独立部
○	○	×

说 明

用于定义 ssid 指定的子系统。

必须给子系统分配一个子系统 ID,并且这个子系统 ID 不能与其他子系统 ID 重复,内核并不提供自动分配子系统 ID 的功能。

1~9 是 T-Kernel 系统保留的子系统 ID。10~255 是提供给中间件使用的子系统 ID,但是具体实现时,所能使用的最大子系统 ID 很可能会小于 255。

ssyatr 属性的低位表示系统属性,高位表示特有属性。对于 ssyatr 的系统属性部分,在目前的版本中不会使用,所以不用进行分配。

ssypri 属性用于指定子系统的优先级,各子系统的 startup 函数,cleanup 函数,event 处理函数会按照此优先级顺序被调用。当子系统的优先级相同时,函数被调用的顺序不能确定。子系统优先级中,1 是最高优先级,数值越大优先级就越低。优先级的范围取决于具体实现,但至少能够设定在 1~16 范围内。

可以将 breakfn,startupfn,cleanupfn,eventfn 设定为 NULL,此时对应的函数将不会被调用。

设定 pk_dssy = NULL 可以删除子系统的定义,此时 ssid 所指定的子系统的资源管理控制块也会被彻底删除。

(1) 资源管理控制块

资源管理控制块是把资源分组并对各资源组的所属进行管理的内存块,它会为每个资源组分配一块 resblksz 大小的内存。当指定 resblksz = 0 时不能分配资源管理控制块,但是仍然会分配一个资源 ID(参阅 tk_cre_res)。

一个任务一定会属于一个资源组。当子系统因某一任务向其发出请求而为该任务分配资源时,分配的资源信息会被注册到资源管理控制块中。在资源管理控制块中注册何种资源以及用何种方式注册由子系统决定。

因为内核并不关心资源管理控制块中的内容,所以它可以被系统自由使用。尽管如此,resblksz 设定的值还是应该尽可能的小,若需要一个更大些的内存块,可以在子系统中另行分配一块内存,并将内存地址注册到资源管理控制块中。

资源管理控制块是在系统空间上的常驻内存。

(2) 扩展 SVC 处理程序

子系统的应用程序接口(API),用于接受应用程序等的请求并进行处理。调用方法可以和系统调用的相同,一般都用陷阱指令等方式进行调用。

扩展 SVC 处理程序格式如下:

```
INT svchdr (void * pk_para, FN fncd)
{
    /*
        通过 fncd 来进行分支处理
    */
```

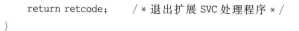

```
    return retcode;  /* 退出扩展 SVC 处理程序 */
}
```

fncd 参数是功能码,此功能码的低 8 位是子系统 ID,剩余的高位可任意使用,通常它做为子系统的功能码而使用。功能码的值必须为正值,最上位的比特位也必须为 0。

pk_para 是从调用方以数据包形式传递过来的参数。数据包的格式由子系统决定,通常它与 C 语言中给函数传递参数时的堆栈格式相同。在大多数情况下,它的格式与 C 语言中结构体的格式相同。

从扩展 SVC 处理程序返回的值,会做为函数的返回值直接返回调用者。原则上来说,负值是错误码,0 和正值表示正常结束。由于某种原因调用扩展 SVC 处理程序失败,会将内核的错误码返回给调用者,而不会调用扩展 SVC 处理程序。因此返回的内核错误码与扩展 SVC 处理程序返回的值最好有所区别以避免混淆。

扩展 SVC 的调用格式依存于内核的具体实现,但是子系统的应用接口(API)必须按照 C 语言的函数形式实现,不能依存于内核的实现。为了将 C 语言函数格式转换为依存内核具体实现的扩展 SVC 调用格式,子系统必须提供接口库。

扩展 SVC 处理程序作为准任务部运行。

扩展 SVC 处理程序也可以被任务独立部调用,在这种情况下扩展 SVC 处理程序是作为任务独立部来运行的。

(3) break 函数

当扩展 SVC 处理程序中运行的任务发生异常时,break 函数会被调用。

当 breakfn 函数被调用时,必须马上停止正在运行的扩展 SVC 处理程序并从扩展 SVC 处理程序返回到调用源。调用 break 函数就是为了停止正在运行扩展 SVC 处理程序。

break 函数格式如下:

```
void breakfn(ID tskid)
{
    /*
    停止正在运行的扩展 SVC 处理程序
    */
}
```

tskid 参数表示的是发生任务异常的任务的 ID。

调用 tk_ras_tex 对任务提交任务异常后,breakfn 函数就会被调用。如果扩展 SVC 处理程序是嵌套的,那么从嵌套的内层扩展 SVC 处理程序返回、嵌套数会减 1 后,外层扩展 SVC 处理程序的 breakfn 函数才会被调用。

当发生一次任务异常时,一个扩展 SVC 处理程序只会执行一回 breakfn 函数。

在扩展 SVC 处理程序嵌套的情况下任务发生异常时,内层扩展 SVC 处理程序的 breakfn 函数不会被调用。

break 函数作为准任务部运行，其请求任务如后面所述。在调用 tk_ras_tex 引起 break 函数被调用的情况下，作为调用 tk_ras_tex 的任务的准任务部执行 break 函数。另外，当扩展 SVC 处理程序的嵌套数减 1 时 break 函数被调用的情况下，作为发生异常的任务（执行扩展 SVC 处理程序的任务）的准任务部执行 break 函数。因此当执行 break 函数的任务与执行扩展 SVC 处理程序的任务不同时，按照任务调度规则可以同时执行 break 函数和扩展 SVC 处理程序。

　　因此，扩展 SVC 处理程序在 break 函数结束之前就要返回到调用者的情况下，扩展 SVC 处理程序会一直等待，直至 break 函数结束才会返回。虽然这种等待状态会迁移到何种状态依赖于具体实现，但最好停留在就绪状态（没有进入 RUNNING 状态的 READY 状态）。在等待 break 函数结束期间，任务的优先级可能会改变，但任务优先级如何改变依赖于具体实现。

　　同样，在 breakfn 执行结束之前，也不能从该扩展 SVC 处理程序调用其他扩展 SVC 处理程序。

　　总之，从发生任务异常到 break 函数执行结束期间，任务必须驻留在发生任务异常时调用的扩展 SVC 处理程序中。

　　若 break 函数与扩展 SVC 处理程序的请求任务不同，即 break 函数与扩展 SVC 处理程序运行在不同的任务上下文中并且 break 函数的优先级比扩展 SVC 处理程序的优先级低时，那么在 break 函数执行期间，它的任务优先级会提升到与扩展 SVC 处理程序相同的优先级。反过来，若 break 函数的优先级比扩展 SVC 处理程序的优先级相同或高时，那么 break 函数执行期间，它的任务优先级不会改变。被改变的优先级是当前优先级，基础优先仍保持不变。

　　优先级的改变只会在即将进入 break 函数时发生，因此之后即使改变扩展 SVC 处理程序的优先级也不会引起 break 函数优先级的改变。在 break 函数执行中改变它的优先级，也不会引起扩展 SVC 处理程序优先级的改变。由于此时 break 函数正在执行，所以改变优先级也不有任何限制。

　　break 函数执行结束后，会将任务当前的优先级还原为基础优先级。但是，如果任务在锁定互斥体的情况下，任务优先级会返回到锁定互斥体时所调整的那个优先级。（也就说，当前优先级只能在进入 break 函数或从 break 函数返回时进行调整，除此之外，它与普通任务执行时相同）

(4) startup 函数

　　通过调用 tk_sta_ssy 来调用 startup 函数。

　　用于资源管理控制块的初始化处理。

　　startup 函数格式如下：

```
void startupfn(ID resid, INT info)
{
    /*
```

第 2 部分　T-Kernel 功能描述

```
资源管理控制块的初始化处理
*/
}
```

resid 参数表示的是初始化对象的资源组 ID, info 为任意参数。这两个参数由 tk_sta_ssy 指定传递进来。

即使由于某种原因导致资源管理控制块的初始化失败，startup 函数也必须能够正常结束。若资源管理控制块不能被初始化，此时不能正常执行的 API 被调用时该 API 的返回值为错误。

startup 函数作为调用 tk_sta_ssy 的任务的准任务部运行。

(5) cleanup 函数

通过调用 tk_cln_ssy 来调用 cleanup 函数。用于资源释放的处理。

cleanup 函数格式如下：

```
void cleanupfn(ID resid, INT info)
{
    /*
    资源释放处理
    */
}
```

resid 参数表示的是资源释放对象的资源组的 ID, info 为任意参数。这两个参数由 tk_cln_ssy 指定传递进来。

即使由于某种原因导致释放资源失败，cleanup 函数也必须能够正常结束。错误记录等错误处理由子系统自身来决定。

cleanup 函数结束后资源管理控制块将会自动清零。若没有定义 cleanup 函数（cleanupfn=NULL），调用 tk_cln_ssy 只会把资源管理控制块清零而不进其他处理。

cleanup 函数作为调用 tk_cln_ssy 的任务的准任务部运行。

(6) event 处理函数

通过调用 tk_evt_ssy 来调用 event 处理函数。

用于处理对子系统的各种请求。

但是，并不需要所有的子系统对所有的请求都进行处理，如果没必要进行处理那么只要返回 E_OK 就可以了。

event 处理函数格式如下：

```
ER eventfn(INT evttyp, ID resid, INT info)
{
    /*
    事件处理
    */
```

```
        return  ercd;
}
```

evttyp 参数表示请求类型，resid 参数表示对象资源组 ID。Info 为任意参数。这些参数由 tk_evt_ssy 指定传递进来。如果不是以特定资源组为对象，那么 resid＝0。

处理正常结束后返回 E_OK，否则返回错误码（负值）。

evttyp 参数有以下定义，详细说明请参阅 5.3 节。

```
#define   TSEVT_SUSPEND_BEGIN      1      /* 挂起设备之前 */
#define   TSEVT_SUSPEND_DONE       2      /* 挂起设备之后 */
#define   TSEVT_RESUME_BEGIN       3      /* 恢复设备之前 */
#define   TSEVT_RESUME_DONE        4      /* 恢复设备之后 */
   #define   TSEVT_DEVICE_REGIST    5      /* 设备注册通知 */
   #define   TSEVT_DEVICE_DELETE    6      /* 设备删除通知 */
```

eventfn 函数是在调用 tk_evt_ssy 的任务上下文环境中作为准任务部来运行的。

补充说明

扩展 SVC 处理程序和 break 函数/startup 函数/cleanup 函数/event 处理函数只有 TA_HLNG 属性，需要通过高级语言对应例程来调用。没有指定 TA_ASM 属性的功能。

startup 函数对资源管理控制块进行初始化之前以及 cleanup 函数释放资源之后，从属于这个资源组的任务中调用扩展 SVC 处理程序后的动作依赖于子系统的具体实现。内核并不会特意的禁止这样的调用。一般来说，在调用 startup 之前以及调用 cleanup 之后最好不要调用扩展 SVC。

由于某种原因，可能会出现没有调用 startup 函数却直接调用了 break 函数/cleanup 函数/event 处理函数的情况。在这种情况下也必须保证这些函数能够正常地执行。资源管理控制块在生成时和调用 tk_cln_ssy 释放资源时都会被清零，因此，即使没有调用 startup 来初始化资源管理控制块，资源管理控制块也应该被清零了。

扩展 SVC 处理程序内的固有空间和调用方的固有空间相同。因此当访问调用方传递的缓冲区时没有必要切换固有空间。但是，因为扩展 SVC 处理程序是在保护级别 0（特权模式）运行的所以此时调用方的任务等可能会能够访问以前不能访问的内存。因此，扩张 SVC 处理程序中，在必要的情况下使用 ChkSpaceR()、ChkSpaceRW() 等检查访问权是必须的。

虽然扩展 SVC 处理程序中可以调用进入等待状态的系统调用，但是程序中考虑用 break 函数来停止是必要的。此时具体的处理如后面所述。在扩展 SVC 处理程序运行中，以调用方的任务为对象调用 tk_ras_tex，迅速停止扩展 SVC 处理程序的运行，给调用方返回错误是必要的。因此 break 函数被执行。在 break 函数中，为了迅速进行停止处理，即使扩展 SVC 处理程序已经进入等待状态，也必须强制解除该等待状态。因此通常会使用 tk_dis_wai 系统调用。虽然 tk_dis_wai 的功能也能够使从扩展 SVC

处理程序返回到调用它的任务这段时间不进入等待状态,但是扩展 SVC 处理程序也应该考虑用 break 函数来停止运行。例如,当用 E_DISWAI 错误解除等待状态时,通过 break 函数来停止运行,可以不进行后面预定的处理,迅速结束扩展 SVC 处理程序,给调用扩展 SVC 处理程序的任务返回错误。

多个任务可以同时并行调用扩展 SVC 处理程序。因此,在使用共享资源等情况下,需要在扩展 SVC 处理程序中进行排他控制。

2. tk_sta_ssy—调用子系统 startupfn 函数

C 语言接口

```
#include <tk/tkernel.h>
ER ercd = tk_sta_ssy(ID ssid, ID resid, INT info);
```

参　数

```
ID        ssid       Subsystem ID      子系统 ID
ID        resid      Resource ID       资源 ID
INT       info       Information       任意参数
```

返回参数

```
ER        ercd       ErrorCode         错误码
```

错误码

```
E_OK       正常结束
E_ID       错误的 ID(ssid, resid 错误或不可用)
E_NOEXS    对象不存在(ssid 指定的子系统没有被定义)
E_CTX      上下文环境错误(在任务独立部或在任务切换禁止时执行)
```

可用的上下文环境

任务部	准任务部	任务独立部
○	○	×

说　明

调用 ssid 指定的子系统的 startup 函数。

指定 ssid＝0 时,会调用所有定义的子系统的 startup 函数。此时,各子系统中 startup 函数会按照子系统优先级从高到低的顺序调用。

子系统优先级相同时调用的顺序不确定。

因此,不同的子系统间互相有关联时,需要按照关联设定子系统的优先级。例如,子系统 B 使用子系统 A 时,子系统 A 的优先级必须比子系统 B 的优先级高。

对于没有定义 startup 函数的子系统来说,执行 tk_sta_ssy 后 startup 函数不会被调用也不会返回错误。

若调用 tk_sta_ssy 的任务在 startup 函数执行中发生异常，则任务异常在 startup 函数执行结束后才会被处理。

补充说明

T-Kernel 的上位中间件 T-Kernel Extension(T-Kernel Standard Extension)通过 tk_sta_ssy 和 tk_cln_ssy 进行进程创建时(启动时)的 startup 处理和进程结束时的 cleanup 处理。具体来说，T-Kernel Extension 创建(启动)进程时的处理就是调用指定 ssid=0 的 tk_sta_ssy 对新启动的进程进行 startup 处理。同时，T-Kernel Extension 结束进程时的处理就是调用指定 ssid=0 的 tk_cln_ssy 对结束的进程进行 cleanup 处理。例如，文件管理的子系统在利用该功能时，在进程结束时进行的文件管理子系统的 cleanup 处理中，可以自动关闭进程打开的文件。

定义多个子系统的情况下，顺序执行各子系统的 startup 函数和 cleanup 函数，执行顺序是由子系统的优先级决定的，但 startup 处理和 cleanup 处理的执行顺序是相反的。

例如，在子系统 B 调用了子系统 A 的情况下，子系统 A 的优先级高于 B 的优先级。新启动的进程时子系统 A 的 startup 处理的执行要先于子系统 B 的 startup 处理。这样子系统 B 的 startup 处理中才能调用子系统 A 的功能(扩展 SVC 处理程序)。另外，结束进程时子系统 B 的 cleanup 处理的执行要先于子系统 A 的 cleanup 处理。这样子系统 B 的 cleanup 处理中才能调用子系统 A 的功能(扩展 SVC 处理程序)，如图 2.23 所示。

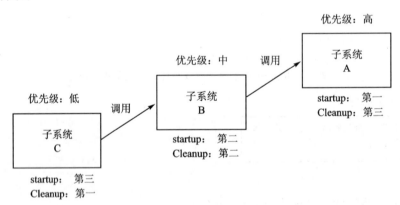

图 2.23 子系统的依存关系和优先级

每次在新进程创建(启动)时所有子系统的 startup 函数都必定被执行。但是，启动的进程不一定会利用该子系统的功能，该子系统可能永远也不会被调用。也有一些和子系统没有关系的进程，考虑到在进程创建(启动)时所有子系统的 startup 函数都会被执行，应该将 startup 函数的系统开销降到最低。即 startup 函数中只进行必要的最小限度的处理，如果需要复杂的处理，不要在 startup 函数中进行，最好在实际利用子系统时进行，例如将处理延迟到最初从该进程中调用了扩展 SVC 为止。

3. tk_cln_ssy——调用子系统 cleanup 函数

C 语言接口

```
#include <tk/tkernel.h>
ER ercd = tk_cln_ssy(ID ssid, ID resid, INT info);
```

参　　数

ID	ssid	Subsystem ID	子系统 ID
ID	resid	Resource ID	资源 ID
INT	info	Information	任意参数

返回参数

ER	ercd	Error Code	错误码

错误码

E_OK	正常结束
E_ID	错误的 ID(ssid, resid 错误或不可用)
E_NOEXS	对象不存在(ssid 指定的子系统没有被定义)
E_CTX	上下文环境错误(在任务独立部或在任务切换禁止时执行)

可用的上下文环境

任务部	准任务部	任务独立部
○	○	×

说　　明

调用 ssid 指定的子系统的 cleanup 函数。

指定 ssid=0 时，会调用所有定义的子系统的 cleanup 函数。此时，各子系统中 cleanup 函数会按照子系统优先级从低到高的顺序调用。

子系统优先级相同时调用的顺序不确定。

因此，不同的子系统间互相有关联时，需要按照关联设定子系统的优先级。例如，子系统 B 使用子系统 A 时，子系统 A 的优先级必须比子系统 B 的优先级高。

对于没有定义 cleanup 函数的子系统来说，执行 tk_cln_ssy 后 cleanup 函数不会被调用也不会返回错误。

若调用 tk_cln_ssy 的任务在 cleanup 函数执行中发生异常，则任务异常在 cleanup 函数执行结束后才会被处理。

4. tk_evt_ssy——调用子系统 event 处理函数

C 语言接口

```
#include <tk/tkernel.h>
```

ER ercd = tk_evt_ssy(ID ssid, INT evttyp, ID resid, INT info);

参　数

ID	ssid	Subsystem ID	子系统 ID
INT	evttyp	Event Type	事件请求类型
ID	resid	Resource ID	资源 ID
INT	info	Information	任意参数

返回参数

ER	ercd	ErrorCode	错误码

错误码

E_OK	正常结束
E_ID	错误的 ID（ssid、resid 错误或不可用）
E_NOEXS	对象不存在（ssid 指定的子系统没有被定义）
E_CTX	上下文环境错误（在任务独立部或在任务切换禁止时执行）
其他	event 处理函数返回的错误值

可用的上下文环境

任务部	准任务部	任务独立部
○	○	×

说　明

调用 ssid 指定的子系统的 event 处理函数。

指定 ssid＝0 时，会调用现在已经定义的所有子系统的 event 处理函数。此时，各子系统中 event 处理函数会按照下面的顺序被调用。

evttyp 为奇数时：按照子系统优先级从高到低的顺序调用。

evttyp 为偶数时：按照子系统优先级从低到高的顺序调用。

子系统优先级相同时，调用的顺序不确定。

对于没有定义 event 处理函数的子系统来说，执行 tk_evt_ssy 后，不会调用 event 处理函数也不会返回错误。

若不需要对某个特定的资源组进行处理则设置 resid＝0。

若 event 处理函数返回错误，那么会直接将此错误作为系统调用的错误码返回。当指定 ssid＝0 时，即使其中某个 event 处理函数返回错误，也会继续调用所有其他子系统的 event 处理函数。即使有多个 event 处理函数返回错误，此系统调用也只会将其中一个错误值作为错误码返回。到底是哪个 event 处理函数返回的错误是无法确定的。

若调用 tk_evt_ssy 的任务在 event 处理函数执行时发生任务异常，则任务异常在 event 处理函数执行结束后才会被处理。

补充说明

event 处理函数使用例之一就是与节电功能相关的挂起或恢复处理。具体来说，因电源异常等原因导致进入电源关闭状态（设备挂起状态）时，会将进入挂起状态通知各子系统，为了使各子系统能够进行适当的处理将调用各子系统的 event 处理函数。为此 T-Kernel/SM 的 tk_sus_dev 的处理中执行了 tk_evt_ssy。各子系统的 event 处理函数在必要的情况下会对进入挂起状态时应该处理的数据进行保存。另外，当用户再次打开电源从挂起状态恢复的时候，会通知各子系统，为了使各子系统能够进行适当的处理将再次调用各子系统的 event 处理函数。请参阅 tk_sus_dev 的详细说明。

另外，当通过 tk_def_dev 注册新设备的时候，也会通知各子系统，为了使各子系统能够进行适当的处理将调用各子系统的 event 处理函数。为此 T-Kernel/SM 的 tk_def_dev 的处理中执行了 tk_evt_ssy。

5. tk_ref_ssy—获取子系统状态信息

C 语言接口

```
#include <tk/tkernel.h>
ER ercd = tk_ref_ssy(ID ssid, T_RSSY * pk_rssy);
```

参　数

ID	ssid	Subsystem ID	子系统 ID
T_RSSY *	pk_rssy	Packet to Refer Subsystem	子系统的状态信息

返回参数

ER	ercd	Error Code	错误码

pk_rssy 的内容

PRI	ssypri	Subsystem Priority	子系统优先级
INT	resblksz	Resource Control Block Size	资源管理控制块的大小（字节）

—（以下可以追加依赖于具体实现的其他成员变量）—

错误码

E_OK	正常结束
E_ID	错误的 ID（ssid 错误或不可用）
E_NOEXS	对象不存在（ssid 指定的子系统没有被定义）
E_PAR	参数错误（pk_rssy 错误）

可用的上下文环境

任务部	准任务部	任务独立部
○	○	×

说　明

获取 ssid 指定的子系统的各种信息。

ssypri 参数返回 tk_def_ssy 所指定的子系统的优先级。

resblksz 参数返回 tk_def_ssy 所指定的资源管理控制块的大小。

若 ssid 指定的子系统没有被定义（即不存在），则会返回 E_NOEXS。

6. tk_cre_res—创建资源组

C 语言接口

```
#include <tk/tkernel.h>
ID resid = tk_cre_res(void);
```

参　数

无

返回参数

ID	resid	Resource ID	资源 ID
或		Error Code	错误码

错误码

E_LIMIT	资源组的数目超出了系统限制
E_NOMEM	内存不足（不能分配管理控制块所需的内存）

可用的上下文环境

任务部	准任务部	任务独立部
○	○	×

说　明

创建一个新的资源组，并给它分配一个资源管理控制块和资源 ID。

资源 ID 是分配给所有子系统共同使用的，在每个子系统上会创建一个资源管理控制块，如图 2.24 所示。

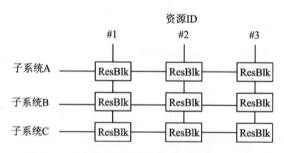

图 2.24　子系统与资源组的关系

在资源组已经创建的情况下定义一个新的子系统,那么这个新注册的子系统必须在已存上的资源组上创建资源管理控制块。也就是说,有可能在某些情况下必须调用 tk_def_ssy 来创建资源管理控制块。

例如,在图 2.24 所示的状态下定义一个新的子系统 D,那么会自动地为子系统 D 创建资源 ID ♯1,♯2,♯3 的资源管理控制块。

补充说明

资源 ID 有时也被当作逻辑空间 ID(lsid)来使用。因此,分配给资源 ID 的值应当是可以直接当作逻辑空间 ID 来使用的值或者能够很容易转换为逻辑空间 ID 的值。

系统资源组是一个特殊的资源组,它必须一直存在于系统中。系统资源组是在系统启动时就必须存在的,因此不需要由 tk_cre_res 来创建。系统资源组不能被删除。必须一直存在于系统中是系统资源组与其他资源组的唯一区别。

创建资源管理控制块,可采用下面两种方法。

(1) 在定义子系统时(tk_def_ssy),事先创建资源组所允许的最大数目的资源管理控制块,然后调用 tk_cre_res 进行分配。

(2) 调用 tk_cre_res 创建与子系统数相同的资源管理控制块,然后再进行分配。

规范规定在最初创建资源管理控制块时,资源管理控制块将会被清零,因此(1)与(2)的清零时机是不相同的。考虑到(1)需要清零的情况很少,所以子系统必须按照(1)方法实现,内核的实现也推荐(1)方法。

T-Kernel 的上位中间件 T-Kernel Extension(T-Kernel Standard Extension)利用 T-Kernel 的资源组功能来实现进程功能,一个进程对应一个资源组。因此,进程创建时(启动时)调用 tk_cre_res 以确保资源管理控制块。

通过资源管理功能各子系统可以占有以进程为单位(以资源组为单位)的各自独立的资源,并且在进程结束时自动释放资源。例如,对于文件管理子系统,当进程打开文件的时候会分配被称为文件描述符的文件操作标识符,后面的文件操作大多都使用文件描述符。这种情况下,通过文件描述符来识别,文件操作用的各种管理信息成为资源。对于文件管理子系统来说这些资源位于资源管理控制块中,因此文件操作用的各种信息可以以进程为单位(以资源组为单位)独立的进行管理。

通常实现了各进程独立管理功能的子系统,为了独立管理各进程的信息可以使用资源管理控制块。另外,新创建(启动)进程时子系统能够调用 startup 函数进行子系统的准备和资源管理控制块的初始化,进程结束时子系统能够调用 cleanup 函数自动进行资源的释放。含有与进程没有直接关系的功能(不区别进程的共有功能、系统的整体功能等)的子系统,使用资源管理控制块、资源和资源组相关功能的机会很少。

新创建(启动)进程时,不论该进程是否实际使用各子系统的功能都要在系统共有空间的常驻内存中为各子系统分配资源管理控制块。即消费系统的共有资源。因此,为了减少整个系统的开销,资源管理控制块的大小最好控制在最小限度。

例如,对于某一子系统来说每一个进程进行独立作业时 1 MB 的内存是必须的。

在满足每一个进程所必需的内存的情况下,如果考虑只用资源管理控制块的一部分作为作业内存的话,这个容量对于资源管理控制块来说太大了。当每个资源管理控制块的大小都是 1 MB 时,每次创建(启动)新进程都无条件的分配这么大容量的内存,系统共有空间常驻内存的分配会过快。尤其是新进程完全不使用子系统功能时过于浪费内存。

这种情况下最好是将子系统作业用内存延迟到实际需要时再分配。例如,资源管理控制块只保存表示作业用内存是否分配的标识和作业用内存的地址,进程使用子系统功能(调用扩展 SVC 处理程序时)检查一下该标识,如果作业用内存还未分配就马上进行分配。这样的处理就会防止为和子系统无关的进程分配大的资源管理控制块而造成的浪费。

7. tk_del_res—删除资源组

C 语言接口

```
#include <tk/tkernel.h>
ER ercd = tk_del_res(ID resid);
```

参 数

| ID | resid | Resource ID | 资源 ID |

返回参数

| ER | ercd | Error Code | 错误码 |

错误码

E_OK	正常结束
E_ID	错误的 ID(resid 错误或不可用)
E_NOEXS	对象不存在(resid 指定的资源不存在)

可用的上下文环境

任务部	准任务部	任务独立部
○	○	×

说 明

删除 resid 指定资源组上的资源管理控制块,并释放资源 ID。

删除所有的子系统的资源管理控制块。

补充说明

即使属于被删除对象的资源的任务仍在运行,资源也会被删除。原则上,只有在属于此资源的任务结束或被删除后,才能进行资源删除操作。若某资源中还有属于它的任务并且此任务正在调用子系统(扩展 SVC),那么删除资源后的操作就不会得到保证。同样,若某任务属于一个被删除的资源,那么此任务调用子系统(扩展 SVC)后的操作也不会得到保证。

删除资源管理控制块的时机由具体实现来决定。(请参阅 tk_cre_res 的具体说明)
不能删除系统资源组。(E_ID)

8. tk_get_res—获取资源管理控制块

C 语言接口

```
#include <tk/tkernel.h>
ER ercd = tk_get_res(ID resid, ID ssid, void * * p_resblk);
```

参　　数

ID	resid	Resource ID	资源 ID
ID	ssid	Subsystem ID	子系统 ID
void * *	p_resblk	Resource Control Block	返回参数 resblk 的数据包地址

返回参数

void *	resblk	Resource Control Block	资源管理控制块
ER	ercd	Error Code	错误码

错误码

E_OK	正常结束
E_ID	错误的 ID(resid、ssid 错误或不可用)
E_NOEXS	对象不存在(resid 所指定的资源不存在)
E_PAR	参数错误(p_resblk 错误)

可用的上下文环境

任务部	准任务部	任务独立部
○	○	×

说　　明

获取由 ssid 指定的子系统的资源管理控制块(由 resid 指定)的地址。

补充说明

即使对于已经被删除的资源 ID,也有可能会返回 E_OK。是否返回 E_NOEXS 错误由具体实现决定。

T-Kernel /系统管理功能

本章将详细描述 T-Kernel/SystemManager(T-Kernel/SM)提供的功能。

总体说明・注意事项

- T-Kernel/SM 规范定义的 API 除了 tk_~的命名方式之外还有其他的命名方式。原则上以 tk_~开头的 API 是扩展 SVC,除此之外的 API 是库函数(包括内联函数)或 C 语言宏。
- T-Kernel/SM 定义的 API 不能称为系统调用,系统调用只用于称呼 T-Kernel/OS 或 T-Kernel/DS 定义的 API。
- 在库函数和宏中,有可能间接调用扩展 SVC 或系统调用。
- 对于那些经常出现的错误码 E_PAR,E_MACV 和 E_NOMEM 等,除非有特别的必要,否则将省略其说明。
- 除非有明确的说明,否则在任务独立部及切换禁止・中断禁止的状态下,不能够调用 T-Kernel/SM 的扩展 SVC 以及库函数(返回 E_CTX)。
- 除非有明确的说明,否则在比 T-Kernel/OS 系统调用的调用保护级别低的保护级别下(即低于 TSVCLimit),不能够调用 T-Kernel/SM 的扩展 SVC 以及库函数(返回 E_OACV)。
- 除非有明确的说明,否则 T-Kernel/SM 的扩展 SVC 以及库函数都是可重入的(reentrant)。但在内部也存在排他控制的情况。
- 由于 E_PAR,E_MACV 和 E_NOMEM 等错误的检测依赖于具体实现方式,也存在对此不作为错误而处理的情况,因此不要在可能出现这些错误的情况下调用。

5.1 系统内存管理功能

系统内存管理功能是用于管理 T-Kernel 动态分配的全部内存（系统内存）。T-Kernel 系统内部所使用的内存、任务堆栈、消息缓冲和内存池等也都从中分配的。

系统内存是以内存块为单位进行管理的。块的大小通常是 MMU 所定义的页面大小，现在建议设为 4 KB。在未使用 MMU 的系统中可以指定任意大小，一般建议与页面大小相同。块的大小可通过调用 tk_ref_smb 系统调用取得。

系统内存是共有空间的内存。T-Kernel 系统不会对任务的固有空间的内存进行管理。

系统内存管理功能包括以块为单位分配或释放内存的对系统内存进行操作的扩展 SVC 和对已经分配的以块为单位的系统内存进行细化管理的内存分配库函数。

系统内存管理功能除了能在 T-Kernel 系统内部使用之外，还可以被应用程序、子系统和设备驱动程序等所使用。另外，在 T-Kernel 系统内部使用时，也可以不通过扩展 SVC 来调用，依具体实现而定。

5.1.1 系统内存分配

系统内存分配功能是以扩展 SVC 形式提供的从系统内存分配内存、释放内存、获取系统内存信息的功能。

1. tk_get_smb—分配系统内存

C 语言接口

```
#include <tk/tkernel.h>
ER ercd = tk_get_smb (void * * addr, INT nblk, UINT attr);
```

参　数

void * *	addr	Pointer to Memory Start Address	分配内存的首地址
INT	nblk	Number of Block	分配内存的内存块数量
UINT	attr	Attribute	分配内存的属性

返回参数

ER	ercd	Error Code	错误码
void *	addr	Memory Start Address	分配内存的首地址

错误码

E_OK		正常结束

E_PAR	参数错误((nblk≤0)或 attr 错误)	
E_NOMEM	内存不足(系统内存不足)	
E_MACV	系统内存访问冲突(不能写 attr)	

可用的上下文环境

任务部	准任务部	任务独立部
○	○	×

说　明

分配由 attr 指定属性 nblk 指定内存块数量的连续内存空间。该空间的起始地址由 addr 返回。

attr 可以指定下面的属性。

attr := (TA_RNG0 || TA_RNG1 || TA_RAG2 || TA_RNG3) | [TA_NORESIDENT]

TA_RNG0　　　　指定保护级别 0 的内存
TA_RNG1　　　　指定保护级别 1 的内存
TA_RNG2　　　　指定保护级别 2 的内存
TA_RNG3　　　　指定保护级别 3 的内存
TA_NORESIDENT　指定非常驻内存

TA_RNGn 指定限制内存访问的保护级别。只有在等同或者高于已经分配内存的保护级别运行的任务才能访问该内存。

若指定 TA_NORESIDENT 则分配的内存为非常驻内存。在没有 MMU 的系统中，即使指定了非常驻内存的属性其动作也与常驻内存上的动作相同，也不会返回错误。

若指定 nblk 为负值或指定 attr 为不能指定的属性，返回 E_PAR 错误。若 addr 指定的内存禁止写访问，返回 E_MACV。

若不能分配 nblk 指定的内存块数量的连续内存，返回 E_NOMEM。此时，add 返回 NULL。

补充说明

没有 MMU 的系统在实现上，即使违反内存保护级别进行访问也不能检测出访问冲突异常，仍然正常进行内存访问。但是，考虑到程序的可移植性和可扩展性，还是推荐给分配的内存指定访问任务等可以访问的适当的保护级别。

2. tk_rel_smb—释放系统内存

C 语言接口

```
#include <tk/tkernel.h>
ER ercd = tk_rel_smb(void * addr);
```

参　数

```
void*    addr     Memory Start Address        释放内存的首地址
```

返回参数

```
ER       ercd     Error Code                  错误码
```

错误码

```
E_OK              正常结束
E_PAR             参数错误（addr 错误）
```

可用的上下文环境

任务部	准任务部	任务独立部
○	○	×

说　明

释放 addr 指定的内存。addr 必须是通过 tk_get_smb 取得的地址。

若检测出 addr 指定的地址错误，返回 E_PAR。具体来说，addr 指定了超出 T-Kernel 管理范围的内存，或者已经通过 tk_rel_smb() 释放的内存被再度释放时，返回 E_PAR。但是，由于实现上的制约不能检测出 addr 错误的时不能保证此时动作的正确性。因此调用方必须保证 addr 的正确性。

3. tk_ref_smb—获取系统内存信息

C 语言接口

```
#include <tk/tkernel.h>
ER   ercd = tk_ref_smb(T_RSMB * pk_rsmb);
```

参　数

```
T_RSMB   *pk_rsmb   Packet to Refer System Memory Block    系统内存信息
```

返回参数

```
ER       ercd       Error Code                             错误码
```

pk_rsmb 的内容

```
INT      blksz      Block Size            块大小（字节）
INT      total      Total Block Count     内存块总数
INT      free       Free Block Count      剩余内存块数
—（以下可以追加依赖于具体实现的其他成员变量）—
```

可用的上下文环境

任务部	准任务部	任务独立部
○	○	×

说　明

取得系统内存相关信息。

在使用虚拟内存的情况下,由于分配的是非常驻内存,所以可以使用的内存比物理内存大。因此有时可能无法准确确定内存块总数和剩余内存块数。在这种情况下,内存块总数与剩余内存块数的值取决于具体实现,所以最好以剩余内存块数/内存块总数的比例做为参考。

5.1.2　内存分配库函数

tk_get_smb()可以分配以内存块为单位的系统内存,为了能够更加细化更有效率地使用内存可以利用内存分配库函数。

内存分配库函数内部管理由 tk_get_smb()分配的系统内存,可以从中分配应用程序请求大小的内存。当内存分配库函数管理的内存中已经没有应用程序请求大小的空闲内存时,可以再次调用 tk_get_smb()分配更多的内存。

当从应用程序释放内存,该内存包含的所有内存块都为未分配的情况下,调用 tk_rel_smb()释放那些内存块。但是,内存块的分配和释放的精确时间取决于具体实现。

内存分配库函数提供和 C 语言标准库函数 malloc/calloc/realloc/free 同等的功能。V~开头的函数以非常驻内存为对象,K~开头的函数以常驻内存为对象。

这次内存都是分配的 TSVCLimit 指定的保护级别的内存。

1. Vmalloc—分配非常驻内存

C 语言接口

　　# include <tk/tkernel.h>
　　void *　Vmalloc(size_t　size);

参　数

　　size_t　size　　　Size　　　分配内存的大小(字节)

返回参数

　　void *　addr　　Memory Start Address　　分配内存的首地址

错误码

　　无

可用的上下文环境

任务部	准任务部	任务独立部
○	○	×

说　明

分配 size 字节大小的非常驻内存，addr 返回该内存的首地址。当指定字节大小的内存不能分配或者 size 指定为 0 时，addr 返回 NULL。包括 Vmalloc 在内的内存分配库函数的 API 在任务独立部以及切换禁止或中断禁止时，不能被调用。如在这种情况下调用，系统的行为会变的不确定，有可能会导致系统崩溃，调用方负责确保调用时状态的正确性。

补充说明

虽然 size 可以指定任意的值，但是由于管理区域的分配或内存地址的对齐等原因，有可能分配大与 size 字节数的内存。例如，在可分配的内存最小为 16 字节、8 字节单位对齐的情况下，当 size 指定为不足 16 字节的值时，内部会分配 16 字节的内存。当 size 指定为 20 字节时，内部会分配 24 字节的内存。

因此，内存分配库函数使用的所有系统内存的实际大小要大于内存分配库函数的各 API 指定分配的内存大小的合计值。

2. Vcalloc—分配非常驻内存

C 语言接口

```
#include <tk/tkernel.h>
void*   Vcalloc(size_t nmemb,size_t size);
```

参　数

| size | nmemb | Number of Memory Block | 分配内存数据块的个数 |
| size_t | size | Size | 分配内存的大小(字节) |

返回参数

| void* | addr | Memory Start Address | 分配内存的首地址 |

错误码

无

可用的上下文环境

任务部	准任务部	任务独立部
○	○	×

说　明

分配 nmemb 个连续的 size 字节大小的内存数据块，addr 被清零后返回该内存的首地址。内存分配的动作和分配一个 size 乘 nmemb 字节大小的内存块相当。分配的内存为非常驻内存。

当指定字节大小的内存不能分配以及 nmemb 或者 size 指定为 0 时，addr 返回 NULL。

包括 Vcalloc 在内的内存分配库函数的 API 在任务独立部以及切换禁止或中断禁止时,不能被调用。如在这种情况下调用,系统的行为会变的不确定,有可能会导致系统崩溃,调用方负责确保调用时状态的正确性。

补充说明

内部可能会分配大于 size 乘 nmemb 字节大小的内存。详细情况请参考 Vmalloc()的补充说明。

3. Vrealloc—再分配非常驻内存

C 语言接口

```
#include <tk/tkernel.h>
void*   Vrealloc(void * ptr,size_t size);
```

参 数

| void* | ptr | Pointer to Memory | 再分配内存的地址 |
| size_t | size | Size | 再分配后内存的大小(字节) |

返回参数

| void* | addr | Memory Start Address | 再分配内存的首地址 |

错误码

无

可用的上下文环境

任务部	准任务部	任务独立部
○	○	×

说 明

将 ptr 指定的已经分配的非常驻内存的大小更改为 size 指定的大小。此时会进行内存的再分配,addr 返回再分配内存的首地址。

因为内存再分配伴随着大小变更,一般情况下内存的首地址会移动,所以 addr 的值和 ptr 不同。但是,要进行再分配的内存的内容会被保存。因此,Vrealloc 的处理中会复制内存的内容。另外,进行再分配后会释放不需要的内存。

ptr 必须指定通过 Vmalloc、Vcalloc、Vrealloc 分配的内存的首地址。调用方必须保证 ptr 的正确性。

ptr 指定为 NULL 时只分配新的内存。此时的动作和 Vmalloc()相同。

当指定大小的内存不能分配或者 size 指定为 0 时,addr 返回 NULL。此时,如果 ptr 指定为 NULL 以外的值将释放 ptr 指向的内存。此时的动作和 Vfree()相同。

包括 Vrealloc 在内的内存分配库函数的 API 在任务独立部以及切换禁止或中断禁止时,不能被调用。如在这种情况下调用,系统的行为会变的不确定,有可能会导致

系统崩溃,调用方负责确保调用时状态的正确性。

补充说明

当再分配后内存变小,或者 ptr 指定内存的周边还有未分配的内存时,addr 返回的内存地址可能和 ptr 相同。

内部可能会分配大于 size 字节大小的内存。详细情况请参考 Vmalloc()的补充说明。

4. Vfree—释放非常驻内存

C 语言接口

```
#include <tk/tkernel.h>
void    Vfree(void * ptr);
```

参　数

| void * | ptr | Pointer to Memory | 释放内存的首地址 |

返回参数

无

错误码

无

可用的上下文环境

任务部	准任务部	任务独立部
○	○	×

说　明

解放 ptr 指定的非常驻内存。

ptr 必须指定通过 Vmalloc、Vcalloc、Vrealloc 分配的内存的首地址。调用方必须保证 ptr 的正确性。

包括 Vfree 在内的内存分配库函数的 API 在任务独立部以及切换禁止或中断禁止时,不能被调用。如在这种情况下调用,系统的行为会变为的确定,有可能会导致系统崩溃,调用方负责确保调用时状态的正确性。

5. Kmalloc—分配常驻内存

C 语言接口

```
#include <tk/tkernel.h>
void *   Kmalloc(size_t  size);
```

参　数

| size_t | size | Size | 分配内存的大小(字节) |

返回参数

  void* addr Memory Start Address 分配内存的首地址

错误码

  无

可用的上下文环境

任务部	准任务部	任务独立部
○	○	×

说　明

  分配 size 字节大小的常驻内存，addr 返回该内存的首地址。

  当指定字节大小的内存不能分配或者 size 指定为 0 时，addr 返回 NULL。

  包括 Kmalloc 在内的内存分配库函数的 API 在任务独立部以及切换禁止或中断禁止时，不能被调用。如在这种情况下调用，系统的行为会变为的确定，有可能会导致系统崩溃，调用方负责确保调用时状态的正确性。

补充说明

  内部可能会分配大于 size 字节大小的内存。详细情况请参考 Vmalloc() 的补充说明。

6. Kcalloc—分配常驻内存

C 语言接口

  #include <tk/tkernel.h>

  void* Kcalloc(size_t　nmemb,size_t　size);

参　数

  size nmemb Number of Memory Block 分配内存数据块的个数

  size_t size Size 分配内存的大小（字节）

返回参数

  void* addr Memory Start Address 分配内存的首地址

错误码

  无

可用的上下文环境

任务部	准任务部	任务独立部
○	○	×

说　明

  分配 nmemb 个连续的 size 字节大小的内存数据块，addr 被清零后返回该内存的

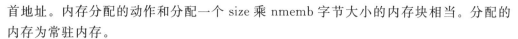

首地址。内存分配的动作和分配一个 size 乘 nmemb 字节大小的内存块相当。分配的内存为常驻内存。

当指定字节大小的内存不能分配以及 nmemb 或者 size 指定为 0 时，addr 返回 NULL。

包括 Kcalloc 在内的内存分配库函数的 API 在任务独立部以及切换禁止或中断禁止时，不能被调用。如在这种情况下调用，系统的行为会变的不确定，有可能会导致系统崩溃，调用方负责确保调用时状态的正确性。

补充说明

内部可能会分配大于 size 乘 nmemb 字节大小的内存。详细情况请参考 Vmalloc() 的补充说明。

7. Krealloc—再分配常驻内存

C 语言接口

```
#include <tk/tkernel.h>
void *  Krealloc(void *ptr,size_t size);
```

参　数

| void * | ptr | Pointer to Memory | 再分配内存的地址 |
| size_t | size | Size | 再分配后内存的大小（字节） |

返回参数

| void * | addr | Memory Start Address | 再分配内存的首地址 |

错误码

无

可用的上下文环境

任务部	准任务部	任务独立部
○	○	×

说　明

将 ptr 指定的已经分配的常驻内存的大小更改为 size 指定的大小。此时会进行内存的再分配，addr 返回再分配内存的首地址。

因为内存再分配伴随着大小变更，一般情况下内存的起始地址会移动，所以 addr 的值和 ptr 不同。但是，要进行再分配的内存的内容会被保存。因此，Vrealloc 的处理中会复制内存的内容。另外，进行再分配后会释放不需要的内存。

ptr 必须指定通过 Kmalloc、Kcalloc、Krealloc 分配的内存的首地址。调用方必须保证 ptr 的正确性。

ptr 指定为 NULL 时只分配新的内存。此时的动作和 Kmalloc() 相同。

当指定大小的内存不能分配或者 size 指定为 0 时，addr 返回 NULL。此时，如果 ptr 指定为 NULL 以外的值将释放 ptr 指向的内存。此时的动作和 Kfree() 相同。

包括 Krealloc 在内的内存分配库函数的 API 在任务独立部以及切换禁止或中断禁止时，不能被调用。如在这种情况下调用，系统的行为会变的不确定，有可能会导致系统崩溃，调用方负责确保调用时状态的正确性。

补充说明

当再分配后内存变小，或者 ptr 指定内存的周边还有未分配的内存时，addr 返回的内存地址可能和 ptr 相同。

内部可能会分配大于 size 字节大小的内存。详细情况请参考 Vmalloc() 的补充说明。

8. Kfree—释放常驻内存

C 语言接口

```
#include <tk/tkernel.h>
void    Kfree(void * ptr);
```

参　数

| void * | ptr | Pointer to Memory | 释放内存的首地址 |

返回参数

无

错误码

无

可用的上下文环境

任务部	准任务部	任务独立部
○	○	×

说　明

解放 ptr 指定的常驻内存。

ptr 必须指定通过 Kmalloc、Kcalloc、Krealloc 分配的内存的起始地址。调用方必须保证 ptr 的正确性。

包括 Kfee 在内的内存分配库函数的 API 在任务独立部以及切换禁止或中断禁止时，不能被调用。如在这种情况下调用，系统的行为会变为的确定，有可能会导致系统崩溃，调用方负责确保调用时状态的正确性。

5.2　地址空间管理功能

地址空间管理功能是对虚拟内存空间进行各种操作和管理的功能。本功能主要是

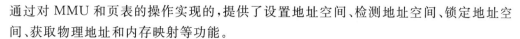

通过对 MMU 和页表的操作实现的,提供了设置地址空间、检测地址空间、锁定地址空间、获取物理地址和内存映射等功能。

本功能除了可以在设备驱动程序或子系统等系统程序的实现中使用,还可以在具有请求掉页相关处理子系统的虚拟内存系统的实现中使用。

即使是不具有 MMU 的系统也提供地址空间管理功能的 API。从可移植性和可扩展性角度考虑,即使是在不具有 MMU 的系统中也希望应用程序能够正确使用这些 API。

T-Kernel 设定运行时的保护级别为 0~3 这 4 个等级(和特权模式/用户模式等相当),作为访问对象的内存的保护级别也分别设定了 0~3 这 4 个等级,只能访问等于或低于当前运行中的保护级别的内存。运行时 MMU 进行内存访问权的检测。该功能可以防止程序的越界访问,对 OS 等系统的保护有益。为了实现内存访问权的检测功能 T-Kernel 要对 MMU 等进行适当的设置。

对于内存的访问权限,每个任务都会维护一个访问权信息。基本上,在访问权信息中保存了调用扩展 SVC 之前的访问权。例如,运行在保护级别 3 的任务调用了扩展 SVC,虽然扩展 SVC 运行中的保护级别是 0,但访问权信息保存的是保护级别 3 的访问权。如果在扩展 SVC(a)中再次嵌套调用扩展 SVC(b),由于扩展 SVC 运行的保护级别是 0,所以在嵌套调用的扩展 SVC(b)运行时,任务的访问权信息保存的是保护级别 0 的访问权。

内存访问权信息按以下规则设定:
- 任务启动后,创建此任务时所指定的保护级别的访问权将会被设置为访问权信息。
- 调用扩展 SVC 后,调用扩展 SVC 之前的运行的保护级别的访问权将会被设置为访问权信息。
- 从扩展 SVC 返回后,将还原到调用扩展 SVC 之前的访问权信息。
- 调用 SetTaskSpace()后,目标任务的访问权信息将会被复写到自任务中。

5.2.1 设置地址空间

关于 T-Kernel 地址空间的访问在 2.7.1 小节中进行了说明。地址空间设置功能提供了设置任务地址空间和访问权的 API。

1. SetTaskSpace—设置任务的地址空间

C 语言接口

```
#include <tk/tkernel.h>
ER ercd = SetTaskSpace(ID tskid);
```

参　数

ID　　tskid　　　Task ID　　　设定目标任务 ID

返回参数

ER   ercd   Error Code   错误码

错误码

E_OK   正常结束
E_ID   tskid 错误
E_NOEXS   对象不存在(tskid 指定的任务不存在)
E_OBJ   用 TSK_SELF 以外的方式指定自任务

可用的上下文环境

任务部	准任务部	任务独立部
○	○	×

说　明

将 tskid 所指定任务的任务固有空间和访问权复写到自任务。即任务固有空间和访问权和 tskid 的目标任务一致。

但是,运行此 API 以后即使 tskid 的任务(目标任务)的地址空间和访问权发生改变自任务的地址空间和访问权也不会受到影响。即只是将此 API 运行时的目标任务的状态复写到自任务,自任务并不关心目标任务以后的状态。

扩展 SVC 调用中运行此 API,从扩展 SVC 返回时,访问权会还原为调用扩展 SVC 之前的状态,但是任务固有空间不会还原。通过此 API 设定的任务固有空间在从扩展 SVC 返回之后仍然有效。

不能把 tskid 设为自任务的任务 ID。通过 TSK_SELF 指定了自任务的情况下,访问权被设为当前运行中的保护级别的访问权,任务固有空间不变。

补充说明

进行设备驱动程序或子系统的处理时,发出处理请求的任务 A(调用设备管理或子系统扩展 SVC 的任务)和处理用任务 B 不同的情况下,SetTaskSpace()可以将请求任务 A 的任务固有空间和访问权复写到任务 B。

例如,设备驱动程序处理用任务 B 将从设备读取的输入数据保存到请求任务 A 指定的缓存 X。此时缓存 X 的地址属于任务 A 的固有空间,如果处理用任务 B 和请求任务 A 的任务固有空间不同那么任务 B 就不能访问缓存 X,输入数据就不能被保存。

在这种情况下,处理用任务 B 先执行 SetTaskSpace(),将请求任务 A 的任务固有空间复写到自任务,这样就可以访问缓存 X。另外,请求任务 A 的访问权也复写到任务 B,在将输入数据保存到缓存 X 时也可以顺利进行访问权的检查。

不设置访问权只设置任务固有空间时使用 tk_set_tsp。

5.2.2 检测地址空间

根据当前访问权信息,检查是否允许访问指定的内存空间。
提供 ChkSpaceXXX() 的 API 进行检查。API 名称最后面字母的意思如下所示:
～R 　　　检查是否可读
～RW 　　 检查是否可读/写
～RE 　　　检查是否可读可执行

根据当前访问权,无权访问对象内存空间或者对象内存空间不存在的情况下返回 E_MACV。

另外,作为检查的对象的内存空间为任务固有空间时,当前设定的任务固有空间可以照常使用。

补充说明

运行于低保护级别的普通应用程序 A 向运行于高保护级别的设备驱动程序或子系统发出处理请求,处理的参数或返回参数位于内存空间 X 时,设备驱动程序或子系统需要检查请求任务 A 是否可以访问内存空间 X。如果不进行检查,任务 A 可能会通过设备驱动程序或子系统越界访问不能访问的内存空间。地址空间检测 API 提供在这种情况进行检测的功能。

---

1. ChkSpaceR—检查内存可读访问权

C 语言接口

```
#include <tk/tkernel.h>
ER ercd = ChkSpaceR(void *addr, INT len );
```

参　数

void *	addr	Memory Start Address	目标检查内存的首地址
INT	len	Length	目标检查内存的大小(字节)

返回参数

ER	ercd	Error Code	错误码

错误码

E_OK	正常结束
E_MACV	不能访问内存

可用的上下文环境

任务部	准任务部	任务独立部
○	○	×

说 明

　　检查从地址 addr 开始 len 字节长的内存区是否可读。如果可以访问返回 E_OK，如果不能访问则返回 E_MACV。

2. ChkSpaceRW—检查内存可读写访问权

C 语言接口

```
#include <tk/tkernel.h>
ER ercd = ChkSpaceRW(void * addr, INT len );
```

参　数

void *	addr	Memory Start Address	目标检查内存的首地址
INT	len	Length	目标检查内存的大小（字节）

返回参数

ER	ercd	Error Code	错误码

错误码

E_OK	正常结束
E_MACV	不能访问内存

可用的上下文环境

任务部	准任务部	任务独立部
○	○	×

说 明

　　根据当前访问权信息检查从地址 addr 开始 len 字节长的内存区是否同时满足可读访问和可写访问这两个条件。如果两个条件都满足返回 E_OK，如果其中任意一个条件不能满足则返回 E_MACV。

3. ChkSpaceRE—检查内存可读访问权和执行权

C 语言接口

```
#include <tk/tkernel.h>
ER ercd = ChkSpaceRE(void * addr, INT len);
```

参　数

void *	addr	Memory Start Address	目标检查内存的首地址

| INT | len | Length | 目标检查内存的大小（字节） |

返回参数

| ER | ercd | Error Code | 错误码 |

错误码

| E_OK | 正常结束 |
| E_MACV | 不能访问内存 |

可用的上下文环境

任务部	准任务部	任务独立部
○	○	×

说　明

　　根据当前访问权信息检查从地址 addr 开始 len 字节长的内存区是否同时满足可读访问和可运行程序这两个条件。如果两个条件都满足返回 E_OK，如果其中任意一个条件不能满足则返回 E_MACV。

4. ChkSpaceBstrR—检查字符串可读访问权

C 语言接口

```
#include <tk/tkernel.h>
INT rlen = ChkSpaceBstrR(CONST UB * str, INT max);
```

参　数

| CONST UB * | str | String | 目标检查字符串的首地址 |
| INT | max | Max Length | 目标检查字符串的最大长度 |

返回参数

| INT | rlen | Result Length | 可以访问的字符串的长度 |

错误码

| E_MACV | 不能访问内存 |

可用的上下文环境

任务部	准任务部	任务独立部
○	○	×

说　明

　　检查从 str 开始到字符串结束（'\0'）或到 max 限定的值（字节）为止的内存区是否可读。max＝0 时检查到字符串结束为止。

如果允许访问,则返回字符串的长度(字节)。若 max 所指定的限定值超过字符串长度,也就是说 max 值大于从字符串头到'\0'长度时,则返回到'\0'为止时的长度,否则返回 max。

如果不能访问则返回 E_MACV。

5. ChkSpaceBstrRW—检查字符串可读写访问权

C 语言接口

　　＃include <tk/tkernel.h>
　　INT rlen = ChkSpaceBstrRW(CONST UB * str, INT max);

参　　数

| CONST UB * | str | String | 目标检查字符串的首地址 |
| INT | max | Max Length | 目标检查字符串的最大长度 |

返回参数

| INT | rlen | Result Length | 可以访问的字符串的长度 |

错误码

| E_MACV | 不能访问内存 |

可用的上下文环境

任务部	准任务部	任务独立部
○	○	×

说　　明

检查从 str 开始到字符串结束('\0')或到 max 限定的值(字节)为止的内存区是否可读写。max＝0 时检查到字符串结束为止。

如果可读写则返回字符串的长度(字节)。若 max 所指定的限定值超过字符串长度,也就是说 max 值大于从字符串头到'\0'长度时,则返回到'\0'为止时的长度,否则返回 max。

如果可读或者可写其中有任何一个条件不能满足时返回 E_MACV。

6. ChkSpaceTstrR—检查 TRON 字符串可读访问权

C 语言接口

　　＃include <tk/tkernel.h>
　　INT rlen = ChkSpaceTstrR (CONST TC * str, INT max);

参　　数

| CONST TC * | str | String | 目标检查字符串的首地址 |

| INT | max | Max Length | 目标检查字符串的最大长度 |

返回参数

| INT | rlen | Result Length | 可以访问的字符串的长度 |

错误码

| E_MACV | 不能访问内存 |

可用的上下文环境

任务部	准任务部	任务独立部
○	○	×

说　明

　　检查从 str 开始到 TRON 字符串结束（TNULL = 0x0000）或 max 限定的值（TRON 字符数）为止的内存区是否可读。max＝0 时检查到字符串结束为止。

　　如果可以访问,则返回该字符串的长度(TRON 字符数)。若 max 所指定的限定值超过字符串长度,也就是说 max 值大于从字符串头到 TNULL 长度时,则返回到 TNULL 为止时的长度,否则返回 max。

　　如果不能访问则返回 E_MACV。

　　str 必须为偶地址。

7．ChkSpaceTstrRW—检查 TRON 字符串可读写访问权

C 语言接口

```
#include <tk/tkernel.h>
INT rlen = ChkSpaceTstrRW (CONST TC * str, INT max);
```

参　数

| CONST TC * | str | String | 目标检查字符串的首地址 |
| INT | max | Max Length | 目标检查字符串的最大长度 |

返回参数

| INT | rlen | Result Length | 可以访问的字符串的长度 |

错误码

| E_MACV | 不能访问内存 |

可用的上下文环境

任务部	准任务部	任务独立部
○	○	×

说　明

　　检查从 str 开始到 TRON 字符串结束（TNULL = 0x0000）或 max 限定的值（TRON 字符数）为止的内存区是否可读写。max=0 时检查到字符串结束为止。

　　如果可读写，则返回该字符串的长度（TRON 字符数）。若 max 所指定的限定值超过字符串长度，也就是说 max 值大于从字符串头到 TNULL 长度时，则返回到 TNULL 为止时的长度，否则返回 max。

　　如果可读或者可写其中有任何一个条件不能满足时返回 E_MACV。

　　str 必须为偶地址。

5.2.3　虚拟地址空间管理

　　虚拟地址空间管理功能提供了获取物理地址（将虚拟地址转换为物理地址）、内存的常驻化、设置内存访问权相关的 API。

　　T-Kernel 为了能够进行内存访问权的管理、任务固有空间的实现以及内存的有效利用，通过 MMU 进行地址转换（将虚拟地址转换为物理地址）。通常程序是在虚拟空间中运行，不需要获得物理地址，但是有一些进行 DMA 传输的设备驱动程序等直接对硬件进行操作的系统程序需要获取物理地址。此时，必须能够获取和设定虚拟地址与物理地址的对应关系，因此提供 CnvPhysicalAddr()、MapMemory()、UnMapMemory()这些 API。

　　在 T-Kernel 上实现虚拟内存系统时，会发生程序 A 访问的内存在物理上不存在（page out 状态）的情况。访问 page out 状态的内存时，CPU 的 MMU 会将其检出并触发 page fault 的 CPU 异常，处理该异常的虚拟内存系统会将处于 page out 状态内存的内容从磁盘（辅助存储设备）返回到内存（page in）。通过进行这样的处理，程序 A 不需要关心访问的内存是否处于 page out 状态就能顺利进行处理。这就是虚拟内存系统典型的实现方法。

　　但是，当 page fault 发生的时候，在任务独立部运行中、任务切换禁止中、中断禁止中的程序也不能进行上述处理。因此为了在程序运行中不发生 page fault 需要提前对要访问的所有内存进行 page in 使其常驻化。另外，进行 DMA 传输或者运行有严格时间限制的程序时也需要进行同样的处理。这种情况下提供锁定内存空间（常驻化）的 LockSpace() 和解除内存空间锁定的 UnLockSpace()。

　　另外还提供获取地址空间信息的 GetSpaceInfo() 和设置内存访问权的 SetMemoryAccess()。

　　上记进行和 DMA 传输相关处理的 API 在 DMA 传输过程中还进行内存高速缓存控制，即通过 CnvPhysicalAddr() 进行从虚拟地址到物理地址的转换时为了能够进行 DMA 传输会将目标空间的内存高速缓存关闭。DMA 传输结束后通过 UnLockSpace() 解除内存空间的锁定时开启内存高速缓存。

第 2 部分　T-Kernel 功能描述

补充说明

T-Kernel/SM 为了能够进行虚拟地址空间和物理地址空间的对应关系（映射）、内存的访问权、页错误和常驻化等的管理，对 MMU 和 page fault 进行设置和操作。但是，T-Kernel 本体并没有实现虚拟内存系统。实际实现虚拟内存需要物理内存和磁盘（辅助存储设备）之间的 page in 和 page out 处理等各种处理。这些处理不是由 T-Kernel 本体而是由实现虚拟内存的子系统（T-Kernel Extension 的一部分等）进行的。

1. LockSpace—锁定内存空间

C 语言接口

```
#include <tk/tkernel.h>
ER  ercd = LockSpace( CONST void * addr,INT len );
```

参　数

CONST void *	addr	Memory Start Address	锁定内存的首地址
INT	len	Length	锁定内存的大小（字节）

返回参数

ER	ercd	Error Code	错误码

错误码

E_OK	正常结束
E_PAR	参数错误（len≤0）
E_MACV	指定了非内存空间
E_NOMEM	内存不足（无法分配伴随常驻化的 page in 的内存）
E_LIMIT	锁定次数超出系统限制

可用的上下文环境

任务部	准任务部	任务独立部
○	○	×

说　明

锁定（常驻化）从地址 addr 开始 len 字节长的内存空间（作为锁定对象的空间）。通过此 API 进行常驻化后，被锁定的空间不会发生 page out 的情况，通常在映射到物理地址空间的同时实际内存（物理内存）也被分配。

作为锁定对象的空间的一部分已经发生 page out 的情况下，会先对该空间进行 page in 处理然后再进行常驻化。进行 page in 时如果不能分配实际内存则返回 E_NOMEM 错误。

可以对相同的内存空间运行多次 LockSpace()。此时会对 LockSpace() 的运行次数计数,运行相同次数的 UnLockSpace() 才能解除常驻化。即通过 LockSpace() 进行的常驻化是可以嵌套的。但是嵌套的多重度(LockSpace() 和 UnLockSpace() 运行次数的差)根据具体实现是有系统限制的,超出系统限制运行 LockSpace() 会返回 E_LIMIT 错误。

如果指定 len 的值等于或者小于 0 则返回 E_PAR。如果作为锁定对象的空间包含了非内存空间(没有分配的虚拟内存)则返回 E_MACV。

此 API 的锁定(常驻化)处理是通过使用 MMU 功能以页面为单位进行的。因此,如果 addr 不是页面的起始地址或者 len 不是页面大小的整数倍,那么包括 addr 和 len 指定范围的所有页面都将成为锁定对象。例如,即使 len 指定为 1 也会锁定一个页面的空间。

对于不具有 MMU 的系统,所有的内存都被当作常驻内存。因此调用 LockSpace() 不需要进行具体的处理,但是考虑到与具有 MMU 系统的兼容性,不返回错误而是返回 E_OK。不具有 MMU 的系统是否进行 E_PAR 的检测依存于具体实现。

补充说明

调用 LockSpace() 进行内存常驻化处理时,page in 等的处理是通过调用实现虚拟内存的子系统进行的。调用接口依存于具体实现。

MapMemory() 分配的虚拟地址空间不能包含在 LockSpace() 的锁定对象空间中。否则不能保证其动作的正确性。

2. UnlockSpace—解除内存空间的锁定

C 语言接口

```
#include <tk/tkernel.h>
ER ercd = UnlockSpace( CONST void * addr, INT len );
```

参　数

| CONST void * | addr | Memory Start Address | 解除锁定内存的首地址 |
| INT | len | Length | 解除锁定内存的大小(字节) |

返回参数

| ER | ercd | Error Code | 错误码 |

错误码

E_OK	正常结束
E_PAR	参数错误(len≤0)
E_MACV	指定了非内存空间
E_LIMIT	指定了非锁定空间

可用的上下文环境

任务部	准任务部	任务独立部
○	○	×

说　明

　　解除对从地址 addr 开始 len 字节长的内存空间（作为解除锁定对象的空间）的锁定（解除常驻）。通过此 API 解除常驻后，被解除锁定的空间将成为 page out 的对象。

　　作为解除锁定对象的空间已关闭内存高速缓存时会重新开启。

　　作为解除锁定对象的空间必须和 LockSpace() 锁定的空间相同。并不能对锁定空间的一部分进行解除锁定。但是，T-Kernel 并不检查锁定和解除锁定的内存空间是否相同。调用方必须保证锁定和解除锁定时指定的是同一内存空间。

　　对同一内存空间进行过多次 LockSpace() 操作的情况下，相同次数的 UnlockSpace() 操作才能解除常驻。UnlockSpace() 的调用次数少于 LockSpace() 的调用次数，没有解除常驻时，UnlockSpace() 不返回错误而是返回 E_OK。对没有被锁定的内存空间进行解除锁定时则返回作为锁定计数错误的 E_LIMIT。

　　如果指定 len 的值等于或者小于 0 则返回 E_PAR。如果作为解除锁定对象的空间包含了非内存空间（没有分配的虚拟内存）则返回 E_MACV。

　　此 API 的解除锁定（解除常驻）处理是通过使用 MMU 功能以页面为单位进行的。因此，如果 addr 不是页面的起始地址或者 len 不是页面大小的整数倍，那么包括 addr 和 len 指定范围的所有页面都将成为解除锁定对象。例如，即使 len 指定为 1 也会解除一个页面的空间。

　　对于不具有 MMU 的系统，所有的内存都被当作常驻内存。因此 UnlockSpace() 和 LockSpace() 一样调用时也不需要进行具体的处理，但是考虑到与具有 MMU 系统的兼容性，不返回错误而是返回 E_OK。不具有 MMU 的系统是否进行 E_PAR 的检测依存于具体实现。

补充说明

　　MapMemory() 分配的虚拟地址空间不能包含在 UnLockSpace() 的解除锁定对象空间中。否则不能保证其动作的正确性。

　　进行 DMA 传输时，对作为缓冲区的内存空间进行常驻化，在内存高速缓存模式设定为 OFF 的基础上将物理地址设置到 DMA 控制器是必要的。在这种情况下正常的步骤如下所示。

　　① 通过 LockSpace() 常驻化缓冲区。

　　② 通过 CnvPhysicalAddr 获取物理地址的同时将缓冲区的内存高速缓存模式设定为 OFF。

　　③ 进行缓冲区和输入输出设备之间的 DMA 传输。

　　④ 通过 UnLockSpace() 解除缓冲区常驻的同时将缓冲区的内存高速缓存模式设

定为 ON。

但是，和上述 API 的调用历史无关系时 UnLockSpace() 也会将内存高速缓存模式设定为 ON。

调用 UnLockSpace() 可能会改变内存高速缓存模式，对这一点一定要提起充分的注意。

3. CnvPhysicalAddr—获取物理地址

C 语言接口

```
#include <tk/tkernel.h>
INT    rlen = CnvPhysicalAddr( CONST void * vaddr, INT len, void * paddr);
```

参　数

CONST void *	vaddr	Virtual Address	逻辑地址
INT	len	Length	内存空间大小（字节）
void * *	paddr	Pointer to Physical Address	物理地址

返回参数

INT	rlen	Result Length	连续物理地址空间的大小（字节）
	或	Error Code	错误码
void *	paddr	Physical Address	逻辑地址对应的物理地址

错误码

E_OK	正常结束
E_PAR	参数错误（不能对对象内存空间进行高速缓存控制）
E_MACV	指定了非内存空间

可用的上下文环境

任务部	准任务部	任务独立部
○	○	×

说　明

获取逻辑地址 vaddr 所对应的物理地址，由 paddr 参数返回。从 vaddr 开始 len 字节大小的逻辑地址空间对应的连续物理地址的大小（字节）由返回值 rlen 返回。即逻辑地址和物理地址能够连续对应的只有 rlen 的大小，rlen≤len。也就是说从 vaddr 开始 rlen 大小的连续的逻辑地址空间和从 paddr 开始 rlen 大小的连续的物理地址空间是对应的。

为了在 CnvPhysicalAddr() 执行后可以进行 DMA 传输，从 paddr 开始 rlen 大小的物理地址空间的内存高速缓存模式设置为 OFF。但是，有些内存因硬件限制不能将高速缓存模式设置为 OFF 时会 flush 高速缓存（禁用回写）。

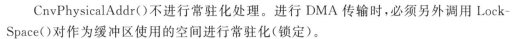

CnvPhysicalAddr()不进行常驻化处理。进行 DMA 传输时,必须另外调用 LockSpace()对作为缓冲区使用的空间进行常驻化(锁定)。

len 指定为等于或小于 0 的值时返回 E_PAR 错误。如果从 vaddr 开始 len 字节大小的空间中包含了非内存空间则返回 E_MACV 错误。

补充说明

CnvPhysicalAddr()是为进行 DMA 传输准备而提供的 API。DMA 传输时具体的使用方法请参阅 UnLockSpace()的补充说明。

对于 CnvPhysicalAddr()的对象空间,除了建议设置高速缓存模式为 OFF,还建议设置确保内存访问完成的内存属性。

4. MapMemory—内存映射

C 语言接口

```
#include <tk/tkernel.h>
ER ercd = MapMemory(CONST void * paddr, INT len, UINT attr, void * * laddr);
```

参　　数

CONST void *	paddr	Physical Address	进行映射的物理地址
INT	len	Length	进行映射的内存大小(字节)
UINT	attr	Attribute	映射时的内存属性
void * *	laddr	Pointer to Logical Address	返回的逻辑地址

返回参数

| ER | ercd | Error Code | 错误码 |
| void * | laddr | Logical Address | 逻辑地址 |

错误码

E_OK	正常结束
E_PAR	参数错误(len≤0)
E_LIMIT	逻辑地址的空间不足
E_NOMEM	分配的实际内存不足、逻辑地址空间的管理用内存不足

可用的上下文环境

任务部	准任务部	任务独立部
○	○	×

说　　明

将从物理地址 paddr 开始 len 字节长的连续空间映射为逻辑地址空间,laddr 返回逻辑地址的起始地址。映射后的逻辑内存空间处于常驻化(锁定)状态。通过 attr 指定映射后逻辑内存空间的属性。

attr : = (MM_USER ‖ MM_SYSTEM) | [MM_READ] | [MM_WRITE] | [MM_EXECUTE] | [MM_CDIS]

MM_USER	允许用户级访问
MM_SYSTEM	允许系统级访问
MM_READ	可读
MM_WRITE	可写
MM_EXECUTE	应用程序可运行
MM_CDIS	禁止高速缓存

根据硬件或具体实现也可能指定上述以外的属性。

如果设定 paddr＝NULL，则先分配 len 字节的连续物理地址，然后再将其映射为逻辑地址。

len 指定为等于或小于 0 的值时返回 E_PAR 错误。当逻辑地址空间不足导致分配失败时返回 E_LIMIT 错误。管理逻辑地址空间所需的内存不能分配或者 paddr 指定为 NULL 时实际物理地址不能分配的情况下返回 E_NOMEM 错误。

补充说明

MapMemory() 的功能是将属于物理地址空间的输出设备（Video RAM 等）的地址空间映射为设备驱动等程序可以直接访问的逻辑地址空间。

逻辑地址 laddr 不能预先指定，只能在运行该 API 时自动分配。

不能将 paddr 指定为 T-Kernel 管理的系统内存的地址。如果想通过 MapMemory() 对系统内存进行映射时，可以指定 paddr 为 NULL，使用 T-Kernel 自动分配的系统内存。

用于指定 attr 属性的符号（助记符）的值会因具体实现的不同而不同。因此，考虑到兼容性必须使用上述的符号。

对于已经使用过 MapMemory() 的物理地址空间不能再重复使用 MapMemory()。通过 MapMemory() 分配的内存属于常驻内存，但是不能调用 UnLockSpace() 来解除该常驻。调用方负责保证不出现上述的错误。

调用 MapMemory() 后，如果通过某些方法不经过分配的 laddr 的逻辑地址而直接访问 paddr 开始的物理地址，可能会导致高速缓存等的不匹配。调用方必须提起注意防止上述现象发生。

内存属性 attr 设置为 MM_CDIS 时，除了建议设置高速缓存模式为 OFF，还建议设置确保内存访问完成的内存属性。

5. UnmapMemory—内存释放

C 语言接口

```
#include <tk/tkernel.h>
ER ercd = UnmapMemory( CONST void * laddr);
```

参　数

CONST void *	laddr	Logical Address	进行释放的逻辑地址

返回参数

ER	ercd	Error Code	错误码

错误码

E_OK	正常结束
E_PAR	参数错误(laddr 错误)

可用的上下文环境

任务部	准任务部	任务独立部
○	○	×

说　明

释放 MapMemory() 分配的逻辑地址空间。laddr 必须是通过 MapMemory() 取得的逻辑地址。

MapMemory() 中指定 paddr＝NULL 进行了实际内存分配的情况下，调用 UnmapMemory() 后该内存也被释放。

6. GetSpaceInfo—获取地址空间的各种信息

C 语言接口

```
#include <tk/tkernel.h>
ER ercd = GetSpaceInfo(CONST void * addr, INT len, T_SPINFO * pk_spinfo );
```

参　数

CONST void *	addr	Start Address	逻辑地址的首地址
INT	len	Length	空间大小(字节)
T_SPINFO *	pk_spinfo	Packet to Refer Space Info	逻辑地址的空间信息

返回参数

ER	ercd	Error Code	错误码

pk_spinfo 的内容

void *	paddr	Physical Address	addr 对应的物理地址
void *	page	Page Start Address	addr 所属页面的起始物理地址
INT	pagesz	Page Size	页面大小(字节)
INT	cachesz	Cache Line Size	高速缓存线大小(字节)
INT	cont	Continuous Length	连续物理地址的大小(字节)

—(以下可以追加依赖于具体实现的其他成员变量)—

错误码

E_OK	正常结束
E_PAR	参数错误(addr、len、pk_spinfo 错误或不可用)
E_MACV	不能访问内存、违反内存访问权

可用的上下文环境

任务部	准任务部	任务独立部
○	○	×

说 明

获取从 addr 开始 len 字节大小的逻辑地址空间的信息，并通过返回参数 pk_spinfo 返回。paddr 返回 addr 对应的物理地址。page 返回 addr 所属页面的起始物理地址。

pagesz 返回页面的大小。页面大小是指 MMU 定义的页面大小，和 SetMemory-Access()设置内存访问权、SetCacheMode()设置高速缓存模式时的页面大小是相同的。

cachesz 返回的是高速缓存线大小。高速缓存线大小和 ControlCache()进行高速缓存控制时的高速缓存线大小是相同的。

cont 返回的是从 addr 开始 len 字节大小的逻辑空间对应的连续物理地址的大小。即逻辑地址和物理地址能够连续对应的只有 cont 的大小，cont≤len。也就是说从 addr 开始 cont 大小的连续的逻辑地址空间和从 paddr 开始 rlen 大小的连续的物理地址空间是对应的。

中间存在 page out 的空间时该空间之前的物理地址被认为是连续的。addr 所属的页面发生 page out 时 cont 返回 0。返回值 ercd 返回 E_OK，而返回参数 pk_spinfo 中除了 cont 其他的内容都不能确定。

len 指定为等于或小于 0 的值时返回 E_PAR 错误。错误发生时 pk_spinfo 的内容不能确定。

与 T-Kernel 1.0 的差异

T-Kernel 2.0 追加的系统调用。

7. SetMemoryAccess—设置内存访问权

C 语言接口

```
#include <tk/tkernel.h>
INT rlen = SetMemoryAccess(CONST void * addr, INT len,UINT mode);
```

参 数

CONST void *	addr	Start Address	设置访问权内存空间的首地址
INT	len	Length	设置访问权内存空间的大小(字节)
UINT	mode	Memory Access Mode	访问权模式

第 2 部分　T-Kernel 功能描述

返回参数

INT	rlen	Result Length		可以设置访问权空间的大小(字节)
	或	Error Code		错误码

错误码

E_OK	正常结束
E_PAR	参数错误(addr、len、mode 错误或不可用)
E_NOSPT	不支持的功能(不支持 mode 指定的功能)

可用的上下文环境

任务部	准任务部	任务独立部
○	○	×

说　明

　　为从 addr 开始 len 字节大小的内存空间设置 mode 指定的内存访问权。返回值 rlen 返回实际被设置内存访问权的空间大小(字节)。

　　mode 可以设置以下的访问权。

```
mode := ( MM_EXECUTE | MM_READ | MM_WRITE )
        MM_EXECUTE     程序可执行访问
        MM_READ        可读访问
        MM_WRITE       可写访问
        ……
        /* 追加依赖于具体实现的其他模式  */
```

　　此 API 对内存访问权的设置是通过 MMU 以页面为单位进行的。因此，当 addr 不是页面起始地址或者 len 不是页面大小的整数倍时，属于 addr 和 len 指定范围的全部页面都成为内存访问权设置的对象空间。例如，即使 len 指定为 1 也会对整个页面进行访问权设置。

　　根据硬件或具体实现，有时也能指定上述以外的内存访问权，有时上述内存访问权的一部分或者全部都不能设置。当 mode 指定的是不能设置的内存访问权时返回 E_NOSPT 错误。

补充说明

　　T-Kernel 会预先为普通应用程序等使用的内存空间设置适当的内存访问权。因此，普通的应用程序不需要使用 SetMemoryAccess()。使用 SetMemoryAccess() 的是进行系统内存分配或进行动态安全管理的程序、调式程序等和普通应用程序不同的具有特殊功能的程序。

　　mode 指定的内存访问权和 MapMemory() 的 attr 指定的属性有一部分是通用的。

与 T-Kernel 1.0 的差异

　　T-Kernel 2.0 追加的系统调用。

5.3 设备管理功能

设备管理功能是对 T-Kernel 上运行的设备驱动程序进行管理的功能。

设备驱动程序是为了对硬件设备进行操作和输入输出而实现的与 T-Kernel 本体独立的程序。应用程序和中间件通过设备驱动程序对设备进行操作和输入输出,各种设备规格的差异由设备驱动程序来对应,从而提高应用程序和中间件的独立性和兼容性。

设备管理功能包括注册设备驱动程序的功能、为应用程序和中间件使用已注册的设备驱动程序提供的功能。

设备驱动程序的注册一般是在系统启动时的初始化处理中进行的,也可以在系统运行中动态进行。设备驱动程序的注册通过 tk_def_dev() 进行,此扩展 SVC 的设备注册信息(ddev)参数中指定了设备驱动程序实际进行处理的函数(驱动程序处理函数)群。其中打开设备时调用的是打开函数(openfn),读取或者写入处理开始时调用的是处理开始函数(execfn),等待读取或者写入处理完成的是等待完成函数(waitfn)等等,这些驱动程序处理函数中进行的是实际的设备操作及与设备间的输入输出处理。

这些驱动程序处理函数作为准任务部运行在保护级别 0,所以可以直接访问硬件。与设备间的输入输出等处理可以在这些驱动程序处理函数中直接进行,也可以在这些驱动程序处理函数调用的其他任务中进行。这些驱动程序处理函数的参数等的规范作为设备驱动程序接口进行了规定。设备驱动程序接口是设备驱动程序和 T-Kernel 的设备管理功能之间的接口。

为了提高设备驱动程序的可维护性和可移植性,建议分成接口层、逻辑层和物理层来实现。接口层是对 T-Kernel 的设备管理功能和设备驱动程序之间的接口进行处理的部分,逻辑层是对应设备的种类进行通用处理的部分,物理层是进行依存于实际硬件和控制芯片的处理的部分。但是,T-Kernel 规范并没有规定接口层、逻辑层和物理层之间的接口,各设备驱动升序可以根据具体情况采用最合适的方法实现分层。因为接口层有很多不依存于设备的通用处理,所以可以将接口层的处理作为库函数提供。

另外,为了应用程序和中间件能够使用已注册的设备驱动程序,打开(tk_opn_dev())、关闭(tk_cls_dev())、读取(tk_rea_dev())、写入(tk_wri_dev())等作为扩展 SVC 提供。

这些扩展 SVC 的规范被称为应用程序接口。例如,应用程序为了打开设备调用 tk_opn_dev() 时,T-Kernel 调用相应设备驱动程序的打开函数(openfn),发出进行设备打开处理的请求。

设备管理功能的结构如图 2.25 所示。

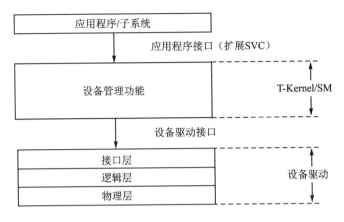

图 2.25 设备管理功能

补充说明

设备驱动程序是与 T-Kernel 本体独立进行实现的、对 T-Kernel 功能进行扩展或追加的系统程序,这一特征与子系统相同。另外,程序是在共有空间上运行,在保护级别 0 运行,可以直接访问硬件,这些特征也和子系统相同。设备驱动程序和子系统的不同点是调用设备驱动程序时的 API 固定为打开/关闭、读/写型,而调用子系统时的 API 是可以自由定义的。另外,子系统具有资源管理的功能而设备驱动程序没有。

由设备管理功能管理的设备驱动程序虽然假定是针对物理设备或硬件的设备驱动程序,但也不是必须针对物理设备或硬件的。另外,对有些设备进行操作的系统程序不适合打开/关闭、读/写型 API,此时可以用子系统而不是设备驱动程序来实现。

5.3.1 设备驱动程序的通用说明

1. 设备的基本概念

设备名为 8 字符以内的字符串,由以下元素组成。

设备除了包含作为物理硬件的物理设备,还包含软件中作为设备单位使用的逻辑设备。

对于大多数的设备来说两者是一致的,但是对于进行过分区的硬盘或存储设备类型的设备(SD 卡、USB 存储设备等),整个设备指的是物理设备,一个分区则指的是逻辑设备。

同种类的物理设备是通过单元来区分的,一个物理设备中逻辑设备是通过子单元来区分的。例如,硬盘 1 和硬盘 2 是通过单元信息来区分的,而硬盘的分区 1 和分区 2 是通过子单元信息来区分的。

(1) 设备名（UB * 类型）

设备名最长为 8 字符的字符串，由以下元素组成。

```
#define    L_DEVNM    8    /*设备名长度*/
```

种类　　表示设备种类的名字

　　　　可用字符 a～z　A～Z

单元　　表示物理设备的英文字符 1 个

　　　　a～z，从 a 开始顺序分配

子单元　表示逻辑设备的数字 1～3 个，

　　　　0～254，从 0 开始顺序分配

设备名用种类＋单元＋子单元的形式表示。但有些设备可能不含单元或子单元项，此时对应字段默认被省略。

子单元常用来表示硬盘分区，但也可用来表示其他逻辑设备。

种类＋单元称为物理设备名。种类＋单元＋子单元称为逻辑设备名以区别于物理设备名。没有子单元的情况下，物理设备名和逻辑设备名相同。单说设备名的时候，指逻辑设备名。

例 5.1　设备名的例子

设备名	设备对象
hda	硬盘（整个磁盘）
hda0	硬盘（第 1 个分区）
fda	软盘
rsa	串行端口
kbpd	键盘/指针设备（pointing device）

(2) 设备 ID（ID 类型）

通过向 T-Kernel/SM 注册设备（设备驱动程序），分配设备（物理设备名）对应的设备 ID（＞0）。每个物理设备对应一个设备 ID。逻辑设备的设备 ID 为物理设备的设备 ID 加上子单元编号＋1（1～255）。

devid：　　　　　注册时分配的设备 ID

devid　　　　　　物理设备

devid ＋ n ＋ 1　　第 n 个子单元（逻辑设备）

例 5.2　设备 ID 的例子

设备名	设备 ID	说明

hda	devid	整个硬盘
hda0	devid + 1	硬盘的第 1 个分区
hda1	devid + 2	硬盘的第 2 个分区

(3) 设备属性(ATR 类型)

为了表示各设备的特征,区分设备种类,定义了设备属性。设备属性在注册设备驱动程序的时候指定。

设备属性的指定方法如下所示。

|||| |||| |||| ||||　PRxx　xxxx　KKKK　KKKK

高 16 位是设备相关的属性。低 16 位是标准属性,定义如下所示。

```
#define   TD_PROTECT     0x8000   /*P:写保护*/
#define   TD_REMOVABLE   0x4000   /*R:可移动媒体设备*/

#define   TD_DEVKIND     0x00ff   /*K:设备/媒体种类*/
#define   TD_DEVTYPE     0x00f0   /*设备类型*/

                                  /*设备类型*/
#define   TDK_UNDEF      0x0000   /*未定义/不明*/
#define   TDK_DISK       0x0010   /*磁盘设备*/
```

是否指定上述设备类型中的 TDK_DISK 会影响恢复时的处理顺序。请参阅 tk_sus_dev 和 5.3.3 小节的详细说明。

T-Kernel 没有定义磁盘类型以外的设备类型,即使定义磁盘类型以外的设备类型也不会对 T-Kernel 的动作产生影响。未定义的设备属性为未定义 TDK_UNDEF。

为磁盘设备进一步定义了磁盘种类。典型的磁盘种类如下所示。其他的磁盘种类请参阅设备驱动程序的相关规范或者 7.1 节的 7.1.1 小节的详细说明。

```
/*磁盘种类*/
#define   TDK_DISK_UNDEF   0x0010   /*其他*/
#define   TDK_DISK_HD      0x0015   /*硬盘*/
#define   TDK_DISK_CDROM   0x0016   /*CD-ROM*/
```

磁盘种类的定义也不会对 T-Kernel 的动作产生影响。设备驱动程序和应用程序只在必要的场合才会使用这些定义。例如,应用程序需要根据设备或媒体的种类来改变处理内容时就要使用磁盘种类信息。如果设备或媒体不需要区别磁盘种类就可以不进行定义。

(4) 设备描述符(ID 类型)

设备描述符是为了访问设备而使用的标识符。

打开设备时 T-Kernel/SM 为设备分配设备描述符(>0)。

设备描述符和打开该设备的任务属于同一个资源组。和设备描述符属于同一个资源组的任务才能使用该设备描述符。属于不同资源组的任务请求操作时,返回错误(E_OACV)。

(5)请求 ID(ID 类型)

对设备请求 I/O 操作时,分配一个请求 ID(>0)作为该请求的标志符。可通过此 ID 等待 I/O 操作完成。

(6)数据编号(W 类型,D 类型)

设备的输入输出数据通过数据编号指定。数据大致分为特有数据和属性数据两种。

设备特有的数据:数据编号>=0

设备所特有的数据,编号方式依设备而定。

例 5.3　特有数据的例子

设备	数据编号
磁盘	数据编号=物理块编号
串行回路	数据编号只使用 0

属性数据:数据编号<0

获取或设定驱动程序和设备的状态,指定特殊的功能等。

定义了一些通用的数据编号,也可以由设备单独定义。请参阅 5.3.1 小节的详细说明。

2. 属性数据

属性数据大致分为如下所示的 3 类。

① 通用属性:所有设备(设备驱动程序)都可以定义的通用属性。

② 设备类型属性:相同类型的设备(设备驱动程序)可以定义的通用属性。

③ 设备特有属性:各设备(设备驱动程序)自己定义的属性。

关于设备类型属性和设备特有属性请参阅设备驱动程序相关规范的详细说明。这里只定义了通用属性。

通用属性的属性数据编号的范围是-1~-99。虽然通用属性的数据编号对所有的设备都是通用的,但并不是所有的设备都支持所有的通用属性。当设备不支持指定数据编号的属性时返回 E_PAR 错误。

通用属性的定义如下所示。

```
# define TDN_EVENT      ( -1)      /*RW : 事件通知用消息缓冲区 ID */
# define TDN_DISKINFO   ( -2)      /*R - : 硬盘信息 */
```

第 2 部分　T-Kernel 功能描述

```
# define TDN_DISPSPEC    ( -3)    /* R - :显示设备规范 */
# define TDN_PCMCIAINFO  ( -4)    /* R - :PC 卡信息 */
# define TDN_DISKINFO_D  ( -5)    /* R - :硬盘信息(64 位设备) */
```

RW:可读取(tk_rea_dev)/可写入(tk_wri_dev)
R-:只读(tk_rea_dev)

① TDN_EVENT　　　事件通知用消息缓冲区 ID
数据类型　　　　　ID
事件通知用消息缓冲区 ID。

设备驱动程序启动时通过 tk_def_dev 注册设备,tk_def_dev 的返回参数返回系统默认的事件通知用消息缓冲区 ID(evtmbfid),这个值作为该属性数据的初始值保存在设备驱动程序中。

设定为 0 时不进行设备事件通知。关于设备事件通知请参阅 5.3.3 小节的详细说明。

② TDN_DISKINFO　　32 位设备？硬盘信息
数据类型　　　　　　DiskInfo

```
typedef enum {
    DiskFmt_STD   = 0,  /* 标准( H D 等) */
    DiskFmt_2HD   = 2,  /* 2HD 1.44MB */
    DiskFmt_CDROM = 4   /* CD - ROM 640MB */
} DiskFormat ;

typedef struct {
    DiskFormat format ;    /* 格式 */
    UW protect :1;         /* 受保护状态 */
    UW removable :1;       /* 是否可移除 */
    UW rsv :30;            /* 预留( 一般为 0) */
    W blocksize ;          /* 块字节数 */
    W blockcount ;         /* 总块数 */
} DiskInfo ;
```

关于上述记载以外的 DiskFormat 的定义请参阅设备驱动程序相关规范或 7.1 节的 7.1.2 小节的详细说明。

③ TDN_DISPSPEC 显示设备规范
数据类型　　　　　DEV_SPEC

关于 DEV_SPEC 的定义请参阅设备驱动程序相关规范或 7.1 节的 7.1.2 小节的详细说明。

④ TDN_DISKINFO_D　　64 位设备？硬盘信息
数据类型　　　　　　DiskInfo_D

```
typedef struct diskinfo_d {
    DiskFormat format;      /* 格式 */
    BOOL protect :1;        /* 受保护状态 */
    BOOL removable :1;      /* 是否可移除 */
    UW rsv :30;             /* 预留（一般为 0）*/
    W blocksize ;           /* 块字节数 */
    D blockcont_d ;         /* 64 位的总块数 */
} DiskInfo_D ;
```

DiskInfo_D 和 DiskInfo 的差异只是 blockcount 和 blockcont_d 的名称和数据类型。

T-Kernel/SM 不能进行 DiskInfo 和 DiskInfo_D 之间的转换。TDN_DISKINF 或 TDN_DISKINFO_D 只是直接向设备驱动程序传递请求而已。

设备驱动程序必须支持 TDN_DISKINFO 和 TDN_DISKINFO_D 中的任意一个，或者两者都支持。为了保持和 T-Kernel 1.0 的兼容性，推荐尽可能支持 TDN_DISKINFO。

在 W 不能容纳硬盘全体的总块数的情况下，有时 W 可以容纳各个分区的块数。此时建议 W 可以容纳的分区支持 TDN_DISKINFO，只有在 W 不能容纳分区时 TDN_DISKINFO 返回错误（E_PAR）。另外，即使 W 可以容纳块数也建议支持 TDN_DISKINFO_D。

是否支持 TDN_DISKINFO_D 与设备驱动程序属性 TDA_DEV_D 没有直接的关系。支持 TDN_DISKINFO_D 的设备驱动程序不一定就具有 TDA_DEV_D 属性，而具有 TDA_DEV_D 属性的设备驱动程序也不一定支持 TDN_DISKINFO_D。

上述通用属性的定义不是对 T-Kernel 而是对一部分设备驱动程序规范进行了规定，不会对 T-Kernel 的动作产生直接的影响。另外，各设备驱动程序并不需要实现通用属性定义的所有功能。但是，通用属性的定义适用于所有的设备驱动程序，各设备驱动程序的规范不能与这些定义相矛盾。

与 T-Kernel 1.0 的差异

为了支持 64 位设备追加了 TDN_DISKINFO_D 属性数据。

5.3.2 设备输入输出操作

应用程序和中间件通过应用程序接口来使用已注册的设备驱动程序。应用程序接口包括下列通过扩展 SVC 调用的函数。这些函数不能从任务独立部中调用，也不能在切换禁止或中断禁止状态下调用（E_CTX）。

```
ID  tk_opn_dev( CONST UB * devnm, UINT omode )
ER  tk_cls_dev( ID dd, UINT option )
ID  tk_rea_dev( ID dd, W start, void * buf, W size, TMO tmout )
ID  tk_rea_dev_du( ID dd, D start_d, void * buf, W size, TMO_U tmout_u )
ER  tk_srea_dev( ID dd, W start, void * buf, W size, W * asize )
ER  tk_srea_dev_d( ID dd, D start_d, void * buf, W size, W * asize )
ID  tk_wri_dev( ID dd, W start, CONST void * buf, W size, TMO tmout )
ID  tk_wri_dev_du( ID dd, D start_d, CONST void * buf, W size, TMO_U tmout_u )
ER  tk_swri_dev( ID dd, W start, CONST void * buf, W size, W * asize )
ER  tk_swri_dev_d( ID dd, D start_d, CONST void * buf, W size, W * asize )
ID  tk_wai_dev( ID dd, ID reqid, W * asize, ER * ioer, TMO tmout )
ID  tk_wai_dev_u( ID dd, ID reqid, W * asize, ER * ioer, TMO_U tmout_u )
INT tk_sus_dev( UINT mode )
ID  tk_get_dev( ID devid, UB * devnm )
ID  tk_ref_dev( CONST UB * devnm, T_RDEV * rdev )
ID  tk_oref_dev( ID dd, T_RDEV * rdev )
INT tk_lst_dev( T_LDEV * ldev, INT start, INT ndev )
INT tk_evt_dev( ID devid, INT evttyp, void * evtinf )
```

1. tk_opn_dev—打开设备

C 语言接口

```
#include <tk/tkernel.h>

ID dd = tk_opn_dev(CONST UB * devnm, UNIT omode);
```

参　数

| CONST UB * | devnm | Device Name | 设备名 |
| UNIT | omode | Open Mode | 打开模式 |

返回参数

| ID | dd | Device Descriptor | 设备描述符 |
| | 或 | Error Code | 错误码 |

错误码

E_BUSY	设备使用中（独占打开中）
E_NOEXS	设备不存在
E_LIMI	超出可以打开的最大次数
其他	从设备驱动程序返回的错误码

可用的上下文环境

任务部	准任务部	任务独立部
○	○	×

说　明

用 omode 指定的模式打开 devnm 指定的设备，准备访问设备。返回值为设备描述符。

omode ∷= (TD_READ‖TD_WRITE‖TD_UPDATE)|[TD_EXCL‖TD_WEXCL]|[TD_NOLOCK]

```
#define    TD_READ      0x0001    /* 只读 */
#define    TD_WRITE     0x0002    /* 只写 */
#define    TD_UPDATE    0x0003    /* 读/写 */
#define    TD_EXCL      0x0100    /* 独占 */
#define    TD_WEXCL     0x0200    /* 独占写 */
#define    TD_REXCL     0x0400    /* 独占读 */
#define    TD_NOLOCK    0x1000    /* 不锁定(常驻化) */
```

TD_READ　　　只读
TD_WRITE　　只写
TD_UPDATE　　读/写

设置访问模式。
指定 TD_READ 时，不能使用 tk_wri_dev()。
指定 TD_WRITE 时，不能使用 tk_rea_dev()。

TD_EXCL　　　独占
TD_WEXCL　　独占写
TD_REXCL　　独占读

设置独占模式。
指定 TD_EXCL 时，禁止任何模式的同时打开，见表 2.5。
指定 TD_WEXCL 时，禁止以写模式(TD_WRITE 或 TD_UPDATE)同时打开。
指定 TD_REXCL 时，禁止以读模式(TD_READ 或 TD_UPDATE)同时打开。

TD_NOLOCK　　不锁定(常驻化)

表示 I/O 操作中(tk_rea_dev/tk_wri_dev)指定的内存区(buf)由调用方锁定(常驻化)，设备驱动方不必也不应该再次锁定。这个模式在虚拟内存系统中为了页面调入(page in)/调出(page out)而访问磁盘等特殊情况下使用，一般不指定这个模式。

设备描述符属于打开设备的任务所属的资源组。

物理设备被打开时，属于它的所有逻辑设备都按同一模式被打开，操作和独占处理方式都相同。

第 2 部分　T-Kernel 功能描述

表 2.5　设备能否同时打开

当前打开模式		同时打开模式											
		无独占设置			TD_WEXCL			TD_REXCL			TD_EXCL		
		R	U	W	R	U	W	R	U	W	R	U	W
无互斥设置	R	○	○	○	○	○	○	×	×	×	×	×	×
	U	○	○	○	×	×	×	×	×	×	×	×	×
	W	○	○	○	×	×	×	○	○	○	×	×	×
TD_WEXCL	R	○	×	×	○	×	×	×	×	×	×	×	×
	U	○	×	×	×	×	×	×	×	×	×	×	×
	W	○	×	×	×	×	×	×	×	×	×	×	×
TD_REXCL	R	×	×	○	×	×	○	×	×	×	×	×	×
	U	×	×	○	×	×	×	×	×	×	×	×	×
	W	×	×	○	×	×	○	×	×	○	×	×	×
TD_EXCL	R	×	×	×	×	×	×	×	×	×	×	×	×
	U	×	×	×	×	×	×	×	×	×	×	×	×
	W	×	×	×	×	×	×	×	×	×	×	×	×

注：R=TD_READ；W=TD_WRITE；U=TD_UPDATE；○=可以打开；×=不能打开(E_BUSY)。

2. tk_cls_dev—关闭设备

C 语言接口

```
# include <tk/tkernel.h>
ER ercd = tk_cls_dev( ID dd, UINT option);
```

参　数

ID	dd	Device Descriptor	设备名
UNIT	option	Close Option	关闭选项

返回参数

ER	ercd	Error Code	错误码

错误码

E_ID	dd 错误或设备未打开
其他	设备驱动程序返回的错误码

可用的上下文环境

任务部	准任务部	任务独立部
○	○	×

说　明

关闭设备描述符 dd。如果有处理中的 I/O 请求，终止处理后关闭设备。

```
option ::= [TD_EJECT]
#define  TD_EJECT   0x0001    /* 弹出媒体 */
```

TD_EJECT:弹出媒体。

如果该设备未被其他任务打开则弹出媒体。无法弹出媒体的设备忽略此设置。

通过子系统的 cleanup 处理(tk_cln_ssy)，可以关闭属于目标资源组的全部设备描述符。

3. tk_rea_dev—开始读取设备

C 语言接口

```
#include <tk/tkernel.h>
ID reqid = tk_rea_dev( ID dd, W start, void * buf, W size, TMO tmout);
```

参　数

ID	dd	Device Descriptor	设备描述符
W	start	Start Location	起始位置(≥0:设备特有数据；<0:属性数据)
void *	buf	Buffer	接收数据的缓冲区
W	size	Read Size	读取的数据大小
TMO	tmout	Timeout	超时时限(毫秒)

返回参数

| ID | reqid | Request ID | 请求 ID |
| | 或 | Error Code | 错误码 |

错误码

E_ID	dd 错误或设备未打开
E_OACV	打开模式错误(不可读模式)
E_LIMIT	最大请求数超出系统限制
E_TMOUT	超时
E_ABORT	处理终止
其他	设备驱动程序返回的错误码

可用的上下文环境

任务部	准任务部	任务独立部
○	○	×

说　明

读取指定设备的设备特有数据或属性数据。本读取操作为异步操作，不需等待操

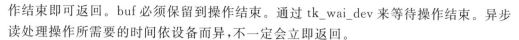

作结束即可返回。buf 必须保留到操作结束。通过 tk_wai_dev 来等待操作结束。异步读处理操作所需要的时间依设备而异,不一定会立即返回。

　　读取设备特有数据时,start 和 size 的单位依设备而定。读取属性数据时,start 是属性数据编号,size 为字节数,读取 start 所指定数据编号的属性数据。通常,size 必须大于等于属性数据的大小。不能一次读取多个属性数据。设置 size=0 时,不实际读取数据,仅查询当前可读取的数据大小。

　　读或写的过程中是否能接受新的请求取决于设备驱动程序。不能接受新请求的情况下,新请求进入等待处理状态。等待的超时时限在 tmout 中设置,可以指定为 TMO_POL 或 TMO_FEVR。超时只表示等待处理的最大时间,请求被接受以后不会发生超时。

　　具有 TDA_DEV_D 或 TDA_TMO_U 属性的设备驱动程序也可以使用该扩展 SVC。此时 T-Kernel/SM 中要适当的改变参数。例如,设备驱动程序的属性为 TDA_TMO_U 时,首先将该扩展 SVC 的 tmout 指定的毫秒单位的超时时限换算成微秒单位的时间,然后再传递给具有 TDA_TMO_U 属性的设备驱动程序。

与 T-Kernel 1.0 的差异

　　start、size 的数据类型由 INT 型改为 W 型。这是因为对于和 T-Kernel 2.0 导入的 64 位功能(时间管理、设备管理)关系密切的参数,固定其位数更加易于理解。将 MSEC 或 TMO 由 INT 型改为 W 型、RELTIM 由 UINT 型改为 UW 型,也是同样的目的。

4. tk_rea_dev_du—开始读取设备(64 位微秒单位)

C 语言接口

```
#include <tk/tkernel.h>
ID reqid = tk_rea_dev_du (ID dd, D start_d, void * buf, W size, TMO_U tmout_u);
```

参　数

ID	dd	Device Descriptor	设备描述符
D	start_d	Start Location	起始位置(64 位,≥0:设备特有数据;<0:属性数据)
void *	buf	Buffer	接收数据的缓冲区
W	size	Read Size	读取的数据大小
TMO_U	tmout_u	Timeout	超时时限(微秒)

返回参数

ID	reqid	Request ID	请求 ID
	或	Error Code	错误码

错误码

　　E_ID　　　　dd 错误或设备未打开

E_OAVC	打开模式错误（不可读模式）	
E_LIMIT	最大请求数超出系统限制	
E_TMOUT	超时	
E_ABORT	处理终止	
其他	设备驱动程序返回的错误码	

可用的上下文环境

任务部	准任务部	任务独立部
○	○	×

说　明

该扩展 SVC 就是将 tk_rea_dev 的参数 start 和 tmout 替换为 64 位的 start_d 和 64 位微秒单位的 tmout_u。

除了将参数变为 start_d 和 tmout_u，此扩展 SVC 的说明和 tk_rea_dev 相同。请参阅 tk_rea_dev 的详细说明。

补充说明

对于不支持 TDA_DEV_D 属性的设备驱动程序，起始位置 start_d 指定超出 W 型范围的值时返回 E_PAR 错误。

对于不支持 TDA_TMO_U 属性的设备驱动程序，不能处理微秒单位的超时。此时，将该扩展 SVC 的 tmout_u 指定的微秒单位的超时时间四舍五入到毫秒单位的时间，然后传递给设备驱动程序。

这样，在 T-Kernel/SM 中对参数进行适当的变换，应用程序就不需要关心设备驱动程序是否具有 TDA_DEV_D 属性，即设备驱动程序是否支持 64 位。

与 T-Kernel 1.0 的差异

T-Kernel 2.0 追加的扩展 SVC。

tk_rea_dev_du 和 tk_wri_dev_du 的起始位置为 64 位、超时时限为 64 位微秒单位，包含了 _u 和 _d 两种意思。

5. tk_srea_dev—同步读取设备

C 语言接口

```
#include <tk/tkernel.h>
ER ercd = tk_srea_dev( ID dd, W start, void *buf, W size, W *asize);
```

参　数

ID	dd	Device Descriptor	设备描述符
W	start	Start Location	起始位置(≥0:设备特有数据；＜0:属性数据)
void *	buf	Buffer	接收数据的缓冲区
W	size	Read Size	读取的数据大小
W *	asize	Actual Size	实际读取的数据大小

返回参数

ER	ercd	Error Code	错误码
W	asize	Actual Size	实际读取的数据大小

错误码

E_ID	dd 错误或设备未打开
E_OAVC	打开模式错误（不可读模式）
E_LIMIT	最大请求数超出系统限制
E_ABORT	处理终止
其他	设备驱动程序返回的错误码

可用的上下文环境

任务部	准任务部	任务独立部
○	○	×

说 明

同步读取,等效于下面的代码:

```
ER tk_srea_dev( ID dd, W start, void *buf, W size, W *asize )
{
    ER er, ioer;
    er = tk_rea_dev(dd, start, buf, size, TMO_FEVR);
    if ( er > 0 ){
        er = tk_wai_dev(dd, er, asize, &ioer, TMO_FEVR);
        if ( er > 0 ) er = ioer;
    }
    return er;
}
```

具有 TDA_DEV_D 属性的设备驱动程序也可以使用该扩展 SVC。此时,要在 T-Kernel/SM 中对参数进行适当的变换。

与 T-Kernel 1.0 的差异

start,size 的数据类型由 INT 型改为 W 型,asize 的数据类型由 INT * 改为 W *。

6. tk_srea_dev_d—同步读取设备(64 位)

C 语言接口

```
#include <tk/tkernel.h>
ER ercd = tk_srea_dev_d ( ID dd, D start_d, void *buf, W size, W *asize);
```

参 数

| ID | dd | Device Descriptor | 设备描述符 |

	D	start_d	Start Location	起始位置(64位,≥0:设备特有数据；<0:属性数据)
	void*	buf	Buffer	接收数据的缓冲区
	W	size	Read Size	读取的数据大小
	W*	asize	Actual Size	实际读取的数据大小

返回参数

	ER	ercd	Error Code	错误码
	W	asize	Actual Size	实际读取的数据大小

错误码

E_ID	dd 错误或设备未打开
E_OAVC	打开模式错误(不可读模式)
E_LIMIT	最大请求数超出系统限制
E_ABORT	处理终止
其他	设备驱动程序返回的错误码

可用的上下文环境

任务部	准任务部	任务独立部
○	○	×

说　明

该扩展 SVC 就是将 tk_srea_dev 的参数 start 替换为 64 位的 start_d。

除了将参数变为 start_d,此扩展 SVC 的说明和 tk_srea_dev 相同。请参阅 tk_srea_dev 的详细说明。

补充说明

对于不支持 TDA_DEV_D 属性的设备驱动程序,起始位置 start_d 指定超出 W 型范围的值时返回 E_PAR 错误。

这样,在 T-Kernel/SM 中对参数进行适当的变换,应用程序就不需要关心设备驱动程序是否具有 TDA_DEV_D 属性,即设备驱动程序是否支持 64 位。

与 T-Kernel 1.0 的差异

T-Kernel 2.0 追加的扩展 SVC。

7. tk_wri_dev—开始写入设备

C 语言接口

```
#include <tk/tkernel.h>
ID reqid = tk_wri_dev( ID dd, W start, CONST void * buf, W size, TMO tmout);
```

参　数

	ID	dd	Device Descriptor	设备描述符
	W	start	Start Location	起始位置(≥0:设备特有数据,<0:属性数据)

CONST void *	buf	Buffer		写入数据的缓冲区
W	size	Write Size		写入的数据大小
TMO	tmout	Timeout		超时时限(毫秒)

返回参数

ID	reqid	Request ID	请求 ID
	或	Error Code	错误码

错误码

E_ID	dd 错误或设备未打开
E_OACV	打开模式错误(不可写模式)
E_RONLY	只读设备
E_LIMIT	超出系统限制的最大请求数
E_TMOUT	超时
E_ABORT	处理终止
其他	设备驱动程序返回的错误码

可用的上下文环境

任务部	准任务部	任务独立部
○	○	×

说　明

　　开始向设备写入设备特有数据或属性数据。本操作为异步写入操作,不必等待操作结束即可返回。buf 必须保留到写操作结束。通过 tk_wai_dev 来等待操作结束。异步写处理操作所需要的时间依设备而异,不一定会立即返回。

　　写入设备特有数据时,start 和 size 的单位依设备而定。写入属性数据时,start 是属性数据编号,size 为字节数,写 start 所指定数据编号的属性数据。通常,size 必须大于等于属性数据的大小。不能一次写入多个属性数据。设置 size＝0 时,不实际写入数据,仅查询当前可写入的数据大小。

　　读或写的过程中是否接受新的请求取决于设备驱动程序。不接受新请求的情况下,该请求进入等待处理状态。等待的超时时限在 tmout 中设置,可以指定为 TMO_POL 或 TMO_FEVR。超时只表示等待处理的最大时间,请求被接受以后不会发生超时。

　　具有 TDA_DEV_D 或 TDA_TMO_U 属性的设备驱动程序也可以使用该扩展 SVC。此时 T-Kernel/SM 中要适当的改变参数。例如,设备驱动程序的属性为 TDA_TMO_U 时,首先将该扩展 SVC 的 tmout 指定的毫秒单位的超时时限换算成微秒单位的时间,然后再传递给具有 TDA_TMO_U 属性的设备驱动程序。

与 T-Kernel 1.0 的差异

　　start,size 的数据类型由 INT 型改为 W 型。

8. tk_wri_dev_du——开始写入设备(64位微秒单位)

C 语言接口

    #include <tk/tkernel.h>
    ID reqid = tk_wri_dev_du (ID dd, D start_d, CONST void * buf, W size, TMO_U tmout_u);

参　数

ID	dd	Device Descriptor	设备描述符
D	start_d	Start Location	起始位置(64位,≥0:设备特有数据,<0:属性数据)
CONST void *	buf	Buffer	写入数据的缓冲区
W	size	Write Size	写入的数据大小
TMO_U	tmout_u	Timeout	超时时限(微秒)

返回参数

ID	reqid	Request ID	请求 ID
	或	Error Code	错误码

错误码

E_ID	dd 错误或设备未打开
E_OACV	打开模式错误(不可写模式)
E_RONLY	只读设备
E_LIMIT	超出系统限制的最大请求数
E_TMOUT	超时
E_ABORT	处理终止
其他	设备驱动程序返回的错误码

可用的上下文环境

任务部	准任务部	任务独立部
○	○	×

说　明

该扩展 SVC 就是将 tk_wri_dev 的参数 start 和 tmout 替换为 64 位的 start_d 和 64 位微秒单位的 tmout_u。

除了将参数变为 start_d 和 tmout_u,此扩展 SVC 的说明和 tk_wri_dev 相同。请参阅 tk_wri_dev 的详细说明。

补充说明

对于不支持 TDA_DEV_D 属性的设备驱动程序,起始位置 start_d 指定超出 W 型范围的值时返回 E_PAR 错误。

对于不支持 TDA_TMO_U 属性(不支持微秒单位)的设备驱动程序,不能处理微

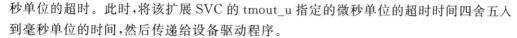

秒单位的超时。此时,将该扩展 SVC 的 tmout_u 指定的微秒单位的超时时间四舍五入到毫秒单位的时间,然后传递给设备驱动程序。

这样,在 T-Kernel/SM 中对参数进行适当的变换,应用程序就不需要关心设备驱动程序是否具有 TDA_DEV_D 属性,即设备驱动程序是否支持 64 位。

与 T-Kernel 1.0 的差异

T-Kernel 2.0 追加的扩展 SVC。

tk_rea_dev_du 和 tk_wri_dev_du 的起始位置为 64 位、超时时限为 64 位微秒单位,包含了_u 和_d 两种意思。

9. tk_swri_dev—同步写入设备

C 语言接口

```
#include <tk/tkernel.h>
ER ercd = tk_swri_dev(ID dd, W start, CONST void *buf, W size, W *asize);
```

参　数

ID	dd	Device Descriptor	设备描述符
W	start	Start Location	起始位置(≥0:设备特有数据,<0:属性数据)
CONST void *	buf	Buffer	写入数据的缓冲区
W	size	Write Size	写入的数据大小
W *	asize	Actual Size	实际写入的数据大小

返回参数

| ER | ercd | Error Code | 错误码 |
| W | asize | Actual Size | 实际写入的数据大小 |

错误码

E_ID	dd 错误或设备未打开
E_OACV	打开模式错误(不可写模式)
E_RONLY	只读设备
E_LIMIT	超出系统限制的最大请求数
E_ABORT	处理终止
其他	设备驱动程序返回的错误码

可用的上下文环境

任务部	准任务部	任务独立部
○	○	×

说　明

同步写数据,等效于下面的代码:

```
ER tk_swri_dev(ID dd, W start, void * buf, W size, W * asize)
{
    ER   er, ioer
    er = tk_wri_dev(dd, start, buf, size, TMO_FEVR);
    if(er>0){
        er = tk_wai_dev(dd, er, asize, &ioer, TMO_EFVR);
        if(er>0) er = ioer;
    }
    return er;
}
```

对于具有 TDA_DEV_D 属性的设备驱动程序也可以使用此扩展 SVC。此时 T-Kernel/SM 中的参数要进行适当的变换。

与 T-Kernel 1.0 的差异

start,size 的数据类型由 INT 型改为 W 型,asize 的数据类型由 INT * 改为 W *。

10. tk_swri_dev_d—同步写入设备(64 位)

C 语言接口

```
#include <tk/tkernel.h>
ER ercd = tk_swri_dev_d (ID dd, D start_d, CONST void * buf, W size, W * asize);
```

参　数

ID	dd	Device Descriptor	设备描述符
D	start_d	Start Location	起始位置(64 位,≥0:设备特有数据,<0:属性数据)
CONST void *	buf	Buffer	放置写入数据的缓冲区
W	size	Write Size	写入的数据大小
W *	asize	Actual Size	实际写入的数据大小

返回参数

ER	ercd	Error Code	错误码
W	asize	Actual Size	实际写入的数据大小

错误码

E_ID	dd 错误或设备未打开
E_OACV	打开模式错误(不可写模式)
E_RONLY	只读设备
E_LIMIT	超出系统限制的最大请求数
E_ABORT	处理终止
其他	设备驱动程序返回的错误码

可用的上下文环境

任务部	准任务部	任务独立部
○	○	×

说 明

该扩展 SVC 就是将 tk_swri_dev 的参数 start 替换为 64 位的 start_d。

除了将参数变为 start_d,此扩展 SVC 的说明和 tk_swri_dev 相同。请参阅 tk_swri_dev 的详细说明。

补充说明

对于不支持 TDA_DEV_D 属性的设备驱动程序,起始位置 start_d 指定超出 W 型范围的值时返回 E_PAR 错误。

这样,在 T-Kernel/SM 中对参数进行适当的变换,应用程序就不需要关心设备驱动程序是否具有 TDA_DEV_D 属性,即设备驱动程序是否支持 64 位。

与 T-Kernel 1.0 的差异

T-Kernel 2.0 追加的扩展 SVC。

11. tk_wai_dev—等待设备处理完成

C 语言接口

```
#include <tk/tkernel.h>
ID creqid = tk_wai_dev(ID dd, ID reqid, W * asize, ER * ioer, TMO tmout)
```

参 数

ID	dd	Device Descriptor	设备描述符
ID	reqid	Request ID	请求 ID
W *	asize	Read/Write Actual Size	返回读/写数据大小
ER *	ioer	I/O Error	返回 I/O 错误
TMO	tmout	Timeout	超时时限(毫秒)

返回参数

ID	creqid	Completed Request ID	完成的请求 ID
	或	Error Code	错误码
W	asize	Read/Write Actual Size	实际读/写数据大小
ER	ioer	I/O Error	I/O 错误

错误码

E_ID	dd 错误或设备未打开
	reqid 错误或不是对 dd(所示设备)的请求
E_OBJ	其他任务正在等待 reqid 的请求
E_NOEXS	没有处理中的请求(reqid = 0 的情况下)

E_TMOUT	超时(继续处理中)	
E_ABORT	处理终止	
其他	设备驱动程序返回的错误码	

可用的上下文环境

任务部	准任务部	任务独立部
○	○	×

说　明

等待对 dd 设备的 reqid 指定的请求处理完成。reqid＝0 的情况下，等待对 dd 设备的任一请求处理完成。另外，只以当前处理中的请求为等待对象，不等待 tk_wai_dev 调用后发出的请求。

同时处理多个请求的情况下，请求完成的顺序不一定和请求顺序一致，依设备驱动程序而定。但是，必须保证处理结果和按请求顺序处理的结果不矛盾。例如，从磁盘读取数据时，处理顺序可能有如下变更：

请求顺序的块编号　　 1 4 3 2 5

处理顺序的块编号　　 1 2 3 4 5

按上述方式更改处理顺序，可以缩短寻道时间(seek time)和旋转等待时间(spin wait time)，提高磁盘访问的效率。

tmout 设置等待的超时时限，可以指定为 TMO_POL 或 TMO_FEVR。返回超时错误(E_TMOUT)表示请求正在处理中，有必要再次调用 tk_wai_dev 等待请求处理完成。reqid>0 且 tmout＝TMO_FEVR 的情况下不产生超时，等待直到处理结束为止。

请求处理所产生的错误(I/O 错误等)保存于 ioer 而不是返回值中。具体来说，为了进行 tk_wai_dev 处理而调用的完成等待函数 waitfn 中的请求数据包 T_DEVREQ 的 error 保存的错误码作为处理结果的错误返回到 ioer。

无法正确等待处理完成的情况下才通过返回值返回错误。通过返回值返回错误的情况下，ioer 的内容无意义。而且，因为返回错误时请求仍在处理中，有必要再次调用 tk_wai_dev 等待请求处理完成。请参阅 5.3.3 小节的详细说明。

tk_wai_dev 等待中产生任务异常时，reqid 的请求被终止，处理过程结束。终止处理的结果取决于设备驱动程序。如果 reqid＝0，不终止请求，处理方式类似于超时。这种情况下，不返回 E_TMOUT 而返回 E_ABORT。

多个任务不能同时等待同一个请求 ID。如果有任务正在等待 reqid＝0 的请求处理完成，其他任务就不能对同一设备进行等待。同样，如果有任务正在等待 reqid＞0 的请求处理完成，其他任务也不能等待 reqid＝0 的请求。

对于具有 TDA_TMO_U 属性的设备驱动程序也可以使用此扩展 SVC。此时 T-Kernel/SM 中的参数要进行适当的变换。例如，当设备驱动程序具有 TDA_TMO_U 属性时，可以将该扩展 SVC 的 tmout 指定的毫秒单位的超时时间四舍五入到微秒单位

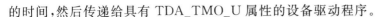

的时间,然后传递给具有 TDA_TMO_U 属性的设备驱动程序。

与 T-Kernel 1.0 的差异

　　asize 的数据类型由 INT * 改为 W *。

12. tk_wai_dev_u——等待设备处理完成(微秒单位)

C 语言接口

　　# include <tk/tkernel.h>
　　ID creqid = tk_wai_dev_u(ID dd, ID reqid, W * asize, ER * ioer, TMO_U tmout_u)

参　数

ID	dd	Device Descriptor	设备描述符
ID	reqid	Request ID	请求 ID
W *	asize	Read/Write Actual Size	返回读/写数据大小
ER *	ioer	I/O Error	返回 I/O 错误
TMO_U	tmout_u	Timeout	超时时限(微秒)

返回参数

ID	creqid	Completed Request ID	完成的请求 ID
	或	Error Code	错误码
W	asize	Read/Write Actual Size	实际读/写数据大小
ER	ioer	I/O Error	I/O 错误

错误码

E_ID	dd 错误或设备未打开
	reqid 错误或不是对 dd(所示设备)的请求
E_OBJ	其他任务正在等待 reqid 的请求
E_NOEXS	没有处理中的请求(reqid = 0 的情况下)
E_TMOUT	超时(继续处理中)
E_ABORT	处理终止
其他	设备驱动程序返回的错误码

可用的上下文环境

任务部	准任务部	任务独立部
○	○	×

说　明

　　该扩展 SVC 就是将 tk_wai_dev 的参数 tmout 替换为 64 位微秒单位的 tmout_u。除了将参数变为 tmout_u,此扩展 SVC 的说明和 tk_wai_dev 相同。请参阅 tk_wai_dev 的详细说明。

补充说明

对于不支持 TDA_TMO_U 属性(不支持微秒单位)的设备驱动程序,不能处理微秒单位的超时。此时,将该扩展 SVC 的 tmout_u 指定的微秒单位的超时时间四舍五入到毫秒单位的时间,然后传递给设备驱动程序。

这样,在 T-Kernel/SM 中对参数进行适当的变换,应用程序就不需要关心设备驱动程序是否具有 TDA_TMO_U 属性,即设备驱动程序是否支持微秒单位。

与 T-Kernel 1.0 的差异

T-Kernel 2.0 追加的扩展 SVC。

tk_wai_dev_u 是设备管理功能的扩展 SVC,要注意后缀是_u 而不是_d。

13. tk_sus_dev—挂起设备

C 语言接口

```
#include <tk/tkernel.h>
INT dissus = tk_sus_dev(UINT mode);
```

参　数

| UINT | mode | Mode | 模式 |

返回参数

| INT | dissus | Suspend Disable Request Count | 挂起禁止要求的次数 |
| | 或 | Error Code | 错误码 |

错误码

| E_BUSY | 挂起禁止中 |
| E_QOVR | 挂起禁止请求计数超出系统限制 |

可用的上下文环境

任务部	准任务部	任务独立部
○	○	×

说　明

执行 mode 指定的处理,返回处理后的挂起禁止请求次数。

mode ∷= ((TD_SUSPEND | [TD_FORCE]) || TD_DISSUS | TD_ENASUS || TD_CHECK)

```
#define  TD_SUSPEND   0x0001   /* 挂起 */
#define  TD_DISSUS    0x0002   /* 禁止挂起 */
#define  TD_ENASUS    0x0003   /* 允许挂起 */
#define  TD_CHECK     0x0004   /* 取得挂起禁止请求次数 */
#define  TD_FORCE     0x8000   /* 强制挂起 */
```

① TD_SUSPEND:挂起。允许挂起的状态下挂起。禁止挂起的状态下返回 E_BUSY。
② TD_SUSPEND| TD_FORCE:强制挂起。即使在禁止挂起的状态下也挂起。
③ TD_DISSUS:禁止挂起。
④ TD_ENASUS:允许挂起。对本资源组的挂起禁止次数大于挂起允许次数的情况下,不做任何处理。
⑤ TD_CHECK:取得挂起禁止请求次数。

执行挂起的步骤如下:
① 各子系统的挂起前处理:
   tk_evt_ssy(0,TSEVT_SUSPEND_BEGIN,0,0)
② 非磁盘设备挂起。
③ 磁盘设备挂起。
④ 各子系统的挂起后处理:
   tk_evt_ssy(0,TSEVT_SUSPEND_DONE,0,0)
⑤ 进入挂起状态(SUSPEND state):
   tk_set_pow(TPW_DOSUSPEND)

从挂起中恢复的步骤如下:
① 从挂起状态中返回
   从 tk_set_pow(TPW_DOSUSPEND)返回。
② 各子系统恢复前的处理:
   tk_evt_ssy(0,TSEVT_RESUME_BEGIN,0,0)
③ 磁盘设备恢复。
④ 非磁盘设备恢复。
⑤ 各子系统恢复后的处理:
   tk_evt_ssy(0,TSEVT_RESUME_DONE,0,0)

上述处理中根据设备属性是否为磁盘类型(TDK_DISK)来判断各设备是否为磁盘设备的。

挂起禁止请求的次数被记录。进行相同次数的挂起允许请求之后才会允许挂起。系统启动时处于允许挂起状态(挂起禁止次数为0)。系统只保存一个挂起禁止请求计数,但会对请求来自于哪个资源组进行管理。不能清除其他资源组的挂起禁止请求。通过资源组的复位处理,可以解除该资源组中的所有挂起请求,挂起禁止请求计数也相应减少。禁止请求计数的上限依具体实现而定,但不能少于 255。超过上限的情况下返回 E_QOVR。

14. tk_get_dev—获取设备名

C 语言接口

```
# include <tk/tkernel.h>
```

```
ID pdevid = tk_get_dev(ID devid, UB * devnm);
```

参　数

ID	devid	Device ID	设备 ID
UB *	devnm	Device Name	设备名

返回参数

ID	pdevid	Device ID of Physical Device	物理设备的设备 ID
	或	Error Code	错误码
UB	devnm	Device Name	设备名

错误码

E_NOEXS　　devid 指定的设备不存在

可用的上下文环境

任务部	准任务部	任务独立部
○	○	×

说　明

取得 devid 指定设备的设备名保存于 devnm 中。

devid 可以是物理设备的设备 ID, 也可以是逻辑设备的设备 ID。

如果 devid 是物理设备, 则 devnm 是物理设备名。

如果 devid 是逻辑设备, 则 devnm 是逻辑设备名。

devnm 的大小必须大于等于 L_DEVNM+1 字节。

返回值为 devid 指定设备所属物理设备的设备 ID。

15. tk_ref_dev—获取设备信息

C 语言接口

```
#include <tk/tkernel.h>
ID devid = tk_ref_dev(CONST UB * devnm, T_RDEV * rdev);
```

参　数

CONST UB *	devnm	Device Name	设备名
T_RDEV *	rdev	Packet to Refer Device Information	设备信息

返回参数

ID	devid	Device ID	设备 ID
	或	Error Code	错误码

rdev 的内容

```
ATR   devatr   Device Attribute                          设备属性
INT   blksz    Block Size of Device－specific data        设备特有数据的数据块大小(－1:不明)
INT   nsub     Subunit Count                             子单元数
INT   subno    Subinit Number                            0:物理设备 1~nsub:子单元编号＋1
```
—(以下可以追加依赖于具体实现的其他成员变量)—

错误码

E_NOEXS   devnm 指定的设备不存在

可用的上下文环境

任务部	准任务部	任务独立部
○	○	×

说　明

取得 devnm 所指定设备的设备信息,保存到 rdev 中。rdev＝NULL 的情况下,不保存设备信息。

nsub 为 devnm 指定设备所属的物理设备的子单元数。

返回值返回 devnm 指定设备的 ID。

16．tk_oref_dev——获取设备信息

C 语言接口

```
#include <tk/tkernel.h>
ID devid = tk_oref_dev(ID    dd,T_RDEV    * rdev);
```

参　数

```
ID         dd        Device Descriptor                    设备描述符
T_RDEV *   rdev      Packet to Refer Device Information   设备信息
```

返回参数

```
ID    devid   Device ID        设备 ID
      或      Error Code       错误码
```

rdev 的内容

```
ATR   devatr Device Attribute                          设备属性
INT   blksz  Block Size of Device－specific data        设备特有数据的数据块大小(－1:不明)
INT   nsub   Subunit Count                             子单元数
INT   subno  Subinit Number                            0:物理设备 1~nsub:子单元编号＋1
```
—(以下可以追加依赖于具体实现的其他成员变量)—

错误码

E_ID   dd 错误或未打开

可用的上下文环境

任务部	准任务部	任务独立部
○	○	×

说 明

取得 dd 所指定设备的设备信息，保存到 rdev 中。rdev＝NULL 的情况下，不保存设备信息。

nsub 为 dd 指定设备所属的物理设备的子单元数。

返回值返回 dd 指定设备的 ID。

17. tk_lst_dev—获取所有已注册设备信息

C 语言接口

```
#include <tk/tkernel.h>
INT remcnt = tk_lst_dev(T_LDEV * ldev, INT start, INT ndev);
```

参　数

T_LDEV *	ldev	List Of Devices	已注册设备信息列表（数组）
INT	start	Starting Number	起始编号
INT	ndev	Number Of Devices	要取得的设备数

返回参数

| INT | remcnt | Remaining Devices | 剩余的设备注册计数 |
| | 或 | ErrorCode | 错误码 |

ldev 的内容

ATR	devatr	Device Attribute	设备属性
INT	blksz	Block size of Device-specific data	设备特有数据的数据块大小（-1:不明）
INT	nsub	Subunit Count	子单元数
UB	devnm[L_DEVNM]	Physical Device Name	物理设备名称

—（以下可以追加依赖于具体实现的其他成员变量）—

错误码

E_NOEXS　　start 超过注册设备数

可用的上下文环境

任务部	准任务部	任务独立部
○	○	×

说 明

取得已注册设备的信息。注册设备以物理设备为单位管理，因此，注册设备的信息也以物理设备为单位取得。

注册设备数为 N 时,注册设备编号从 0 到 N－1 连续分配。按编号从 start 开始取得 ndev 个注册信息,保存在 ldev 中。ldev 的空间必须足够大以存放 ndev 个注册信息。返回值为 start 之后的注册设备数(N-start)。

start 之后注册设备数小于 ndev 的情况下,取得所有剩余的注册信息。返回值<=ndev 表示取得了 start 之后所有的注册信息。由于编号随设备的注册和删除而变化,因此,分多次取得时,可能得不到正确的信息。

18. tk_evt_dev—向设备发送驱动程序请求事件

C 语言接口

　　#include <tk/tkernel.h>
　　INT retcode = tk_evt_dev(ID devid, INT evttyp, void * evtinf);

参　　数

ID	devid	Device ID	事件发送目标设备 ID
INT	evttyp	Event Type	驱动程序请求事件类型
void *	evtinf	Event Information	依事件类型而定的事件信息

返回参数

| INT | retcode | Return Code from eventfn | eventfn 的返回值 |
| | 或 | Error Code | 错误码 |

错误码

E_NOEXS	devid 所指定的设备不存在
E_PAR	不能指定设备管理内部事件(evttyp<0)
其他	设备驱动程序返回的错误码

可用的上下文环境

任务部	准任务部	任务独立部
○	○	×

说　　明

向 devid 指定的设备(设备驱动程序)发送驱动程序请求事件。

驱动程序请求事件的功能(处理内容)和 evtinf 的内容依事件类型而定。关于驱动程序请求事件请参阅 5.3.3 小节的详细说明。

5.3.3　注册设备驱动程序

1. 设备驱动程序的注册方法

设备驱动程序注册以物理设备为单位。

(1) tk_def_dev—注册设备

C 语言接口

```
#include <tk/tkernel.h>
ID devid = tk_def_dev(CONST UB * devnm,CONST T_DDEV * ddev,T_IDEV * idev);
```

参　数

CONST UB *	devnm	Physical Device Name	物理设备名
CONST T_DDEV *	ddev	Define Device	设备注册信息
T_IDEV *	idev	Initial Device Information	设备初始信息

返回参数

ID	devid	Device ID	设备 ID
	或	Error Code	错误码

idev 的内容

ID	evtmbfid	Event Notification Message Buffer ID	事件通知用消息缓冲区 ID

—（以下可以追加依赖于具体实现的其他成员变量）—

错误码

E_LIMIT	注册数量超过系统限制
E_NOEXS	devnm 所指定的设备不存在（ddev = NULL 时）

可用的上下文环境

任务部	准任务部	任务独立部
○	○	×

说　明

注册设备名为 devnm 的设备（设备驱动程序），返回已注册设备的设备 ID。如果已经注册了设备名为 devnm 的设备，则用新的注册信息将其更新，且设备 ID 不变。

指定设备注册信息为 ddev。ddev＝NULL 的情况下删除设备。

ddev 的结构体如下所示。

```
typedef struct t_ddev {
    void    *exinf;     /* 扩展信息 */
    ATR     drvatr;     /* 驱动程序属性 */
    ATR     devatr;     /* 设备属性 */
    INT     nsub;       /* 子单元数 */
    INT     blksz;      /* 设备特有数据的数据块大小（-1:不明）*/
    FP      openfn;     /* 打开函数 */
    FP      closefn;    /* 关闭函数 */
    FP      execfn;     /* 处理开始函数 */
```

```
    FP      waitfn;         /* 等待操作完成函数 */
    FP      abortfn;        /* 终止处理函数 */
    FP      eventfn;        /* 事件处理函数 */
    /* 以下可以追加依赖于具体实现的其他成员变量 */
}T_DDEV;
```

exinf 用来存放任何需要的信息。这个值被传递给各处理函数。设备管理不关心它的内容。

drvatr 设置设备驱动程序的属性。低位表示系统属性,高位表示具体实现特定的属性。具体实现特定属性是在 T_DDEV 中追加了具体实现特有数据时定义有效标识等情况下使用。

```
drvatr: = [TDA_OPENREQ] | [TDA_TMO_U] | [TDA_DEV_D]
#define    TDA_OPENREQ    0x0001    /* 每次打开/关闭 */
#define    TDA_TMO_U      0x0002    /* 微秒单位超时时限 */
#define    TDA_DEV_D      0x0004    /* 64 位设备 */
```

drvatr 可以指定为如下所示的驱动属性的任意组合值。

① TDA_OPENREQ:设备被多重打开的情况下,通常第一次打开时调用 openfn,最后一次关闭时调用 closefn。但如果 TDA_OPENREQ 被设定,则所有打开/关闭操作都会调用 openfn/closefn。

② TDA_TMO_U:表示可以使用微秒单位的超时时间。

此时,驱动程序处理函数的 tmout 为 TMO_U 型(微秒单位)。

③ TDA_DEV_D:表示使用 64 位设备。此时驱动程序处理函数的请求数据包 devreq 为 T_DEVREQ_D 型。

指定了 TDA_TMO_U 和 TDA_DEV_D 的情况下,驱动程序处理函数一些参数的数据类型会变化。

指定了这种能使参数的数据类型发生变化的驱动程序属性的组合值时,驱动程序处理函数相应的参数就要进行数据类型的变换。

devatr 设置设备属性。设备属性的详细情况如前所述。

nsub 设置子单元数。没有子单元则设为 0。

blksz 设置设备特有数据的数据块大小(字节)。对于磁盘设备,表示物理块大小。串行回路等为 1 字节。没有设备特有数据的设备,blksz 为 0。未格式化的磁盘等块大小不明的情况下,blksz 为 −1。blksz≤0 时不能访问设备特有数据。通过 tk_rea_dev 或 tk_wri_dev 访问设备特有数据时,访问区大小,即 buf 的大小为 size * blksz。

openfn、closefn、execfn、waitfn、abortfn 和 eventfn 为处理函数的入口地址。关于处理函数请参阅 5.3.3 小节的详细说明。

idev 返回设备初始信息,即设备驱动程序启动时缺省的设置信息。idev=NULL 的情况下,初始信息不保存。

evtmbfid 为系统缺省的事件通知用消息缓冲区 ID。没有缺省的事件通知用消息缓冲区时 evtmbfid 被设置为 0。

设备注册或删除时,向各子系统发送如下通知。devid 为注册或删除的物理设备的设备 ID。

设备注册或更新:tk_evt_ssy(0, TSEVT_DEVICE_REGIST, 0, devid)
设备删除:tk_evt_ssy(0, TSEVT_DEVICE_DELITE, 0, devid)

与 T-Kernel 1.0 的差异

为了支持 64 位设备 drvatr 属性追加了 TDA_TMO_U 和 TDA_DEV_D。

(2) tk_ref_idv—获取设备初始信息

C 语言接口

```
#include <tk/tkernel.h>
ER ercd = tk_ref_idv(T_IDEV * idev);
```

参　数

T_IDEV*　idev　　Packet to Refer Initial Device Information　　设备初始信息

返回参数

ER　　ercd　　Error Code　　　　　　　　错误码

idev 的内容

ID　　evtmbfid　　Event Notification Message Buffer ID　　事件通知用消息缓冲区 ID
—(以下可以追加依赖于具体实现的其他成员变量)—

错误码

E_MACV　　违反内存访问权

可用的上下文环境

任务部	准任务部	任务独立部
○	○	×

说　明

获取设备初始信息,与通过 tk_dev_def()取得的内容相同。

补充说明

有很多系统调用都可能会发生 E_MACV 错误,但一般不会像其他错误码那样有明确记载。此扩展 SVC 代表性的错误只有 E_MACV,所以在错误码栏中标明了这一错误。

2. 设备驱动程序接口

设备驱动程序接口由注册设备时指定的处理函数(处理函数群)组成。

打开函数 ER openfn(ID devid, UINT omode, void * exinf);
关闭函数 ER closefn(ID devid, UINT option, void * exinf);
处理开始函数 ER execfn(T_DEVREQ * devreq, TMO tmout, void * exinf);
等待完成函数 INT waitfn(T_DEVREQ * devreq, INT nreq, TMO tmout, void * exinf);
终止处理函数 ER abortfn(ID tskid, T_DEVREQ * devreq, INT nreq, void * exinf);
事件处理函数 INT eventfn(INT evttyp, void * evtinf, void * exinf);

指定了 TDA_TMO_U 驱动程序属性时,下面的驱动程序处理函数的超时时限 tmout 为 TMO_U 型(微秒单位)。

处理开始函数 ER execfn(T_DEVREQ * devreq, TMO_U tmout_u, void * exinf);
等待完成函数 INT waitfn(T_DEVREQ * devreq, INT nreq, TMO_U tmout_u, void * exinf);

指定了 TDA_DEV_D 驱动程序属性时,下面的驱动程序处理函数的请求数据包 devreq 为 T_DEVREQ_D 型。

处理开始函数 ER execfn(T_DEVREQ_D * devreq_d, TMO tmout, void * exinf);
等待完成函数 INT waitfn(T_DEVREQ_D * devreq_d, INT nreq, TMO tmout, void * exinf);
终止处理函数 ER abortfn(ID tskid, T_DEVREQ_D * devreq_d, INT nreq, void * exinf);

同时指定了 TDA_TMO_U 和 TDA_DEV_D 驱动程序属性时,驱动程序处理函数相应的参数都要进行数据类型的变换。

处理开始函数 ER execfn(T_DEVREQ_D * devreq_d, TMO_U tmout_u, void * exinf);
等待完成函数 INT waitfn(T_DEVREQ_D * devreq_d, INT nreq, TMO_U tmout_u, void * exinf);

这些函数被设备管理调用,作为准任务部运行。设备驱动接口必须可重入(reentrant)。并且不能保证对这些函数的调用是独占的。比如多个任务同时访问同一个设备的情况下,各任务可能同时调用同一个处理函数。设备驱动方应进行必要的独占控制。

对设备驱动的 I/O 请求通过如下所示的请求数据包进行。

```
/*
 * 设备请求数据包:32 位用
 * In:设备处理函数的输入参数(由 T-Kernel/SM 的设备管理设置)
```

```
 *  Out:设备处理函数的输出参数(由设备处理函数设置)
 */
typedef struct t_devreq {
    struct t_devreq  * next;      /* In:请求数据包链表(NULL:表尾) */
    void             * exinf;     /* X:扩展信息 */
    ID                 devid;     /* In:目标设备 ID */
    INT                cmd:4;     /* In:请求命令 */
    BOOL               abort:1;   /* In:终止请求时为 TRUE */
    BOOL               nolock:1;  /* In:不锁定(常驻)时为 TRUE */
    INT                rsv:26;    /* In:保留(总是 0) */
    T_TSKSPC           tskspc;    /* In:请求任务的任务固有空间 */
    W                  start;     /* In:起始数据编号 */
    W                  size;      /* In:请求大小 */
    void             * buf;       /* In:I/O 缓冲区地址 */
    W                  asize;     /* Out:结果的大小 */
    ER                 error;     /* Out:错误 */
/* 以下可以追加依赖于具体实现的其他成员变量 */
} T_DEVREQ;

/*
 *  设备请求数据包:64 位用
 *  In:设备处理函数的输入参数(由 T-Kernel/SM 的设备管理设置)
 *  Out:设备处理函数的输出参数(由设备处理函数设置)
 */
typedef struct t_devreq_d {
    struct t_devreq_d  * next;    /* In:请求数据包链表(NULL:表尾) */
    void               * exinf;   /* X:扩展信息 */
    ID                   devid;   /* In:目标设备 ID */
    INT                  cmd:4;   /* In:请求命令 */
    BOOL                 abort:1; /* In:终止请求时为 TRUE */
    BOOL                 nolock:1;/* In:不锁定(常驻)时为 TRUE */
    INT                  rsv:26;  /* In:保留(总是 0) */
    T_TSKSPC             tskspc;  /* In:请求任务的任务固有空间 */
    D                    start_d; /* In:起始数据编号,64 位 */
    W                    size;    /* In:请求大小 */
    void               * buf;     /* In:I/O 缓冲区地址 */
    W                    asize;   /* Out:结果的大小 */
    ER                   error;   /* Out:错误 */
/* 以下为具体实现可能追加的特定信息 */
} T_DEVREQ_D;
```

In:设备驱动程序的输入参数、由 T-Kernel/SM 的设备管理设置,设备驱动程序不能更改。设备管理开始时会把非输入参数(In:)清零,之后设备管理就不能对其进行更改。Out:设备驱动程序的输出参数,在驱动程序处理函数中进行设置。

next 指向下一个请求数据包。设备管理用它来管理请求数据包,并且等待完成函数(waitfn)和终止函数(abortfn)也会用到。

设备驱动程序可以自由使用 exinf。设备管理不关心 exinf 的内容。

devid 指定请求对象的设备 ID。

cmd 指定请求命令,如下:

```
cmd: = (TDC_READ || TDC_WRITE)
#define   TDC_READ    1   /* 读请求 */
#define   TDC_WRITE   2   /* 写请求 */
```

要进行终止处理的情况下,在调用终止处理函数(abortfn)之前将 abort 设置成 TRUE。abort 不表示处理已经终止,而是表示已经请求了终止处理。也有不调用终止处理函数(abortfn)但将 abort 设为 TRUE 的情况。向设备驱动程序传递 abort 为 TRUE 的请求,会进行终止处理。

nolock 表示调用方已经锁定缓冲区(常驻化),设备驱动程序不要再次锁定。(设备驱动进行锁定可能导致动作不正确时会设置 nolock。因此当 nolock=TRUE 时,设备驱动程序不能对缓冲区进行锁定)。

tskspc 指定请求任务的任务固有空间。由于处理函数在请求任务的上下文环境中运行,因此 tskspc 等同于处理函数的任务固有空间。但是,如果实际的 I/O 操作(对缓冲区的读/写操作)由设备驱动内别的任务来进行,需要将该任务的固有空间切换到请求任务的固有空间。

start、start_d、size 直接设为 tk_rea_dev()、tk_rea_dev_du()、tk_wri_dev()、tk_wri_dev_du()指定的 start 、start_d、size。

buf 直接设为 tk_rea_dev()、tk_rea_dev_du()、tk_wri_dev()、tk_wri_dev_du()指定的 buf。buf 指向的内存空间可能是非常驻内存空间,也可能是任务固有空间,因此,需要注意以下两点:

● 非常驻内存不能从任务独立部访问,也不能在切换禁止或中断禁止时访问。
● 任务固有空间不能从其他任务空间访问。

基于这些原因,必要时必须切换任务空间或将内存常驻化。尤其是中断处理程序直接访问时必须注意,一般情况下,中断处理程序最好不要直接访问 buf 缓冲区。另外,也有必要通过地址空间检查功能(ChkSpace~,详情后述)检查 buf 缓冲区的有效性。

asize 被设备驱动程序设为 tk_wai_dev()返回的 asize 的值。

error 被设备驱动程序设为作为 tk_wai_dev()返回值返回的错误码。正常的话为 E_OK。

T_DEVREQ 和 T_DEVREQ_D 的差别只是 start 和 start_d 的名称和数据类型

不同。

设备请求数据包的种类(T_DEVREQ 和 T_DEVREQ_D)取决于设备注册时的驱动程序属性 TDA_DEV_D。因此,一个驱动程序要求数据包的种类只能是 T_DEVREQ 和 T_DEVREQ_D 中的一种。

与 T-Kernel 1.0 的差异

T_DEVREQ 的 start、size、asize 的数据类型由 INT 型改为 W 型。另外,为了支持 64 位设备追加了 T_DEVREQ_D 类型的设备请求数据包。

(1) openfn——打开函数

C 语言接口

```
#include <tk/tkernel.h>
ER ercd = openfn(ID devid, UINT omode, void *exinf);
```

参　　数

ID	devid	Device ID	要打开设备的设备 ID
UINT	omode	Open Mode	打开模式(与 tk_opn_dev 相同)
void*	exinf	Extended Information	扩展信息

返回参数

ER	ercd	Error Code	错误码

错误码

其他	设备驱动程序返回的错误码

可用的上下文环境

任务部	准任务部	任务独立部
○	○	×

说　　明

openfn 在调用 tk_opn_dev 时被调用。

openfn 进行开始使用设备的处理。处理内容依设备而定,如无必要可以不做任何处理。设备驱动程序不必记住设备是否打开,也不必仅因为设备没打开(没有调用 openfn)而在其他处理函数被调用时返回错误。即使在没打开的状态下其他处理函数被调用,如果设备驱动可以正常运行,对请求进行处理也没有关系。

即使在 openfn 中进行设备初始化等操作,原则上也不应进行等待处理。必须尽快从 openfn 返回。比如需要设置串行回路通信模式的设备,可以在通过 tk_wri_dev 设置通信模式时初始化。不一定在 openfn 中初始化设备。

第 2 部分　T-Kernel 功能描述

同一设备被多重打开的情况下，通常只在第一次打开设备时调用 openfn。但如果设备注册时指定了 TDA_OPENREQ 属性，则每次打开设备时都会调用。

多重打开及打开模式相关的处理由设备管理完成，openfn 中不需要进行这些处理。omode 也只作为参考信息传递，不需要进行 omode 相关的处理。

openfn 作为调用 tk_opn_dev 任务的准任务部运行。即在请求任务为调用 tk_opn_dev 任务的准任务部的上下文环境中运行。

（2）closefn—关闭函数

C 语言接口

```
#include <tk/tkernel.h>
ER ercd = closefn(ID devid, UINT option, void *exinf);
```

参　数

ID	devid	Device ID	要关闭设备的设备 ID
UINT	option	Close Option	关闭选项（与 tk_cls_dev 相同）
void *	exinf	Extended Information	扩展信息

返回参数

| ER | ercd | Error Code | 错误码 |

错误码

| | 其他 | 设备驱动程序返回的错误码 |

可用的上下文环境

任务部	准任务部	任务独立部
○	○	×

说　明

closefn 在调用 tk_cls_dev 时被调用。

closefn 终止设备使用。处理内容依设备而定，如无必要可以不做任何处理。

如果设备能够弹出媒体且 option 中设置了 TD_EJECT，则弹出媒体。

即使在 closefn 中进行设备终止或弹出媒体操作，原则上也不应进行等待处理。必须尽快从 closefn 返回。如果弹出媒体很耗时，也可以不等待弹出结束就直接返回。

同一设备被多重打开的情况下，通常只在最后一次关闭设备时调用 closefn。但如果设备注册时指定了 TDA_OPENREQ 属性，则每次关闭设备时都会调用。但即使这种情况也只能在最后一次关闭时在 option 中指定 TD_EJECT。

多重打开及打开模式相关的处理由设备管理完成，closefn 中没有必要进行这些处理。

closefn 作为调用 tk_cls_dev 任务的准任务部运行。因 cleanup 处理导致设备关闭时，在 cleanup 函数的上下文环境中即作为调用 tk_cln_ssy 任务的准任务部运行。

(3) execfn——处理开始函数

C 语言接口

```
/* 处理开始函数(32 位请求数据包,毫秒超时时限)*/
ER ercd = execfn ( T_DEVREQ * devreq , TMO tmout , void * exinf );
/* 处理开始函数(64 位请求数据包,毫秒超时时限)*/
ER ercd = execfn ( T_DEVREQ_D * devreq_d , TMO tmout , void * exinf );
/* 处理开始函数(32 位请求数据包,微秒超时时限)*/
ER ercd = execfn ( T_DEVREQ * devreq , TMO_U tmout_u , void * exinf );
/* 处理开始函数(64 位请求数据包,微秒超时时限)*/
ER ercd = execfn ( T_DEVREQ_D * devreq_d , TMO_U tmout_u , void * exinf );
```

参　　数

T_DEVREQ *	devreq	Device Request Packet	请求数据包(32 位)
T_DEVREQ_D *	devreq	Device Request Packet	请求数据包(64 位)
TMO	tmout	Timeout	超时时限(毫秒)
TMO_U	tmout_u	Timeout	超时时限(微秒)
void *	exinf	Extended Information	扩展信息

返回参数

ER	ercd	Error Code	错误码

错误码

其他	设备驱动程序返回的错误码

说　　明

execfn 在调用 tk_rea_dev 或 tk_wri_dev 时被调用。

execfn 启动 devreq 所请求的处理。仅启动处理,不等待处理结束即返回。启动处理所需要的时间取决于设备驱动程序,不必立即结束。

无法接受新的处理时,进入等待处理的状态。在 tmout 指定的时间内请求仍未得到处理则超时。tmout 可以指定为 TMO_POL 或 TMO_FEVR。超时返回 E_TMOUT,请求数据包的 error 不改变。超时时限到请求被接受为止,接受之后的处理不会导致超时。

如果 execfn 返回错误,请求被视为未接受,请求数据包被丢弃。

处理被终止的情况下,如果终止发生在请求被接受之前(开始处理前),execfn 返回 E_ABORT,请求数据包被丢弃。如果终止发生在请求被接受之后,返回 E_OK,请求数据包在执行 waitfn 确认处理结束后丢弃。

如果请求的是终止处理,必须尽快从 execfn 中返回。即使不终止处理也会马上结束的情况下,可以不进行终止处理。

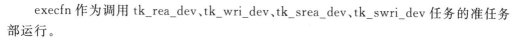

execfn 作为调用 tk_rea_dev、tk_wri_dev、tk_srea_dev、tk_swri_dev 任务的准任务部运行。

对于在设备注册时指定了 TDA_DEV_D 属性的设备驱动程序,在调用 tk_rea_dev 或 tk_wri_dev 时处理开始函数(64 位请求数据包,毫秒超时时限)execfn 被调用。此时,除了参数请求数据包是 64 位的 T_DEVREQ_D * devreq_d,函数的规范和 32 位请求数据包、毫秒超时时限的 execfn 相同。

对于在设备注册时指定了 TDA_TMO_U 属性的设备驱动程序,在调用 tk_rea_dev 或 tk_wri_dev 时处理开始函数(32 位请求数据包,微秒超时时限)execfn 被调用。此时,除了参数超时时限是微秒单位的 TMO_U tmout_u,函数的规范和 32 位请求数据包、毫秒超时时限的 execfn 相同。

对于在设备注册时指定了 TDA_DEV_D 属性和 TDA_TMO_U 属性的设备驱动程序,在调用 tk_rea_dev 或 tk_wri_dev 时处理开始函数(64 位请求数据包,微秒超时时限)execfn 被调用。此时,除了参数请求数据包是 64 位的 T_DEVREQ_D * devreq_d,参数超时时限是微秒单位的 TMO_U tmout_u,函数的规范和 32 位请求数据包、毫秒超时时限的 execfn 相同。

与 T-Kernel 1.0 的差异

处理开始函数(64 位请求数据包,毫秒超时时限)、处理开始函数(32 位请求数据包,微秒超时时限)、处理开始函数(64 位请求数据包,微秒超时时限)为 T-Kernel 2.0 追加的函数。

(4)waitfn—等待完成函数

C 语言接口

```
/* 等待完成函数(32 位请求数据包,毫秒超时时限)*/
INT creqno = waitfn ( T_DEVREQ * devreq , INT nreq , TMO tmout , void * exinf );
/* 等待完成函数(64 位请求数据包,毫秒超时时限)*/
INT creqno = waitfn ( T_DEVREQ_D * devreq_d , INT nreq , TMO tmout , void * exinf );
/* 等待完成函数(32 位请求数据包,微秒超时时限)*/
INT creqno = waitfn ( T_DEVREQ * devreq , INT nreq , TMO_U tmout_u , void * exinf );
/* 等待完成函数(64 位请求数据包,微秒超时时限)*/
INT creqno = waitfn ( T_DEVREQ_D * devreq_d , INT nreq , TMO_U tmout_u , void * exinf );
```

参　数

T_DEVREQ *	devreq	Device Request Packet	请求数据包链表(32 位)
T_DEVREQ_D *	devreq	Device Request Packet	请求数据包链表(64 位)
INT	nreq	Number Of Request	请求数据包数量
TMO	tmout	Timeout	超时时限(毫秒)
TMO_U	tmout_u	Timeout	超时时限(微秒)
void *	exinf	Extended Information	扩展信息

返回参数

| INT | creqno 或 | Completed Request Packet Number Error Code | 完成的请求数据包编号 错误码 |

错误码

其他　　设备驱动程序返回的错误码

说　明

waitfn 在调用 tk_wai_dev 时被调用。

devreq 是通过 devreq－＞next 链接的请求数据包链表，等待从 devreq 开始 nreq 个请求中任意一个处理完成。因为链表最后的 next 不一定为 NULL，因此必须用 nreq 指定数量。返回值返回已完成请求的编号（devreq 开始第几个）。第一个编号为 0，最后一个为 nreq－1。此处的完成指正常结束/异常（错误）结束/终止之中任意一种。

tmout 指定等待完成的超时时限，可以设为 TMO_POL 或 TMO_FEVR。即使超时，所请求的处理也在继续进行中。超时返回 E_TMOUT，请求数据包的 error 不改变。并且，所请求的处理还在继续中就从 waitfn 中返回的情况下，必须返回错误；返回错误不等于处理终止，处理继续中必须返回错误。waitfn 返回错误表示请求正在处理中，不丢弃请求数据包。而如果返回已完成请求的编号，则表示该请求的处理已经完成，请求数据包被丢弃。

I/O 错误等设备相关的错误保存于请求数据包的 error 参数中，waitfn 返回的是不能正常等待时的错误。waitfn 的返回值会成为 tk_wai_dev 的返回值，而请求数据包的 error 通过 ioer(tk_wai_dev 的输出参数)返回。

终止处理在等待单一请求（waitfn 的 nreq＝1）的情况下和等待多个请求（waitfn 的 nreq〉1)的情况下是不同的。等待单一请求时，当前处理被终止。而等待多个请求时，不是终止处理，而是终止等待。也就是说即使 abortfn 被执行，请求数据包的 abort 也一直保持 FALSE 状态，继续进行请求的处理。多个请求的等待被终止时（等待解除），返回 E_ABORT。

在等待完成的请求中，可能有终止请求的请求数据包的 abort 被设为 TRUE 的情况。此时，如果是等待单一请求，那么必须进行终止处理；如果等待的是多个请求，虽然最好也进行终止处理，但忽略 abort 标识也可以。

请求终止时，尽快从 waitfn 中返回非常重要。在不终止处理也会马上结束的情况下，可以不终止就返回。

处理被终止时，原则上请求数据包的 error 返回 E_ABORT；但也可以返回符合设备特性的其他错误。并且也可以返回 E_OK 以表示终止之前的处理都有效。此外，虽然有终止请求但处理仍然正常结束的情况下，返回 E_OK。

waitfn 作为调用 tk_wai_dev、tk_srea_dev、tk_swri_dev 任务的准任务部运行。

对于在设备注册时指定了 TDA_DEV_D 属性的设备驱动程序，在调用 tk_wai_dev()

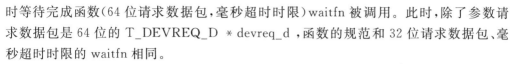

时等待完成函数(64 位请求数据包,毫秒超时时限)waitfn 被调用。此时,除了参数请求数据包是 64 位的 T_DEVREQ_D * devreq_d,函数的规范和 32 位请求数据包、毫秒超时时限的 waitfn 相同。

对于在设备注册时指定了 TDA_TMO_U 属性的设备驱动程序,在调用 tk_wai_dev()时等待完成函数(32 位请求数据包,微秒超时时限)waitfn 被调用。此时,除了参数超时时限是微秒单位的 TMO_U tmout_u,函数的规范和 32 位请求数据包、毫秒超时时限的 waitfn 相同。

对于在设备注册时指定了 TDA_DEV_D 属性和 TDA_TMO_U 属性的设备驱动程序,在调用 tk_wai_dev()时等待完成函数(64 位请求数据包,微秒超时时限)waitfn 被调用。此时,除了参数请求数据包是 64 位的 T_DEVREQ_D * devreq_d、参数超时时限是微秒单位的 TMO_U tmout_u,函数的规范和 32 位请求数据包、毫秒超时时限的 waitfn 相同。

与 T-Kernel 1.0 的差异

等待完成函数(64 位请求数据包,毫秒超时时限)、等待完成函数(32 位请求数据包,微秒超时时限)、等待完成函数(64 位请求数据包,微秒超时时限)为 T-Kernel 2.0 追加的函数。

(5) abortfn—终止处理函数

C 语言接口

```
/* 终止处理函数(32 位请求数据包)*/
ER ercd = abortfn ( ID tskid , T_DEVREQ * devreq , INT nreq , void * exinf );
/* 终止处理函数(64 位请求数据包)*/
ER ercd = abortfn ( ID tskid , T_DEVREQ_D * devreq_d , INT nreq , void * exinf );
```

参　数

ID	tskid	Task ID	正在执行 execfn 或 waitfn 的任务的任务 ID
T_DEVREQ *	devreq	Device Request Packet	请求数据包链表(32 位)
T_DEVREQ_D *	devreq_d	Device Request Packet	请求数据包链表(64 位)
INT	nreq	Number Of Request Packets	请求数据包数量
void *	exinf	Extended Information	扩展信息

返回参数

| ER | ercd | Error Code | 错误码 |

错误码

| 其他 | 设备驱动程序返回的错误码 |

说　明

abortfn 使正在运行指定请求的 execfn 或 waitfn 迅速返回。一般情况下,终止处理中的请求后返回。但在不终止处理也会很快结束的情况下,也不一定要终止。重要的是尽快地从 execfn 或 waitfn 中返回。

abortfn 在以下情况下被调用:
- 任务产生异常导致 break 函数运行时,如果产生异常的任务提交的请求正在处理中,终止这些处理。
- tk_cls_dev()或子系统的 cleanup 处理关闭设备时,如果向这些设备(设备描述符)提交的请求正在处理中,终止这些处理。

tskid 为正在运行 devreq 指定请求的任务。即正在运行 execfn 或 waitfn 的任务。devreq、nreq 和传递给 execfn 或 waitfn 的参数相同。execfn 的情况下 nreq 总为 1

abortfn 被正在运行 execfn 或 waitfn 的任务以外的任务调用。因为两个任务并行运行,因此必须进行必要的排他控制。此外,abortfn 调用可能刚好发生调用 execfn 或 waitfn 之前,或者从这两个函数返回的途中,必须考虑这种情况下也能正确运行。因为在调用 abortfn 之前将终止处理对象的请求数据包的 abort 标识设为 TRUE,所以 execfn 或 waitfn 可以通过这个标识知道是否有终止请求。而且,可以在 abortfn 中对任何对象使用 tk_dis_wai()。

对于正在运行等待多个请求(nreq〉1)的 waitfn 的情况,处理比较特殊。和其他情况的不同之处在于:
- 不终止对请求的处理,只终止等待(解除等待)。
- 不设置请求数据包的 abort 标识(保持 abort＝FALSE)。

此外,execfn 和 waitfn 没有运行而请求被终止的情况下,不调用 abortfn,而是设置请求包的 abort 标识。abort 被设置的状态下,如果调用 execfn,请求将不被接受;如果调用 waitfn,则其终止处理和调用 abortfn 时相同。

请求的处理已通过 execfn 启动,但在调用 waitfn 等待完成之前处理就被终止的情况下,调用 waitfn 会通知处理已终止。即使处理被终止,请求数据包也会保留到通过 waitfn 确认处理完成后才丢弃。

abortfn 只启动终止处理,不等待终止处理完成就尽快返回。

任务异常时调用的 abortfn 作为调用 tk_ras_tex 挑起任务异常的任务的准任务部运行。另外,设备关闭时调用的 abortfn 作为调用 tk_cls_dev 的任务的准任务部运行。因 cleanup 处理导致设备关闭时,在 cleanup 函数的上下文环境中,即调用 tk_cln_ssy 的任务的准任务部运行。

对于在设备注册时指定了 TDA_DEV_D 属性的设备驱动程序,如果想从正在运行的处理开始函数 execfn 或等待完成函数 waitfn 中迅速返回就要调用终止处理函数(64 位请求数据包)abortfn。此时,除了参数请求数据包是 64 位的 T_DEVREQ_D * devreq_d ,函数的规范和 32 位请求数据包的 abortfn 相同。

与 T-Kernel 1.0 的差异

终止处理函数(64 位请求数据包)为 T-Kernel 2.0 追加的函数。

(6) eventfn—事件处理函数

C 语言接口

```
INT retcode = eventfn(INT  evttyp,void * evtinf,void * exinf);
```

参　　数

INT	evttyp	Event Type	驱动程序请求的事件类型
void *	evtinf	Event Information	依事件类型而定的事件信息
void *	exinf	Extended Information	扩展信息

返回参数

INT	retcode	Return Code	每个事件类型定义的返回值
	或	Error Code	错误码

错误码

其他　　　　设备驱动程序返回的错误码

说　　明

　　有些设备或系统的状态变化不是因通过应用程序接口进行的一般的设备 I/O 处理引起的,针对这些状态变化设备驱动程序会发出一些处理请求,触发驱动程序请求事件,调用事件函数 eventfn。

　　设备请求事件在电源管理的挂起/恢复时(请参阅 tk_sus_dev)或连接 USB、PC 卡这种热插拔设备时发生。

　　例如,调用 tk_sus_dev 导致系统挂起时,在 T-Kernel 内部(tk_sus_dev 处理中)触发挂起的设备驱动请求事件(TDV_SUSPEND)、evttyp＝TDV_SUSPEND 情况下调用各设备的事件处理函数。各设备的事件处理函数中进行挂起时的状态保存等处理。

　　驱动程序请求事件类型如下。

```
#define    TDV_SUSPEND    (-1)   /* 挂起 */
#define    TDV_RESUME     (-2)   /* 恢复 */
#define    TDV_CARDEVT     1     /* PC 卡事件 */
#define    TDV_USBEVT      2     /* USB */
```

　　上述负值的设备驱动程序请求事件是挂起/恢复时的处理等 T-Kernel/SM 的设备管理内部使用的事件类型。

　　上述正值的设备驱动程序请求事件(TDV_CARDEVT、TDV_USBEVT)是因调用 tk_evt_dev 引起的,与 T-Kernel 的动作没有直接关系。这些驱动程序请求事件可以在实现 USB 或 PC 卡的总线驱动程序时使用。

　　事件处理函数进行的处理依事件类型而定。挂起/恢复处理请参阅 5.3.3 小节的详细说明。

通过 tk_evt_dev() 调用 eventfn 时，eventfn 直接返回 tk_evt_dev() 的返回值。

必须尽快处理提交给事件处理函数的请求，即使其他请求正在处理中，该请求也会被接受。

eventfn 作为调用 tk_evt_dev 或 tk_sus_dev 的任务的准任务部运行。

补充说明

假定 PC 卡事件和 USB 事件的动作如下所示。

但是下面只是对 PC 卡和 USB 设备驱动程序的实现例子进行说明，并不属于 T-Kernel 规范。

连接 USB 设备时，实际进行 I/O 处理的驱动程序类必须能够动态的支持该 USB 设备。

例如，连接 USB 存储器等存储设备时，海量存储类设备驱动程序进行该设备的 I/O 处理。而连接 USB 摄像头时，视频类设备驱动程序进行该设备的 I/O 处理。USB 设备连接上以后才能知道应该使用哪种设备驱动程序。

此时，为了实现设备驱动程序类对相应的 USB 设备的支持，使用 USB 连接的驱动程序请求事件和各设备驱动程序的事件函数。具体情况就是当对 USB 端口进行监视的 USB 总线驱动程序（USB 管理器）检测出有新的 USB 设备连接时，向作为驱动程序类候选的各设备驱动程序发送 USB 连接的驱动程序请求事件（TDV_USBEVT），调用各设备的事件函数。

各设备的事件函数以 TDV_USBEVT 应答的形式返回是否支持新连接的 USB 设备。USB 总线驱动程序根据该返回值决定实际使用的驱动程序类。

PC 卡连接时的处理和上述相同。

3. 设备事件通知

设备驱动程序把各设备产生的事件作为设备事件通知发送到特定的消息缓冲区（事件通知消息缓冲区）。事件通知消息缓冲区的 ID 是作为各设备的 TDN_EVENT 的属性数据获取或者设置的。

设备注册后使用系统缺省的事件通知消息缓冲区。设备驱动程序启动时，通过 tk_def_dev 注册设备，系统缺省的事件通知消息缓冲区 ID 作为该 API 的返回参数返回，设备驱动程序保存该值并作为属性数据 TDN_EVENT 的初始值。

系统缺省的事件通知消息缓冲区是在系统启动时创建的，其大小和消息的最大长度由系统配置信息的 TDEvtMbfSz 定义。

设备事件通知的形式如下。事件通知的内容和大小依事件类型的不同而不同。

(1) 设备事件通知的基本形式

```
typedef struct t_devevt {
    TDEvtTyp    evttyp;    /* 事件类型 */
    /* 以下可追加其他依事件类型而定的信息 */
```

} T_DEVEVT;

(2) 带设备 ID 的设备事件通知的形式

```
typedef struct t_devevt_id {
    TDEvtTyp    evttyp;      /* 事件类型 */
    ID          devid;       /* 设备 ID */
    /* 以下可追加其他依事件类型而定的信息 */
} T_DEVEVT_ID;
```

带扩展信息的设备事件通知的形式

```
typedef struct t_devevt_ex {
    TDEvtTyp evttyp ;   /* 事件类型 */
    ID devid ;          /* 设备 ID */
    UB exdat [16];      /* 扩展信息 */
    /* 以下可追加其他依事件类型而定的信息 */
} T_DEVEVT_EX ;
```

设备事件通知的事件类型分为以下几类:

① 基本事件通知(事件类型 0x0001~0x002F):设备发送的基本事件通知。

② 系统事件通知(事件类型 0x0030~0x007F):电源控制等与整个系统有关的事件通知。

③ 带扩展信息的事件通知(事件类型 0x0080~0x00FF):带扩展信息的设备发送的事件通知。

④ 用户定义事件通知(事件类型 0x0100~0xFFFF):用户可以自由定义内容的事件通知。

典型的事件类型如下所示。各事件的详细说明以及其他的事件类型请参阅设备驱动程序的相关规范和 7.1.3 小节。

```
typedef enum tdevttyp {
    TDE_unknown      = 0,       /* 未定义 */
    TDE_MOUNT        = 0x01,    /* 媒体插入 */
    TDE_EJECT        = 0x02,    /* 媒体弹出 */
    TDE_POWEROFF     = 0x31,    /* 电源关闭 */
    TDE_POWERLOW     = 0x32,    /* 电量不足警告 */
    TDE_POWERFALL    = 0x33,    /* 电源故障 */
    TDE_POWERSUS     = 0x34,    /* 自动挂起 */
} TDEvtTyp;
```

事件通知用消息缓冲区已满导致无法发送事件通知时,必须避免对接收方产生不良影响。可以等待消息缓冲区有可用空间,但这种情况下,原则上不应延迟其他的设备驱动处理。而接收方必须尽可能的避免消息缓冲区溢出。

与 T-Kernel 1.0 的差异

对设备事件通知使用的消息类型和事件类型的说明进行了整理。

4. 设备挂起/恢复处理

通过向事件处理函数（eventfn）发送挂起/恢复（TDV_SUSPEND/TDV_RESUME）事件，进行各设备驱动程序的挂起和恢复处理。挂起和恢复只针对物理设备。

(1) TDV_SUSPEND　挂起设备

```
evttyp = TDV_SUSPEND
evtinf = NULL(无)
```

挂起处理的步骤如下：

① 如果有请求正在处理中，可以等待处理结束，也可以暂停或终止。选择何种方法由设备驱动程序决定，但原则上必须尽快挂起。因此，在等待完成处理很耗时的情况下，必须暂停或终止处理。

挂起虽然是针对物理设备的事件，但对该物理设备所包含的全部逻辑设备也需做相同处理。

暂停：处理暂时中断，设备恢复后继续进行。

终止：和通过终止处理函数（abortfn）终止一样终止处理，设备恢复后也不再进行。

② 不再接受恢复事件之外的新请求。

③ 执行切断设备电源等挂起处理。

考虑到终止对应用程序的影响很大，应尽量避免。只有在等待串行回路的长时间输入等，且很难暂停的情况下，才使用终止。一般等待请求完成，或在可以实现的前提下暂停。

挂起期间向设备驱动程序提交的请求将进入等待，待设备恢复后再接受处理。但无需访问设备等在挂起中也能进行的处理也可以接受。

(2) TDV_RESUME　恢复设备

```
evttyp = TDV_RESUME
evtinf = NULL(无)
```

恢复处理的步骤如下：

① 执行设备重新通电，恢复设备状态等设备恢复处理。

② 恢复暂停的处理。

③ 重新接受请求。

5. 磁盘设备的特殊性

磁盘设备在虚拟内存系统中起特殊作用。为了在内存和磁盘之间进行数据传输以实现虚拟内存，OS（T-Kernel Extension 等中进行虚拟内存处理的部分）需要调用磁盘驱动程序。

在访问非常驻内存,而该内存的内容要从磁盘读入(页面调入)的情况下,OS 需要和磁盘进行数据传输。此时 OS 会调用磁盘驱动程序。

如果磁盘驱动程序访问了非常驻内存,OS 还是必须调用磁盘驱动程序。因此,OS 可能再次对因访问非常驻内存正在等待页面调入的磁盘驱动程序提出新的访问磁盘的请求。这种情况下,磁盘驱动程序必须能够处理这个后来的 OS 的请求。

类似情况也可能在挂起处理中出现。挂起处理中因访问非常驻内存而调用磁盘驱动程序时,该磁盘驱动程序已经被挂起,无法进行页面调入。为了避免这种情况,挂起处理应在挂起磁盘设备之前先挂起其他设备。但是,有多个磁盘设备时,它们的挂起顺序将是无法确定的。因此,磁盘驱动在挂起处理中不能访问非常驻内存。

基于上述限制,磁盘驱动程序中应该不使用(不访问)非常驻内存。但是,因为 tk_rea_dev()、tk_wri_dev() 的输入输出缓冲区(buf)由调用方指定,是非常驻内存的可能性依然存在。因此在进行输入输出操作的期间,需要将输入输出缓冲区常驻化(参见 LockSpace)。

5.4 中断管理功能

T-Kernel/SM 的中断管理功能提供外部中断禁止或允许,中断禁止状态获取和中断控制器控制的功能。

中断处理很大程度上取决于硬件,依系统不同而不同,很难标准化。本节的内容是作为标准规范给出,但有些系统可能很难按这个规范实现。具体实现应当尽可能符合规范,但无法实现的部分也可以不实现。也可以增加标准规范中没有的功能,这种情况下,函数名必须与标准规范中的函数名不同。任何情况下,DI()、EI()和 isDI()都必须按照标准规范进行实现。

中断管理功能以库函数或 C 语言宏的方式提供,可以在任务独立部中,切换禁止或中断禁止时调用。

5.4.1 CPU 中断控制

CPU 中断控制函数用于控制 CPU 外部中断标志。通常不会对中断控制器进行操作。DI()、EI()和 isDI()是 C 语言宏。

1. 禁止外部中断

C 语言接口

```
#include <tk/tkernel.h>
DI(UINT intsts);
```

参　数

　　UINT　intsts　Interrupt Status　　　保存 CPU 外部中断标识

返回参数

　　无

错误码

　　无

可用的上下文环境

任务部	准任务部	任务独立部
○	○	○

说　明

　　控制 CPU 内的外部中断标识，禁止所有外部中断。中断禁止前标识的状态保存到 intsts 中。

　　此 API 定义为 C 语言的宏，intsts 为非指针类型。直接描述为变量。

2. EI—允许外部中断

C 语言接口

　　#include <tk/tkernel.h>
　　EI(UINT　intsts);

参　数

　　UINT　intsts　Interrupt Status　　　保存 CPU 外部中断标识

返回参数

　　无

错误码

　　无

可用的上下文环境

任务部	准任务部	任务独立部
○	○	○

说　明

　　控制 CPU 内的外部中断标识，恢复到 intsts 的状态。即还原到调用 DI(intsts) 禁止中断前的状态。

　　在允许外部中断的状态下执行 DI(intsts) 之后，执行 EI(intsts) 会再次进入允许外部中断的状态。如果用 DI(intsts) 禁止中断之前已经处于中断禁止状态，执行 EI(intsts) 也无法允许中断。但是，指定 intsts 为 0 一定可以允许中断。

intsts 必须是调用 DI() 时保存的值或 0。指定其他值时操作将无法保证。

3. isDI—获取外部中断禁止状态

C 语言接口

　　＃include <tk/tkernel.h>
　　BOOL disint = isDI(UINT intsts);

参　数

　　UINT　　intsts　　Interrupt Status　　　　保存 CPU 外部中断标识

返回参数

　　BOOL　　disint　　Interrupts Disabled Status　　外部中断禁止状态

错误码

　　无

可用的上下文环境

任务部	准任务部	任务独立部
○	○	○

说　明

　　检查 intsts 保存的 CPU 中的外部中断标识的状态，如果判断 T-Kernel/OS 处于中断禁止状态返回 TRUE(0 以外的值)，如果判断处于中断允许状态返回 FALSE。

　　intsts 必须是调用 DI() 时保存的值。指定其他值时操作将无法保证。

例 5.4　isDI 的使用例子

```
void foo()
    {
    UINT intsts;
    DI(intsts);
    if(isDI(intsts)){
        /＊函数调用时处于中断禁止状态＊/
    } else {
        /＊函数调用时处于中断允许状态＊/
    }
    EI(intsts);
}
```

5.4.2　中断控制器控制

　　控制中断控制器。一般不会修改 CPU 中断标识。

```
typedef UINT    INTVEC;      /*中断向量*/
```

中断向量(INTVEVC)的具体内容取决于实现方法。但最好和 tk_def_int()指定的中断号相同,或可以用简单的方法进行相互转换。

1. DINTNO—转换中断向量为中断号

C 语言接口

```
#include <tk/tkernel.h>
UINT dintno = DINTNO( INTVEC intvec);
```

参　数

　　UINT   intvec   Interrupt Vector   中断向量

返回参数

　　UINT   dintno   Interrupt Handler Number   中断号

错误码

　　无

可用的上下文环境

任务部	准任务部	任务独立部
○	○	○

说　明

将中断向量转换成中断号。

2. EnableInt—允许中断

C 语言接口

```
#include <tk/tkernel.h>
void EnableInt( INTVEC intvec);
void EnableInt( INTVEC intvec, INT level);
```

参　数

　　INTVEC   intvec   Interrupt Vector   中断向量
　　INT   level   Interrupt Priority Level   中断优先级

返回参数

　　无

错误码

　　无

可用的上下文环境

任务部	准任务部	任务独立部
○	○	○

说　明

允许产生 intvec 指定的中断。在可以指定中断优先级的系统中,用参数 level 指定优先级。level 的具体意义取决于实现方法。

从有 level 和无 level 两种方法中选择一种实现。

3. DisableInt—禁止中断

C 语言接口

```
#include <tk/tkernel.h>
void DisableInt(INTVEC intvec);
```

参　数

INTVEC　intvec　　　Interrupt Vector　　　中断向量

返回参数

无

错误码

无

可用的上下文环境

任务部	准任务部	任务独立部
○	○	○

说　明

禁止 intvec 指定的中断。一般情况下,中断禁止状态中产生的中断将被保留,在 EnableInt() 允许中断后进行处理。使用 ClearInt() 清除中断禁止状态中产生的中断。

4. ClearInt—清除中断

C 语言接口

```
#include <tk/tkernel.h>
void ClearInt(INTVEC intvec);
```

参　数

INTVEC　intvec　　　Interrupt Vector　　　中断向量

返回参数

无

错误码

无

可用的上下文环境

任务部	准任务部	任务独立部
○	○	○

说　明

清除 intvec 指定的中断。

5. EndOfInt—向中断控制器发送 EOI 通知

C 语言接口

```
#include <tk/tkernel.h>
void EndOfInt(INTVEC intvec);
```

参　数

| INTVEC | intvec | Interrupt Vector | 中断向量 |

返回参数

无

错误码

无

可用的上下文环境

任务部	准任务部	任务独立部
○	○	○

说　明

向中断控制器发出 EOI（中断结束）通知。intvec 必须是作为 EOI 发送目标的中断。通常是在中断处理程序的最后调用本函数。

6. CheckInt—检查中断的产生

C 语言接口

```
#include <tk/tkernel.h>
BOOL rasint = CheckInt(INTVEC intvec);
```

参　数

| INTVEC | intvec | Interrupt Vector | 中断向量 |

返回参数

| BOOL | rasint | Interrupt Raised Status | 外部中断产生状态 |

错误码

无

可用的上下文环境

任务部	准任务部	任务独立部
○	○	○

说　明

检查 intvec 指定的中断是否已经产生。已经产生则返回 TRUE(非 0 值)，否则返回 FALSE。

7. SetIntMode—设置中断模式

C 语言接口

```
#include <tk/tkernel.h>
void SetIntMode ( INTVEC intvec , UINT mode );
```

参　数

```
INTVEC   intvec    Interrupt Vector      中断向量
UINT     mode      Mode                  中断模式
```

返回参数

无

错误码

无

可用的上下文环境

任务部	准任务部	任务独立部
○	○	○

说　明

设置 intvec 指定的中断为 mode 模式。

可以设置的功能或 mode 的指定方法取决于具体实现。可以设置的功能的例子如下所示。

```
#define IM_LEVEL   x0002  /* 触发电平 */
#define IM_EDGE    x0000  /* 边沿触发 */
#define IM_HI      x0000  /* H电平/上升沿中断 */
#define IM_LOW     x0001  /* L电平/下降沿中断 */
```

指定错误 mode 时无法保证动作的正确性。

与 T-Kernel 1.0 的差异

T-Kernel 2.0 追加的系统调用。

5.5 I/O 端口访问支持功能

I/O 端口访问支持功能提供访问或操作输入输出设备的支持功能。包含对指定地址的 I/O 端口进行字节单位或字单位的读取或者写入功能、操作输入输出设备时等的短时间等待（高精度延迟）的功能。

I/O 端口访问支持功能以库函数或 C 语言宏的方式提供，可以在任务独立部中，在切换禁止或中断禁止状态时调用。

5.5.1 访问 I/O 端口

在 I/O 空间独立于内存空间的系统中，I/O 端口访问函数用于访问 I/O 空间。在只有内存映射 I/O 的系统中，I/O 端口访问函数用于访问内存空间。为了提高软件的可移植性和可读性，在只有内存映射 I/O 的系统中也可以使用这些函数。

1. out_b—写入 I/O 端口（字节）

C 语言接口

```
#include <tk/tkernel.h>
void out_b(INT port, UB data);
```

参　数

| INT | port | I/O Port Address | I/O 端口地址 |
| UB | data | Write Data | 写入数据（字节） |

返回参数

无

错误码

无

可用的上下文环境

任务部	准任务部	任务独立部
○	○	○

说　明

向地址为 port 的 I/O 端口写入字节单位（8 位）的数据 data。

2. out_h—写入 I/O 端口(半字)

C 语言接口

♯include <tk/tkernel.h>
void out_h(INT port, UH data);

参　数

| INT | port | I/O Port Address | I/O 端口地址 |
| UH | data | Write Data | 写入数据(半字) |

返回参数

　无

错误码

　无

可用的上下文环境

任务部	准任务部	任务独立部
○	○	○

说　明

　向地址为 port 的 I/O 端口写入半字单位(16 位)的数据 data。

3. out_w—写入 I/O 端口(字)

C 语言接口

♯include <tk/tkernel.h>
void out_w(INT port, UW data);

参　数

| INT | port | I/O Port Address | I/O 端口地址 |
| UW | data | Write Data | 写入数据(字) |

返回参数

　无

错误码

　无

可用的上下文环境

任务部	准任务部	任务独立部
○	○	○

说　明

　向地址为 port 的 I/O 端口写入字单位(32 位)的数据 data。

4. out_d—写入 I/O 端口(双字)

C 语言接口

```
#include <tk/tkernel.h>
void out_d(INT port, UD data);
```

参　　数

INT	port	I/O Port Address	I/O 端口地址
UD	data	Write Data	写入数据(双字)

返回参数

无

错误码

无

可用的上下文环境

任务部	准任务部	任务独立部
○	○	○

说　　明

向地址为 port 的 I/O 端口写入双字单位(64 位)的数据 data。

对于由于硬件的制约不能一次通过 I/O 端口进行双字单位(64 位)访问的系统,可用小于双字(64 位)的单位进行分割处理。

设计理由

I/O 用数据总线宽度小于 32 位等情况下,有很多系统由于硬件的制约不能通过 I/O 端口进行双字单位(64 位)的访问。这样的系统不能实现严格遵循一次处理指定位宽数据的 out_d()或 in_d(),所以该 API 最初的目的是希望不实现 out_d()和 in_d(),或者实现时返回错误。然而,在运行时判断总线配置并检测错误是不现实的,而且在很多情况下即使将 64 位的数据分割成 32 位以下的单位进行处理也不会出问题。

在这种情况下,out_d()或 in_d()的规范允许不能一次处理 64 位数据的情况。因此,out_d()或 in_d()是否保证一次通过 I/O 端口进行 64 位访问取决于具体实现。如果需要一次通过 I/O 端口进行 64 位访问就必须对系统的硬件配置和 out_d()、in_d()的处理方法进行确认。

与 T-Kernel 1.0 的差异

T-Kernel 2.0 追加的系统调用。

5. in_b—读取 I/O 端口(字节)

C 语言接口

```
#include <tk/tkernel.h>
```

```
UB data = in_b(INT port);
```

参　数

| INT | port | I/O Port Address | I/O 端口地址 |

返回参数

| UB | data | Read Data | 读取的数据(字节) |

错误码

无

可用的上下文环境

任务部	准任务部	任务独立部
○	○	○

说　明

将从地址为 port 的 I/O 端口读出的字节单位(8 位)的数据返回到 data。

6. in_h—读取 I/O 端口(半字)

C 语言接口

```
#include <tk/tkernel.h>
UH data = in_h(INT port);
```

参　数

| INT | port | I/O Port Address | I/O 端口地址 |

返回参数

| UH | data | Read Data | 读取的数据(半字) |

错误码

无

可用的上下文环境

任务部	准任务部	任务独立部
○	○	○

说　明

将从地址为 port 的 I/O 端口读出的半字单位(16 位)的数据返回到 data。

7. in_w—读取 I/O 端口(字)

C 语言接口

```
#include <tk/tkernel.h>
```

UW data = in_w(INT port);

参　数

　　INT　　port　　　　I/O Port Address　　　　I/O 端口地址

返回参数

　　UW　　data　　　　Read Data　　　　　　　读取的数据(字)

错误码

　　无

可用的上下文环境

任务部	准任务部	任务独立部
○	○	○

说　明

将从地址为 port 的 I/O 端口读出的字单位(32 位)的数据返回到 data。

8. in_d—读取 I/O 端口(双字)

C 语言接口

```
#include <tk/tkernel.h>
UD data = in_d(INT port);
```

参　数

　　INT　　port　　　　I/O Port Address　　　　I/O 端口地址

返回参数

　　UD　　data　　　　Read Data　　　　　　　读取的数据(双字)

错误码

　　无

可用的上下文环境

任务部	准任务部	任务独立部
○	○	○

说　明

将从地址为 port 的 I/O 端口读出的双字单位(64 位)的数据返回到 data。

对于由于硬件的制约不能一次通过 I/O 端口进行双字单位(64 位)访问的系统,可用小于双字(64 位)的单位进行分割处理。

第 2 部分　T-Kernel 功能描述

设计理由

请参阅 5.5.1 小节中 out.d 的详细说明。

与 T-Kernel 1.0 的差异

T-Kernel 2.0 追加的系统调用。

5.5.2　高精度延迟

1. WaitUsec—高精度延迟(微秒)

C 语言接口

```
#include <tk/tkernel.h>
void WaitUsec(UINT usec);
```

参　数

UINT　usec　　　Micro Seconds　　延迟时间(微秒)

返回参数

无

错误码

无

可用的上下文环境

任务部	准任务部	任务独立部
○	○	○

说　明

延迟指定的时间(μs)。

通常用忙循环(busy-loop)实现这些延迟。即不是使内核进入等待状态而是在运行状态进行高精度延迟。

很容易受运行环境的影响,如是在 RAM 还是 ROM 上运行、高速缓存启动还是关闭等。因此,这些等待时间并不是非常准确。

2. WaitNsec—高精度延迟(纳秒)

C 语言接口

```
#include <tk/tkernel.h>
void WaitNsec(UINT nsec);
```

参　数

UINT　nsec　　　Nano Seconds　　延迟时间(纳秒)

返回参数

　　无

错误码

　　无

可用的上下文环境

任务部	准任务部	任务独立部
○	○	○

说　明

　　延迟指定的时间(ns)。

　　通常用忙循环(busy-loop)实现这些延迟。即不是使内核进入等待状态而是在运行状态进行高精度延迟。

　　很容易受运行环境的影响，如是在 RAM 还是 ROM 上运行、高速缓存启动还是关闭等。因此，这些等待时间并不是非常准确。

5.6　节电管理功能

　　节电管理功能是为了实现系统的节电而提供的功能，是由 T-Kernel/OS 调用的回调类型的函数。

　　节电管理功能定义的 API 中的 low_pow() 和 off_pow() 是参考规范，只在 T-Kernel 内部使用。设备驱动程序、中间件和应用程序等不能直接使用该功能，因此实现者可以设计自己的规范。为了实现更好的节电特性，可以和参考规范完全不同。但如果功能类似，仍然希望能符合参考规范。

　　该功能的 API 的调用方法取决于具体实现。可以是单纯的函数调用，也可以用陷阱(trap)触发。另外，可以在 T-Kernel 以外的程序中提供这些功能。但利用了 T-Kernel 功能的扩展 SVC 等不能调用这些 API。

1. low_pow—切换到节电模式

C 语言接口

```
void low_pow(void);
```

参　数

　　无

返回参数

　　无

错误码

　　无

第 2 部分　T-Kernel 功能描述

可用的上下文环境

任务部	准任务部	任务独立部
○	○	○

说　明

　　由 T-Kernel 的任务切换器调用，将 CPU 的硬件切换到节电模式。

　　切换到节电模式后，low_pow() 的处理中等待外部中断的产生，如果外部中断产生，CPU 和外设返回到正常工作模式（非节电模式）之后，low_pow() 返回调用程序。

　　low_pow() 具体的处理顺序如下所示：

　　① 切换到节电模式。例如，降低时钟频率。
　　② 等待外部中断产生、CPU 停止。例如，运行包含该功能的 CPU 命令。
　　③ 外部中断产生导致 CPU 继续运行。（硬件处理。）
　　④ 恢复正常工作模式。例如，恢复正常的时钟频率。
　　⑤ 返回调用程序。调用程序就是 T-Kernel 内部的任务切换器。

　　实现 low_pow() 时必须注意以下几点：

- 必须在中断禁止状态中调用；
- 不允许中断；
- 处理速度会影响中断响应速度，因此必须尽快处理。

补充说明

　　任务切换器在没有可调度的任务时为了节电的目的调用 low_pow()。

2. off_pow—挂起系统

C 语言接口

　　void off_pow(void);

参　数

　　无

返回参数

　　无

错误码

　　无

可用的上下文环境

任务部	准任务部	任务独立部
×	×	×

说　明

　　从 T-Kernel 中指定 powmode＝TPW_DOSUSPEND 的 tk_set_pow() 处理中调

用,使 CPU 和外设的硬件进入挂起状态(电源切断状态)。

挂起系统后,off_pow()的处理中等待恢复条件(接通电源等)的产生,如果恢复条件产生,解除挂起状态,off_pow()返回调用程序。

off_pow()具体的处理顺序如下所示:
① 使 CPU 进入挂起状态,等待恢复条件的产生。例如,时钟停止。
② 恢复条件产生导致 CPU 继续运行。(硬件处理。)
③ 必要时 CPU 或硬件恢复正常状态。解除挂起状态。(有时和前一项一起由硬件处理。)
④ 返回调用程序。调用程序就是 T-Kernel 内部的 tk_set_pow()的处理部分。

实现 off_pow()时必须注意以下几点:
- 必须在中断禁止状态中调用;
- 不允许中断。

通过设备驱动程序进行各外部设备的挂起和恢复操作。请参阅 tk_sus_dev()的详细说明。

5.7 系统配置信息管理功能

提供系统配置相关信息的保存、管理功能。

系统配置信息中一部分是标准定义,其中最大任务数和定时器中断间隔等信息已定义,但其他的信息需要应用程序、子系统或设备驱动程序自由定义。

系统配置信息的格式由名称和定义的数据组成。

(1) 名　称

名称由 16 个字符以内的字符串组成。

可使用的字符包括 a~z、A~Z、0~9 和_。

(2) 定义的数据

数据由整数列或字符串组成。

可使用的字符(UB)为除 0x00~0x1F,0x7F,0xFF(字符代码)之外的任意字符。

例 5.5　系统配置信息格式的例子

```
名称         定义的数据
SysVer      1 0
    SysName T-Kernel Version 1.00
```

对如何保存系统配置信息未作规定,通常保存于内存(ROM/RAM)中。因此不能用于保存大量信息。

通过 tk_get_cfn 或 tk_get_cfs 可以获取系统配置信息。

系统运行时不能增加或修改系统配置信息。

5.7.1 获取系统配置信息

tk_get_cfn 和 tk_get_cfs(扩展 SVC)可以获取系统配置信息。这些功能除了 T-Kernel 内部可以使用之外,应用程序、子系统和设备驱动程序也可以使用。T-Kernel 内部使用时可以不通过扩展 SVC,方法由具体实现决定。

1. tk_get_cfn—获取系统配置信息中的整数列信息

C 语言接口

```
#include <tk/tkernel.h>
INT ct = tk_get_cfn(CONST UB * name, INT * val, INT max);
```

参　数

CONST UB *	name	Name	名称
INT	val	Value	存放整数列的数组
INT	max	Maximum Count	val 数组的最大元素数

返回参数

| INT | ct | Defined Numeric Information Count | 定义的整数列的数值数 |
| | 或 | Error Code | 错误码 |

错误码

E_NOEXS　　　　　没定义 name 名称的信息

可用的上下文环境

任务部	准任务部	任务独立部
○	○	×

说　明

从系统配置信息中取得整数列信息。即取出名称 name 定义的最多 max 个的整数列信息,保存于 val 中。返回值为 name 定义的整数列包含的数值数。如果返回值>max,表示没有取出全部信息。设置 max=0 可以只取得整数列包含的数值数而不保存信息。

未定义名称为 name 的信息时返回 E_NOEXS。如果 name 定义的信息是字符串,其动作不确定。

可以在任意保护级别下调用,不受 T-Kernel/OS 系统调用关于保护级别的限制。

2. tk_get_cfs—获取系统配置信息中的字符串信息

C 语言接口

```
#include <tk/tkernel.h>
```

```
INT rlen = tk_get_cfs(CONST UB * name, UB * buf, INT max);
```

参　数

CONST UB *	name	Name	名称
UB *	buf	Buffer	存放字符串的数组
INT	max	Maximum Length	buf 的最大长度（字节）

返回参数

INT	rlen	Size of Defined Character String Information	所定义字符串的长度（字节）
	或	Error Code	错误码

错误码

E_NOEXS	没定义 name 名称的信息

可用的上下文环境

任务部	准任务部	任务独立部
○	○	×

说　明

　　从系统配置信息中取得字符串信息。即取出名称 name 定义的最大 max 字节长的字符串信息，保存于 buf 中。如果取出的字符串长度小于 max，以'\0'结束。返回值为 name 定义的字符串长度（不包括'\0'）。如果返回值＞max，表示没有取出全部信息。设置 max=0 可以只取得字符串长度而不保存信息。

　　未定义名称为 name 的信息时返回 E_NOEXS。如果 name 定义的信息是整数列，其动作不确定。

　　可以在任意保护级别下调用，不受 T-Kernel/OS 系统调用关于保护级别的限制。

5.7.2　标准系统配置信息

　　下列信息作为标准定义信息。标准定义的名称以 T 为前缀。

字符串	说明
N	整数列信息
S	字符串信息

（1）产品信息

字符串	标准定义的名称	说明
S	TSysName	系统名称（产品名称）

(2) 各对象的最大数量

字符串	标准定义的名称	说明
N	TMaxTskId	任务的最大数量
N	TMaxSemId	信号量的最大数量
N	TMaxFlgId	事件标识的最大数量
N	TMaxMbxId	邮箱的最大数量
N	TMaxMtxId	互斥体的最大数量
N	TMaxMbfId	消息缓冲区的最大数量
N	TMaxPorId	集合点端口的最大数量
N	TMaxMpfId	固定长内存池的最大数量
N	TMaxMplId	可变长内存池的最大数量
N	TMaxCycId	周期性处理程序的最大数量
N	TMaxAlmId	警报处理程序的最大数量
N	TMaxResId	资源组的最大数量
N	TMaxSsyId	子系统的最大数量
N	TMaxSsyPri	子系统优先级的最大数量

(3) 其 他

字符串	标准定义的名称	说明
N	TSysStkSz	缺省系统堆栈大小(字节)
N	TSVCLimit	可以调用系统调用的最低保护级别
N	TTimPeriod	定时器中断间隔(毫秒单位)
		定时器中断间隔(微秒单位)

毫秒单位的时间和微秒单位的时间组合而成的时间才是定时器中断间隔的实际时间。省略微秒单位的时间时将其设为0。

例如，定时器中断间隔为 5 ms 时可以写成 TTimPeriod5 或者 TTimPeriod0 5000。定时器中断间隔为 1.5 ms(1 500 μs)时可以写成"TTimPeriod1 500"或者"TTimPeriod0 1500"。

(4) 设备管理

字符串	标准定义的名称	说明
N	TMaxRegDev	可注册的最大设备数
N	TMaxOpnDev	可打开的最大设备数
N	TMaxReqDev	可请求的最大设备数
N	TDEvtMbfSz	事件通知消息缓冲区大小(字节)
		事件通知消息的最大长度(字节)

未定义 TDEvtMbfSz 或定义的消息缓冲区大小为负时不使用事件通知消息缓冲区。

上述整数列信息中定义了多个值时，按说明顺序保存于数组中。

例 5.6　多个定义值的保存顺序

tk_get_cfn("TDEvtMbfSz", val, 2)

val[0] = 事件通知消息缓冲区大小

val[1] = 事件通知消息的最大长度

与 T-Kernel 1.0 的差异

追加了 TTimPeriod 的第二个要素微秒单位的配置信息。

5.8　内存高速缓存控制功能

内存高速缓存控制功能提供高速缓存控制或模式设置的功能。

关于 T-Kernel 高速缓存的考虑方法如下所示。

基本上如果应用程序或设备驱动程序在不意识到高速缓存存在的情况下运行时，应该自动进行适当的高速缓存控制。特别是考虑到程序的可移植性，高速缓存这样高度依存于系统的部分最好是尽量与应用程序分离。因此，使用 T-Kernel 的各系统的方针是让 T-Kernel 自身动态地进行高速缓存的控制。

T-Kernel 将保存普通程序或数据的内存等空间设置为高速缓存 ON，I/O 等空间设置为高速缓存 OFF。因此，普通应用程序不必调用高速缓存控制函数。即使程序不会有意识的进行高速缓存控制，适当的高速缓存控制也会自动进行。

但是，只通过 T-Kernel 的高速缓存控制（也可以说是默认设置的高速缓存控制）有时不能进行适当的处理。例如，进行 DMA 传输相关的输入输出处理或使用非内核管理的内存空间时，需要进行明确的高速缓存控制。另外，程序一边自动载入或创建（编译）一边运行时，为了同步数据缓存和指令缓存也需要进行高速缓存控制。这些情况下使用的就是内存高速缓存控制功能。

与 T-Kernel 1.0 的差异

T-Kernel 2.0 追加的功能。

1. SetCacheMode—设置高速缓存模式

C 语言接口

```
#include <tk/tkernel.h>
INT rlen = SetCacheMode (void * addr , INT len , UINT mode );
```

参　数

void *	addr	Start Address	起始地址
INT	len	Length	空间大小（字节）
UINT	mode	Mode	高速缓存模式

返回参数

| INT | rlen | Result Length | 设置了高速缓存模式的空间大小(字节) |
| | 或 | Error Code | 错误码 |

错误码

E_OK	正常结束
E_PAR	参数错误(addr, len, mode 错误或不可用)
E_NOSPT	不支持的功能(不支持 mode 指定的功能)

可用的上下文环境

任务部	准任务部	任务独立部
○	○	×

说　明

　　设置内存空间的高速缓存模式。即将从 addr 开始 len 字节的内存空间的高速缓存设置为 mode 指定的模式。内存高速缓存模式的设置是以页面为单位的。

```
        mode : = ( CM_OFF || CM_WB || CM_WT ) | [CM_CONT]
            CM_OFF      高速缓存 OFF
            CM_WB       高速缓存 ON(回写)
            CM_WT       高速缓存 ON(直写)
            CM_CONT 只对连续物理地址空间的高速缓存进行设置
            ...
            /*可以追加具体实现特有的模式*/
```

　　mode 指定为 CM_OFF 模式时,刷新高速缓存后使其无效,将高速缓存模式设置为 OFF。

　　mode 指定为 CM_WT 模式时,刷新高速缓存后将高速缓存模式设置为直写模式。

　　mode 指定为 CM_WB 模式时,将高速缓存模式设置为回写模式。此时是否刷新高速缓存取决于具体实现。

　　mode 指定为 CM_CONT 模式时,只对从 addr 开始的连续物理地址空间设置高速缓存模式。当指定空间内的物理地址不连续或者存在 page out 的空间时,处理在不连续的地址处终止,返回已经处理过的空间大小。没有指定 CM_CONT 模式时,要对所有指定空间的高速缓存进行处理,返回已经处理过的空间大小。

　　根据 CPU 或具体实现,有时高速缓存模式的一部分或者全部是无法设置的。指定了无法设置的模式时不作任何处理返回 E_NOSPT。

　　len 为大于等于 1 的值。指定小于等于 0 的值时返回错误码 E_PAR。

补充说明

　　因为高速缓存模式是以页面为单位设置的,所以当 addr 不是页面边界的时候从 addr 所属页面的起始地址开始设置。有时可能会无意间对邻接的空间进行高速缓存访问,使用时要提起注意。页面大小依存于具体实现,可以通过 GetSpaceInfo 获取。

根据硬件配置或 CPU 具有的高速缓存功能进一步设置更加详细的高速缓存模式时,可以追加具体实现特有的模式。例如,可以设置 NORMAL CACHE OFF（Weakly Order）、DEVICE CACHE OFF（Weakly Order）、STRONG ORDER 等高速缓存模式。

指定不支持的 mode 时返回 E_NOSPT 还是 E_PAR 取决于具体实现。

与 T-Kernel 1.0 的差异

T-Kernel 2.0 追加的 API。

T-Kernel 1.0 通过物理地址进行 DMA 传输时使用的 API 是 CnvPhysicalAddr,CnvPhysicalAddr 将(a)将逻辑地址变换为物理地址、(b)DMA 传输前进行的高速缓存刷新处理、(c)DMA 传输缓冲区的高速缓存无效化这 3 部分的处理放在一个 API 中进行。但是,不需要全部使用这 3 个功能时,个别调用必须的功能才是高效的方法。有些其他 OS 用的设备驱动程序需要分别调用(a)(b)(c)这 3 个功能,如果要将这些设备驱动程序移植到 T-Kernel 上最好(a)(b)(c)这 3 个功能是相互独立的 API。因此 T-Kernel 2.0 将 CnvPhysicalAddr 的 3 个功能分离,追加了获取地址空间信息(GetSpaceInfo)、设置高速缓存模式(SetCacheMode)、控制高速缓存(ControlCache)这 3 个 API。

2. ControlCache—控制高速缓存

C 语言接口

```
#include <tk/tkernel.h>
INT rlen = ControlCache ( void * addr , INT len , UINT mode );
```

参　数

void *	addr	Start Address	起始地址
INT	len	Length	空间大小(字节)
UINT	mode	Mode	控制模式

返回参数

| INT | rlen | Result Length | 设置了高速缓存模式的空间大小(字节) |
| | 或 | Error Code | 错误码 |

错误码

E_OK	正常结束
E_PAR	参数错误(addr, len, mode 错误)
E_NOSPT	不支持的功能(不支持 mode 指定的功能)

可用的上下文环境

任务部	准任务部	任务独立部
○	○	×

第 2 部分 T-Kernel 功能描述

说 明

进行内存空间的高速缓存控制（刷新或无效化）。即对从 addr 开始的 len 字节的内存空间的高速缓存进行 mode 模式的控制。

```
mode := (CC_FLUSH | CC_INVALIDATE)
    CC_FLUSH          高速缓存的刷新
    CC_INVALIDATE     高速缓存无效化
    ...
    /* 可以追加具体实现特有的模式 */
```

CC_FLUSH 和 CC_FLUSH 可以同时设置。这种情况下先刷新高速缓存再无效化。

处理成功返回已处理的空间的大小。当指定空间中存在 page out 的空间时，处理在该空间终止，返回已处理的空间的大小。

不能指定跨不同高速缓存模式或属性的空间范围。例如，不能指定同时跨越高速缓存 ON 的空间和高速缓存 OFF 的空间、任务固有空间和共有空间或保护级别不同的空间这样的属性不同的空间范围。如果指定这样的空间范围其动作将不能保证。

很多情况下高速缓存控制依存于硬件，因此 CPU、硬件或具体实现的不同会导致该功能的不同。基本上是对指定的空间进行指定模式的控制，但有时也会影响到非指定空间。请参考以下情况。

- 不只是对指定空间范围进行控制（刷新或无效化）。除了对指定空间范围进行控制以外，根据 CPU、硬件或具体实现有时会对非指定空间（例如全体内存）进行刷新或无效化操作。
- 如果指定高速缓存 OFF 的空间，一般不进行任何操作。但是在这种情况下有时也会对非指定空间进行刷新或无效化操作（例如对全体内存空间进行刷新处理等）。
- 对于无高速缓存的系统不进行任何操作。

高速缓存的控制一般是以高速缓存线大小为单位进行的。有时可能会无意间对邻接的空间进行高速缓存访问，使用时要提起注意。高速缓存线大小依存于具体实现，可以通过 GetSpaceInfo 获取。

与 T-Kernel 1.0 的差异

T-Kernel 2.0 追加的 API。

5.9 物理定时器功能

对于含有多个硬件定时器的系统，物理定时器功能可以有效的采用比定时器中断间隔（TTimPeriod）小的时间单位进行处理。

物理定时器即物理计数器，每隔一定的时间就将从 0 开始的计数值加 1。如果计数值增加到了指定的值（上限值），就启动该物理定时器的指定处理程序（物理定时器处理程序）并将计数值清 0。

系统可以使用的硬件定时器的数量决定可以使用的物理定时器的数量。可使用的物理定时器的数量还取决于具体实现。一般在 T-Kernel 的实现中，时间管理功能占用一个硬件定时器，剩下的硬件定时器可供物理定时器使用。

物理定时器编号为 1，2…这样的正整数，按从小到大的顺序使用。例如，系统有 4 个硬件定时器的情况下，T-Kernel 的时间管理功能占用一个硬件定时器，其余的 3 个供物理定时器使用，编号为 1，2，3。

T-Kernel/SM 的物理定时器功能并不对使用各物理定时器的任务进行相应的管理。多个任务使用同一个物理定时器时，应用程序需要进行独占控制等处理。

补充说明

在 5.7.2 小节的定时器中断间隔（TTimPeriod）指定的时间间隔启动的处理程序中，T-Kernel 的时间管理功能会对内核启动报警处理程序或周期性处理程序、超时处理等多个请求进行处理。物理定时器功能提供的是设置硬件定时器、读取计数值、触发中断的标准化的原始功能，而不是像时间管理功能那样对多个请求进行处理。从这些方面来看，物理定时器功能比时间管理功能抽象度低，更接近于硬件层，这也是物理定时器（Physical Timer）名称的由来。

根据上述的定位，物理定时器功能用规范最简单、系统开销最小的库函数来实现。不使用动态 ID 编号而使用静态的固定物理定时器编号、对发送请求的任务不进行管理以及对多个任务发送的请求不进行调整的规范也反映了上述的方针。

物理定时器函数是可以对定时器（计数器）设备进行操作的标准化的 API。但是，定时器设备经常进行微小时间间隔的中断处理程序调用等与时间相关的操作，与其他设备（存储或通信等）相比该设备与内核的联系更加紧密。因此，物理定时器没有作为设备驱动程序规范进行标准化，而是作为 T-Kernel/SM 的一部分进行的标准化，以便提供通用性更高的功能。

物理定时器功能属于 T-Kernel/SM 的功能，所以适用于 T-Kernel/SM 的【总体说明·注意事项】。

假定物理定时器使用的硬件定时器为 32 位以下的定时器。因此计数值或上限值的数据类型为 32 位的 UW。将来可能会追加 64 位的函数。

设计理由

T-Kernel 2.0 为了强化时间管理功能，同时为了活用最近面向嵌入式的微型计算机或 SoC（System on a Chip）中实现的多种硬件定时器以及提高操作这些定时器的程序的移植性，T-Kernel/SM 导入了物理定时器功能。

与 T-Kernel 1.0 的差异

T-Kernel 2.0 追加的功能。

5.9.1 物理定时器的使用例

表示物理定时器的高效性的例子如下所示。

（1）实现目标

实现间隔为 2 500 μs 的周期处理 X 和间隔为 1 800 μs 的周期处理 Y。这些可以通过物理定时器高效的实现。

（2）使用物理定时器的实现方法

使用两个物理定时器，其中一个设置为每隔 2 500 μs 启动物理定时器处理程序。

例如，如果物理定时器的时钟频率是 10 MHz，一个时钟周期就是 0.1 μs（=100 ns），物理定时器的上限值（limit）设置为 24 999（25 000－1），计数值从 24 999 减到 0 时就启动物理定时器处理程序。

如果 StartPhysicalTimer 的 mode 指定为 TA_CYC_PTMR 就会重复进行周期处理。该物理定时器处理程序中进行 X 处理。

同样的，将另一个物理定时器设置为每隔 1 800 μs 启动物理定时器处理程序，并在处理程序中进行 Y 处理。

T-Kernel 的时间管理功能使用的定时器中断间隔（TTimPeriod）与物理定时器无关，所以保持其缺省值（10 ms）不变。

（3）不使用物理定时器实现的例子

不使用物理定时器处理程序，而是使用可以指定微秒的 T-Kernel 2.0 的系统调用（tk_cre_cyc_u）定义一个每隔 2 500 μs 启动的周期性处理程序，在该处理程序中进行 X 处理。另外再定义一个每隔 1 800 μs 启动的周期性处理程序来进行 Y 处理。

但是，在这种情况下为了实现正确的处理 T-Kernel 的时间管理功能就必须将定时器中断间隔设置为十分短的值。具体来说，就是将 2 500 μs 和 1 800 μs 的公约数 100 μs 设置为定时器中断间隔，这样每隔 2 500 μs 的处理和每隔 1 800 μs 的处理都可以在正确的时间间隔实现。

使用物理定时器的(2)方法没有使用 T-Kernel 的时间管理功能，因此定时器中断间隔（TTimPeriod）可以保持缺省值（10 ms）不变。而且，物理定时器每隔 2 500 μs 和 1 800 μs 通过中断启动的中断处理程序可以进行 X 处理和 Y 处理，这样就不需要进入和这些时间无关的中断。

不使用物理定时器的(3)方法因为必须把定时器中断间隔设置为很小的值，所以定时器中断的次数增加，从而导致系统开销增加。例如，把在 10 ms 中发生的中断次数进行比较，(2)中时间管理功能的定时器中断发生 1 次（=10 ms÷10 ms）、为了进行 X 处理物理定时器中断发生 4 次（=10 ms÷2 500 μs）、为了进行 Y 处理物理定时器中断发生 6 次（=10 ms÷1800 μs）、共计 11 次，而(3)中时间管理功能的定时器中断发生 100 次（=10 ms÷100 ms）。为了权衡时间的正确性，考虑到 X 处理和 Y 处理的周期和相位差,定时器中断间隔可能还需要设置为更小的值,所以可能会导致系统更大的开销。在这方面物理定时器功能是高效的。

但是,只有在依存于时间的处理少并且有足够的硬件定时器的情况下物理定时器功能才有效。物理定时器功能正如其字面意思是受物理硬件资源制约的功能,因此如果硬件定时器的数量少物理定时器功能就不能充分发挥。另外,也很难支持处理随时间增长动态增加的情况。此时,使用周期性处理函数或报警处理函数等时间管理功能是比较方便的。

微秒单位的时间管理功能和物理定时器功能虽然在用途上有重复的地方,但是也存在如上述所示的不同之处。所以可以根据硬件配置或应用程序采用最适当的方法。这也是追加物理定时器功能的原因。

1. StartPhysicalTimer——激活物理定时器

C 语言接口

```
#include <tk/tkernel.h>
ER ercd = StartPhysicalTimer ( UINT ptmrno , UW limit , UINT mode );
```

参　数

UINT	ptmrno	Physical Timer Number	物理定时器编号
UW	limit	Limit	上限值
UINT	mode	Mode	模式

返回参数

| ER | ercd | Error Code | 错误码 |

错误码

| E_OK | 正常结束 |
| E_PAR | 参数错误(ptmrno, limit, mode 错误或不可用) |

可用的上下文环境

任务部	准任务部	任务独立部
○	○	×

说　明

Ptmrno 指定的物理定时器的计数值变为 0 后开始计数。运行此函数后,每隔定时器时钟频率倒数的时间间隔计数值加 1。

limit 指定计数值的上限值。当计数值到达上限值后经过时钟频率倒数的时间,计数值变为 0。此时如果该物理定时器定义了物理定时器处理程序则启动该处理程序。从调用 StartPhysicalTimer 导致的物理定时器开始计数到下一次计数值变为 0 所用的时间为(时钟频率倒数的时间)×(上限值+1)。

limit 为 0 时返回 E_PAR 错误。

mode 可以指定以下的值。

TA_ALM_PTMR	0	计数值从上限值变为 0 后停止计数。计数值一直保持为 0。
TA_CYC_PTMR	1	计数值从上限值变为 0 后再次增加计数值。即计数值周期性的反复增加。

与 T-Kernel 1.0 的差异

T-Kernel 2.0 追加的 API。

2. StopPhysicalTimer—停止物理定时器

C 语言接口

```
#include <tk/tkernel.h>
ER ercd = StopPhysicalTimer ( UINT ptmrno );
```

参　数

UINT	ptmrno	Physical Timer Number	物理定时器编号

返回参数

ER	ercd	Error Code	错误码

错误码

E_OK	正常结束
E_PAR	参数错误(ptmrno 错误或不可用)

可用的上下文环境

任务部	准任务部	任务独立部
○	○	×

说　明

停止 ptmrno 指定的物理定时器的计数。

调用此函数后物理定时器的计数保持不变。即调用此函数后通过 GetPhysicalTimerCount 获得的是此函数调用时的物理定时器的计数值。

对于已停止计数的物理定时器,调用此函数也不会有任何操作。也不返回错误。

补充说明

有时候会需要让使用完毕的物理定时器一直处于激活状态,即使程序操作上很容易将其关闭达到节电的目的。因此调用此函数可以将不使用的物理定时器的计数停止。

在 StartPhysicalTimer 的 mode 设置为 TA_CYC_PTMR 的物理定时器使用完毕时调用此函数才有效。当 mode 指定为 TA_ALM_PTMR 时,计数值从上限值变为 0

后计数会自动停止,此时和调用此函数后的状态相同。因此不需要再调用此函数。即使调用也不会发生问题,不会有任何变化。

与 T-Kernel 1.0 的差异

T-Kernel 2.0 追加的 API。

3. GetPhysicalTimerCount——获取物理定时器的计数值

C 语言接口

```
#include <tk/tkernel.h>
ER ercd = GetPhysicalTimerCount ( UINT ptmrno , UW * p_count );
```

参　数

| UINT | ptmrno | Physical Timer Number | 物理定时器编号 |
| UW * | p_count | Pointer to Physical Timer Count | 物理定时器当前计数值的地址 |

返回参数

| ER | ercd | Error Code | 错误码 |
| UW | count | Physical Timer Count | 当前计数值 |

错误码

| E_OK | 正常结束 |
| E_PAR | 参数错误(ptmrno 错误或不可用) |

可用的上下文环境

任务部	准任务部	任务独立部
○	○	×

说　明

获取 ptmrno 指定的物理定时器的当前计数值,并返回 count。

与 T-Kernel 1.0 的差异

T-Kernel 2.0 追加的 API。

4. DefinePhysicalTimerHandler——定义物理定时器处理程序

C 语言接口

```
#include <tk/tkernel.h>
ER ercd = DefinePhysicalTimerHandler ( UINT ptmrno , CONST T_DPTMR * pk_dptmr );
```

参　数

| UINT | ptmrno | Physical Timer Number | 物理定时器编号 |
| CONST T_DPTMR * | pk_dptmr | Packet to Define Physical Timer Handler | 物理定时器处理程序定义信息 |

pk_dptmr 的内容

void *	exinf	Extended Information	扩展信息
ATR	ptmratr	Physical Timer Attribute	物理定时器处理程序属性(TA_ASM ‖ TA_HLNG)
FP	ptmrhdr	Physical Timer Handler Address	物理定时器处理程序地址
ER	ercd	Error Code	错误码

错误码

E_OK	正常结束
E_NOMEM	内存不足(无法分配用于管理的内存块)
E_RSATR	保留属性(ptmratr 错误或不可用)
E_PAR	参数错误(ptmrno, pk_dptmr, ptmrhdr 错误或不可用,不能对 ptmrno 定义物理定时器处理程序)

可用的上下文环境

任务部	准任务部	任务独立部
○	○	×

说　明

pk_dptmr 不为 NULL 时为 ptmrno 指定的物理定时器定义物理定时器处理程序。物理定时器处理程序作为任务独立部运行,当物理定时器的计数值从 StartPhysicalTimer 的 limit 指定的上限值变为 0 时启动物理定时器处理程序。

物理定时器处理程序的形式与周期性处理程序或报警处理程序相同。即指定 TA_HLNG 属性时,物理定时器处理程序是通过高级语言例程来启动的,通过调用返回函数结束处理。指定 TA_ASM 属性时,物理定时器处理程序的形式由具体实现方法决定。无论指定何种属性,exinf 都必须作为物理定时器处理程序的启动参数传递。

pk_dptmr 为 NULL 时解除 ptmrno 指定的物理定时器的物理定时器处理程序。系统启动时定义的所有物理定时器处理程序都会被解除。

无法对 ptmrno 指定的物理定时器定义物理定时器处理程序(GetPhysicalTimerConfig 的 pk_rptmr－>defhdr 返回 FALSE)时,返回 E_PAR 错误。ptmrno 指定编号的物理定时器不存在或者不可用的情况下返回 E_PAR 。

补充说明

实现物理定时器功能所需的中断处理函数是由 T-Kernel/SM 内部定义的,当物理定时器的计数值从上限值变为 0 时,该中断处理函数被启动。在该中断处理函数中除了调用此函数定义的物理定时器处理函数还会进行与物理定时器的实现相关的处理(例如,与 TA_ALM_PTMR 和 TA_CYC_PTMR 相关的处理)。

与 T-Kernel 1.0 的差异

T-Kernel 2.0 追加的 API。

5. GetPhysicalTimerConfig—获取物理定时器的配置信息

C 语言接口

```
#include <tk/tkernel.h>
ER ercd = GetPhysicalTimerConfig ( UINT ptmrno , T_RPTMR * pk_rptmr );
```

参 数

UINT	ptmrno	Physical Timer Number	物理定时器编号
T_RPTMR *	pk_rptmr	Packet to Refer Physical Timer	物理定时器配置信息地址

返回参数

ER	ercd	Error Code	错误码

pk_rptmr 的内容

UW	ptmrclk	Physical Timer Clock Frequency	物理定时器的时钟频率
UW	maxcount	Maximum Count	最大计数值
BOOL	defhdr	Handler Support	是否支持物理定时器处理程序

错误码

E_OK	正常结束
E_PAR	参数错误(ptmrno, pk_rptmr 错误或不可用)

可用的上下文环境

任务部	准任务部	任务独立部
○	○	×

说 明

获取 ptmrno 指定的物理定时器相关的配置信息。

可以获取的配置信息包括物理定时器的时钟频率 ptmrclk、最大计数值 maxcount 和是否支持物理定时器处理程序 defhdr。

ptmrclk 是用于目标物理定时器计数递增的时钟频率。ptmrclk 为 1 时时钟频率为 1 Hz,ptmrclk 为 $(2^{32}-1)$ 时时钟频率为 $(2^{32}-1)$ Hz,即 4 GHz($\textasciitilde$表示幂)。时钟频率小于 1 Hz 时 ptmrclk 为 0。ptmrclk 为非 0 时,每隔 ptmrclk 倒数的时间间隔物理定时器的计数值就会在 0 到上限值 limit 的范围内单调递增。

maxcount 是目标物理定时器的最大计数值,即可以设置的最大上限值。一般 16 位的定时器计数的情况下 maxcount 为 $(2^{16}-1)$、32 位的定时器计数的情况下 maxcount 为 $(2^{32}-1)$,但因硬件或系统配置的不同也可能是其他值。

defhdr 为 TRUE 时,可以为目标物理定时器定义物理定时器处理程序。defhdr 为 FALSE 时,不能为目标物理定时器定义物理定时器处理程序。

ptmrno 指定编号的物理定时器不存在时或不可用时返回 E_PAR。物理定时器编号应该是正整数并且按从小到大的顺序使用,在包含 N 个物理定时器的系统中指定 ptmrno 为 0 或者大于等于(N+1)的值时返回 E_PAR。

补充说明

该函数名称中的"配置"两个字可以看出该函数获取的 ptmrclk、maxcount 和 defhdr 信息是硬件或系统启动时就已经设置的固定的信息,在系统运行时不能更改。但是,在将来或者作为依存于具体实现的追加功能,可能会导入设置或更改物理定时器的配置例如时钟频率的功能,这种情况下通过该函数获取的信息就成为随系统运行动态改变的信息。这种方法在很大程度上依存于操作或使用,与其由 T-Kernel 规范规定不如在使用物理定时器的上位库函数等中实现。因此 T-Kernel 规范并没有特别对该函数获取的配置信息随系统运行变化的可能性进行规定。即该函数获取的配置信息是否可以随系统运行而变化取决于具体实现。

与 T-Kernel 1.0 的差异

T-Kernel 2.0 追加的 API。

5.10 实用工具集功能

T-Kernel 上运行的应用程序、中间件、设备驱动程序等所有程序都可以使用的高通用性功能。

实用工具集功能是以库函数或 C 语言宏的形式提供的。

与 T-Kernel 1.0 的差异

T-Kernel 2.0 追加的功能。

5.10.1 设置对象名

对象名设置 API 以 C 语言宏的形式提供,可以在任务独立部、切换禁止或中断禁止状态中调用。

1. SetOBJNAME—设置对象名

C 语言接口

```
#include <tk/tkernel.h>
void SetOBJNAME (void * exinf , CONST UB * name );
```

参 数

| void * | exinf | Extended Information | 扩展信息 |
| CONST | UB * | name | Object Name | 对象名 |

返回参数

无

错误码

无

可用的上下文环境

任务部	准任务部	任务独立部
○	○	○

说　明

name 指定的小于等于 4 字符的 ASII 字符串解释为 1 个 32 位的数据，保存于 exinf。该 API 是用 C 语言宏定义的，exinf 不是指针。直接描述为变量。

补充说明

使用该 API 可以在 T-Kernel 各对象的扩展信息 exinf 中设置 ASCII 字符串的名称（任务名等）。在调试器等显示对象状态时，通过 ASCII 字符串形式的 exinf 值将该 API 设置的对象名显示出来。

例 5.7　SetOBJNAME 的使用例子

```
T_CTSK ctsk ;
...
/*将任务 ctsk 的对象名设置为"TEST"*/
SetOBJNAME ( ctsk.exinf ,"TEST ");
task_id = tk_cre_tsk ( & ctsk );
```

与 T-Kernel 1.0 的差异

T-Kernel 2.0 追加的 API。

5.10.2　快速锁·多点锁库函数

快速锁·多点锁库函数是在设备驱动程序或子系统中多个任务间进行快速独占控制的库函数。进行独占控制时虽然也可以使用信号量或者互斥体，但是快速锁是作为 T-Kernel/SM 的库函数实现的，可以不用进入等待快速进行锁定。

快速锁·多点锁库函数中的快速锁是比信号量或互斥体更快速的用于独占控制的二进制信号量。而多点锁是将 32 个相互独立的用于独占控制的二进制信号量作为一个对象使用，用 0~31 的锁编号来区别。

例如有 10 处需要进行独占控制时，可以使用 10 个快速锁，也可以创建 1 个多点锁，用其中的 0~9 号进行独占控制。前面的方法更加快速，但后面的方法代码量少。

第 2 部分　T-Kernel 功能描述

补充说明

　　快速锁功能是通过表示锁定状态的计数器和信号量实现的。而快速多点锁功能是通过表示锁定状态的计数器和事件标识实现的。锁定时如果不进入等待那么只进行计数器的操作，所以处理比普通信号量或事件标识快速。锁定时如果进入等待那么就会使用普通的信号量或事件标识的功能进行进入等待状态的处理或等待队列的管理，所以处理不会比信号量或事件标识快速。在独占控制时进入等待的可能性很低的情况下快速锁·多点锁功能有效。

与 T-Kernel 1.0 的差异

　　T-Kernel 2.0 追加的功能。

1. CreateLock—创建快速锁

C 语言接口

```
#include <tk/tkernel.h>
ER ercd = CreateLock (FastLock * lock , CONST UB * name );
```

参　　数

| FastLock * | lock | Control Block of FastLock | 快速锁的管理控制块 |
| CONST UB * | name | Name of FastLock | 快速锁的名称 |

返回参数

| ER | ercd | Error Code | 错误码 |

错误码

E_OK	正常结束
E_NOMEM	内存不足（无法分配用于管理的内存块）
E_LIMIT	快速锁的数量超出系统限制

可用的上下文环境

任务部	准任务部	任务独立部
○	○	×

说　　明

　　创建快速锁。

　　lock 是用于快速锁管理的构造体。name 用于定义快速锁的名称，也可为 NULL。

　　快速锁是用于独占控制的二进制信号量，以尽量快速的进行操作为目的实现的。

与 T-Kernel 1.0 的差异

　　T-Kernel 2.0 追加的 API。

2. DeleteLock—删除快速锁

C 语言接口

```
#include <tk/tkernel.h>
```

```
void DeleteLock ( FastLock * lock );
```

参　数

FastLock *　　lock　　Control Block of FastLock　　快速锁管理控制块

返回参数

无

错误码

无

可用的上下文环境

任务部	准任务部	任务独立部
○	○	×

说　明

删除快速锁。

为了提高速度不进行错误检查。

与 T-Kernel 1.0 的差异

T-Kernel 2.0 追加的 API。

3. Lock—锁定快速锁

C 语言接口

```
#include <tk/tkernel.h>
void Lock ( FastLock * lock );
```

参　数

FastLock *　　lock　　Control Block of FastLock　　快速锁管理控制块

返回参数

无

错误码

无

可用的上下文环境

任务部	准任务部	任务独立部
○	○	×

说　明

对快速锁进行锁定操作。

已经锁定的情况下，自任务进入等待状态排到等待队列中直到锁定解除。等待队列按任务优先级进行排列。

为了提高速度不进行错误检查。

与 T-Kernel 1.0 的差异

T-Kernel 2.0 追加的 API。

4. Unlock—解除快速锁的锁定

C 语言接口

    #include <tk/tkernel.h>

    void Unlock (FastLock * lock);

参　　数

    FastLock *　　　lock　　　Control Block of FastLock　　　快速锁管理控制块

返回参数

    无

错误码

    无

可用的上下文环境

任务部	准任务部	任务独立部
○	○	×

说　　明

解除快速锁的锁定。

如果有等待该快速锁的任务，排在等待队列最前面的任务可以进行锁定。

为了提高速度不进行错误检查。

与 T-Kernel 1.0 的差异

T-Kernel 2.0 追加的 API。

5. CreateMLock—创建快速多点锁

C 语言接口

    #include <tk/tkernel.h>

    ER ercd = CreateMLock (FastMLock * lock , CONST UB * name);

参　　数

    FastMLock *　　　lock　　　Control Block of FastMLock　　　快速多点锁管理控制块
    CONST UB *　　　name　　　Name of FastMLock　　　快速多点锁名称

返回参数

    ER　　　ercd　　　Error Code　　　错误码

错误码

E_OK	正常结束
E_NOMEM	内存不足(无法分配用于管理的内存块)
E_LIMIT	快速多点锁的数量超出系统限制

可用的上下文环境

任务部	准任务部	任务独立部
○	○	×

说　明

创建快速多点锁。

lock 是用于快速多点锁管理的构造体。name 用于定义快速多点锁的名称，也可为 NULL。

快速多点锁是将 32 个相互独立的用于独占控制的二进制信号量作为一个对象使用，以尽量快速的进行操作为目的实现的。32 个二进制信号量用 0～31 的锁编号来区别。

与 T-Kernel 1.0 的差异

T-Kernel 2.0 追加的 API。

6. DeleteMLock—删除快速多点锁

C 语言接口

```
#include <tk/tkernel.h>
ER ercd = DeleteMLock (FastMLock * lock );
```

参　数

| FastMLock * | lock | Control Block of FastMLock | 快速多点锁管理控制块 |

返回参数

| ER | ercd | Error Code | 错误码 |

错误码

| E_OK | 正常结束 |
| E_PAR | 参数错误 |

可用的上下文环境

任务部	准任务部	任务独立部
○	○	×

说　明

删除快速多点锁。

与 T-Kernel 1.0 的差异

T-Kernel 2.0 追加的 API。

7. MLock—锁定快速多点锁

C 语言接口

```
#include <tk/tkernel.h>
ER ercd = MLock (FastMLock * lock , INT no );
```

参　数

FastMLock *	lock	Control Block of FastMLock	快速多点锁管理控制块
INT	no	Lock Number	锁编号

返回参数

ER	ercd	Error Code	错误码

错误码

E_OK	正常结束
E_PAR	参数错误
E_DLT	等待对象已被删除
E_RLWAI	强制解除等待状态
E_CTX	上下文环境错误

可用的上下文环境

任务部	准任务部	任务独立部
○	○	×

说　明

锁定快速多点锁。

no 为锁编号，可以使用 0～31。

同一个锁编号已经被锁定的情况下，自任务进入等待状态排到等待队列中直到该锁编号的锁定被解除。等待队列按任务优先级进行排列。

与 T-Kernel 1.0 的差异

T-Kernel 2.0 追加的 API。

8. MLockTmo—锁定快速多点锁(指定超时时限)

C 语言接口

```
#include <tk/tkernel.h>
ER ercd = MLockTmo (FastMLock * lock , INT no , TMO tmout );
```

参　数

FastMLock *	lock	Control Block of FastMLock	快速多点锁管理控制块
INT	no	Lock Number	锁编号
TMO	tmout	Timeout	超时时限（毫秒）

返回参数

ER	ercd	Error Code	错误码

错误码

E_OK	正常结束
E_PAR	参数错误
E_DLT	等待对象已被删除
E_RLWAI	强制解除等待状态
E_TMOUT	超时
E_CTX	上下文环境错误

可用的上下文环境

任务部	准任务部	任务独立部
○	○	×

说　明

对快速多点锁进行指定超时时限的锁定。

除了指定超时时限该 API 和 MLock() 相同。经过了 tmout 指定的时间仍然无法进行锁定操作的情况下返回 E_TMOUT。

与 T-Kernel 1.0 的差异

T-Kernel 2.0 追加的 API。

9. MLockTmo_u—锁定快速多点锁（指定超时时限、微秒单位）

C 语言接口

```
#include <tk/tkernel.h>
ER ercd = MLockTmo_u ( FastMLock * lock , INT no , TMO_U tmout_u );
```

参　数

FastMLock *	lock	Control Block of FastMLock	快速多点锁管理控制块
INT	no	Lock Number	锁编号
TMO_U	tmout_u	Timeout	超时时限（微秒）

返回参数

ER	ercd	Error Code	错误码

错误码

E_OK	正常结束
E_PAR	参数错误
E_DLT	等待对象已被删除
E_RLWAI	强制解除等待状态
E_TMOUT	超时
E_CTX	上下文环境错误

可用的上下文环境

任务部	准任务部	任务独立部
○	○	×

说　明

对快速多点锁进行指定超时时限（微秒单位）的锁定。

除了指定 64 位微秒单位的超时时限该 API 和 MLockTmo() 相同。

与 T-Kernel 1.0 的差异

T-Kernel 2.0 追加的 API。

10. MUnlock—解除快速多点锁的锁定

C 语言接口

```
#include <tk/tkernel.h>
ER ercd = MUnlock (FastMLock * lock , INT no );
```

参　数

| FastMLock * | lock | Control Block of FastMLock | 快速多点锁管理控制块 |
| INT | no | Lock Number | 锁编号 |

返回参数

| ER | ercd | Error Code | 错误码 |

错误码

E_OK	正常结束

说　明

解除快速多点锁的锁定。

n 为锁编号，可以使用 0～31。

如果有等待相同锁编号的任务，排在等待队列最前面的任务可以进行锁定。

与 T-Kernel 1.0 的差异

T-Kernel 2.0 追加的 API。

5.11 启动子系统和设备驱动程序

子系统和设备驱动程序的入口程序通常如下所示：

```
ER main(INT ac, UB * av[])
    {
    if(ac >= 0) {
        /* 子系统/设备驱动程序启动处理 */
    } else {
        /* 子系统/设备驱动程序终止处理 */
    }
    return  ercd;
}
```

入口程序只进行子系统或设备驱动程序的启动或终止处理，不提供实际的服务。启动或终止处理完成之后，直接返回调用程序。必须尽可能快地处理并返回。

入口程序通常在系统启动或关闭时被属于系统资源组的任务调用，在操作系统启动处理任务或终止处理任务（保护级别 0）的上下文环境中运行。但根据操作系统的实现方法，也可能作为准任务部运行。此外，在支持子系统和设备驱动程序动态装载的系统中，也可能在系统启动或关闭之外的时刻被调用。

如果存在多个子系统和设备驱动程序，系统启动和关闭时顺次调用每个子系统和设备驱动的入口程序。不存在多个入口程序由不同的任务同时调用的情况。从而能在子系统或设备驱动程序的初始化顺序存在相互依赖的情况下，保证从入口程序返回之前已经进行了必要的处理，维持正确的初始化顺序。

入口程序的函数名通常是 main，但在需要链接到 OS 等不能使用 main 的情况下，使用任意其他名称都可以。

向操作系统注册入口程序的方法，指定参数的方法以及入口程序调用顺序的指定方法取决于 T-Kernel 的具体实现。

5.11.1 启动处理

参　数

    INT ac   参数的数量（≥0）
    UB * av   参数数组（字符串）

返回参数

    返回值   错误码

说　明

当 ac≥0 时，进行启动处理。初始化并注册子系统或设备驱动程序。

返回值为负（错误）表示启动处理失败。根据 T-Kernel 的实现方法，可能会从内存中删除子系统和设备驱动程序。因此，不能在子系统和设备驱动程序已注册的状态下返回错误。返回错误前必须先取消注册。已分配的资源也必须释放。资源不会自动释放。

ac，av 和标准 C 语言 main() 函数的参数相同，ac 为参数数量，av 为 ac+1 个指针组成的数组，包含字符串参数。数组的结束符（ac[ac]）为 NULL。

av[0] 是子系统或设备驱动程序的名称。通常是子系统或设备驱动程序的文件名，具体取决于实现方法。没有名称（空字符串""）也可以。

av[1] 以下的参数依子系统和设备驱动程序而定。

退出入口程序后，av 包含的字符串的内存空间将被删除。必要的话参数必须另行保存。

5.11.2　终止处理

参　数

```
INT     ac      -1
UB *    av      NULL
```

返回参数

返回值　　　错误

说　明

当 ac<0 时，进行终止处理。取消子系统或设备驱动程序的注册并释放分配的资源。终止处理过程中即使出现错误，也不应立即终止处理，而是尽可能地完成。某些处理不能正常完成的情况下，返回错误。

如果子系统或设备驱动程序正在处理请求时，终止处理被调用，此时的操作取决于子系统或设备驱动程序的具体实现。一般来讲，终止处理以在系统关闭时被调用为前提，终止处理时不会有处理中的请求，因此通常这种情况下不保证处理中的请求操作会正常完成。

6 T-Kernel /DS 功能

本章描述 T-Kernel/DS(Debugger Support)提供的功能。

T-Kernel/DS 为调试器提供 T-Kernel 内部状态查询、执行跟踪(trace)等功能。这些功能为调试器专用，一般应用程序不能使用。

总体说明和注意事项

- 除非特别注明，T-Kernel/DS 的系统调用（td_～）都可以从任务独立部或在切换/中断禁止状态下调用。
  但是，根据具体实现可能会有某些限制。
- 在中断禁止状态调用 T-Kernel/DS 的系统调用（td_～）时，不会做允许中断的处理。也不会改变内核的其他状态。在中断/切换允许时调用 T-Kernel/DS 的系统调用的情况下，因为内核在持续运行中，所以内核的状态可能会发生改变。
- T-Kernel/DS 系统调用（td_～）不能在比可调用 T-Kernel/OS 系统调用的最低保护级别更低的保护级别（低于 TSVCLimit）下调用（E_OACV）。
- 可能会发生 E_PAR、E_MACV、E_CTX 等错误，除非有进行特别说明的必要，否则省略。
- E_PAR、E_MACV 和 E_CTX 的检测依赖于具体实现，也有不检测的可能。因此，不要进行可能出现这些错误的调用。

6.1 内核内部状态获取功能

该功能为调试器取得内核内部状态。包括获取对象列表功能、获取任务优先权功能、获取任务在等待队列中的排列顺序功能、获取对象、系统或任务寄存器状态功能以及获取系统时间功能等。

1. td_lst_tsk—获取任务 ID 列表

C 语言接口

```
#include <tk/dbgspt.h>
INT ct = td_lst_tsk (ID list[], INT nent );
```

参　数

| ID | list[] | List | 任务 ID 列表的保存空间 |
| INT | nent | Number of List Entries | list 能容纳的 ID 数 |

返回参数

| INT | ct | Count | 正在使用的任务数量 |
| | 或 | Error Code | 错误码 |

错误码

无

可用的上下文环境

任务部	准任务部	任务独立部
○	○	○

说　明

取得当前正在使用的任务的 ID 列表,将其保存在 list 中（最多保存 nent 个）。返回正在使用的任务的数量。如果返回值＞nent,表示没有取得所有的 ID。

2. td_lst_sem—获取信号量 ID 列表

C 语言接口

```
#include <tk/dbgspt.h>
INT ct = td_lst_sem (ID list[], INT nent );
```

参　数

| ID | list[] | List | 信号量 ID 列表的保存空间 |
| INT | nent | Number of List Entries | list 能容纳的 ID 数 |

返回参数

| INT | ct | Count | 正在使用的信号量数量 |
| | 或 | Error Code | 错误码 |

错误码

无

可用的上下文环境

任务部	准任务部	任务独立部
○	○	○

说　明

　　取得当前正在使用的信号量的 ID 列表,将其保存在 list 中(最多保存 nent 个)。返回正在使用的信号量的数量。如果返回值＞nent,表示没有取得所有的 ID。

3. td_lst_flg—获取事件标识 ID 列表

C 语言接口

```
#include <tk/dbgspt.h>
INT ct = td_lst_flg (ID list[], INT nent);
```

参　数

| ID | list[] | List | 事件标识 ID 列表的保存空间 |
| INT | nent | Number of List Entries | list 能容纳的 ID 数 |

返回参数

| INT | ct | Count | 正在使用的事件标识数量 |
| | 或 | Error Code | 错误码 |

错误码

无

可用的上下文环境

任务部	准任务部	任务独立部
○	○	○

说　明

　　取得当前正在使用的事件标识的 ID 列表,将其保存在 list 中(最多保存 nent 个)。返回正在使用的事件标识的数量。如果返回值＞nent,表示没有取得所有的 ID。

4. td_lst_mbx—获取邮箱 ID 列表

C 语言接口

```
#include <tk/dbgspt.h>
INT ct = td_lst_mbx (ID list[], INT nent);
```

参　数

| ID | list[] | List | 邮箱 ID 列表的保存空间 |
| INT | nent | Number of List Entries | list 能容纳的 ID 数 |

第 2 部分　T-Kernel 功能描述

返回参数

| INT | ct | Count | 正在使用的邮箱数量 |
| | 或 | Error Code | 错误码 |

错误码

　　无

可用的上下文环境

任务部	准任务部	任务独立部
○	○	○

说　明

　　取得当前正在使用的邮箱的 ID 列表,将其保存在 list 中(最多保存 nent 个)。返回正在使用的邮箱的数量。如果返回值＞nent,表示没有取得所有的 ID。

5．td_lst_mtx—获取互斥体 ID 列表

C 语言接口

```
#include <tk/dbgspt.h>
INT ct = td_lst_mtx (ID list[], INT nent );
```

参　数

| ID | list[] | List | 互斥体 ID 列表的保存空间 |
| INT | nent | Number of List Entries | list 能容纳的 ID 数 |

返回参数

| INT | ct | Count | 正在使用的互斥体数量 |
| | 或 | Error Code | 错误码 |

错误码

　　无

可用的上下文环境

任务部	准任务部	任务独立部
○	○	○

说　明

　　取得当前正在使用的互斥体的 ID 列表,将其保存在 list 中(最多保存 nent 个)。返回正在使用的互斥体的数量。如果返回值＞nent,表示没有取得所有的 ID。

6．td_lst_mbf—获取消息缓冲区 ID 列表

C 语言接口

```
#include <tk/dbgspt.h>
INT ct = td_lst_mbf (ID list[], INT nent );
```

参　数

| ID | list[] | List | 消息缓冲区 ID 列表的保存空间 |
| INT | nent | Number of List Entries | list 能容纳的 ID 数 |

返回参数

| INT | ct | Count | 正在使用的消息缓冲区数量 |
| | 或 | Error Code | 错误码 |

错误码

无

可用的上下文环境

任务部	准任务部	任务独立部
○	○	○

说　明

取得当前正在使用的消息缓冲区的 ID 列表，将其保存在 list 中（最多保存 nent 个）。返回正在使用的消息缓冲区的数量。如果返回值＞nent，表示没有取得所有的 ID。

7. td_lst_por—获取集合点端口 ID 列表

C 语言接口

```
#include <tk/dbgspt.h>
INT ct = td_lst_por ( ID list[], INT nent );
```

参　数

| ID | list[] | List | 集合点端口 ID 列表的保存空间 |
| INT | nent | Number of List Entries | list 能容纳的 ID 数 |

返回参数

| INT | ct | Count | 正在使用的集合点端口数量 |
| | 或 | Error Code | 错误码 |

错误码

无

可用的上下文环境

任务部	准任务部	任务独立部
○	○	○

说 明

取得当前正在使用的集合点端口的 ID 列表,将其保存在 list 中(最多保存 nent 个)。返回正在使用的集合点端口的数量。如果返回值＞nent,表示没有取得所有的 ID。

8. td_lst_mpf— 获取固定长内存池 ID 列表

C 语言接口

```
#include <tk/dbgspt.h>
INT ct = td_lst_mpf (ID list[], INT nent );
```

参 数

ID	list[]	List	固定长内存池 ID 列表的保存空间
INT	nent	Number of List Entries	list 能容纳的 ID 数

返回参数

INT	ct	Count	正在使用的固定长内存池数量
	或	Error Code	错误码

错误码

无

可用的上下文环境

任务部	准任务部	任务独立部
○	○	○

说 明

取得当前正在使用的固定长内存池的 ID 列表,将其保存在 list 中(最多保存 nent 个)。返回正在使用的固定长内存池的数量。如果返回值＞nent,表示没有取得所有的 ID。

9. td_lst_mpl—获取可变长内存池 ID 列表

C 语言接口

```
#include <tk/dbgspt.h>
INT ct = td_lst_mpl (ID list[], INT nent );
```

参 数

ID	list[]	List	可变长内存池 ID 列表的保存空间
INT	nent	Number of List Entries	list 能容纳的 ID 数

返回参数

INT	ct	Count	正在使用的可变长内存池数量
	或	Error Code	错误码

·347·

错误码

无

可用的上下文环境

任务部	准任务部	任务独立部
○	○	○

说　明

取得当前正在使用的可变长内存池的 ID 列表,将其保存在 list 中(最多保存 nent 个)。返回正在使用的可变长内存池的数量。如果返回值＞nent,表示没有取得所有的 ID。

10. td_lst_cyc——获取周期性处理程序 ID 列表

C 语言接口

```
#include <tk/dbgspt.h>
INT ct = td_lst_cyc ( ID list[], INT nent );
```

参　数

| ID | list[] | List | 周期性处理程序 ID 列表的保存空间 |
| INT | nent | Number of List Entries | list 能容纳的 ID 数 |

返回参数

| INT | ct | Count | 正在使用的周期性处理程序数量 |
| | 或 | Error Code | 错误码 |

错误码

无

可用的上下文环境

任务部	准任务部	任务独立部
○	○	○

说　明

取得当前正在使用的周期性处理程序的 ID 列表,将其保存在 list 中(最多保存 nent 个)。返回正在使用的周期性处理程序的数量。如果返回值＞nent,表示没有取得所有的 ID。

11. td_lst_alm——获取报警处理程序 ID 列表

C 语言接口

```
#include <tk/dbgspt.h>
INT ct = td_lst_alm ( ID list[], INT nent );
```

参　数

| ID | list[] | List | 报警处理程序 ID 列表的保存空间 |
| INT | nent | Number of List Entries | list 能容纳的 ID 数 |

返回参数

| INT | ct | Count | 正在使用的报警处理程序数量 |
| | 或 | Error Code | 错误码 |

错误码

无

可用的上下文环境

任务部	准任务部	任务独立部
○	○	○

说　明

取得当前正在使用的报警处理程序的 ID 列表,将其保存在 list 中(最多保存 nent 个)。返回正在使用的报警处理程序的数量。如果返回值＞nent,表示没有取得所有的 ID。

12. td_lst_ssy—获取子系统 ID 列表

C 语言接口

```
#include <tk/dbgspt.h>
INT ct = td_lst_ssy ( ID list[], INT nent );
```

参　数

| ID | list[] | List | 子系统 ID 列表的保存空间 |
| INT | nent | Number of List Entries | list 能容纳的 ID 数 |

返回参数

| INT | ct | Count | 正在使用的子系统数量 |
| | 或 | Error Code | 错误码 |

错误码

无

可用的上下文环境

任务部	准任务部	任务独立部
○	○	○

说　明

取得当前正在使用的子系统的 ID 列表,将其保存在 list 中(最多保存 nent 个)。

返回正在使用的子系统的数量。如果返回值＞nent，表示没有取得所有的ID。

13. td_rdy_que—获取任务优先权

C 语言接口

```
#include <tk/dbgspt.h>
INT ct = td_rdy_que(PRI pri, ID list[], INT nent);
```

参 数

PRI	pri	Task Priority	对象任务的优先级
ID	list[]	Task ID List	任务 ID 列表的保存空间
INT	nent	Number of List Entries	list 能容纳的 ID 数

返回参数

| INT | ct | Count | 优先级为 pri 的可运行状态的任务数 |
| | 或 | Error Code | 错误码 |

错误码

E_PAR　　　　　参数错误(pri 错误或不可用)

可用的上下文环境

任务部	准任务部	任务独立部
○	○	○

说 明

取得优先级为 pri 且处于可运行状态(就绪及运行状态)的任务的 ID 列表，列表按任务优先权从高到低的顺序排列。

list 最多保存 nent 个任务 ID，优先权最高的任务的 ID 位于列表的前端。

返回值为优先级为 pri 且处于可运行状态的任务的数量。如果返回值＞nent，表示没有取得所有的任务 ID。

14. td_sem_que—获取信号量的等待队列

C 语言接口

```
#include <tk/dbgspt.h>
INT ct = td_sem_que(ID semid, ID list[], INT nent);
```

参 数

ID	semid	Semaphore ID	对象信号量 ID
ID	list[]	Task ID List	等待中任务 ID 的保存空间
INT	nent	Number of List Entries	list 能容纳的 ID 数

返回参数

| INT | ct | Count | 等待中任务的数量 |
| | 或 | Error Code | 错误码 |

错误码

| E_ID | 错误的 ID(semid 错误或不可用) |
| E_NOEXS | 对象不存在(semid 的信号量不存在) |

可用的上下文环境

任务部	准任务部	任务独立部
○	○	○

说　明

取得 semid 指定的信号量的等待队列中的任务 ID 列表。最多保存 nent 个任务 ID,按任务在等待队列中的顺序排列(从队列的第一个任务开始)。返回值为信号量等待队列中的任务数量。如果返回值＞nent,表示没有取得队列中所有的任务 ID。

15. td_flg_que—获取事件标识的等待队列

C 语言接口

```
#include <tk/dbgspt.h>
INT ct = td_flg_que(ID flgid, ID list[], INT nent);
```

参　数

ID	flgid	EventFlag ID	对象事件标识 ID
ID	list[]	Task ID List	等待中任务 ID 的保存空间
INT	nent	Number of List Entries	list 能容纳的 ID 数

返回参数

| INT | ct | Count | 等待中任务的数量 |
| | 或 | Error Code | 错误码 |

错误码

| E_ID | 错误的 ID(flgid 错误或不可用) |
| E_NOEXS | 对象不存在(flgid 的事件标识不存在) |

可用的上下文环境

任务部	准任务部	任务独立部
○	○	○

说　明

取得 flgid 指定的事件标识的等待队列中的任务 ID 列表。最多保存 nent 个任务

ID,按任务在等待队列中的顺序排列(从队列的第一个任务开始)。返回值为事件标识等待队列中的任务数量。如果返回值>nent,表示没有取得队列中所有的任务 ID。

16. td_mbx_que—获取邮箱的等待队列

C 语言接口

```
#include <tk/dbgspt.h>
INT ct = td_mbx_que(ID mbxid, ID list[], INT nent);
```

参　数

ID	mbxid	Mailbox ID	对象邮箱 ID
ID	list[]	Task ID List	等待中任务 ID 的保存空间
INT	nent	Number of List Entries	list 能容纳的 ID 数

返回参数

INT	ct	Count	等待中任务的数量
	或	Error Code	错误码

错误码

E_ID	错误的 ID(mbxid 错误或不可用)
E_NOEXS	对象不存在(mbxid 的邮箱不存在)

可用的上下文环境

任务部	准任务部	任务独立部
○	○	○

说　明

取得 mbxid 指定的邮箱的等待队列中的任务 ID 列表。最多保存 nent 个任务 ID,按任务在等待队列中的顺序排列(从队列的第一个任务开始)。返回值为邮箱等待队列中的任务数量。如果返回值>nent,表示没有取得队列中所有的任务 ID。

17. td_mtx_que—获取互斥体的等待队列

C 语言接口

```
#include <tk/dbgspt.h>
INT ct = td_mtx_que(ID mtxid, ID list[], INT nent);
```

参　数

ID	mtxid	Mutex ID	对象互斥体 ID
ID	list[]	Task ID List	等待中任务 ID 的保存空间
INT	nent	Number of List Entries	list 能容纳的 ID 数

第 2 部分　T-Kernel 功能描述

返回参数

| INT | ct | Count | 等待中任务的数量 |
| | 或 | Error Code | 错误码 |

错误码

| E_ID | 错误的 ID(mtxid 错误或不可用) |
| E_NOEXS | 对象不存在(mtxid 的互斥体不存在) |

可用的上下文环境

任务部	准任务部	任务独立部
○	○	○

说　明

取得 mtxid 指定的互斥体的等待队列中的任务 ID 列表。最多保存 nent 个任务 ID，按任务在等待队列中的顺序排列（从队列的第一个任务开始）。返回值为互斥体等待队列中的任务数量。如果返回值＞nent，表示没有取得队列中所有的任务 ID。

18. td_smbf_que—获取消息缓冲区的发送等待队列

C 语言接口

```
#include <tk/dbgspt.h>
INT ct = td_smbf_que(ID mbfid, ID list[], INT nent);
```

参　数

ID	mbfid	Message Buffer ID	对象消息缓冲区 ID
ID	list[]	Task ID List	等待中任务 ID 的保存空间
INT	nent	Number of List Entries	list 能容纳的 ID 数

返回参数

| INT | ct | Count | 等待中任务的数量 |
| | 或 | Error Code | 错误码 |

错误码

| E_ID | 错误的 ID(mbfid 错误或不可用) |
| E_NOEXS | 对象不存在(mbfid 的消息缓冲区不存在) |

可用的上下文环境

任务部	准任务部	任务独立部
○	○	○

说　明

取得 mbfid 指定的消息缓冲区的发送等待队列中的任务 ID 列表。最多保存 nent

个任务 ID,按任务在等待队列中的顺序排列(从队列的第一个任务开始)。返回值为消息缓冲区发送等待队列中的任务数量。如果返回值＞nent,表示没有取得队列中所有的任务 ID。

19. td_rmbf_que—获取消息缓冲区的接收等待队列

C 语言接口

＃include <tk/dbgspt.h>
INT ct = td_rmbf_que(ID mbfid, ID list[], INT nent);

参数

ID	mbfid	Message Buffer ID	对象消息缓冲区 ID
ID	list[]	Task ID List	等待中任务 ID 的保存空间
INT	nent	Number of List Entries	list 能容纳的 ID 数

返回参数

| INT | ct | Count | 等待中任务的数量 |
| | 或 | Error Code | 错误码 |

错误码

| E_ID | 错误的 ID(mbfid 错误或不可用) |
| E_NOEXS | 对象不存在(mbfid 的消息缓冲区不存在) |

可用的上下文环境

任务部	准任务部	任务独立部
○	○	○

说 明

取得 mbfid 指定的消息缓冲区的接收等待队列中的任务 ID 列表。最多保存 nent 个任务 ID,按任务在等待队列中的顺序排列(从队列的第一个任务开始)。返回值为消息缓冲区接收等待队列中的任务数量。如果返回值＞nent,表示没有取得队列中所有的任务 ID。

20. td_cal_que—获取集合点调用等待队列

C 语言接口

＃include <tk/dbgspt.h>
INT ct = td_cal_que(ID porid, ID list[], INT nent);

参数

ID	porid	Port ID	对象集合点端口 ID
ID	list[]	Task ID List	等待中任务 ID 的保存空间
INT	nent	Number of List Entries	list 能容纳的 ID 数

返回参数

INT	ct	Count	等待中任务的数量
	或	Error Code	错误码

错误码

E_ID		错误的 ID(porid 错误或不可用)
E_NOEXS		对象不存在(porid 的集合点端口不存在)

可用的上下文环境

任务部	准任务部	任务独立部
○	○	○

说 明

取得 porid 指定的集合点的调用等待队列中的任务 ID 列表。最多保存 nent 个任务 ID,按任务在等待队列中的顺序排列(从队列的第一个任务开始)。返回值为集合点调用队列中的任务数量。如果返回值＞nent,表示没有取得队列中所有的任务 ID。

21. td_acp_que—获取集合点接受等待队列

C 语言接口

```
#include <tk/dbgspt.h>
INT ct = td_acp_que(ID porid, ID list[], INT nent);
```

参 数

ID	porid	Port ID	对象集合点端口 ID
ID	list[]	Task ID List	等待中任务 ID 的保存空间
INT	nent	Number of List Entries	list 能容纳的 ID 数

返回参数

INT	ct	Count	等待中任务的数量
	或	Error Code	错误码

错误码

E_ID		错误的 ID(porid 错误或不可用)
E_NOEXS		对象不存在(porid 的集合点端口不存在)

可用的上下文环境

任务部	准任务部	任务独立部
○	○	○

说 明

取得 porid 指定的集合点的接受等待队列中的任务 ID 列表。最多保存 nent 个任务 ID,按任务在等待队列中的顺序排列(从队列的第一个任务开始)。返回值为集合点接受队列中的任务数量。如果返回值>nent,表示没有取得队列中所有的任务 ID。

22. td_mpf_que—获取固定长内存池等待队列

C 语言接口

```
#include <tk/dbgspt.h>
INT ct = td_mpf_que(ID mpfid, ID list[], INT nent);
```

参　数

ID	mpfid	Memory Pool ID	对象固定长内存池 ID
ID	list[]	Task ID List	等待中任务 ID 的保存空间
INT	nent	Number of List Entries	list 能容纳的 ID 数

返回参数

| INT | ct | Count | 等待中任务的数量 |
| | 或 | Error Code | 错误码 |

错误码

| E_ID | 错误的 ID(mpfid 错误或不可用) |
| E_NOEXS | 对象不存在(mpfid 的固定长内存池不存在) |

可用的上下文环境

任务部	准任务部	任务独立部
○	○	○

说　明

取得 mpfid 指定的固定长内存池的等待队列中的任务 ID 列表。最多保存 nent 个任务 ID,按任务在等待队列中的顺序排列(从队列的第一个任务开始)。返回值为固定长内存池队列中的任务数量。如果返回值>nent,表示没有取得队列中所有的任务 ID。

23. td_mpl_que—获取可变长内存池等待队列

C 语言接口

```
#include <tk/dbgspt.h>
INT ct = td_mpl_que(ID mplid, ID list[], INT nent);
```

参　数

ID	mplid	Memory Pool ID	对象可变长内存池 ID
ID	list[]	Task ID List	等待中任务 ID 的保存空间
INT	nent	Number of List Entries	list 能容纳的 ID 数

返回参数

INT	ct	Count	等待中任务的数量
	或	Error Code	错误码

错误码

E_ID	错误的 ID(mplid 错误或不可用)
E_NOEXS	对象不存在(mplid 的可变长内存池不存在)

可用的上下文环境

任务部	准任务部	任务独立部
○	○	○

说 明

取得 mplid 指定的可变长内存池的等待队列中的任务 ID 列表。最多保存 nent 个任务 ID,按任务在等待队列中的顺序排列(从队列的第一个任务开始)。返回值为可变长内存池队列中的任务数量。如果返回值＞nent,表示没有取得队列中所有的任务 ID。

24. td_ref_tsk—获取任务状态

C 语言接口

```
#include <tk/dbgspt.h>
ER ercd = td_ref_tsk(ID tskid, TD_RTSK * rtsk);
```

参 数

ID	tskid	Task ID	对象任务 ID(可以指定 TSK_SELF)
TD_RTSK *	rtsk	Packet to Refer Task Status	任务状态信息

返回参数

ER	ercd	Error Code	错误码

rtsk 的内容

void *	exinf	Extended Information	扩展信息
PRI	tskpri	Task Priority	当前优先级
PRI	tskbpri	Task Base Priority	基础优先级
UINT	tskstat	Task State	任务状态
UINT	tskwait	Task Wait Factor	等待原因
ID	wid	Waiting Object ID	所等待对象的 ID
INT	wupcnt	Wakeup Count	唤醒请求计数
INT	suscnt	Suspend Count	挂起请求嵌套计数
RELTIM	slicetime	Slice Time	最大连续运行时间(毫秒)

UINT	waitmask	Wait Mask	被禁止等待所禁止的等待原因
UINT	texmask	Task Exception Mask	允许的任务异常
UINT	tskevent	Task Event	发生的任务事件
FP	task	Task Start Address	任务起始地址
INT	stksz	User Stack Size	用户堆栈大小(字节)
INT	sstksz	System Stack Size	系统堆栈大小(字节)
void *	istack	Initial User Stack Pointer	用户堆栈指针初始值
void *	isstack	Initial System Stack Pointer	系统堆栈指针初始值

错误码

E_OK	正常结束
E_ID	错误的 ID
E_NOEXS	对象不存在

可用的上下文环境

任务部	准任务部	任务独立部
○	○	○

说　明

获取 tskid 指定的任务的状态。本函数类似于 tk_ref_tsk(),但在状态信息中增加了任务起始地址和堆栈信息。

堆栈空间是从堆栈指针的初始值开始向低位地址延伸指定大小的连续内存区。

istack-stksz≤用户堆栈空间＜istack

isstack-sstksz≤系统堆栈空间＜isstack

堆栈指针初始值(istack 和 isstack)不是堆栈指针的当前位置。任务启动之前,堆栈空间就可能已经被使用。要取得堆栈指针的当前位置,可以使用 td_get_reg()。

任务状态信息(TD_RTSK)中的 slicetime 返回四舍五入到毫秒的值(毫秒单位)。如果想获取微秒单位的信息请使用 td_ref_tsk_u。

25. td_ref_tsk_u—获取任务状态(微秒单位)

C 语言接口

```
#include <tk/dbgspt.h>
ER ercd = td_ref_tsk_u (ID tskid, TD_RTSK_U * rtsk_u);
```

参　数

ID	tskid	Task ID	对象任务 ID(可以指定 TSK_SELF)
TD_RTSK_U *	rtsk_u	Packet to Refer Task Status	任务状态信息

返回参数

ER	ercd	Error Code	错误码

rtsk_u 的内容

void *	exinf	Extended Information	扩展信息
PRI	tskpri	Task Priority	当前优先级
PRI	tskbpri	Task Base Priority	基础优先级
UINT	tskstat	Task State	任务状态
UINT	tskwait	Task Wait Factor	等待原因
ID	wid	Waiting Object ID	所等待对象的 ID
INT	wupcnt	Wakeup Count	唤醒请求计数
INT	suscnt	Suspend Count	挂起请求嵌套计数
RELTIM_U	slicetime_u	Slice Time	最大连续运行时间（微秒）
UINT	waitmask	Wait Mask	被禁止等待所禁止的等待原因
UINT	texmask	Task Exception Mask	允许的任务异常
UINT	tskevent	Task Event	发生的任务事件
FP	task	Task Start Address	任务起始地址
INT	stksz	User Stack Size	用户堆栈大小（字节）
INT	sstksz	System Stack Size	系统堆栈大小（字节）
void *	istack	Initial User Stack Pointer	用户堆栈指针初始值
void *	isstack	Initial System Stack Pointer	系统堆栈指针初始值

错误码

E_OK	正常结束
E_ID	错误的 ID
E_NOEXS	对象不存在

可用的上下文环境

任务部	准任务部	任务独立部
○	○	○

说　明

　　该系统调用就是将 td_ref_tsk 的返回参数 slicetime 替换为 64 位微秒单位的 slicetime_u。

　　除了将返回参数变为 slicetime_u，此系统调用的说明和 td_ref_tsk 相同。请参阅 td_ref_tsk 的详细说明。

与 T-Kernel 1.0 的差异

　　T-Kernel 2.0 追加的系统调用。

26. td_ref_tex—获取任务异常的状态

C 语言接口

```
#include <tk/dbgspt.h>
ER ercd = td_ref_tex ( ID tskid , TD_RTEX * pk_rtex );
```

参　数

ID	tskid	Task ID		对象任务 ID(可以指定 TSK_SELF)
TD_RTEX *	pk_rtex	Packet to Refer Task Exception Status		任务异常状态信息

返回参数

ER	ercd	Error Code	错误码

pk_rtex 的内容

UINT	pendtex	Pending Task Exception	发生的任务异常
UINT	texmask	Task Exception Mask	允许发生的任务异常

错误码

E_OK	正常结束
E_ID	无效的 ID
E_NOEXS	对象不存在

可用的上下文环境

任务部	准任务部	任务独立部
○	○	○

说　明

取得任务异常的状态。等同于 tk_ref_tex()。

27. td_ref_sem—获取信号量状态

C 语言接口

```
#include <tk/dbgspt.h>
ER ercd = td_ref_sem (ID semid , TD_RSEM * rsem );
```

参　数

ID	semid	Semaphore ID	对象信号量 ID
TD_RSEM *	rsem	Packet to Refer Semaphore Status	信号量状态信息

返回参数

ER	ercd	Error Code	错误码

rsem 的内容

void *	exinf	Extended Information	扩展信息
ID	wtsk	Wait Task Information	等待中任务的 ID
INT	semcnt	Semaphore Count	当前信号量计数值

错误码

E_OK	正常结束
E_ID	无效的 ID
E_NOEXS	对象不存在

可用的上下文环境

任务部	准任务部	任务独立部
○	○	○

说　明

取得信号量状态。等同于 tk_ref_sem()。

28. td_ref_flg—获取事件标识状态

C 语言接口

```
#include <tk/dbgspt.h>
ER ercd = td_ref_flg ( ID flgid , TD_RFLG  * rflg  );
```

参　数

ID	flgid	EventFlag ID	对象事件标识 ID
TD_RFLG *	rflg	Packet to Refer EventFlag Status	事件标识状态信息

返回参数

ER	ercd	Error Code	错误码

rflg 的内容

void *	exinf	Extended Information	扩展信息
ID	wtsk	Wait Task Information	等待中任务的 ID
UINT	flgptn	Semaphore Count	当前事件标识位模式

错误码

E_OK	正常结束
E_ID	无效的 ID
E_NOEXS	对象不存在

可用的上下文环境

任务部	准任务部	任务独立部
○	○	○

说　明

取得事件标识状态。等同于 tk_ref_flg()。

29. td_ref_mbx—获取邮箱状态

C 语言接口

```
#include <tk/dbgspt.h>
ER ercd = td_ref_mbx ( ID mbxid , TD_RMBX * rmbx );
```

参　数

ID	mbxid	Mailbox ID	对象邮箱 ID
TD_RMBX *	rmbx	Packet to Refer Mailbox Status	邮箱状态信息

返回参数

ER	ercd	Error Code	错误码

rmbx 的内容

void *	exinf	Extended Information	扩展信息
ID	wtsk	Wait Task Information	等待中任务的 ID
T_MSG *	pk_msg	Packet of Message	下一条消息

错误码

E_OK	正常结束
E_ID	无效的 ID
E_NOEXS	对象不存在

可用的上下文环境

任务部	准任务部	任务独立部
○	○	○

说　明

取得邮箱状态。等同于 tk_ref_mbx()。

30. td_ref_mtx—获取互斥体状态

C 语言接口

```
#include <tk/dbgspt.h>
ER ercd = td_ref_mtx ( ID mtxid , TD_RMTX * rmtx );
```

参　数

ID	mtxid	Mutex ID	对象互斥体 ID
TD_RMTX *	rmtx	Packet to Refer Mutex Status	互斥体状态信息

返回参数

ER	ercd	Error Code	错误码

rmtx 的内容

void *	exinf	Extended Information	扩展信息
ID	htsk	Locking Task ID	正锁定互斥体的任务的 ID
ID	wtsk	Lock Waiting Task ID	等待锁定的任务 ID

错误码

E_OK	正常结束
E_ID	无效的 ID
E_NOEXS	对象不存在

可用的上下文环境

任务部	准任务部	任务独立部
○	○	○

说　明

取得互斥体状态。等同于 tk_ref_mtx()。

31. td_ref_mbf—获取消息缓冲区状态

C 语言接口

```
#include <tk/dbgspt.h>
ER ercd = td_ref_mbf ( ID mbfid , TD_RMBF * rmbf );
```

参　数

ID	mbfid	Message Buffer ID	对象消息缓冲区 ID
TD_RMBF *	rmbf	Packet to Refer Message Buffer Status	消息缓冲区状态信息

返回参数

ER	ercd	Error Code	错误码

Rmbf 的内容

void *	exinf	Extended Information	扩展信息
ID	wtsk	Wait Task Information	等待接收消息的任务的 ID
ID	stsk	Send Task Information	等待发送消息的任务的 ID
INT	msgsz	Message Size	下一条消息的大小(字节)
INT	frbufsz	Free Buffer Size	空闲的缓冲区大小(字节)
INT	maxmsz	Maximum Message Size	最大消息长度(字节)

错误码

E_OK	正常结束
E_ID	无效的 ID
E_NOEXS	对象不存在

可用的上下文环境

任务部	准任务部	任务独立部
○	○	○

说 明

取得消息缓冲区状态。等同于 tk_ref_mbf()。

32. td_ref_por—获取集合点端口状态

C 语言接口

```
#include <tk/dbgspt.h>
ER ercd = td_ref_por ( ID porid , TD_RPOR * rpor );
```

参 数

| ID | porid | Port ID | 对象集合点端口 ID |
| TD_RPOR * | rpor | Packet to Refer Port Status | 集合点端口状态信息 |

返回参数

| ER | ercd | Error Code | 错误码 |

Rpor 的内容

void *	exinf	Extended Information	扩展信息
ID	wtsk	Wait Task Information	呼叫等待中的任务 ID
ID	atsk	Accept Task Information	接受等待中的任务 ID
INT	maxcmsz	Maximum Call Message Size	呼叫消息的最大长度（字节）
INT	maxrmsz	Maximum Reply Message Size	应答消息的最大长度（字节）

错误码

E_OK	正常结束
E_ID	无效的 ID
E_NOEXS	对象不存在

可用的上下文环境

任务部	准任务部	任务独立部
○	○	○

说 明

取得集合点端口状态。等同于 tk_ref_por()。

33. td_ref_mpf—获取固定长内存池状态

C 语言接口

```
#include <tk/dbgspt.h>
ER ercd = td_ref_mpf ( ID mpfid , TD_RMPF * rmpf );
```

第 2 部分 T-Kernel 功能描述

参　数

```
ID          mpfid     Memory Pool ID                         对象固定长内存池 ID
TD_RMPF *   rmpf      Packet to Refer Memory Pool Status     固定长内存池状态信息
```

返回参数

```
ER          ercd      Error Code                             错误码
```

rmpf 的内容

```
void *      exinf     Extended Information                   扩展信息
ID          wtsk      Wait Task Information                  等待中任务的 ID
INT         frbcnt    Free Block Count                       空闲块的数量
```

错误码

```
E_OK        正常结束
E_ID        无效的 ID
E_NOEXS     对象不存在
```

可用的上下文环境

任务部	准任务部	任务独立部
○	○	○

说　明

取得固定长内存池状态。等同于 tk_ref_mpf()。

34. td_ref_mpl — 获取可变长内存池状态

C 语言接口

```
#include <tk/dbgspt.h>
ER ercd = td_ref_mpl ( ID mplid , TD_RMPL * rmpl );
```

参　数

```
ID          mplid     Memory Pool ID                         对象可变长内存池 ID
TD_RMPL *   rmpl      Packet to Refer Memory Pool Status     可变长内存池状态信息
```

返回参数

```
ER          ercd      Error Code                             错误码
```

rmpl 的内容

```
void *      exinf     Extended Information                   扩展信息
ID          wtsk      Wait Task Information                  等待中任务的 ID
INT         frsz      Free Memory Size                       空闲空间合计大小(字节)
INT         maxsz     Max Memory Size                        最大空闲空间大小(字节)
```

错误码

E_OK	正常结束
E_ID	无效的 ID
E_NOEXS	对象不存在

可用的上下文环境

任务部	准任务部	任务独立部
○	○	○

说　明

取得可变长内存池状态。等同于 tk_ref_mpl()。

35. td_ref_cyc—获取周期性处理程序状态

C 语言接口

```
#include <tk/dbgspt.h>
ER ercd = td_ref_cyc ( ID cycid , TD_RCYC * rcyc );
```

参　数

ID	cycid	Cyclic Handler ID	对象周期性处理程序 ID
TD_RCYC *	rcyc	Packet to Refer Cyclic Handler Status	周期性处理程序状态信息

返回参数

ER	ercd	Error Code	错误码

rcyc 的内容

void *	exinf	Extended Information	扩展信息
RELTIM	lfttim	Left Time	下一次处理程序启动前剩余的时间(毫秒)
UINT	cycstat	Cyclic Handler Status	周期性处理程序的状态

错误码

E_OK	正常结束
E_ID	无效的 ID
E_NOEXS	对象不存在

可用的上下文环境

任务部	准任务部	任务独立部
○	○	○

说　明

取得周期性处理程序状态。等同于 tk_ref_cyc()。

td_ref_cyc 取得的周期性处理程序状态信息(TD_RCYC)中的剩余时间 lfttim 返回的是四舍五入到毫秒单位的值(毫秒单位)。如果想获取微秒单位的信息请使用 td_ref_cyc_u。

36. td_ref_cyc_u—获取周期性处理程序状态(微秒单位)

C 语言接口

```
#include <tk/dbgspt.h>
ER ercd = td_ref_cyc_u (ID cycid, TD_RCYC_U * rcyc_u);
```

参　数

| ID | cycid | Cyclic Handler ID | 对象周期性处理程序 |
| TD_RCYC_U * | rcyc_u | Packet to Refer Cyclic Handler Status | 周期性处理程序状态信息 |

返回参数

| ER | ercd | Error Code | 错误码 |

rcyc_u 的内容

void *	exinf	Extended Information	扩展信息
RELTIM_U	lfttim_u	Left Time	下一次处理程序启动前剩余的时间（微秒）
UINT	cycstat	Cyclic Handler Status	周期性处理程序的状态

错误码

E_OK	正常结束
E_ID	无效的 ID
E_NOEXS	对象不存在

可用的上下文环境

任务部	准任务部	任务独立部
○	○	○

说　明

该系统调用就是将 td_ref_cyc 的返回参数 lfttim 替换为 64 位微秒单位的 lfttim_u。

除了将返回参数变为 lfttim_u,此系统调用的说明和 td_ref_cyc 相同。请参阅 td_ref_cyc 的详细说明。

与 T-Kernel 1.0 的差异

T-Kernel 2.0 追加的系统调用。

37. td_ref_alm—获取报警处理程序状态

C 语言接口

```
#include <tk/dbgspt.h>
ER ercd = td_ref_alm ( ID almid , TD_RALM * ralm );
```

参数

ID	almid	Alarm Handler ID	对象报警处理程序 ID
TD_RALM *	ralm	Packet to Refer Alarm Handler Status	报警处理程序状态信息

返回参数

ER	ercd	Error Code	错误码

ralm 的内容

void *	exinf	Extended Information	扩展信息
RELTIM	lfttim	Left Time	下一次处理程序启动前剩余的时间（毫秒）
UINT	almstat	Alarm Handler Status	警报处理程序的状态

错误码

E_OK	正常结束
E_ID	无效的 ID
E_NOEXS	对象不存在

可用的上下文环境

任务部	准任务部	任务独立部
○	○	○

说 明

取得报警处理程序状态。等同于 tk_ref_alm()。

td_ref_alm 取得的报警处理程序状态信息（TD_RALM）中的剩余时间 lfttim 返回的是四舍五入到毫秒单位的值（毫秒单位）。如果想获取微秒单位的信息请使用 td_ref_alm_u。

38. td_ref_alm_u—获取报警处理程序状态（微秒单位）

C 语言接口

```
#include <tk/dbgspt.h>
ER ercd = td_ref_alm_u ( ID almid , TD_RALM_U * ralm_u );
```

参数

ID	almid	Alarm Handler ID	对象报警处理程序 ID

TD_RALM_U *	ralm_u	Packet to Refer Alarm Handler Status	报警处理程序状态信息

返回参数

ER	ercd	Error Code	错误码

ralm_u 的内容

void *	exinf	Extended Information	扩展信息
RELTIM_U	lfttim_u	Left Time	下一次处理程序启动前剩余的时间(微秒)
UINT	almstat	Alarm Handler Status	警报处理程序的状态

错误码

E_OK	正常结束
E_ID	无效的 ID
E_NOEXS	对象不存在

可用的上下文环境

任务部	准任务部	任务独立部
○	○	○

说　明

该系统调用就是将 td_ref_alm 的返回参数 lfttim 替换为 64 位微秒单位的 lfttim_u。

除了将返回参数变为 lfttim_u，此系统调用的说明和 td_ref_alm 相同。请参阅 td_ref_alm 的详细说明。

与 T-Kernel 1.0 的差异

T-Kernel 2.0 追加的系统调用。

39. td_ref_sys—获取系统状态

C 语言接口

```
#include <tk/dbgspt.h>
ER ercd = td_ref_sys ( TD_RSYS * pk_rsys );
```

参　数

TD_RSYS *	pk_rsys	Packet to Refer System Status	系统状态信息

返回参数

ER	ercd	Error Code	错误码

pk_rsys 的内容

INT	sysstat	System State	系统状态
ID	runtskid	Running Task ID	处于运行状态的任务 ID

| ID | schedtskid | Scheduled Task ID | 准备被调度进入运行状态的任务 ID |

错误码

| E_OK | 正常结束 |

可用的上下文环境

任务部	准任务部	任务独立部
○	○	○

说　明

取得系统状态信息。等同于 tk_ref_sys()。

40. td_ref_ssy—获取子系统定义信息

C 语言接口

```
#include <tk/dbgspt.h>
ER ercd = td_ref_ssy ( ID ssid , TD_RSSY * rssy );
```

参　数

| ID | ssid | Subsystem ID | 对象子系统 ID |
| TD_RSSY * | rssy | Packet to Refer Subsystem | 子系统定义信息 |

返回参数

| ER | ercd | Error Code | 错误码 |

rssy 的内容

| PRI | ssypri | Subsystem Priority | 子系统优先级 |
| INT | resblksz | Resource Control Block Size | 资源管理块的大小（字节） |

错误码

E_OK	正常结束
E_ID	无效的 ID
E_NOEXS	对象不存在

可用的上下文环境

任务部	准任务部	任务独立部
○	○	○

说　明

获取子系统状态信息。等同于 tk_ref_ssy()。

41. td_inf_tsk—获取任务统计信息

C 语言接口

```
#include <tk/dbgspt.h>
ER ercd = td_inf_tsk ( ID tskid , TD_ITSK * pk_itsk , BOOL clr );
```

参　　数

ID	tskid	Task ID	对象任务 ID(可指定 TSK_SELF)
TD_ITSK *	pk_itsk	Packet to Refer Task Statistics	任务统计信息
BOOL	clr	Clear	任务统计信息清除标志

返回参数

ER	ercd	Error Code	错误码

pk_itsk 的内容

RELTIM	stime	System Time	系统级累计运行时间(毫秒)
RELTIM	utime	User Time	用户级累计运行时间(毫秒)

错误码

E_OK	正常结束
E_ID	无效的 ID
E_NOEXS	对象不存在

可用的上下文环境

任务部	准任务部	任务独立部
○	○	○

说　　明

取得任务统计信息。等同于 tk_inf_tsk()。clr＝TRUE (≠0)时,取得统计信息后累计时间会被清零。

任务统计信息(TD_ITSK)中的 stime 和 utime 返回的是四舍五入到毫秒单位的值。如果想获取微秒单位的信息请使用 td_inf_tsk_u。

42. td_inf_tsk_u—获取任务统计信息(微秒单位)

C 语言接口

```
#include <tk/dbgspt.h>
ER ercd = td_inf_tsk_u ( ID tskid , TD_ITSK_U * itsk_u, BOOL clr );
```

参　　数

ID	tskid	Task ID	对象任务 ID(可指定 TSK_SELF)

TD_ITSK_U*	pk_itsk_u	Packet to Refer Task Statistics	任务统计信息
BOOL	clr	Clear	任务统计信息清除标志

返回参数

ER	ercd	Error Code	错误码

itsk_u 的内容

RELTIM_U	stime_u	System Time	系统级累计运行时间（微秒）
RELTIM_U	utime_u	User Time	用户级累计运行时间（微秒）

错误码

E_OK	正常结束
E_ID	无效的 ID
E_NOEXS	对象不存在

可用的上下文环境

任务部	准任务部	任务独立部
○	○	○

说　明

该系统调用就是将 td_inf_tsk 的返回参数 stime 和 utime 替换为 64 位微秒单位的 stime_u 和 utime_u。

除了将返回参数变为 stime_u 和 utime_u，此系统调用的说明和 td_inf_tsk 相同。请参阅 td_inf_tsk 的详细说明。

与 T-Kernel 1.0 的差异

T-Kernel 2.0 追加的系统调用。

43. td_get_reg—获取任务寄存器

C 语言接口

```
#include <tk/dbgspt.h>
ER ercd = td_get_reg (ID tskid , T_REGS * pk_regs , T_EIT * pk_eit , T_CREGS * pk_cregs );
```

参　数

ID	tskid	Task ID	对象任务 ID（不能指定 TSK_SELF）
T_REGS *	pk_regs	Packet of Registers	通用寄存器信息
T_EIT *	pk_eit	Packet of EIT Registers	异常保存寄存器信息
T_CREGS *	pk_cregs	Packet of Control Registers	控制寄存器信息

返回参数

ER	ercd	Error Code	错误码

T_REGS,T_EIT 和 T_CREGS 的内容取决于 CPU 及具体实现方法。

错误码

E_OK	正常结束	
E_ID	无效的 ID(tskid 错误或不可用)	
E_NOEXS	对象不存在(tskid 所指定的任务不存在)	
E_OBJ	对象状态错误(目标任务处于运行状态)	

可用的上下文环境

任务部	准任务部	任务独立部
○	○	○

说　明

获取 tskid 所指定任务的寄存器的值。等同于 tk_get_reg()。

不能取得处于运行状态的任务(自任务)的寄存器值。除了任务独立部正在运行的情况，当前处于运行状态的任务即为自任务。

pk_regs,pk_eit 或 pk_cregs 指定为 NULL 时,不取得对应寄存器的值。

T_REGS,T_EIT 和 T_CREGS 的内容取决于具体实现。

44. td_set_reg—设置任务寄存器

C 语言接口

```
#include <tk/dbgspt.h>
ER ercd = td_set_reg (ID tskid , CONST T_REGS * pk_regs , CONST T_EIT * pk_eit , CONST T_CREGS * pk_cregs);
```

参　数

ID		tskid	Task ID	对象任务 ID(不能指定 TSK_SELF)
CONST	T_REGS *	pk_regs	Packet of Registers	通用寄存器
CONST	T_EIT *	pk_eit	Packet of EIT Registers	异常保存寄存器
CONST	T_CREGS *	pk_cregs	Packet of Control Registers	控制寄存器

T_REGS,T_EIT 和 T_CREGS 的内容取决于 CPU 及具体实现方法。

返回参数

ER	ercd	Error Code	错误码

错误码

E_OK	正常结束
E_ID	无效的 ID(tskid 错误或不可用)
E_NOEXS	对象不存在(tskid 所指定的任务不存在)
E_OBJ	对象状态错误(目标任务处于运行状态)

可用的上下文环境

任务部	准任务部	任务独立部
○	○	○

说 明

设置 tskid 所指定任务的寄存器的值。等同于 tk_set_reg()。

不能设置处于运行状态的任务(自任务)的寄存器值。除了任务独立部正在运行的情况,当前处于运行状态的任务即为自任务。

pk_regs、pk_eit 或 pk_cregs 指定为 NULL 时,不设置对应的寄存器。

T_REGS,T_EIT 和 T_CREGS 的内容取决于具体实现。

45. td_get_tim—获取系统时间

C 语言接口

```
#include <tk/dbgspt.h>
ER ercd = td_get_tim ( SYSTIM * tim , UINT * ofs );
```

参 数

SYSTIM *	tim	Time	当前时间(ms)
UINT *	ofs	Offset	返回参数 ofs 的数据地址

返回参数

ER	ercd	Error Code	错误码
SYSTIM	tim	Time	当前时间(ms)
UINT	ofs	Offset	从 tim 开始经过的时间(ns)

tim 的内容

W	hi	High 32bits	系统当前时间的上位 32 位
UW	lo	Low 32bits	系统当前时间的下位 32 位

错误码

E_OK			正常结束

可用的上下文环境

任务部	准任务部	任务独立部
○	○	○

说 明

取得当前时间(自 1985 年 1 月 1 日 0 时(GMT)起经过的毫秒数)。tim 返回的值和调用 tk_get_tim()函数得到的值相同。tim 的分辨率和定时器中断间隔(周期)的分辨率相同,自 tim 起经过的时间作为更精确的时间信息以纳秒为单位保存于 ofs 中。ofs 的分辨率决于具体实现,通常是定时器硬件的分辨率。

tim 是通过定时器中断来计数的时间值。在中断禁止期间产生定时器中断的情况下,定时器中断处理程序不会启动(启动被延迟到允许中断之后),导致时间值不会更新。这种情况下,tim 返回前一个定时器中断更新的时间,ofs 也返回从前一个定时器中断开始经过的时间。因此,ofs 的时间可能会比定时器中断周期的时间长。ofs 可测量的最大时间长度由硬件等决定,但希望至少是定时器中断周期的 2 倍(0≤ofs＜定时器中断周期的 2 倍)。

此外,tim 和 ofs 返回的时间是从调用 td_get_tim()开始到返回之间的某个时刻的时间值。不是调用 td_get_tim 的时刻,也不是返回的时刻。因此,如果要取得更准确的信息,则应在中断禁止状态下调用本函数。

46. td_get_tim_u—获取系统时间(微秒单位)

C 语言接口

```
#include <tk/dbgspt.h>
ER ercd = td_get_tim_u (SYSTIM_U  *tim_u  , UINT *ofs );
```

参　数

```
SYSTIM_U*    tim_u       Time         当前时间(μs)
UINT*        ofs         Offset       返回参数 ofs 的数据地址
```

返回参数

```
ER           ercd        Error Code   错误码
SYSTIM_U     tim_u       Time         当前时间(微秒)
UINT         ofs         Offset       从 tim_u 开始经过的时间(纳秒)
```

错误码

```
E_OK         正常结束
```

可用的上下文环境

任务部	准任务部	任务独立部
○	○	○

说　明

该系统调用就是将 td_get_tim 的参数 tim 替换为 64 位微秒单位的 tim_u。

除了将返回参数变为 tim_u,此系统调用的说明和 td_get_tim 相同。请参阅 td_get_tim 的详细说明。

与 T-Kernel 1.0 的差异

T-Kernel 2.0 追加的系统调用。

47. td_get_otm——获取系统运行时间

C 语言接口

```
#include <tk/dbgspt.h>
ER ercd = td_get_otm ( SYSTIM * tim , UINT * ofs );
```

参　数

| SYSTIM * | tim | Time | 运行时间(ms) |
| UINT * | ofs | Offset | 返回参数 ofs 的数据地址 |

返回参数

ER	ercd	Error Code	错误码
SYSTIM	tim	Time	运行时间(ms)
UINT	ofs	Offset	从 tim 开始经过的时间(ns)

错误码

| E_OK | 正常结束 |

可用的上下文环境

任务部	准任务部	任务独立部
○	○	○

说　明

取得系统运行时间(从系统启动开始经过的毫秒数)。tim 返回的值和调用 tk_get_otm()函数得到的值相同。Tim 的分辨率和定时器中断间隔(周期)的分辨率相同,自 tim 起经过的时间作为更精确的时间信息以纳秒为单位保存于 ofs 中。ofs 的分辨率取决于具体实现,通常是定时器硬件的分辨率。

tim 是通过定时器中断来计数的时间值。在中断禁止期间产生定时器中断的情况下,定时器中断处理程序不会启动(启动被延迟到允许中断之后),导致时间值不会更新。这种情况下,tim 返回前一个定时器中断更新的时间,ofs 也返回从前一个定时器中断开始经过的时间。因此,ofs 的时间可能会比定时器中断周期的时间长。ofs 可测量的最大时间长度由硬件等决定,但希望至少是定时器中断周期的 2 倍(0≤ofs<定时器中断周期的 2 倍)。

此外,tim 和 ofs 返回的时间是从调用 td_get_otm()开始到返回之间的某个时刻的时间值。不是调用 td_get_otm()的时刻,也不是返回的时刻。因此,如果要取得更准确的信息,则应在中断禁止状态下调用本函数。

48. td_get_otm_u—获取系统运行时间(微秒单位)

C 语言接口

```
# include <tk/dbgspt.h>
ER ercd = td_get_otm_u (SYSTIM_U * tim_u , UINT * ofs );
```

参　　数

SYSTIM_U *	tim_u	Time	运行时间(μs)
UINT *	ofs	Offset	返回参数 ofs 的数据地址

返回参数

ER	ercd	Error Code	错误码
SYSTIM_U	tim_u	Time	运行时间(微秒)
UINT	ofs	Offset	从 tim_u 开始经过的时间(纳秒)

错误码

E_OK	正常结束

可用的上下文环境

任务部	准任务部	任务独立部
○	○	○

说　　明

该系统调用就是将 td_get_otm 的参数 tim 替换为 64 位微秒单位的 tim_u。

除了将返回参数变为 tim_u,此系统调用的说明和 td_get_otm 相同。请参阅 td_get_otm 的详细说明。

与 T-Kernel 1.0 的差异

T-Kernel 2.0 追加的系统调用。

49. td_ref_dsname—获取 DS 对象名

C 语言接口

```
# include <tk/dbgspt.h>
ER ercd = td_ref_dsname (UINT type , ID id , UB * dsname );
```

参　　数

UINT	type	Object Type	对象类型
ID	id	Object ID	对象 ID
UB *	dsname	DS Object Name	DS 对象名的数据地址

返回参数

ER　　　　ercd　　　　Error Code　　　　错误码

dsname 的内容

创建对象时或者通过 td_set_dsname() 设置的 DS 对象名。

错误码

E_OK	正常结束
E_PAR	对象类型错误
E_NOEXS	对象不存在
E_OBJ	DS 对象名未使用

可用的上下文环境

任务部	准任务部	任务独立部
○	○	○

说　明

取得创建对象时设置的 DS 对象名(dsname)。通过对象类型(type)和对象 ID(id) 来指定对象。

可指定的对象类型(type)如下所示：

TN_TSK	0x01	任务
TN_SEM	0x02	信号量
TN_FLG	0x03	事件标识
TN_MBX	0x04	邮箱
TN_MBF	0x05	消息缓冲区
TN_POR	0x06	集合点端口
TN_MTX	0x07	互斥体
TN_MPL	0x08	可变长内存池
TN_MPF	0x09	固定长内存池
TN_CYC	0x0a	周期性处理程序
TN_ALM	0x0b	警报处理程序

DS 对象名在对象属性中指定了 TA_DSNAME 时有效。
如果对象创建后通过 td_set_dsname() 修改了名称，取得的是修改后的对象名。
DS 对象名需要满足以下条件：
可使用字符(UB) a～z, A～Z, 0～9
名称长度　　　　8 字节(长度小于 8 字节时补充 NULL)
T_Kernel 不检查字符编码。

50. td_set_dsname—设置 DS 对象名称

C 语言接口

```
#include <tk/dbgspt.h>
```

```
ER ercd = td_set_dsname (UINT type , ID id , CONST UB * dsname );
```

参　数

UINT	type	Object Type	对象类型
ID	id	Object ID	对象 ID
CONST UB *	dsname	DS Object Name	设置的 DS 对象名

返回参数

| ER | ercd | Error Code | 错误码 |

错误码

E_OK	正常结束
E_PAR	错误的对象类型
E_NOEXS	对象不存在
E_OBJ	DS 对象名未使用

可用的上下文环境

任务部	准任务部	任务独立部
○	○	○

说　明

修改创建对象时设置的 DS 对象名(dsname)。通过对象类型(type)和对象 ID(id)来指定对象。

可用对象类型(type)和 td_ref_dsname()相同。

DS 对象名需要满足以下条件：

可使用字符(UB)　　a～z、A～Z、0～9

名称长度　　　　　8 字节(长度小于 8 字节时补充 NULL)

T_Kernel 不检查字符编码。

DS 对象名在对象属性中指定了 TA_DSNAME 时有效。如果对象属性中未包含 TA_DSNAME,则返回错误 E_OBJ。

6.2　执行跟踪功能

执行跟踪是调试器为跟踪程序运行提供的功能。通过设置挂钩函数实现。

- 挂钩函数必须将各种状态恢复到调用时的状态后才能返回。不过寄存器的值可以按 C 语言函数的保存规则恢复。
- 挂钩函数内部不得向减少限制的方向修改状态。例如,如果挂钩函数在中断禁止状态下被调用,则不能允许中断。

- 挂钩函数运行于保护级别 0。
- 挂钩函数继承挂钩时的堆栈。如果挂钩函数使用过多的堆栈空间,可能导致堆栈溢出。可使用的堆栈大小随挂钩时的状况不同而不同。因此,在函数内部切换到独立堆栈会更安全。

1. td_hok_svc—定义系统调用？扩展 SVC 的挂钩程序

C 语言接口

```
#include <tk/dbgspt.h>
ER ercd = td_hok_svc (CONST TD_HSVC * hsvc );
```

参　数

CONST TD_HSVC * hsvc	SVC Hook Routine	挂钩程序定义信息

hsvc 的内容

FP	enter	Hook Routine before Calling	调用前挂钩程序
FP	leave	Hook Routine after Calling	调用后挂钩程序

返回参数

ER	ercd	Error Code	错误码

错误码

无

可用的上下文环境

任务部	准任务部	任务独立部
○	○	○

说　明

设置系统调用及扩展 SVC 调用前后的挂钩程序。可通过将 hsvc 设为 NULL 来取消挂钩程序。

跟踪对象为 T-Kernel/OS 的系统调用(tk_～)和扩展 SVC。但具体实现时一般不把 tk_ret_int 作为跟踪对象。

T-Kernel/DS 的系统调用(td_～)不是跟踪对象。

挂钩程序作为调用成为挂钩对象的系统调用及扩展 SVC 的任务的准任务部运行。例如,在挂钩程序中,自任务即调用系统调用或扩展 SVC 的任务。

因为系统调用内部可能有任务切换或中断,所以 enter() 和 leave() 不总是成对连续地被调用。系统调用不返回的情况下,leave() 不会被调用。

```
Void * enter(FN fncd, TD_CALINF * calinf, …)
FN         fncd              功能码
```

		<0	系统调用
		≤0	扩展 SVC
TD_CALINF *	calinf		调用者的信息
…			参数(个数可变)
返回值			传递给 leave()的任意的值

```
typedef struct td_calinf {
    用来确定系统调用或扩展 SVC 的调用方(地址),最好包含可进行堆栈回溯的信息。
    内容取决于具体实现。
    通常为堆栈指针或程序计数器等寄存器的值。
} TD_CALINF;
```

在系统调用或扩展 SVC 调用之前被调用。

返回值传递给对应的 leave()。由此可进行 enter()和 leave()对的确认或传递其他信息。

```
exinf = enter(fncd, &calinf,…)
ret = 执行系统调用或扩展 SVC
leave(fncd, ret, exinf)
```

(1) 系统调用

参数和系统调用的参数相同。

例 6.1 tk_wai_sem(ID semid, INT cnt, TMO tmout)时

```
enter(TFN_WAI_SEM, &calinf, semid, cnt, tmout)
```

(2) 扩展 SVC

参数为传递给扩展 SVC 程序的数据包。

fncd 也和传递给扩展 SVC 程序的 fncd 相同。

```
enter(FN fncd, TD_CALINF *calinf, void *pk_para);
void leave(FN fncd, INT ret, void *exinf);
```

FN	fncd	功能码
INT	ret	系统调用或扩展 SVC 的返回值
void *	exinf	enter()的返回值

从系统调用或扩展 SVC 返回时被调用。

系统调用或扩展 SVC 调用后(系统调用或扩展 SVC 运行中)设定挂钩程序的情况下,会只调用 leave()而不调用 enter(),此时传递给 leave()的 exinf 为 NULL。

反之,如果系统调用或扩展 SVC 调用后挂钩程序被取消,也会出现只调用 enter()而不调用 leave()的情况。

2. td_hok_dsp—定义任务切换的挂钩程序

C 语言接口

```
#include <tk/dbgspt.h>
ER ercd = td_hok_dsp ( CONST TD_HDSP * hdsp ) ;
```

参　　数

CONST TD_HDSP *	hdsp	Dispatcher Hook Routine　　挂钩程序定义信息

hdsp 的内容

FP	exec	Hook Routine when Execution Starts　　任务运行开始时的挂钩程序
FP	stop	Hook Routine when Execution Stops　　任务运行停止时的挂钩程序

返回参数

ER	ercd	Error Code　　错误码

错误码

　　无

可用的上下文环境

任务部	准任务部	任务独立部
○	○	○

说　　明

　　设置任务切换器中的挂钩程序。可通过将 hdsp 设为 NULL 来取消挂钩程序。

　　挂钩程序运行于切换禁止状态。挂钩程序（hook routine）中不可调用 T-Kernel/OS 的系统调用（tk_~）和扩展 SVC，但可以调用 T-Kernel/DS 的系统调用（td_~）。

```
void exec(ID stkid, INT lsid)
    ID    tskid    开始或恢复运行的任务的 ID
    INT   lsid     tskid 所指定任务的逻辑地址空间 ID
```

　　在指定的任务启动或恢复运行时调用。exec() 被调用后，tskid 指定的任务已经处于运行状态，逻辑空间也已经被转换了。从 exec() 返回后才开始执行 tskid 所指定任务的程序。

```
void stop(ID    tskid, INT    lsid, UINT    tskstat)
    ID    tskid     停止运行的任务的 ID
    INT   lsid      tskid 所指定任务的逻辑地址空间 ID
    UINT  tskstat   tskid 所指定任务的状态
```

　　指定任务停止运行时被调用。tskstat 表示运行停止后的任务状态，其值为以下之一：

```
TTS_RDY     READY 状态（就绪状态）
```

第 2 部分 T-Kernel 功能描述

TTS_WAI	WAITING 状态（等待状态）
TTS_SUS	SUSPENDED 状态（挂起状态）
TTS_WAS	WAITING-SUSPENDED（二重等待状态）
TTS_DM	DORMANT 状态（休止状态）
	NON-EXISTENT 状态（未登录状态）

stop()调用时，tskid 指定的任务已经进入 tskstate 所示状态，其逻辑空间不确定。

3. td_hok_int——定义中断处理程序的挂钩程序

C 语言接口

```
#include <tk/dbgspt.h>
ER ercd = td_hok_int ( CONST TD_HINT * hint );
```

参　数

CONST TD_HINT *　　hint　　Interruption Handler Hook Routine　　挂钩程序定义信息

hint 的内容

FP	enter	Hook Routine before Calling Handler	调用前挂钩程序
FP	leave	Hook Routine after Calling Handler	调用后挂钩程序

返回参数

ER　　ercd　　Error Code　　　　　　　　　　　　错误码

错误码

无

可用的上下文环境

任务部	准任务部	任务独立部
○	○	○

说　明

　　设置中断处理程序调用前后的挂钩程序。不能为不同的异常或中断设定单独的挂钩程序，只能为所有异常和中断设定一对通用的挂钩程序。

　　可通过将 hint 设为 NULL 来取消挂钩程序。

　　挂钩程序作为任务独立部（中断处理程序的一部分）被调用。因此，挂钩程序中只能调用可以在任务独立部中调用的系统调用。

　　只能为 tk_def_int 定义时指定了 TA_HLNG 属性的中断处理程序设定挂钩程序，无法为 TA_ASM 属性的中断处理程序设定。TA_ASM 属性的中断处理程序的挂钩可以通过直接处理异常/中断向量表等方法实现，取决于具体的实现方法。

```
void    enter(UINT dintno)
void    leave(UINT dintno)
```

UINT　　dintno　　中断号

传递给 enter()和 leave()的参数和传递给异常/中断处理程序的参数相同。根据具体实现，也可能有 dintno 之外的其他信息。

挂钩程序在高级语言对应例程中按类似下面的方式被调用：

```
enter(dintno);
inthdr(dintno);/* 异常·中断处理程序 */
leave(dintno);
```

enter()在中断禁止状态下被调用，而且不能允许中断。leave()运行于 inthdr()返回时的状态，因此此时中断禁止状态不确定。

enter()只能获得和 inthdr()相同的信息。inthdr()不能获得的信息，enter()也无法得到。规范保证 enter()和 inthdr()能获得的信息一定包含 dintno，其他信息则依具体实现而定。另外，leave()运行时中断禁止状态等各种状态可能已经改变，因此 leave()获得的信息不一定和 enter()及 inthdr()获得的信息相同。

第 2 部分　T-Kernel 功能描述

　附　录

7.1　设备驱动程序相关规范

本章对不包含在 T-Kernel 本体最新规范但在 T-Kernel 规范 Ver.1.00.xx 中有记载的 T-Kernel/SM 设备管理功能或设备驱动程序的相关规范以及现有系统等的实现例子进行了说明。

考虑到和现有 T-Kernel 应用系统的设备相关功能以及现有 T-Kernel 设备驱动程序的互操作性，希望将本章说明的规范作为参考。

本章说明的规范的详细情况、最新信息以及该规范的实现方法需要另行确认。

7.1.1　设备属性的磁盘种类

T-Kernel 规范 Ver.1.00.xx 的设备属性中定义了以下的磁盘种类：

```
/*磁盘种类*/
#define  TDK_DISK_UNDEF  0x0010      /*其他*/
#define  TDK_DISK_RAM    0x0011      /*RAM 磁盘(用作主存)*/
#define  TDK_DISK_ROM    0x0012      /*ROM 磁盘(用作主存)*/
#define  TDK_DISK_FLA    0x0013      /*Flash ROM 或其他硅磁盘*/
#define  TDK_DISK_FD     0x0014      /*软盘*/
#define  TDK_DISK_HD     0x0015      /*硬盘*/
#define  TDK_DISK_CDROM  0x0016      /*CD-ROM*/
```

7.1.2 设备的属性数据

TDN_DISKINFO 磁盘信息

T-Kernel 规范 Ver.1.00.xx 的设备通用属性中的 DiskFormat 的定义如下所示。DiskFormat 包含在属性数据的磁盘信息(TDN_DISKINFO)使用的数据类型 DiskInfo 中。

```
typedef enum {
    DiskFmt_STD      = 0,    /* 标准(HD 等) */
    DiskFmt_2DD      = 1,    /* 2DD 720  KB */
    DiskFmt_2HD      = 2,    /* 2HD 1.44 MB */
    DiskFmt_CDROM    = 4,    /* CD-ROM 640 MB */
} DiskFormat;
```

TDN_DISPSPEC 显示设备规范。

T-Kernel 规范 Ver.1.00.xx 的设备通用属性中的 DEV_SPEC 的定义如下所示。DEV_SPEC 为属性数据的显示设备规范(TDN_DISPSPEC)使用的数据类型。

```
typedef struct {
    H    attr;           /* 设备属性 */
    H    planes;         /* 层数 */
    H    pixbits;        /* 像素深度(边界/有效) */
    H    hpixels;        /* 每行像素数 */
    H    vpixels;        /* 每列像素数 */
    H    hres;           /* 水平分辨率 */
    H    vres;           /* 垂直分辨率 */
    H    color[4];       /* 颜色信息 */
    H    resv[6];        /* 保留 */
} DEV_SPEC;
```

7.1.3 设备事件通知用事件类型

T-Kernel 规范 Ver.1.00.xx 的设备事件通知用事件类型的定义如下所示。

```
typedef enum tdevttyp {
    TDE_unknown     = 0,       /* 未定义 */
    TDE_MOUNT       = 0x01,    /* 媒体插入 */
    TDE_EJECT       = 0x02,    /* 媒体弹出 */
    TDE_ILLMOUNT    = 0x03,    /* 媒体插入错误 */
```

```
    TDE_ILLEJECT      = 0x04,    /* 媒体弹出错误 */
    TDE_REMOUNT       = 0x05,    /* 媒体重插入 */
    TDE_CARDBATLOW    = 0x06,    /* 卡电量不足警报 */
    TDE_CARDBATFALL   = 0x07,    /* 卡电池故障 */
    TDE_REQEJECT      = 0x08,    /* 媒体弹出请求 */
    TDE_PDBUT         = 0x11,    /* 指针设备按钮状态变化 */
    TDE_PDMOVE        = 0x12,    /* 指针设备移动 */
    TDE_PDSTATE       = 0x13,    /* 指针设备状态变化 */
    TDE_PDEXT         = 0x14,    /* 指针设备扩展事件 */
    TDE_KEYDOWN       = 0x21,    /* 键按下 */
    TDE_KEYUP         = 0x22,    /* 键弹起 */
    TDE_KEYMETA       = 0x23,    /* meta 键状态变化 */
    TDE_POWEROFF      = 0x31,    /* 电源关闭 */
    TDE_POWERLOW      = 0x32,    /* 电量不足警告 */
    TDE_POWERFALL     = 0x33,    /* 电源故障 */
    TDE_POWERSUS      = 0x34,    /* 自动挂起 */
    TDE_POWERUPTM     = 0x35,    /* 时钟更新 */
    TDE_CKPWON        = 0x41,    /* 自动电源开启通知 */
} TDEvtTyp;
```

8 参 考

8.1 C 语言接口一览

8.1.1 T-Kernel /OS

1. 任务管理功能

- ID tskid = tk_cre_tsk (CONST T_CTSK * pk_ctsk);
- ER ercd = tk_del_tsk (ID tskid);
- ER ercd = tk_sta_tsk (ID tskid, INT stacd);
- void tk_ext_tsk (void);
- void tk_exd_tsk (void);
- ER ercd = tk_ter_tsk (ID tskid);
- ER ercd = tk_chg_pri (ID tskid, PRI tskpri);
- ER ercd = tk_chg_slt (ID tskid, RELTIM slicetime);
- ER ercd = tk_chg_slt_u (ID tskid, RELTIM_U slicetime_u);
- ER ercd = tk_get_tsp (ID tskid, T_TSKSPC * pk_tskspc);
- ER ercd = tk_set_tsp (ID tskid, CONST T_TSKSPC * pk_tskspc);
- ID resid = tk_get_rid (ID tskid);
- ID oldid = tk_set_rid (ID tskid, ID resid);
- ER ercd = tk_get_reg (ID tskid, T_REGS * pk_regs, T_EIT * pk_eit, T_CREGS * pk_cregs);
- ER ercd = tk_set_reg (ID tskid, CONST T_REGS * pk_regs, CONST T_EIT * pk_eit, CONST T_CREGS * pk_cregs);
- ER ercd = tk_get_cpr (ID tskid, INT copno, T_COPREGS * pk_copregs);
- ER ercd = tk_set_cpr (ID tskid, INT copno, CONST T_COPREGS * pk_copregs);

- ER ercd = tk_inf_tsk (ID tskid, T_ITSK * pk_itsk, BOOL clr);
- ER ercd = tk_inf_tsk_u (ID tskid, T_ITSK_U * pk_itsk_u, BOOL clr);
- ER ercd = tk_ref_tsk (ID tskid, T_RTSK * pk_rtsk);
- ER ercd = tk_ref_tsk_u (ID tskid, T_RTSK_U * pk_rtsk_u);

2. 任务附属同步功能

- ER ercd = tk_slp_tsk (TMO tmout);
- ER ercd = tk_slp_tsk_u (TMO_U tmout_u);
- ER ercd = tk_wup_tsk (ID tskid);
- INT wupcnt = tk_can_wup (ID tskid);
- ER ercd = tk_rel_wai (ID tskid);
- ER ercd = tk_sus_tsk (ID tskid);
- ER ercd = tk_rsm_tsk (ID tskid);
- ER ercd = tk_frsm_tsk (ID tskid);
- ER ercd = tk_dly_tsk (RELTIM dlytim);
- ER ercd = tk_dly_tsk_u (RELTIM_U dlytim_u);
- ER ercd = tk_sig_tev (ID tskid, INT tskevt);
- INT tevptn = tk_wai_tev (INT waiptn, TMO tmout);
- INT tevptn = tk_wai_tev_u (INT waiptn, TMO_U tmout_u);
- INT tskwait = tk_dis_wai (ID tskid, UINT waitmask);
- ER ercd = tk_ena_wai (ID tskid);

3. 任务异常处理功能

- ER ercd = tk_def_tex (ID tskid, CONST T_DTEX * pk_dtex);
- ER ercd = tk_ena_tex (ID tskid, UINT texptn);
- ER ercd = tk_dis_tex (ID tskid, UINT texptn);
- ER ercd = tk_ras_tex (ID tskid, INT texcd);
- INT texcd = tk_end_tex (BOOL enatex);
- ER ercd = tk_ref_tex (ID tskid, T_RTEX * pk_rtex);

4. 同步·通信功能

- ID semid = tk_cre_sem (CONST T_CSEM * pk_csem);
- ER ercd = tk_del_sem (ID semid);
- ER ercd = tk_sig_sem (ID semid, INT cnt);
- ER ercd = tk_wai_sem (ID semid, INT cnt, TMO tmout);
- ER ercd = tk_wai_sem_u (ID semid, INT cnt, TMO_U tmout_u);
- ER ercd = tk_ref_sem (ID semid, T_RSEM * pk_rsem);
- ID flgid = tk_cre_flg (CONST T_CFLG * pk_cflg);
- ER ercd = tk_del_flg (ID flgid);
- ER ercd = tk_set_flg (ID flgid, UINT setptn);

- ER ercd = tk_clr_flg (ID flgid, UINT clrptn);
- ER ercd = tk_wai_flg (ID flgid, UINT waiptn, UINT wfmode, UINT * p_flgptn, TMO tmout);
- ER ercd = tk_wai_flg_u (ID flgid, UINT waiptn, UINT wfmode, UINT * p_flgptn, TMO_U tmout_u);
- ER ercd = tk_ref_flg (ID flgid, T_RFLG * pk_rflg);
- ID mbxid = tk_cre_mbx (CONST T_CMBX * pk_cmbx);
- ER ercd = tk_del_mbx (ID mbxid);
- ER ercd = tk_snd_mbx (ID mbxid, T_MSG * pk_msg);
- ER ercd = tk_rcv_mbx (ID mbxid, T_MSG * * ppk_msg, TMO tmout);
- ER ercd = tk_rcv_mbx_u (ID mbxid, T_MSG * * ppk_msg, TMO_U tmout_u);
- ER ercd = tk_ref_mbx (ID mbxid, T_RMBX * pk_rmbx);

5. 扩展同步·通信功能

- ID mtxid = tk_cre_mtx (CONST T_CMTX * pk_cmtx);
- ER ercd = tk_del_mtx (ID mtxid);
- ER ercd = tk_loc_mtx (ID mtxid, TMO tmout);
- ER ercd = tk_loc_mtx_u (ID mtxid, TMO_U tmout_u);
- ER ercd = tk_unl_mtx (ID mtxid);
- ER ercd = tk_ref_mtx (ID mtxid, T_RMTX * pk_rmtx);
- ID mbfid = tk_cre_mbf (CONST T_CMBF * pk_cmbf);
- ER ercd = tk_del_mbf (ID mbfid);
- ER ercd = tk_snd_mbf (ID mbfid, CONST void * msg, INT msgsz, TMO tmout);
- ER ercd = tk_snd_mbf_u (ID mbfid, CONST void * msg, INT msgsz, TMO_U tmout_u);
- INT msgsz = tk_rcv_mbf (ID mbfid, void * msg, TMO tmout);
- INT msgsz = tk_rcv_mbf_u (ID mbfid, void * msg, TMO_U tmout_u);
- ER ercd = tk_ref_mbf (ID mbfid, T_RMBF * pk_rmbf);
- ID porid = tk_cre_por (CONST T_CPOR * pk_cpor);
- ER ercd = tk_del_por (ID porid);
- INT rmsgsz = tk_cal_por (ID porid, UINT calptn, void * msg, INT cmsgsz, TMO tmout);
- INT rmsgsz = tk_cal_por_u (ID porid, UINT calptn, void * msg, INT cmsgsz, TMO_U tmout_u);
- INT cmsgsz = tk_acp_por (ID porid, UINT acpptn, RNO * p_rdvno, void * msg, TMO tmout);
- INT cmsgsz = tk_acp_por_u (ID porid, UINT acpptn, RNO * p_rdvno, void * msg, TMO_U tmout_u);
- ER ercd = tk_fwd_por (ID porid, UINT calptn, RNO rdvno, void * msg, INT cmsgsz);
- ER ercd = tk_rpl_rdv (RNO rdvno, void * msg, INT rmsgsz);
- ER ercd = tk_ref_por (ID porid, T_RPOR * pk_rpor);

6. 内存池管理功能

- ID mpfid = tk_cre_mpf (CONST T_CMPF * pk_cmpf);
- ER ercd = tk_del_mpf (ID mpfid);

- ER ercd = tk_get_mpf (ID mpfid, void * * p_blf, TMO tmout);
- ER ercd = tk_get_mpf_u (ID mpfid, void * * p_blf, TMO_U tmout_u);
- ER ercd = tk_rel_mpf (ID mpfid, void * blf);
- ER ercd = tk_ref_mpf (ID mpfid, T_RMPF * pk_rmpf);
- ID mplid = tk_cre_mpl (CONST T_CMPL * pk_cmpl);
- ER ercd = tk_del_mpl (ID mplid);
- ER ercd = tk_get_mpl (ID mplid, INT blksz, void * * p_blk, TMO tmout);
- ER ercd = tk_get_mpl_u (ID mplid, INT blksz, void * * p_blk, TMO_U tmout_u);
- ER ercd = tk_rel_mpl (ID mplid, void * blk);
- ER ercd = tk_ref_mpl (ID mplid, T_RMPL * pk_rmpl);

7. 时间管理功能

- ER ercd = tk_set_tim (CONST SYSTIM * pk_tim);
- ER ercd = tk_set_tim_u (SYSTIM_U tim_u);
- ER ercd = tk_get_tim (SYSTIM * pk_tim);
- ER ercd = tk_get_tim_u (SYSTIM_U * tim_u, UINT * ofs);
- ER ercd = tk_get_otm (SYSTIM * pk_tim);
- ER ercd = tk_get_otm_u (SYSTIM_U * tim_u, UINT * ofs);
- ID cycid = tk_cre_cyc (CONST T_CCYC * pk_ccyc);
- ID cycid = tk_cre_cyc_u (CONST T_CCYC_U * pk_ccyc_u);
- ER ercd = tk_del_cyc (ID cycid);
- ER ercd = tk_sta_cyc (ID cycid);
- ER ercd = tk_stp_cyc (ID cycid);
- ER ercd = tk_ref_cyc (ID cycid, T_RCYC * pk_rcyc);
- ER ercd = tk_ref_cyc_u (ID cycid, T_RCYC_U * pk_rcyc_u);
- ID almid = tk_cre_alm (CONST T_CALM * pk_calm);
- ER ercd = tk_del_alm (ID almid);
- ER ercd = tk_sta_alm (ID almid, RELTIM almtim);
- ER ercd = tk_sta_alm_u (ID almid, RELTIM_U almtim_u);
- ER ercd = tk_stp_alm (ID almid);
- ER ercd = tk_ref_alm (ID almid, T_RALM * pk_ralm);
- ER ercd = tk_ref_alm_u (ID almid, T_RALM_U * pk_ralm_u);

8. 中断管理功能

- ER ercd = tk_def_int (UINT dintno, CONST T_DINT * pk_dint);
- void tk_ret_int (void);

9. 系统状态管理功能

- ER ercd = tk_rot_rdq (PRI tskpri);
- ID tskid = tk_get_tid (void);

- ER ercd = tk_dis_dsp (void);
- ER ercd = tk_ena_dsp (void);
- ER ercd = tk_ref_sys (T_RSYS * pk_rsys);
- ER ercd = tk_set_pow (UINT powmode);
- ER ercd = tk_ref_ver (T_RVER * pk_rver);

10. 子系统管理功能

- ER ercd = tk_def_ssy (ID ssid, CONST T_DSSY * pk_dssy);
- ER ercd = tk_sta_ssy (ID ssid, ID resid, INT info);
- ER ercd = tk_cln_ssy (ID ssid, ID resid, INT info);
- ER ercd = tk_evt_ssy (ID ssid, INT evttyp, ID resid, INT info);
- ER ercd = tk_ref_ssy (ID ssid, T_RSSY * pk_rssy);
- ER ercd = tk_cre_res (void);
- ER ercd = tk_del_res (ID resid);
- ER ercd = tk_get_res (ID resid, ID ssid, void * * p_resblk);

8.1.2　T-Kernel /SM

1. 系统内存管理功能

- ER ercd = tk_get_smb (void * * addr, INT nblk, UINT attr);
- ER ercd = tk_rel_smb (void * addr);
- ER ercd = tk_ref_smb (T_RSMB * pk_rsmb);
- void * Vmalloc (size_t size);
- void * Vcalloc (size_t nmemb, size_t size);
- void * Vrealloc (void * ptr, size_t size);
- void Vfree (void * ptr);
- void * Kmalloc (size_t size);
- void * Kcalloc (size_t nmemb, size_t size);
- void * Krealloc (void * ptr, size_t size);
- void Kfree (void * ptr);

2. 地址空间管理功能

- ER ercd = SetTaskSpace (ID tskid);
- ER ercd = ChkSpaceR (void * addr, INT len);
- ER ercd = ChkSpaceRW (void * addr, INT len);
- ER ercd = ChkSpaceRE (void * addr, INT len);
- INT rlen = ChkSpaceBstrR (CONST UB * str, INT max);
- INT rlen = ChkSpaceBstrRW (CONST UB * str, INT max);

- INT rlen = ChkSpaceTstrR (CONST TC * str, INT max);
- INT rlen = ChkSpaceTstrRW (CONST TC * str, INT max);
- ER ercd = LockSpace (CONST void * addr, INT len);
- ER ercd = UnlockSpace (CONST void * addr, INT len);
- INT rlen = CnvPhysicalAddr (CONST void * vaddr, INT len, void * * paddr);
- ER ercd = MapMemory (CONST void * paddr, INT len, UINT attr, void * * laddr);
- ER ercd = UnmapMemory (CONST void * laddr);
- ER ercd = GetSpaceInfo (CONST void * addr, INT len, T_SPINFO * pk_spinfo);
- INT rlen = SetMemoryAccess (CONST void * addr, INT len, UINT mode);

3. 设备管理功能

- ID dd = tk_opn_dev (CONST UB * devnm, UINT omode);
- ER ercd = tk_cls_dev (ID dd, UINT option);
- ID reqid = tk_rea_dev (ID dd, W start, void * buf, W size, TMO tmout);
- ID reqid = tk_rea_dev_du (ID dd, D start_d, void * buf, W size, TMO_U tmout_u);
- ER ercd = tk_srea_dev (ID dd, W start, void * buf, W size, W * asize);
- ER ercd = tk_srea_dev_d (ID dd, D start_d, void * buf, W size, W * asize);
- ID reqid = tk_wri_dev (ID dd, W start, CONST void * buf, W size, TMO tmout);
- ID reqid = tk_wri_dev_du (ID dd, D start_d, CONST void * buf, W size, TMO_U tmout_u);
- ER ercd = tk_swri_dev (ID dd, W start, CONST void * buf, W size, W * asize);
- ER ercd = tk_swri_dev_d (ID dd, D start_d, CONST void * buf, W size, W * asize);
- ID creqid = tk_wai_dev (ID dd, ID reqid, W * asize, ER * ioer, TMO tmout);
- ID creqid = tk_wai_dev_u (ID dd, ID reqid, W * asize, ER * ioer, TMO_U tmout_u);
- INT dissus = tk_sus_dev (UINT mode);
- ID pdevid = tk_get_dev (ID devid, UB * devnm);
- ID devid = tk_ref_dev (CONST UB * devnm, T_RDEV * rdev);
- ID devid = tk_oref_dev (ID dd, T_RDEV * rdev);
- INT remcnt = tk_lst_dev (T_LDEV * ldev, INT start, INT ndev);
- INT retcode = tk_evt_dev (ID devid, INT evttyp, void * evtinf);
- ID devid = tk_def_dev (CONST UB * devnm, CONST T_DDEV * ddev, T_IDEV * idev);
- ER ercd = tk_ref_idv (T_IDEV * idev);
- ER ercd = openfn (ID devid, UINT omode, void * exinf);
- ER ercd = closefn (ID devid, UINT option, void * exinf);
- ER ercd = execfn (T_DEVREQ * devreq, TMO tmout, void * exinf);
- ER ercd = execfn (T_DEVREQ_D * devreq_d, TMO tmout, void * exinf);
- ER ercd = execfn (T_DEVREQ * devreq, TMO_U tmout_u, void * exinf);
- ER ercd = execfn (T_DEVREQ_D * devreq_d, TMO_U tmout_u, void * exinf);
- INT creqno = waitfn (T_DEVREQ * devreq, INT nreq, TMO tmout, void * exinf);
- INT creqno = waitfn (T_DEVREQ_D * devreq_d, INT nreq, TMO tmout, void * exinf);
- INT creqno = waitfn (T_DEVREQ * devreq, INT nreq, TMO_U tmout_u, void * exinf);
- INT creqno = waitfn (T_DEVREQ_D * devreq_d, INT nreq, TMO_U tmout_u, void * exinf);

- ER ercd = abortfn (ID tskid, T_DEVREQ * devreq, INT nreq, void * exinf);
- ER ercd = abortfn (ID tskid, T_DEVREQ_D * devreq_d, INT nreq, void * exinf);
- INT retcode = eventfn (INT evttyp, void * evtinf, void * exinf);

4. 中断管理功能

- DI (UINT intsts);
- EI (UINT intsts);
- BOOL disint = isDI (UINT intsts);
- UINT dintno = DINTNO (INTVEC intvec);
- void EnableInt (INTVEC intvec);
- void EnableInt (INTVEC intvec, INT level);
- void DisableInt (INTVEC intvec);
- void ClearInt (INTVEC intvec);
- void EndOfInt (INTVEC intvec);
- BOOL rasint = CheckInt (INTVEC intvec);
- void SetIntMode (INTVEC intvec, UINT mode);

5. I/O 端口访问支持功能

- void out_b (INT port, UB data);
- void out_h (INT port, UH data);
- void out_w (INT port, UW data);
- void out_d (INT port, UD data);
- UB data = in_b (INT port);
- UH data = in_h (INT port);
- UW data = in_w (INT port);
- UD data = in_d (INT port);
- void WaitUsec (UINT usec);
- void WaitNsec (UINT nsec);

6. 省电管理功能

- void low_pow (void);
- void off_pow (void);

7. 系统配置信息管理功能

- INT ct = tk_get_cfn (CONST UB * name, INT * val, INT max);
- INT rlen = tk_get_cfs (CONST UB * name, UB * buf, INT max);

8. 内存高速缓存控制功能

- INT rlen = SetCacheMode (void * addr, INT len, UINT mode);
- INT rlen = ControlCache (void * addr, INT len, UINT mode);

9. 物理定时器功能

- ER ercd = StartPhysicalTimer (UINT ptmrno, UW limit, UINT mode);
- ER ercd = StopPhysicalTimer (UINT ptmrno);
- ER ercd = GetPhysicalTimerCount (UINT ptmrno, UW * p_count);
- ER ercd = DefinePhysicalTimerHandler (UINT ptmrno, CONST T_DPTMR * pk_dptmr);
- ER ercd = GetPhysicalTimerConfig (UINT ptmrno, T_RPTMR * pk_rptmr);

10. 实用工具集功能

- void SetOBJNAME (void * exinf, CONST UB * name);
- ER ercd = CreateLock (FastLock * lock, CONST UB * name);
- void DeleteLock (FastLock * lock);
- void Lock (FastLock * lock);
- void Unlock (FastLock * lock);
- ER ercd = CreateMLock (FastMLock * lock, CONST UB * name);
- ER ercd = DeleteMLock (FastMLock * lock);
- ER ercd = MLock (FastMLock * lock, INT no);
- ER ercd = MLockTmo (FastMLock * lock, INT no, TMO tmout);
- ER ercd = MLockTmo_u (FastMLock * lock, INT no, TMO_U tmout_u);
- ER ercd = MUnlock (FastMLock * lock, INT no);

8.1.3 T-Kernel /DS

1. 内核内部状态获取功能

- INT ct = td_lst_tsk (ID list[], INT nent);
- INT ct = td_lst_sem (ID list[], INT nent);
- INT ct = td_lst_flg (ID list[], INT nent);
- INT ct = td_lst_mbx (ID list[], INT nent);
- INT ct = td_lst_mtx (ID list[], INT nent);
- INT ct = td_lst_mbf (ID list[], INT nent);
- INT ct = td_lst_por (ID list[], INT nent);
- INT ct = td_lst_mpf (ID list[], INT nent);
- INT ct = td_lst_mpl (ID list[], INT nent);
- INT ct = td_lst_cyc (ID list[], INT nent);

- INT ct = td_lst_alm (ID list[], INT nent);
- INT ct = td_lst_ssy (ID list[], INT nent);
- INT ct = td_rdy_que (PRI pri, ID list[], INT nent);
- INT ct = td_sem_que (ID semid, ID list[], INT nent);
- INT ct = td_flg_que (ID flgid, ID list[], INT nent);
- INT ct = td_mbx_que (ID mbxid, ID list[], INT nent);
- INT ct = td_mtx_que (ID mtxid, ID list[], INT nent);
- INT ct = td_smbf_que (ID mbfid, ID list[], INT nent);
- INT ct = td_rmbf_que (ID mbfid, ID list[], INT nent);
- INT ct = td_cal_que (ID porid, ID list[], INT nent);
- INT ct = td_acp_que (ID porid, ID list[], INT nent);
- INT ct = td_mpf_que (ID mpfid, ID list[], INT nent);
- INT ct = td_mpl_que (ID mplid, ID list[], INT nent);
- ER ercd = td_ref_tsk (ID tskid, TD_RTSK * rtsk);
- ER ercd = td_ref_tsk_u (ID tskid, TD_RTSK_U * rtsk_u);
- ER ercd = td_ref_tex (ID tskid, TD_RTEX * pk_rtex);
- ER ercd = td_ref_sem (ID semid, TD_RSEM * rsem);
- ER ercd = td_ref_flg (ID flgid, TD_RFLG * rflg);
- ER ercd = td_ref_mbx (ID mbxid, TD_RMBX * rmbx);
- ER ercd = td_ref_mtx (ID mtxid, TD_RMTX * rmtx);
- ER ercd = td_ref_mbf (ID mbfid, TD_RMBF * rmbf);
- ER ercd = td_ref_por (ID porid, TD_RPOR * rpor);
- ER ercd = td_ref_mpf (ID mpfid, TD_RMPF * rmpf);
- ER ercd = td_ref_mpl (ID mplid, TD_RMPL * rmpl);
- ER ercd = td_ref_cyc (ID cycid, TD_RCYC * rcyc);
- ER ercd = td_ref_cyc_u (ID cycid, TD_RCYC_U * rcyc_u);
- ER ercd = td_ref_alm (ID almid, TD_RALM * ralm);
- ER ercd = td_ref_alm_u (ID almid, TD_RALM_U * ralm_u);
- ER ercd = td_ref_sys (TD_RSYS * pk_rsys);
- ER ercd = td_ref_ssy (ID ssid, TD_RSSY * rssy);
- ER ercd = td_inf_tsk (ID tskid, TD_ITSK * pk_itsk, BOOL clr);
- ER ercd = td_inf_tsk_u (ID tskid, TD_ITSK_U * itsk_u, BOOL clr);
- ER ercd = td_get_reg (ID tskid, T_REGS * pk_regs, T_EIT * pk_eit, T_CREGS * pk_cregs);
- ER ercd = td_set_reg (ID tskid, CONST T_REGS * pk_regs, CONST T_EIT * pk_eit, CONST T_CREGS * pk_cregs);
- ER ercd = td_get_tim (SYSTIM * tim, UINT * ofs);
- ER ercd = td_get_tim_u (SYSTIM_U * tim_u, UINT * ofs);
- ER ercd = td_get_otm (SYSTIM * tim, UINT * ofs);
- ER ercd = td_get_otm_u (SYSTIM_U * tim_u, UINT * ofs);
- ER ercd = td_ref_dsname (UINT type, ID id, UB * dsname);
- ER ercd = td_set_dsname (UINT type, ID id, CONST UB * dsname);

2. 执行跟踪功能

- ER ercd = td_hok_svc (CONST TD_HSVC * hsvc);
- ER ercd = td_hok_dsp (CONST TD_HDSP * hdsp);
- ER ercd = td_hok_int (CONST TD_HINT * hint);

8.2 错误码一览

8.2.1 正常结束错误类(0)

错误码名称	错误码	说明
E_OK	0	正常结束

8.2.2 内部错误类(5～8)

错误码名称	错误码	说明
E_SYS	ERCD(-5,0)	系统错误

造成整个系统都受影响的未知错误。

错误码名称	错误码	说明
E_NOCOP	ERCD(-6,0)	指定的协处理器不能使用

在当前正在运行的硬件中并未安装所指定的协处理器或检测到不正常的协处理器操作时,返回此错误码。

8.2.3 不支持的错误类(9～16)

错误码名称	错误码	说明
E_NOSPT	ERCD(-9,0)	不支持的功能

当指定了不支持的某些系统调用功能时,返回错误代码 E_RSATR 或 E_NOSPTS。如果 E_RSATR 不适用,则返回错误码 E_NOSPT。

错误码名称	错误码	说明
E_RSFN	ERCD(-10,0)	保留的功能码

当试图执行一个指定保留功能码(未定义的功能码)的系统调用或一个未定义的扩展 svc 处理程序时,会返回错误码 E_RSFN。

错误码名称	错误码	说明
E_RSATR	ERCD(-11,0)	保留属性

当指定一个未定义的或不支持的对象属性时,返回此错误码。

如果实行了相关的系统优化,则可以省去对该错误的检测。

8.2.4 参数错误类(17~24)

错误码名称	错误码	说明
E_PAR	ERCD(-17,0)	参数错误

如果实行了相关的系统优化,则可以省去对该错误的检测。

错误码名称	错误码	说明
E_ID	ERCD(-18,O)	ID 号错误

E_ID 错误只会出现在含有 ID 号的对象中。

当检测到一个静态错误(诸如检测到保留的编号或中断定义编号超出范围)时,返回错误码 E_PAR。

8.2.5 调用上下文环境错误类(25~32)

错误码名称	错误码	说明
E_CTX	ERCD(-25,o)	上下文环境错误

该错误表明指定的系统调用不能在当前的上下文环境(任务部/任务独立部的区别或处理程序运行状态)中发出。

当调用系统调用(例如,从任务独立部调用使自任务进入等待状态的系统调用)导致和系统调用上下文环境相关的语义错误时,就必须返回该错误码。另外由于具体实现的限制,有些系统调用不能从一个给定的上下文环境(如一个中断处理程序中)中被调用,此时也会返回该错误码。

错误码名称	错误码	说明
E_MACV	ERCD(-26,0)	不能访问内存,内存访问冲突

该错误的检测取决于具体的实现方法。

错误码名称	错误码	说明
E_OACV	ERCD(-27,0)	违反对象访问权

当一个用户任务尝试处理一个系统对象时,返回该错误码。系统对象的定义和错误的检测取决于具体的实现方法。

错误码名称	错误码	说明
E_ILUSE	ERCD(-28,0)	错误使用系统调用

8.2.6 资源限制错误类(33~40)

错误码名称	错误码	说明
E_NOMEM	ERCD(-33,o)	内存不足

当没有足够的内存(没有内存)可用来分配对象管理控制块空间、用户堆栈空间、内存池空间、消息缓冲区空间等空间时,返回此错误码。

错误码名称	错误码	说明
E_LIMIT	ERCD(-34,0)	超出系统限制

当要尝试创建超过系统上限的对象时,返回此错误码。

8.2.7 对象状态错误类(41~48)

错误码名称	错误码	说明
E_OBJ	ERCD(-41,o)	对象状态错误
E_NOEXS	ERCD(-42,0)	对象不存在
E_QOVR	ERCD(-43,O)	队列或嵌套溢出

8.2.8 解除等待错误类(49~56)

错误码名称	错误码	说 明
E_RLWAI	ERCD(-49,0)	强制解除等待状态
E_TMOUT	ERCD(-50,0)	查询失败或超时
E_DLT	ERCD(-51,0)	删除了正在等待的对象
E_DISWAI	ERCD(-52,0)	通过等待禁止解除等待

8.2.9 设备错误类(57～64)(T-Kernel /SM)

错误码名称	错误码	说明
E_IO	ERCD(－57,0)	I/O 错误

注：每个设备特有的错误信息可能会定义在 E_IO 子错误码中。

错误码名称	错误码	说明
E_NOMDA	ERCD(－58,0)	没有媒体设备

8.2.10 各种状态错误类(65～72)(T-Kernel /SM)

错误码名称	错误码	说明
E_BUSY	ERCD(－65,0)	忙
E_ABORT	ERCD(－66,0)	处理被终止
E_RONLY	ERCD(－67,0)	写保护

第 3 部分

T-Monitor 功能定义

第 3 部分　T-Monitor 功能定义

T-Monitor 规范概述

T-Monitor 是 T-Engine 的基本监控程序，按标准装载在 ROM 中，具有以下功能。

1. 系统功能

- 硬件初始化；
- 系统启动；
- 异常/中断/陷阱（trap）处理函数。

2. 调试功能

- 内存操作；
- 寄存器操作；
- I/O 操作；
- 反汇编；
- 程序和数据的装载；
- 程序执行；
- 断点操作；
- 跟踪执行；
- 磁盘的读、写和引导操作。

3. 程序支持功能

监控服务函数。

T-Monitor 的功能很大程度上依存于 CPU 和 T-Engine 基板的硬件条件，所以在这里只给出规范的共通部分。实际 T-Engine 板所对应的 T-Monitor 规范的细节将根据具体实现进行个别规定。

嵌入式实时操作系统 T-Kernel 2.0

2 系统功能

2.1 硬件初始化

当系统复位时,T-Monitor 会最先启动并执行以下处理。

1. 硬件初始化

进行系统启动所必需的基本硬件的初始化。

2. 硬件自检

进行内存检测等必要的自检。

检测到系统错误时,T-Monitor 会报告此错误并中止系统启动。如果调试用的串口可用则 T-Monitor 将会把错误消息输出到该串口并等待命令的输入。

2.2 系统启动

硬件初始化结束后,会按照下列启动模式之一来启动系统。

1. 自动启动模式

T-Monitor 按顺序搜索系统上的磁盘设备,从找到的第一个可引导磁盘开始引导和启动系统(等同于 BootDisk 命令)。如果未找到可引导的磁盘,T-Monitor 将启动 ROM 中装载的系统。如果 ROM 中也没有系统的话,T-Monitor 会等待命令的输入。

2. 监控启动模式

T-Monitor 等待命令的输入,并不启动系统。

具体到实现中，除了上述两种模式以外也可能会有其他的启动模式。可以通过基板上的 DIP 开关或存储在非易失性存储器中的数据等来设定启动模式，设定方法依赖于具体实现。

2.3 异常/中断/陷阱处理函数

T-Monitor 会为所有异常、中断和陷阱（EIT）建立一个一体化的向量表，并执行在此向量表中注册了的处理程序。向量表的具体内容由各实现分别给出。

未定义的向量将被初始化成调用 T-Monitor 的异常处理程序。因此，出现未定义的异常、中断和陷阱（EIT）时，其信息将被输出到调试用的串口，控制权也会被移交给 T-Monitor。

另外，由于在 T-Monitor 中基本上不会用到中断，所以在 T-Monitor 执行时所有中断都是禁止的。

3 调试功能

3.1 控制台连接

调试控制台连接到 T-Engine 调试串口（RS-232C）用于调试。连接的通信规范如下所示：

波特率	38 400 bps（或 115 200 bps）；
数据长度	8 位；
停止位	1 位；
奇偶校验	无；
流控制	XON/XOFF；
字符编码	ASCII 码
接收行结束	CR(0x0d)；
发送行结束	CRLF(0x0d、0x0a)。

※波特率通过板上的 DIP 开关或存储在非易失性存储器中的数据等来进行设置，实际的设置方法取决于具体的实现。

3.2 命令格式

1. 命 令

T-Monitor 在调试控制台上显示提示符"TM>"并等待命令输入。

命令具有以下格式。一行最多可输入 256 个字符。

<命令名> <参数 1>，<参数 2>，…<换行>

<命令名>不区分大小写。

<命令名>和<参数>之间用空格或空位(tab 键)隔开。

<参数>之间用','隔开。如果要省略某个参数,仍要输入','来保持参数名和参数值之间的对应。

同一行可输入多个命令,只要用';'隔开即可。

以'*'开头的行作为注释行被忽略。只有 CR/LF 的空白行也会被忽略。

2. 控制代码

支持调试器控制台的下列控制代码:

```
Ctrl-X(0x18),Ctrl-U(0x15)      撤销(删除)行
Ctrl-H(0x08),DEL(0x7f)         撤销(删除)1个字符
Ctrl-S(0x13,XOFF)              暂停显示
Ctrl-Q(0x11,XON)               恢复显示
Ctrl-C(0x03)                   强制终止命令
Ctrl-F(0x06),ESC [ C           右移光标(→)
Ctrl-B(0x02),ESC [ D           左移光标(←)
Ctrl-P(0x10),ESC [ A           回到上一行(↑)
Ctrl-N(0x0e),ESC [ B           回到下一行(↓)
Ctrl-K(0x0b)                   删除光标后的内容
```

3. 数　值

按下列方式输入数值。

```
十六进制    H'<十六进制数>      h'<十六进制数>
            0x<十六进制数>   <0~9><十六进制数>
十进制      D'<数字>            d'<数字>
八进制      Q'<八进制数>        q'<八进制数>
二进制      B'<二进制数>        b'<二进制数>
            <数字>:      '0'~'9'
            <二进制数>:  '0','1'
            <八进制数>:  '0' ~ '7'
            <十六进制数>:'0' ~ '9'、'A' ~'F'、'a' ~ 'f'
```

没有前缀时默认为是十六进制数。

4. 字符串

字符串是指包含在""内的一系列字符。用作某些命令的参数。

5. 寄存器名称

寄存器名称是依存于 CPU 的特殊符号。某些命令会用它们作为参数。

6. 表达式

表达式由用运算符"＋"、"－"、"＊"、"/"连接起来的数值或寄存器名称组成。某些命令可以使用它们作为参数。所有的运算（包括包含"＊"和"/"的运算）的执行方向都是从左到右。寄存器名称代表该寄存器的值。

例如：

```
8000 + d'250        ——H'80 FA
1000 + 100 * 2      ——(H'1000 + H'100) X 2
R0 + 100            —— 寄存器 R0 的值 + h'100
```

"&"是间接寻址运算符，将其之前的表达式运算结果作为内存地址，取该内存单元的值。也可以通过使用多个"&"来实现更多层次的间接寻址。

例如：

```
AC000000 + 4&       ——H'AC0000004 内存单元的内容
R0& + 8&            ——寄存器 R0 指向的内存地址单元的值 + 8 后指向的地址单元的值
```

所有命令的数值参数（地址、大小等）都可使用表达式。

3.3 命令一览

在命令说明中会用到下列符号：

(～)	命令的简写形式
[～]	表示该部分可省略
[～]..	多个可省略
{～|～}	选择
Byte	8 位
Half-word	16 位
Word	32 位

命令一览如下所列。

命令名称		描述
Dump(D)	Dump Memory	内存内容表示
DumpByte(DB)	Dump Memory	内存内容表示
DumpHalf(DH)	Dump Memory	内存内容表示
DumpWord(DW)	Dump Memory	内存内容表示
Modigy(M)	Modify Memory	修改内存的内容
ModifyByte(MB)	Modify Memory	修改内存的内容
ModifyHalf(MH)	Modify Memory	修改内存的内容

第3部分　T-Monitor 功能定义

命令名称		描　述
ModifyWord(MW)	Modify Memory	修改内存的内容
Fill(F)	Fill Memory	填充内存
FillByte(FB)	Fill Memory	填充内存
FillHalf(FH)	Fill Memory	填充内存
FILLWord(FW)	Fill Memory	填充内存
SearchChar(SC)	Search Memory	内存搜索
SearchByte(SCB)	Search Memory	内存搜索
SearchHalf(SCH)	Search Memory	内存搜索
SearchWord(SCW)	Search Memory	内存搜索
Compare(CMP)	Compare Memory	内存比较
Move(MOV)	Move Memory	内存数据移动
InputByte(IB)	Input Memory	从 I/O 端口输入数据
InputHalf(IH)	Input Memory	从 I/O 端口输入数据
InputWord(IW)	Input Memory	从 I/O 端口输入数据
OutputByte(OB)	Output Memory	输出数据到 I/O 端口
OutputHalf(OH)	Output Memory	输出数据到 I/O 端口
OutputWord(OW)	Output Memory	输出数据到 I/O 端口
Disassemble(DA)	Disassemble	反汇编
Register(R)	Register Dump/Modify	寄存器的表示和修改
Go(G)	Go Program	执行程序
BreakPoint(B)	Set Break Point	设置断点
BreakClear(BC)	Clear Break Point	清除断点
Step(S)	Step Trace	单步跟踪
Next(N)	Next Trace	下步跟踪
BackTrace(BTR)	Back Trace	回溯跟踪
Load(LO)	Load Program/Data	装载程序/数据
ReadDisk(RD)	Read Distk	读磁盘
WriteDisk(WD)	Write Disk	写磁盘
InfoDisk(ID)	Display Disk Information	显示磁盘信息
BootDisk(BD)	Boot from Disk	从磁盘引导
Kill(KILL)	Kill Process	强制终止进程
Help(H)(?)	Help Message	显示帮助信息
Exit(EX)	Exit Monitor	退出 T-Monitor

表示内存内容　　　　　　　　　　　　　　　　　　　　　D/DB/DH/DW

格　式

　　Dump　　　　(D)［＜起始地址＞］[,{＜结束地址＞|#＜数据量＞}]

```
DumpByte    (DB)  [<起始地址>][,{<结束地址>|#<数据量>}]
DumpHalf    (DH)  [<起始地址>][,{<结束地址>|#<数据量>}]
DumpWord    (DW)  [<起始地址>][,{<结束地址>|#<数据量>}]
```

描 述

按以下的<单位>显示指定地址范围内的内存内容。

```
Dump，DumpByte    字节单位   <数据量>以字节为单位
DumpHalf          半字单位   <数据量>以半字为单位
DumpWord          字单位     <数据量>以字为单位
```

按下面两种地址范围之一进行操作。

<起始地址>~<结束地址>+<单位>-1

<起始地址>~<起始地址>+<数据量>X<单位>-1

如果<起始地址>或<结束地址>不以<单位>字节为边界，将自动调整地址按<单位>边界对齐。

如果省略<起始地址>，显示从上一次内存内容表示命令的结束地址开始的内容。

如果省略<结束地址>，那么将表示64字节的数据，忽略<单位>。

只能对指定范围的内存按指定的单位进行访问。本命令不会对内存进行写操作。

典型用法

```
TM> Dump AC100000
AC100000: 00 09 80 04 45 03 E0 09 00 0A 00 0A 00 0B 56 0C   ....E........V.
AC100010: 04 0D 00 0E 03 01 E0 03 E1 05 E8 FF 8E 00 00 00   ................
AC100020: 1B D6 1B D6 1B D6 1B D6 9E 00 00 00 8E 00 01 C0   ................
AC100030: C6 16 D0 0C 00 FF 80 46 80 10 00 00 88 12 22 4C   .......F......"1L


TM> DumpHalf AC100000, AC100010
AC100000: 0900 0480 0345 05E0 0A00 0B00 0C56     ....E........V.
80100010: 040D                                   ..


TM> DumpWord AC100000,#9
AC100000: 04800900 05E00345 0A0009E0 0C560B00   ....E........V.
AC100010: 0E000D04 03E00103 FFE805E1 0000008E   ................
AC100020: D61BD61B                              ....
```

修改内存内容   M/MB/MH/MW

格　式

```
Modify        (M)   [<起始地址>][,<设定值>]..
ModifyByte    (MB)  [<起始地址>][,<设定值>]..
ModifyHalf    (MH)  [<起始地址>][,<设定值>]..
```

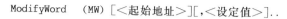

```
ModifyWord    (MW)  [<起始地址>][,<设定值>]..
```

描述

按以下的<单位>修改<起始地址>处的内存的内容。

```
Modify, ModifyByte    字节单位
ModifyHalf            半字单位
   ModifyWord         字单位
```

如果<起始地址>不以<单位>字节为边界,将自动调整地址按边界对齐。

如果<起始地址>省略,修改将从前一次修改的内存的下一个地址开始。

可在<设定值>中指定一个<表达式>或<字符串>。<表达式>会被设置为<单位>字节的值。<字符串>会作为字符数组进行设置,并在末尾添 0 使其按<单位>字节对齐。<设定值>最大可设置 128 字节。

如果省略<设定值>,将采用交互模式修改内存内容。在交互模式(interactive mode)中,下列关键字具有特殊的意义。

"."   结束命令

"^"   后退一个地址

(CR/LF only)   前进到下个地址(不设定当前地址的内存内容)

只能对指定范围内的内存以指定的单位进行访问。除交互模式外,此命令不会读取任何内存。

典型用法

```
TM> ModifyByte AC100000
AC100000: 00 -> 12
AC100001: 09 -> 34
AC100002: 80 -> ^
AC100001: 34 -> .


TM> ModifyHalf AC100000,"ABCD",56,78


TM>ModifyWord AC100000
AC100000: 44434241 ->
AC100004: 00780056 -> .
```

填充内存   F/FB/FH/FW

格式

```
Fill        (F)     <起始地址>,{<结束地址>|#<数据量>},<设定值>[,<设定值>]..
FillByte    (FB)    <起始地址>,{<结束地址>|#<数据量>},<设定值>[,<设定值
```

>]..
  FillHalf (FH) ＜起始地址＞,{＜结束地址＞|#＜数据量＞},＜设定值＞[,＜设定值
>]..
  FillWord (FW) ＜起始地址＞,{＜结束地址＞|#＜数据量＞},＜设定值＞[,＜设定值
>]..

描 述

按以下＜单位＞用＜设定值＞数组填满指定的内存范围。

```
Fill, FillByte    字节单位    <数据量>以字节为单位
FillHalf          半字单位    <数据量>以半字为单位
FillWord          字单位      <数据量>以字为单位
```

按下面两种地址范围之一进行操作。

  ＜起始地址＞~＜结束地址＞+＜单位＞-1
  ＜起始地址＞~＜起始地址＞+＜数据量＞X＜单位＞-1

如果＜起始地址＞或＜结束地址＞不以＜单位＞字节为边界,将自动调整地址按边界对齐。

可在＜设定值＞中指定一个＜表达式＞或＜字符串＞。＜表达式＞作为＜单位＞字节的值进行填充。＜字符串＞作为字节数组进行填充,并在末尾添 0 使其按＜单位＞字节对齐。＜设定值＞最大可指定 128 字节。

本命令只能对指定范围的内存按指定的单位进行访问。本命令不会对内存进行任何读操作。

典型用法

```
TM> Fill AC101000, #10, 57
TM> Dump AC101000, #12


AC101000: 57 57 57 57 57 57 57 57 57 57 57 57 5 57 57  WWWWWWWWWWWWWWW
AC101010: 00 00                                         ..

TM> FillWord AC101000, AC10101f, 12, 34


TM> Dump AC101000, #22
AC101000: 12 00 00 00 34 00 00 00 12 00 00 00 34 00 00 .......4......4
AC101010: 12 00 00 00 34 00 00 00 12 00 00 00 34 00 00 .......4......4
AC101020: 00 00                                         ..
```

搜索内存   SC/SB/SH/SW

格 式

第3部分　T-Monitor 功能定义

```
SearchChar (SC) <起始地址>,{<结束地址>|#<数据量>},<搜索值>[,<搜索值>]..
SearchByte (SCB) <起始地址>,{<结束地址>|#<数据量>},<搜索值>[,<搜索值>]..
SearchHalf (SCH) <起始地址>,{<结束地址>|#<数据量>},<搜索值>[,<搜索值>]..
SearchWord (SCW) <起始地址>,{<结束地址>|#<数据量>},<搜索值>[,<搜索值>]..
```

描　述

按以下的<单位>在内存的指定地址范围内搜索<搜索值>数组,如果找到了<搜索值>数组,那么显示其初始地址。搜索最多可显示 64 个结果。

SearchChar,SearchByte	字节单位	<数据量>以字节为单位
SearchHalf	半字单位	<数据量>以半字为单位
SearchWord	字单位	<数据量>以字为单位

按下面两种地址范围之一进行操作。

<起始地址>~<结束地址>+ <单位>-1

<起始地址>~<起始地址>+ <数据计数>*<单位>-1

如果<起始地址>或<结束地址>不以<单位>字节为边界,将自动调整地址按边界对齐。

可在<搜索值>中指定一个<表达式>或<字符串>。<表达式>的结果作为<单位>字节值进行搜索。<字符串>作为字符数组进行搜索,并在末尾添 0 使其按<单位>字节对齐。<搜索值>最大可指定 128 字节。

本命令只能对指定范围的内存按指定的单位进行访问。本命令不会对内存进行任何写操作。

典型用法

```
TM> SearchChar AC101000,AC10101f,12
AC101003:
AC10100B:
AC101013:
AC10101B:

TM> SearchWord AC101000, #20,12,34
AC101000:
AC101008:
AC101010:
AC101018:
```

比较内存内容　　　　　　　　　　　　　　　　　　　　　　　　　　　　CMP

格　式

Compare (CMP)<起始地址>,{<结束地址>|#<字节数>},<比较地址>

描 述

将指定地址范围内的内存数与从＜比较地址＞开始的内存数据相比较,把具有不同内容的地址和那些地址中的内存内容按字节单位显示出来。本命令最多可表示 64 处不同。

按以下两种地址范围之一进行操作。

＜起始地址＞～＜结束地址＞

＜起始地址＞～＜起始地址＞＋＜字节数＞－1

本命令只对指定范围内的内存按字节为单位进行访问。本命令不会对任何内存单元进行写操作。

典型用法

```
TM> Compare AC100000, AC100fff, AC110000


TM>Compare AC100000, AC100fff, AC120000
AC100020:34  -> AC120000:00
AC100021:56  -> AC120000:00
    :              :
```

移动内存数据   MOV

格 式

Move(MOV)＜起始地址＞,{＜结束地址＞|♯＜字节数＞},＜目标地址＞

描 述

将指定地址范围内的内存数据移动到＜目标地址＞。源地址范围和目标地址范围之间可以重叠。

按以下两种地址范围之一进行操作。

＜起始地址＞～＜结束地址＞

＜起始地址＞～＜起始地址＞＋＜字节数＞－1

不对源内存进行写操作。不对目标内存进行读操作

本命令只能按字节单位访问指定范围内的内存。此命令不对源内存进行写操作,也不会对目标内存进行读操作。

典型用法

```
TM> Move AC100000, #1000, AC110000
```

从 I/O 端口输入数据   IB/IH/IW

格 式

InputByte (IB) ＜I/O 地址＞

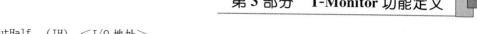

```
InputHalf   (IH)   <I/O 地址>
InputWord(IW)      <I/O 地址>
```

描 述

以下列<单位>为单位从指定的<I/O 地址>读取数据。

```
InputByte     字节单位
InputHalf     半字单位
InputWord     字单位
```

如果<I/O 地址>不以<单位>字节为边界,则会导致错误。

只能对 指定 I/O 地址按指定的单位进行访问。本命令不能对 I/O 口进行写操作。
在内存映射的 I/O 系统中,指定的内存地址作为 I/O 地址被访问。

典型用法

```
TM> InputByte 310
310 : 5F
```

输出数据到 I/O 端口   OB/OH/OW

格 式

```
OutputByte(OB)    <I/O 地址>,<字节数据>
OutputHalf  (OH)  <I/O 地址>,<半字数据>
OutputWord(OW)    <I/O 地址>,<字数据>
```

描 述

以下列<单位>为单位向指定的<I/O 地址>写入数据。

```
OutputByte    字节单位
OutputHalf    半字单位
OutputWord    字单位
```

如果<I/O 地址>不以<单位>字节为边界,则会导致错误。

只能对指定 I/O 地址以指定的单位为单位进行访问。本命令不能对 I/O 口进行读访问。在内存映射的 I/O 系统中,此命令向指定为 I/O 地址的内存地址内写入数据。

典型用法

```
TM> OutputHalf 310, 513F
```

反汇编   DA

格 式

```
Disassemble(DA) [<起始地址>][,<指令 step 数>]
```

描　述

　　从指定的＜起始地址＞开始反汇编＜指令 step 数＞中指定个数的指令并将结果显示出来。

　　如果＜起始地址＞被省略,那么操作就从前一个反汇编命令的下一个地址开始。如果程序执行由于断点、异常等情况返回控制台,那么此时的反汇编命令的＜起始地址＞将被置为 PC 寄存器的值。

　　如果＜指令 step 数＞省略,则默认反汇编 16 条指令。

　　※是否支持反汇编取决于系统的具体实现。

典型用法

```
TM＞Dissassemble  AC1000d8
＜反汇编结果＞
```

表示和修改寄存器　　　　　　　　　　　　　　　　　　　　　　　　R

格　式

```
Register (R)[＜寄存器名称＞[,＜设定值＞]]
```

描　述

　　修改名称为＜寄存器名称＞的寄存器内容。如果＜设定值＞被省略,那么显示名称为＜寄存器名称＞的寄存器内容。

　　＜寄存器名称＞可以指定的名称由 CPU 来决定。这些名称不区分大小写。

　　利用下面的单个字母表示法可以在＜寄存器名称＞中指定一组寄存器。

　　G:通用寄存器;

　　C:控制/系统寄存器;

　　D:DSP 寄存器;

　　F:浮点寄存器;

　　A:所有寄存器。

　　如果＜寄存器名称＞被省略,那么显示所有的通用寄存器。

　　注:具体的寄存器名称依赖于实现。

典型用法

```
TM＞Register
    ＜显示所有通用寄存器＞
TM＞Register C
    ＜显示所有控制/系统寄存器＞
TM＞Register R0, 1234567
TM＞Register R0
R0:01234567
```

第3部分　T-Monitor 功能定义

执行程序　　　　　　　　　　　　　　　　　　　　　　　　　　　　　G

格　式

　　Go(G)[<执行起始地址>][,<执行结束地址>]

描　述

　　从指定的<执行起始地址>开始执行程序。<执行结束地址>被设置为临时软件断点,当到达<执行结束地址>时返回到 T-Monitor。

　　如果<执行起始地址>被省略,则从当前 PC 寄存器所指定的地址处开始执行。

　　当出现下面的任何一种情况时,控制从执行的程序返回到 T-Monitor:

- 当到达设置的断点时;
- 当出现程序不支持的异常时;
- 使用监控服务函数使控制权从程序中转到 T-Monitor 时。

典型用法

```
TM> Go AC1000d8, AC10434
Break (S) at AC10434 ※"at XXXXXXX"是准备执行的下一条指令的程序计数器。
```

设置断点　　　　　　　　　　　　　　　　　　　　　　　　　　　　　B

格　式

　　BreakPoint(B)[<中断地址>[,<中断属性>][,<执行命令>]]

描　述

　　根据<中断属性>在指定的<中断地址>处设置一个断点。如果没有指定参数,那么显示设置的所有断点。

　　<中断属性>可设置如下。没有进行指定的情况下默认为 S。

　　S:在执行<中断地址>处的指令前停止程序的执行。

　　E:在执行<中断地址>处的指令时停止执行。

　　R:在读取<中断地址>处内存时停止执行。

　　W:在写入<中断地址>处内存时停止执行。

　　RW:在读写<中断地址>处内存时停止执行。

　　S 是一个软件断点,通过在中断地址处插入一条陷阱指令的方法来实现软件上的终止执行。由于这个操作需要写存储器,因此它不能用来在 ROM 或其他只读存储器的指令中设置断点。最多可以设置 8 个软件断点。

　　E、R、W 和 RW 都是硬件断点,利用硬件的功能来停止程序的执行。它们可被用于在 ROM 或其他只读存储器的指令中设置断点。注意,执行是在满足中断条件之前还是之后停止,将取决于硬件功能。如果硬件对之前/之后两种情况都支持,标准选择满足条件之前停止执行。在这种情况下,可以通过指定中断属性"+"来选择满足条件后停止执行。

在某些情况下,可用 R、W 或 RW 来指定操作数的大小。通过在 R、W 或 RW 后追加:B(字节)、:H(半字)或 :W(字)来实现。如果未指定操作数的大小,默认为:B(字节)。

中断属性举例:
E+　　正好在指令执行结束后停止
R:W　　正好在读字数据前停止
RW+　　正好在读或写字节数据后停止

由于硬件断点依赖于硬件功能,因此细节上会根据硬件的不同而不同。在某些情况下,可能根本就没有硬件断点功能,也有可能提供上述功能以外的功能。

中断发生时,在<执行命令>中指定要执行的控制台命令字符串(最多 80 个字符)。在<执行命令>中指定 Go 命令,会使执行在中断后自动继续进行。

※ 实际支持的中断属性取决于具体实现。

典型用法

```
TM> BreakPoint AC100100,"Register R0; Go"
```

清除断点　　　　　　　　　　　　　　　　　　　　　　　　　　　　　　　　　BC

格　式

```
BreakClear(BC)[<中断地址>][,<中断地址>]..
```

描　述

清除在指定的<中断地址>处设置的断点。如果<中断地址>被省略,那么所有设置的断点都会被清除。

典型用法

```
TM> BreakClear AC100100
```

单步跟踪　　　　　　　　　　　　　　　　　　　　　　　　　　　　　　　　　S

格　式

```
Step(S)[<执行起始地址>][,<指令 step 数目>]
```

描　述

从指定的<执行起始地址>开始,跟踪<指令数目>条命令并表示执行命令的反汇编。

反汇编表示的是下一条被执行的指令,即在执行完 1 步后,显示将被执行的下条指令。

如果硬件没有反汇编功能,那么只显示地址和内存的内容。

如果<指令数目>被省略,默认执行1步。如果<执行起始地址>被省略,默认跟踪当前PC寄存器值指定的地址。在跟踪执行过程中,所有断点无效。

典型用法

```
TM> Step, 4
    <反汇编显示-1>
    <反汇编显示-2>
    <反汇编显示-3>
    <反汇编显示-4>
```

下步跟踪　　　　　　　　　　　　　　　　　　　　　　　　　　　　　N

格　式

Next(N)[<执行起始地址>][,<指令 step 数目>]

描　述

跟踪从指定<执行起始地址>开始的<指令数目>条指令,并显示所执行命令的反汇编。对于子程序调用指令,整个子程序作为一条指令被跟踪执行。

反汇编显示下一条被执行的指令,即在执行完1步后,显示将被执行的下条指令。

如果硬件没有反汇编功能,那么只显示地址和内存的内容。

如果<指令数目>被省略,默认执行1步。如果<执行起始地址>被省略,默认跟踪当前PC寄存器值指定的地址。在跟踪执行过程中,所有断点无效。

※下步跟踪功能的有无取决于具体的实现。

典型用法

```
TM> Next, 4
    <反汇编显示-1>
    <反汇编显示-2>
    <反汇编显示-3>
    <反汇编显示-4>
```

回溯跟踪　　　　　　　　　　　　　　　　　　　　　　　　　　　　BTR

格　式

BackTrace(BTR)[<帧指针>][,<显示记录数>]

描　述

从当前的帧指针或参数中指定的帧指针的值开始显示栈中保存的函数调用记录。从当前帧指针开始显示记录时,最先显示当前PC寄存器的值。当参数中指定帧指针时，就不会显示 PC 寄存器的值。接下来就回溯表示各调出函数的返回地址履历。

如果未指定＜显示记录数＞，那么最多可显示 16 个函数调用的返回地址；如果指定了显示记录数，那么显示项的数量尽可能与最大记录数值相同。

※是否支持回溯跟踪功能取决于具体实现。如果在栈中未能保存函数调用记录，本命令将无法正确执行。

典型用法

```
TM> BackTrace, 2
   PC = 80101758
   < - -   80100420
   < - -   80100016
```

装载程序/数据　　　　　　　　　　　　　　　　　　　　　　　　　　　　　　　　LO

格　式

　　Load (LO)＜协议和数据格式＞[,＜装载起始地址＞]

描　述

通过一个串口从调试控制台将程序代码或数据装载到内存中。

＜协议及数据格式＞按照下表的内容来指定。

＜装载起始地址＞用来指定装载的内存地址。根据数据格式来决定是否指定装载起始地址。

＜协议＞		＜数据格式＞	＜装载起始地址＞
S	无顺序	S-格式(S3)	不需要
XS	XMODEM	S-格式(S3)	不需要
XM	XMODEM	内存映像数据	必要

典型用法

```
TM> Load XS
Loaded: AC100000  - > AC1023f8


TM> Load XM, AC120000
Loaded: AC120000  - > AC12FFFF
```

读磁盘　　　　　　　　　　　　　　　　　　　　　　　　　　　　　　　　　　　　RD

格　式

　　ReadDisk (RD)＜设备名称＞,＜起始块编号＞,＜块数＞,＜内存地址＞

第 3 部分　T-Monitor 功能定义

描　述

读取<设备名称>中所指定磁盘的数据(从<起始块编号>开始的<块数>个块的内容),存放到指定的<内存地址>中。

对于不同的设备和媒体,块的大小也不相同。

例子:　pca　　PC card (ATA/CF)♯1
　　　　pcb　　PC card (ATA/CF)♯2

※实际的设备名称取决于具体的实现。

典型用法

　　TM> ReadDisk pca, 1, 20, AC140000

写磁盘　　　　　　　　　　　　　　　　　　　　　　　　　　　　　WD

格　式

　　WriteDisk(WD)<设备名称>,<起始块编号>,<块数>,<内存地址>

描　述

将从指定<内存地址>开始的数据写入到<设备名称>指定的磁盘从<起始块编号>开始的<块数>个块中。

对于不同的设备和媒体,块的大小也不相同。

例子:　pca　　PC card (ATA/CF)♯1
　　　　pcb　　PC card (ATA/CF)♯2

※实际的设备名称取决于具体的实现。

典型用法

　　TM> WriteDisk　had, 100, 20, AC140000

显示磁盘信息　　　　　　　　　　　　　　　　　　　　　　　　　　ID

格　式

　　InfoDisk(ID)<设备名称>

描　述

显示<设备名称>中所指定磁盘的相关信息。显示的信息如下:
块的字节数;
总的块数目。
※实际的设备名称取决于具体的实现。

典型用法

　　TM> InfoDisk pca

Format：Bytos/block：512 Total block：8192

从磁盘引导　　　　　　　　　　　　　　　　　　　　　　　　　　　　　　　BD

格　式

　　BootDisk（BD）［＜设备名称＞］

描　述

　　从＜设备名称＞指定的磁盘引导。如果指定的磁盘不可引导，则返回 T-Monitor 等待命令的输入。

　　如果＜设备名称＞被省略，T-Monitor 就搜索磁盘并从找到的第一个可引导磁盘来引导。一般按照从可移动磁盘到不可移动磁盘的顺序来搜索磁盘，实际情况取决于具体的实现。如果没有找到可引导的磁盘，那么返回到 T-Monitor 等待命令输入的状态。

　　例子：pca　　PC card（ATA/CF）的第 1 个分区
　　　　　pcb　　PC card（ATA/CF）的第 2 个分区

　　※实际的设备名称取决于具体的实现。

　　当＜设备名称＞指定了一个被分区的磁盘时，即使指定分区并未被设定成启动分区，系统仍将从该分区开始引导。

典型用法

　　TM＞ BootDisk

强制终止进程　　　　　　　　　　　　　　　　　　　　　　　　　　　　　Kill

格　式

　　Kill

描　述

　　当应用进程中出现异常，控制权转移到 T-Monitor 时，该命令将强制终止出现异常的进程，使系统全体的动作继续进行。执行 Kill 命令后控制权不再返回到 T-Monitor。

　　※由于应用进程的设计是在上位的 OS/中间件中实现的，因此，强制终止进程的功能是否存在取决于具体的实现。

典型用法

　　TM＞ Kill

显示帮助信息　　　　　　　　　　　　　　　　　　　　　　　　　　　　　H/？

格　式

　　Help(H)　　［＜命令名＞］

第3部分 T-Monitor 功能定义

? [＜命令名＞]

描　述

显示＜命令名＞所指定命令的帮助信息。

如果＜命令名＞被省略或指定了一个不存在的命令,那么将显示命令列表。

典型用法

```
TM> ? DumpByte
DumpByte(DB)[<start_addr>][,{<end_addr>|#<data_cnt>}]
```

退出 T-Monitor   EX

格　式

Exit(EX)[＜参数＞]

描　述

退出 T-Monitor,关闭系统。

如果＜参数＞的值为 0 或被省略,那么停止系统并关闭电源。

如果＜参数＞的值为 −1,那么系统复位并重新启动。

典型用法

```
TM> Exit
```

4 程序支持功能

T-Monitor 提供了下列监控服务函数给用户在程序中使用。

Enter Monitor   进入监控程序
Get Character   从控制台输入 1 个字符
Put Character   输出 1 个字符到控制台
Get Line   从控制台输入 1 行数据
Put String   输出字符串到控制台
Execute Command 执行一个监控命令
Read Disk   读取磁盘数据
Write Disk   向磁盘写入数据
Info Disk   获取磁盘信息
System Exit   退出系统
Extended SVC   扩展 SVC 函数

返回错误的函数使用的错误代码与 T-Kernel 相同。

用汇编方式调用监控服务函数的方法与 CPU 有关，但提供的 C 库函数却使这些服务函数可在 C 程序中被调用。

进入监控程序   tm_monitor

C 库函数的调用格式

  void tm_monitor (void)

返回值

  无

描　述

  从程序进入 T-Monitor,并等待命令的输入。

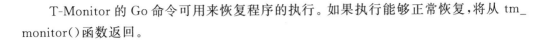

T-Monitor 的 Go 命令可用来恢复程序的执行。如果执行能够正常恢复,将从 tm_monitor()函数返回。

从控制台输入 1 个字符　　　　　　　　　　　　　　　　　　　　tm_getchar

C 库函数的调用格式

    INT tm_getchar (INT wait)

返回值

≥0：输入字符代码、-1：无输入(wait==0 时)

描　述

从调试控制台输入一个字符(1 字节)。输入的字符不回显(echo back)。

如果没有输入,wait==0 时返回-1;wait!=0 时控制台将等待直至有字符输入。

向控制台输出 1 个字符　　　　　　　　　　　　　　　　　　　　tm_putchar

C 库函数的调用格式

    INT tm_putchar (INT c)
        c：输出的字符代码

返回值

-1：Ctrl-C 被输入、0：Ctrl-C 未被输入

描　述

输出一个字符(1 字节)到调试控制台。

如果在输出过程中键入 Ctrl-C(0x03),那么字符输出被中止,返回-1。

如果输出字符是 LF(0x0A),那么 CR(0x0d)将和 LF(0x0A)一起被输出(2 个字符)。

从控制台输入 1 行数据　　　　　　　　　　　　　　　　　　　　tm_getline

C 库函数的调用格式

    INT tm_getline (UB * buff)
        buff：存放输入字符串的内存空间的起始地址

返回值

≥0：输入字符串的长度、-1：Ctrl-C 被输入

描　述

从调试控制台输入 1 行字符串直至回车(0x0d)或键入 Ctrl-C(0x03),并将结果存

放到指定的内存地址单元中。

字符串的末尾会加上 NULL 代码(0)作为结束。字符串中不保存回车或 Ctrl-C。必须为 buff 提供足够的空间,系统无法检测缓冲区的溢出。

输入的字符在被回显的同时,还将处理下列特殊键:

Ctrl-X(0x18), Ctrl-U(0x15)	撤销(删除)行输入
Ctrl-H(0x08), DEL(0x7f)	撤销(删除)1 字符输入
Ctrl-F(0x06), ESC [C	光标右移(→)
Ctrl-B(0x02), ESC [D	光标左移(←)
Ctrl-P(0x10), ESC [A	回到上一行(↑)
Ctrl-N(0x0e), ESC [B	回到下一行(↓)
Ctrl-K(0c0b),	删除光标后的内容

向控制台输出字符串   tm_putstring

C 库函数的调用格式

    INT tm_putstring(UB * buff)
        buff:存放输出字符串的内存空间的起始地址

返回值

    -1:Ctrl-C 被输入、0:Ctrl-C 未被输入

描 述

将从指定的内存地址开始的以 NULL 结束的字符串逐字节输出到调试控制台。
如果在输出过程中键入 Ctrl-C(0x03),将终止字符输出,返回-1。
如果字符串包含 LF(0x0A),那么将输出 CR (0x0d)和 LF (0x0A)2 个字符。

执行命令   tm_command

C 库函数的调用格式

    INT tm_command(UB * buff)
        buff:保存命令的内存空间的起始地址

返回值

    0:命令正常执行、不返回:进入到控制台

描 述

将存放在指定内存地址中的 NULL 结尾的字符串作为命令(列)执行后,返回程序。
如果字符串为空,那么进入控制台,不再返回到程序中。

第 3 部分　T-Monitor 功能定义

读磁盘　　　　　　　　　　　　　　　　　　　　　　　　　　　　　tm_readdisk

C 库函数的调用格式

```
INT tm_readdisk(UB *dev, INT sblk, INT nblks, VP addr)
    dev：   存放设备名的内存空间的起始地址
    sblk：  起始块编号
    nblks： 块数
    addr：  内存地址
```

返回值

0：正常完成、< 0：错误码

E_NOEXS	设备不存在
E_NOMDA	无媒体设备
E_IO	I/O 错误
E_PAR	参数错误
E_MACV	不能访问内存

描　述

从指定的起始块开始,将设备名指定的磁盘中指定块数的内容读取到指定的内存地址中。

对于不同的设备和媒体,块大小的定义也不相同。

例子：pca　PC card(ATA/CF)♯1
　　　pcb　PC card(ATA/CF)♯2

※实际的设备名取决于具体的实现。

写磁盘　　　　　　　　　　　　　　　　　　　　　　　　　　　　　tm_writedisk

C 库函数的调用格式

```
INT tm_writedisk(UB *dev, INT sblk, INT nblks, VP addr)
    dev：   存放设备名的内存空间的起始地址
    sblk：  起始块编号
    nblks： 块数
    addr：  内存地址
```

返回值

0：正常完成、< 0：错误码

E_NOEXS	设备不存在
E_NOMDA	无媒体设备

E_IO	I/O错误
E_PAR	参数错误
E_MACV	不能访问内存
E_RONLY	写入禁止

描 述

从指定的起始块开始,将指定内存的指定块数的内容写入设备名指定的磁盘。
对于不同的设备和媒体,块大小的定义也不相同。

例子：pca PC Card（ATA/CF）#1
　　　pcb PC Card（ATA/CF）#2

※实际的设备名取决于具体的实现。

获取磁盘信息   tm_infodisk

C 库函数的调用格式

```
INT tm_infodisk(UB * dev, INT * blksz, INT * nblks)
```
　　dev：　　存放设备名的内存空间的起始地址
　　blksz：　存放块大小(以字节为单位)的内存空间的起始地址
　　nblks：　存放总块数的内存空间的起始地址

返回值

0:正常完成、< 0：错误码

E_NOEXS	设备不存在
E_NOMDA	无媒体设备
E_IO	I/O错误
E_MACV	不能访问内存

描 述

获取设备名指定的设备的块大小(以字节为单位)和总的块数目。
※实际的设备名取决于具体的实现。

退出系统   tm_exit

C 库函数的调用格式

```
void tm_exit (INT mode)
```
　　mode　　0：退出系统,切断电源
　　　　　　 -1：复位系统,重新启动

返回值

不返回

描　述

退出系统,切断电源或复位。

扩展 SVC　　　　　　　　　　　　　　　　　　　　　　　　　　　　　　　　tm_extsvc

C 库函数的调用格式

```
INT tm_extsvc(INT fno, INT p1, INT p2, INT p3)
    fno：       扩展服务功能编号
    p1,p2,p3：  参数 1～3
```

返回值

0：正常完成、＜0：错误码

描　述

执行 fno 中指定的扩展服务函数。

扩展服务的功能编号、参数和返回值都取决于 T-Monitor 的具体实现。

引导处理的细节

5.1 引导处理概述

系统引导通常按以下的步骤进行：
① 搜索可引导的设备；
② 装载主引导程序；
③ 装载二次引导程序；
④ 装载操作系统。
T-Monitor 进行上述的步骤①和②的处理。
它还提供程序支持函数，帮助主引导程序和二次引导程序来访问磁盘。

5.2 可引导设备的搜索

按下面的顺序来搜索可引导的设备，但特定的操作细节由具体的实现来决定。
① 含有可移动媒体的设备(软盘和 CD-ROM 等)；
② 含有可移动驱动器的设备(PC 卡和通过 USB 接口连接的驱动器等)；
③ 不可移动的设备(内部硬盘)。
在磁盘被分区的情况下，T-Monitor 查看分区的信息，只搜索标识为启动分区的分区。分区信息的详细内容在标准的 PC 规范中定义。

5.3 主引导程序的装载和启动

引导系统磁盘的起始块(如果磁盘被分区,则是启动分区的起始块)被装入内存。这就是主引导程序。

如果块的大小小于 512 字节,那么从起始块开始连续装载各个块,直至内存中至少装满 512 字节。

然后,将控制权交给装载到内存中的主引导程序。这时,T-Monitor 会将下列信息传递给主引导程序。

```
#define L_DEVNM      8       // 设备名的长度
typedef struct BootInfo {
    UB   devnm[L_DEVNM];     // 引导磁盘的物理设备名称
    INT  part;               //引导分区的编号(大于或等于 0;-1:没有分区)
    INT  start;              //引导分区的位置(起始块的编号)
    INT  blksz;              //引导磁盘的块的大小(用字节表示)
} BootInfo;
```

装载主引导程序的内存地址和向主引导程序传递参数的方法等由各个具体实现进行规定。

第 4 部分

T-Engine 相关参考文献目录

第 4 部分　T-Engine 相关参考文献目录

T-Engine 的相关专刊

- 《新一代 TRON 系统平台 T-Engine 的诞生》
  Interface 2004 年 8 月刊，CQ 出版
- 增刊 TRONWARE T-Engine
  Personal Media，2003
- 增刊 TRONWARE T-Engine2
  Personal Media，2004
- 增刊 TRONWARE T-Engine3
  Personal Media，2005

2 T-Engine 的相关大事记总索引 (2002年1月~2005年4月)

2.1 普通说明

1. T-Engine 工程及 T-Engine 论坛

- 《实时 OS 的现状：为什么 T-Engine 是必要的？》
  Interface 2004 年 8 月刊, p.36, CQ 出版
- 《T-Engine 的思想》
  Interface 2004 年 8 月刊, p.40, CQ 出版
- 主题演讲《迈向泛网计算机时代》
  TRONWARE VOL.73（也收录于增刊 TRONWARE T-Engine 中）
- ［专刊］T-Engine《Q&A——工程读者问答》
  TRONWARE VOL.73（也收录于增刊 TRONWARE T-Engine 中）
- 技术对话《T-Engine 概要》
  TRONWARE VOL.73（也收录于增刊 TRONWARE T-Engine 中）
- 演讲摘录《泛网.数据处理的最前沿》
  TRONWARE VOL.76（也收录于增刊 TRONWARE T-Engine 中）
- 基调演讲摘录《迈向泛网社会的 TRON 的样式》
  TRONWARE VOL.79（也收录于增刊 TRONWARE T-Engine 中）
- 《T-Engine 的硬件~硬件工作组及其活动》
  TRONWARE VOL.88（也收录于增刊 TRONWARE T-Engine3 中）
- 《T-Engine 论坛》
  TRONWARE VOL.88（也收录于增刊 TRONWARE T-Engine3 中）

- 《T-Engine 论坛/泛网 ID 中心常见问题与解答》
  TRONWARE VOL. 89（也收录于增刊 TRONWARE T-Engine3 中）
- 《国际展开》
  TRONWARE VOL. 88（也收录于增刊 TRONWARE T-Engine3 中）
- 《TRONSHOW2005 TALK:以独创工程为目标》
  TRONWARE VOL. 91
- 《从此以后如何？Windows，Linux 与 TRON 的良好关系》
  TRONWARE VOL. 91
- 《从此以后开始 T-Engine:何谓 T-Engine?》
  TRONWARE VOL. 92

2. T-Kennel 的开放化与 T-License

- [T-Engine 论坛 Kernel 开发环境 WG 的活动]《T-Kernel 的开放化》
  TRONWARE VOL. 84（也收录于增刊 TRONWARE T-Engine2 中）
- 《关于 T-License》
  TRONWARE VOL. 86（也收录于增刊 TRONWARE T-Engine3 中）
- 《T-License 的思考方法》
  TRONWARE VOL. 89（也收录于增刊 TRONWARE T-Engine3 中）

3. 中间件流通

- [T-Engine 论坛 中间件流通 WG 的活动]《中间件流通的嵌入》
  TRONWARE VOL. 84（也收录于增刊 TRONWARE T-Engine2 中）
- [T-Engine 论坛 中间件流通 WG 的活动]《T-Dist 系统》
  TRONWARE VOL. 84（也收录于增刊 TRONWARE T-Engine2 中）
- 《T-Engine 的中间件～中间件流通工作组及其活动》
  TRONWARE VOL. 88（也收录于增刊 TRONWARE T-Engine3 中）

4. 泛网相关问题,安全相关问题

- 《泛网 ID 技术～泛网 ID 技术工作组及其活动》
  TRONWARE VOL. 88（也收录于增刊 TRONWARE T-Engine3 中）
- 《ucode 标签技术～ucode 标签技术工作组及其活动》
  TRONWARE VOL. 88（也收录于增刊 TRONWARE T-Engine3 中）
- eTRON
  TRONWARE VOL. 88（也收录于增刊 TRONWARE T-Engine3 中）
- 《泛网.通信～泛网通信工作组及其活动》
  TRONWARE VOL. 88（也收录于增刊 TRONWARE T-Engine3 中）
- 《食品跟踪能力实例实验～在生产.流通.零售现场的巨大成果》

TRONWARE VOL.86（也收录于增刊 TRONWARE T-Engine3 中）

- 《自律移动支援项目～泛网 ID 中心实例实验》
  TRONWARE VOL.88（也收录于增刊 TRONWARE T-Engine3 中）
- 《TRONSHOW 2005 主题演讲摘录 泛网的 1 年——进一步实例实验》
  TRONWARE VOL.91
- 《TRONSHOW 2005 TALK：uID 中心—走向世界》
  TRONWARE VOL.91
- TRONSHOW 2005 主办者展示：都市空间，TRON 电脑住宅，食品跟踪系统，药品自动识别，利用 eTRON 和活体认证技术的可靠的医疗/货币信息管理，泛网仓库自动定位系统，泛网 ID 技术的生鲜食品流通应用．非实例实验，物流管理业务实例实验
  TRONWARE VOL.91

5. 应用事例介绍

- 《基于 T-Engine 的教育用计算机》
  TRONWARE VOL.79（也收录于增刊 TRONWARE T-Engine 中）
- 《用于地面波数字广播的通信广播整合终端》
  TRONWARE VOL.82（也收录于增刊 TRONWARE T-Engine2 中）
- 《未完成的 T-Engine 设备 Teacube 新上市！》
  TRONWARE VOL.85（也收录于增刊 TRONWARE T-Engine3 中）
- 《在 T-Engine 接口 Teacube 中加入"SH 系列"》
  TRONWARE VOL.87（也收录于增刊 TRONWARE T-Engine3 中）
- 《使用 T-Engine 从对家电进行远程控制到用电力线传送解调器实现家庭泛网》
  TRONWARE VOL.90（也收录于增刊 TRONWARE T-Engine3 中）

2.2 硬件技术说明

1. SH 系列，M32 系列

- 《瑞萨（Renesas）电脑搭载的 T-Engine 的构成》
  Interface 2004 年 8 月刊，p.105，CQ 出版
- 瑞萨（Renesas）科技股份有限公司《T-Engine 的嵌入》
  TRONWARE VOL.84（也收录于增刊 TRONWARE T-Engine2 中）
- 《SuperH T-Engine 基板》
  TRONWARE VOL.75（也收录于增刊 TRONWARE T-Engine 中）
- 《第二炮！SuperH T-Engine 基板》
  TRONWARE VOL.78（也收录于增刊 TRONWARE T-Engine 中）

- 《SH7760 T-Engine》
  TRONWARE VOL. 84(也收录于增刊 TRONWARE T-Engine2 中)
- [专利]《SH7760 的概况及微体系》
  TRONWARE VOL. 84(也收录于增刊 TRONWARE T-Engine2 中)
- 《u T-Engine 的硬件说明》
  TRONWARE VOL. 75(也收录于增刊 TRONWARE T-Engine 中)
- 《SH7145 u T-Engine》
  TRONWARE VOL. 80(也收录于增刊 TRONWARE T-Engine 中)
- 《瑞萨(Renesas)的标准 T-Engine 与 uT-Engine(RenesasSolutions)》
  TRONWARE VOL. 92

2. MIPS 系列(VR 系列,TX 系列)

- 《NEC 电子 T-Engine 事业》
  TRONWARE VOL. 84(也收录于增刊 TRONWARE T-Engine2 中)
- 《T-Engine(n101)/uT-Engine(n301M)的硬件(上篇)》
  TRONWARE VOL. 77(也收录于增刊 TRONWARE T-Engine 中)
- 《T-Engine(n101)/uT-Engine(n301M)的硬件(下篇)》
  TRONWARE VOL. 78(也收录于增刊 TRONWARE T-Engine 中)
- [专利]《VR 是日本开发的 MIPS 处理器》
  TRONWARE VOL. 77(也收录于增刊 TRONWARE T-Engine 中)
- [专利]《VR5500 的概况及微体系》
  TRONWARE VOL. 78(也收录于增刊 TRONWARE T-Engine 中)
- 《T-Engine 的构成及实际应用(NEC 电子)》
  TRONWARE VOL. 92
- 《T-Engine/TX4956(t101)的硬件及中间件》
  TRONWARE VOL. 82(也收录于增刊 TRONWARE T-Engine2 中)

3. ARM 系列,FR 系列

- 《搭载两个 ARM9 的双核 CPU T-Engine》
  Interface 2004 年 8 月刊,p. 110,CQ 出版
- 《横河数码电子计算机 T-Engine 的三位一体事业》
  TRONWARE VOL. 77(也收录于增刊 TRONWARE T-Engine 中)
- 《横河数码电子计算机的 ARM 版 T-Engine 系列 2,摩托罗拉公司 i. MX1 用 T-Engine(Y. 01/i. MXI)》
  TRONWARE VOL. 81(也收录于增刊 TRONWARE T-Engine2 中)
- 《FR400u T-Engine 概况[硬件篇]》
  TRONWARE VOL. 82(也收录于增刊 TRONWARE T-Engine2 中)

- 《FR400u T-Engine 概况［软件篇］》
  TRONWARE VOL.83（也收录于增刊 TRONWARE T-Engine2 中）
- 《从用 T-Engine 构成的安全网络家电系统到 Ansel-Tea/FR 评价系统地介绍（富士通设备）》
  TRONWARE VOL.92

4. 所有硬件，扩展基板，FPGA

- 《T-Engine 硬件概况》
  Interface 2004 年 8 月刊, p.44, CQ 出版
- 《硬件开发也使用 T-Engine》
  TRONWARE VOL.84（也收录于增刊 TRONWARE T-Engine2 中）
- 《扩展通用基板/扩展 FPGA 基板入门》
  TRONWARE VOL.89（也收录于增刊 TRONWARE T-Engine3 中）
- 《连接 T-Engine 的 FPGA 基板》
  TRONWARE VOL.86（也收录于增刊 TRONWARE T-Engine3 中）
- 《T-Engine 用 FPGA 扩展基板的详细情况》
  TRONWARE VOL.87（也收录于增刊 TRONWARE T-Engine3 中）
- 《SOPC Builder 的使用方法》
  TRONWARE VOL.87（也收录于增刊 TRONWARE T-Engine3 中）
- 《用扩展基板扩展的解决方案》
  TRONWARE VOL.88（也收录于增刊 TRONWARE T-Engine3 中）
- 《针对 T-Engine 用嵌入设备的多协议扩展基板～［SpaceWare Extension for T-Engine］》
  TRONWARE VOL.90（也收录于增刊 TRONWARE T-Engine3 中）
- 《从 Altera 公司的处理器．内核与 FPGA 产品到 T-Engine 事业展和开发现状（日本 Altera）》
  TRONWARE VOL.92

2.3　软件技术说明

1. T-Kernel 与 T-Kernel Extension

- 《实时 OS T-Kernel 的详细情况》
  Interface 2004 年 8 月刊, p.61, CQ 出版
- 《T-Engine 杂志专题～T-Kernel，T-Kernel Extension，T-Monitor 的概况及技术优势》
  TRONWARE VOL.80（也收录于增刊 TRONWARE T-Engine 中）

- 《公开 T-Kernel 源代码》
  TRONWARE VOL. 86(也收录于增刊 TRONWARE T-Engine3 中)
- 《T-Kernel 与开发环境》
  TRONWARE VOL. 88(也收录于增刊 TRONWARE T-Engine3 中)
- 《扩展版 T-Kernel"eT-Kernel"与开发环境"eBuilder"(Esol)》
  TRONWARE VOL. 92

2. 程序设计全部信息

- 《T-Engine 程序设计入门基础篇》
  TRONWARE VOL. 81(也收录于增刊 TRONWARE T-Engine2 中)
- 《从 T-Kernel 入门到制作及定制用户程序》
  TRONWARE VOL. 89(也收录于增刊 TRONWARE T-Engine3 中)
- 《T-Engine 开发组件的应用程序移植(东芝信息系统)》
  TRONWARE VOL. 92

3. 软件开发环境

- 《T-Engine/SH7727 开发组件的完全介绍》
  TRONWARE VOL. 78(也收录于增刊 TRONWARE T-Engine 中)
- 《T-Engine 程序设计入门实践篇》
  TRONWARE VOL. 81(也收录于增刊 TRONWARE T-Engine2 中)
- 《在 T-Engine 中使用 gdb》
  TRONWARE VOL. 81(也收录于增刊 TRONWARE T-Engine2 中)
- 《T-Engine 最新技术 FAQ 集》
  TRONWARE VOL. 83(也收录于增刊 TRONWARE T-Engine 中)
- 《从 eBinder for T-Engine 到 T-Engine 的软件开发环境》
  TRONWARE VOL. 77(也收录于增刊 TRONWARE T-Engine 中)
- [专刊] Hl Application Engine for T-Engine
  TRONWARE VOL. 82(也收录于增刊 TRONWARE T-Engine2 中)
- 《T-Engine 对应的 ICE(PARTNER)》
  TRONWARE VOL. 84(也收录于增刊 TRONWARE T-Engine2 中)
- [未涉足的软件创造事业]WideStudio for T-Engine
  TRONWARE VOL. 84(也收录于增刊 TRONWARE T-Engine2 中)
- 《从用 WideStudio 制作 T-Engine 用应用程序到 WideStudio 完全使用手册》
  上市销售 TRONWARE   VOL. 88(也收录于增刊 TRONWARE T-Engine3 中)
- 《从构建 T-Engine 基准与新干线调试环境到 RTRONClub 例会的发言》
  TRONWARE VOL. 82(也收录于增刊 TRONWARE T-Engine2 中)
- 《没有"开发组件"的情况下编译 T-Kernel 源代码》

TRONWARE VOL. 88（也收录于增刊 TRONWARE T-Engine3 中）
- 《T-Engine 开发组件与 Teacube》
  Interface 2004 年 8 月刊，p，76，CQ 出版

4．中间件

- 《T-Engine 的中间件》
  Interface 2004 年 8 月刊，p，84，CQ 出版
- ［完全说明］《PMC T-Shell 开发组件》
  TRONWARE VOL. 81（也收录于增刊 TRONWARE T-Engine2 中）
- 《从 PMC T-Shell 的实践活用方法到显示器基本篇》
  TRONWARE VOL. 82（也收录于增刊 TRONWARE T-Engine2 中）
- 《从 PMC T-Shell 的实践活用方法到 C 语言程序与小脚本的兼容篇》
  TRONWARE VOL. 83（也收录于增刊 TRONWARE T-Engine2 中）
- 《使用 PMC T-Shell(Personal Media)》
  TRONWARE VOL. 9 2
- 《从 T-Engine 中访问 FAT 系统》
  TRONWARE VOL. 84（也收录于增刊 TRONWARE T-Engine2 中）
- 《从使用 T-Engine 构建外部摄像系统到使用 AR 照相机和无线 LAN 的应用》
  TRONWARE VOL. 85（也收录于增刊 TRONWAPE T-Engine3 中）
- 《使用 T-Engine 制作 MP3 播放器/JPEG 查看器》
  TRONWARE VOL. 82（也收录于增刊 TRONWARE T-Engine2 中）
- 《HI AppiicationEngine 的概况与 T-Engine 设备产品的开发事例（日立超 LSI 系统）》
  TRONWARE VOL. 92
- 《从 Finger Attestor for T-Engine 到使用活体认证确认本人的技术》
  TRONWARE VOL. 82（也收录于增刊 TRONWARE T-Engine2 中）
- 《活体认证与扩展 Bluetooth 的 T-Engine 应用程序（日立工程技术）》
  TRONWARE VOL. 92
- 《T-Engine 用互联网接人中间件"KASAGO for T-Engine"》
  TRONWARE VOL. 83（也收录于增刊 TRONWARE T-Engine2 中）
- 《试用"KASAGO for T-Engine"(Elmic 系统)》
  TRONWARE VOL. 92
- 《T-Engine 对应的 SD 卡文件系统(USFilesPlus)》
  TRONWARE VOL. 88（也收录于增刊 TRONWARE T-Engine3 中）

5．与 Java 及其他 OS 的兼容

- 《Windows CE 与 T-Kernel 的兼容原因》

第 4 部分　T-Engine 相关参考文献目录

Interface 2004 年 8 月刊，p.93，CQ 出版
- 《在 T-Engine 上 Windows CE/T-Kernel 的兼容环境》
  TRONWARE VOL.88(也收录于增刊 TRONWARE T-Engine3 中)
- 《通过 T-Kernel 与 Linux 混合环境实现 T-Linux》
  Interface 2004 年 8 月刊，p.101，CQ 出版
- 《在 T-Engine 上 Linux/T-Kernel 的兼容环境》
  TRONWARE　VOL.88(也收录于增刊 TRONWARE T-Engine3 中)
- 《从在 T-Engine 上 Java 的执行环境到 Java 工作组及其活动》
  TRONWARE　VOL.88(也收录于增刊 TRONWARE T-Engine3 中)
- 《T-JV 入门》
  TRONWARE　VOL.89(也收录于增刊 TRONWARE T-Engine3 中)
- 《由从此开始 T-Engine 到实际开发－T-JV 篇～(Aplix)》
  TRONWARE　VOL.92
- ［未涉足的软件创造事业］《基于自由实现的 RTSJ 相应 JavaVM 开发》
  TRONWARE　　VOL.84(也收录于增刊 TRONWARE T-Engine2 中)
- ［未涉足的软件创造事业］《分散核心服务》
  TRONWARE　　VOL.84(也收录于增刊 TRONWARE T-Engine2 中)

3 你该如何使用 T-Kernel

你可以在服从 T-License(T-Kernel 的源代码许可协议)条款的前提下使用 T-Kernel。

登记使用 T-Kernel 的过程……

① 请在网上阅读 T-License T-Kernel 的源代码许可协议](License agreement for Source Code of T-Kernel)。

② 如果你同意 T-License 的条款,请填妥网页上所有必填的区域(http://www.t-englne.org/T-Kernel/tkerneLe.html)。

③ 在论坛秘书处确认并且完成了用户的注册后,你会收到一封 E-mail,这封 E-mail 会解释如何获得 T-Kernel。请理解,注册的处理过程大约需要一周的时间。

在使用 T-Kernel 之前……

请注意,在你真正开始使用 T-Kernel 前要注意以下的事项:

- 所有公开的 T-Kernel 的源程序的产权都属于 T-Engine 论坛的主席 Ken Sakamura 先生。
- T-Kernel 的源程序只能通过 T-Engine 论坛发放。严禁转发之前下载的源程序。
- 如果你想发布经过改动的 T-Kernel 的源程序,那么你必须签署另外一份协议。
- T-Kernel 可被嵌入到一个产品中。同样的,源程序也可以修改以嵌入到产品中。如果进行这类工作的话,你有必要按照 T-License 有关产品的条文所述的那样,告知(论坛)T-Kernel 已经被运用到产品中。
- 使用 T-Kernel 的细则和条件详细列在 T-License(T-Kernel 的源代码许可协议)中,请仔细阅读。

第4部分　T-Engine相关参考文献目录

T-Kernel 所支持的…一

- 请注意 T-Engine 论坛并不提供对 T-Kernel 公开的技术支持，并且不会解答有关技术方面问题的咨询。
- 如果你对"T-Kernel 的源代码许可协议"存在任何的疑问，请联系 T-Engine 论坛。

License(T-Kernel)的源代码许可协议

T-Kernel 的源代码许可协议
由 T-Engine 论坛创建于
2004 年 1 月 23 日
修改于 2004 年 7 月 17 日

条款 1. 许可协议的适用范围

1.1 这个许可协议阐明了适用于由 T-Engine 论坛发放的 T-Kernel 的源代码以及任何来源于此源代码的衍生产品的版权、条款以及使用条件。

条款 2. 定义

2.1 "T-Kernel"是指由它的版权所有者——T-Engine 论坛，控制和发放的 T-Engine 实时操作系统。

2.2 "源代码"是指一个 T-Kernel 的源程序，包括了任何与之相关的注释和文档。

2.3 "移植代码"是指根据 T-Engine 论坛所发表的硬件描述，只修改硬件依靠和关联的部分，以使之能运行在 T-Engine 论坛注册的 T-Engine 硬件上的、由源代码产生的源程序。移植代码是由 T-Engine 论坛注册的。由 T-Engine 论坛注册的移植代码应属于源代码。

2.4 "修改代码"是指以提高性能，增加或者删减它的功能以及类似操作为目的的、由源代码经过修改而得来的源程序。移植代码不属于修改代码。

2.5 "二进制代码"是指所有由编译程序产生的，包括了所有的或者部分的源代码以及修改代码在内的可执行代码。

2.6 "衍生品"是指修改代码或二进制代码。

2.7 "嵌入式产品"是指使用了源代码、修改的源代码或者二进制代码的，并且由载有执行代码的硬件进行操作的任何产品。

第 4 部分　T-Engine 相关参考文献目录

2.8 "最终用户"是指购买并且使用嵌入式产品的用户。

2.9 "系统开发者"是指自己开发或者让别人开发的嵌入式产品,又或者(无论是以免费还是付费的方式)向最终用户提供嵌入式产品的任何人。

2.10 "修改代码的发放者"是指制造修改代码,并且(无论是以免费还是付费的方式)向任何第三方发放的任何人。

2.11 "修改补丁"是指那些从源代码或者二进制代码中创建出修改代码的修正、程序、系统以及类似的东西。

2.12 "补丁代理执行"是指把用于创建修改代码的修改补丁应用在源代码或者二进制代码上的代理执行服务。

2.13 "源代码使用者"是指使用源代码的人。

2.14 "发放"是指下列的任何一个举动:

  2.14.1 大量地把工作成果通过 Internet 通信、广播以及类似媒体转发给指定的人群。

  2.14.2 根据公众需要,把工作成果通过 Internet 通信、广播以及类似媒体转发给普通群众。

  2.14.3 把工作成果的复制品发放给普通群众,或者大量转发给指定的人群。

条款 3.　版权

3.1 源代码的版权由 Ken Sakamura 拥有。

条款 4.　源代码的使用许可

4.1 正如此条款所规定的,T-Engine 论坛应向任何执行了 T-Engine 论坛所指示的必要的注册程序并且同意执行 T-License 的人,免费提供并且授予许可证。

4.2 源代码只能由 T-Engine 论坛来发放。通过上述 4.1 项获得源代码的人不能进行任何的重新发放源代码的行为。

4.3 根据上述的 4.1 项条款授予的许可证规定,源代码使用者可以进行以下的活动:

  4.3.1 复制和/或修改由 T-Engine 论坛所提供的源代码。

  4.3.2 为了自己的研究开发以及类似的工作的目的而运行由 T-Engine 提供的源代码。

  4.3.3 为了自己的研究开发以及类似的工作的目的而运行符合 4.3.1 条款规定的修改代码。

4.4 根据上述的 4.1 项条款授予的许可证规定,系统开发者可以进行以下的活动:

  4.4.1 在上一段中所述的任何一项或者全部的活动。

  4.4.2 开发和生产包含了二进制代码的嵌入式产品,并且(无论是以免费还是付费的方式)向最终用户提供产品或者提供嵌入式产品的二进制代码。

4.5 源代码使用者和系统开发者在使用源代码或二进制代码,或者在嵌入式产品中向最终用户提供二进制代码时,有责任按照 T-Engine 论坛分别设定的方式,向 T-Engine 论坛提交源代码已经被使用的通知。

条款 5. 修改代码的发放

5.1 在只有参与注册流程的 A 级会员的部门在其拥有 A 级会员权利的期间才能以符合这一条款所规定的方式发放修改代码这一前提下,按照论坛所指示的流程注册并获得 T-Engine 论坛准许的任何一个 A 级会员,都可以成为修改代码发放者。

5.2 修改代码发放者可以在 T-Engine 论坛所提供的源代码的基础上,创造出修改代码和用于产生此修改代码的修改补丁。

5.3 修改代码发放者在发放之前,必须通知 T-Engine 论坛有关事宜,并且按照 T-Engine 论坛的指示为修改代码注册一个名字和描述方式。

5.4 修改代码发放者必须按照 T-Engine 论坛分别制定的规定来制定修改代码的名字;并且应当按照修改补丁以及修改代码的规定所要求的那样,发布合适的通知。

5.5 在修改代码发放者能够采取必要的手段来禁止第三方对修改的源代码进行再次发放的前提下,修改代码发放者可以把修改的源代码发放给第三方(无论是以付费或者免费的方式)。

5.6 无论如何,在修改代码发放者确认了系统开发者是适时获得 4.1 项条款授权的源代码使用者的前提下,修改代码发放者可以向系统开发者提供修改补丁。

5.7 修改代码发放者可以为系统开发者提供补丁处理的代理执行。

5.8 系统开发者不得以独立软件产品的方式向任何团体发放经过进一步改动的修改代码。

5.9 在如条款 4.5 同样的强制义务的约束下,系统开发者可以通过使用修改代码发放者所发放的修改补丁或者使用补丁代理执行所得到的衍生品,而向最终用户提供可用的嵌入式产品。

条款 6. 移植代码的注册

6.1 任何 T-Engine 论坛的会员都可以向 T-Engine 论坛申请将新的 T-Engine 硬件的移植代码作为原本 T-Kernel 源代码的一部分来注册和发放。

6.2 任何如上段所述的,请求发放移植代码的 T-Engine 论坛的会员首先必须同意以下条件:

  6.2.1 会员必须确认目标硬件符合 T-Engine 所发放的描述说明。

  6.2.2 会员在申请发放时应当把一套完整的目标硬件的运行环境和 T-Kernel 免费提供给 T-Engine 论坛。

  6.2.3 会员在申请发放时应当把移植代码的测试结果提交给 T-Engine 论坛。

6.3 在 T-Engine 同意了条款 6.1 所阐述的请求后,T-Engine 论坛会将此移植代

第4部分　T-Engine 相关参考文献目录

码作为 T-Kernel 所提供的源代码来注册和发放，但是，如非进行以下的注册，移植代码仍将被视同为修改代码。

　　6.4　条款 6.3 阐明的规定适用于根据此条款注册的移植代码。

条款 7.　其他目的的使用

　　7.1　任何不属于条款 4 和条款 5 所规定用途的对源代码或者修改代码的使用，都必须经过 T-Engine 论坛的事先允许。

条款 8.　限制担保

　　8.1　T-Engine 论坛和源代码的版权所有者担保源代码不会侵害任何第三方的.版权。

　　8.2　T-Engine 论坛和源代码的版权所有者并不担保源代码将符合任何源代码使用者的特殊用途。

　　8.3　T-Engine 论坛和源代码的版权所有者并不担保源代码不会侵害任何第三方的工业财产权。任何情况下，T-Engine 论坛和源代码的版权所有者，都无须对任何源代码使用者与第三方所引起的有关第三方工业财产权的纠纷负责。

条款 9.　违背协议

　　9.1　当违背这份协议的情况下，T-Engine 论坛会向违背者索取该次违背行为的赔偿，并会以侵犯产权为理由对此违背者采取相应的措施，而无论所说的人是否是 T-Engine 论坛的成员。

　　9.2　在会员违背这份协议的情况下，T-Engine 会对此会员采取恰当的措施，例如，开除此会员的会籍等，具体根据其所违反的规定而定。

　　9.3　任何涉及违背此协议的任何规定的法律纠纷，都将属于东京地方法院专属的管辖范围。

条款 10.　管制法律和语言

　　10.1　该许可协议应由日本法律来管制和诠释。

　　10.2　在以日文为主要语言进行诠释和履行的前提条件下，该许可协议将以日文和英文的方式来提供与执行。

第5部分

参　考

第 5 部分 参 考

1 C 语言接口的列表

1.1 T-Kernel/OS

任务管理函数

ID	tskid = tk_cre_tsk	(T_CTSK * pk_ctsk),
ER	ercd = tk_del_tsk	(ID tskid);
ER	ercd = tk_sta_tsk	(ID tskid,INT stacd);
void	tk_ext_tsk	( );
void	tk_exd_tsk	( );
ER	ercd = tk_ter_tsk	(ID tskid);
ER	ercd = tk_chg_pri	(ID tskid,PRI tskpri);
ER	ercd = tk_chg_slt	(ID.tskid,RELTIM slicetime);
ER	ercd = tk_get_tsp	(ID tskid,T_TSKSPC * pk_tskspc)';
ER	ercd - tk_set_tsp	(ID tskid,T_TSKSPC * pk_tskspc);
ID	resid = tk_get_rid	(ID tskid);
ID	oldid = tk_set_rid	(ID tskid,ID resid);
ER	ercd = tk_get_reg	(ID tskid,T_REGS * pk_regs,T_EIT * pk_ . eit,T_CREGS * pk_cregs);
ER	ercd = tk_set_reg	(ID tskid,T_REGS * pk_regs,T_EIT - * pk_eit, T_CREGS * pk_cregs);
ER	ercd = tk_get_cpr	(ID tskid, INT copno, T_COPREGS * pk_copregs);
ER	ercd = tk_set_cpr	(ID tskid, INT copno, T_COPREGS * pk_copregs); .
ER	ercd = tk_inf_tsk	(ID tskid, T_ITSK * pk_itsk,BOOL clr);
ER	ercd = tk_ref_tsk	(ID tskid,T_RTSK * pk_rtsk);

任务相关的同步函数

ER	ercd = tk_slp_tsk	(TMO tmout);
ER	ercd = tk_wup_tsk	(ID tskid);
INT	wupcnt = tk_can_wup	(ID tskid);
ER	ercd = tk_rel_wai	(ID tskid);
ER	ercd = tk_sus_tsk	(ID tskid);
ER	ercd = tk_rsm_tsk	(ID tskid);
ER	ercd = tk_frsm_tsk	(ID tskid);
ER	ercd = tk_dly_tsk	(RELTIM dlytim);
ER	ercd = tk_sig_tev	(ID tskid, INT tskevt);
INT	tevptn = tk_wai_tev	(INT waiptn, TMO tmout);
INT	tskwait = tk_dis_wai	(ID tskid, UINT waitmask);
ER	ercd = tk_ena_wai	(ID tskid),

任务异常处理函数

ER	ercd = tk_def_tex	(ID tskid, T_DTEX * pk_dtex);
ER	ercd = tk_ena_tex	(ID tskid, UINT texptn);
ER	ercd = tk_dis_tex	(ID tskid, UINT texptn);
ER	ercd = tk_ras_tex	(ID tskid, INT texcd);
INT	texcd = tk_end_tex	(BOOL enatex);
ER	ercd = tk_ref_tex	(ID tskid, T_RTEX * pk_rtex);

同步和管理函数

ID	semid = tk_cre_sem	(T_CSEM * pk_csem);
ER	ercd = tk_deLsem	(ID semid);
ER	ercd = tk_sig_sem	(ID semid, INT cnt);
ER	ercd = tk_wai_sern	(ID semid, INT cnt, TMO tmout),
ER	ercd = tk_ref_sem	(ID semid, T RSEM * pk_rsem);
ID	flgid = tk_cre_flg	(T_CFLG * pk_cflg);
ER	ercd = tk_del_flg	(ID flgid);
ER	ercd = tk_set_flg	(ID flgid, UINT setptn);
ER	ercd = tk_clr_flg	(ID flgid, UINT clrptn);
ER	ercd = tk_wai_flg	(ID flgid, UINT waiptn, UINT wfmode, UINT * p_flgptn, TMO tmout);
ER	ercd = tk_ref_flg	(ID flgid, T_RFLG * pk_rflg);
ID	mbxid = tk_cre_mbx	(T_CMBX * pk_cmbx);
ER	ercd = tk_del_mbx	(ID mbxid);
ER	ercd = tk_snd_mbx	(ID mbxid, T_MSG * pk_msg);
ER	ercd = tk_rcv_mbx	(ID mbxid, T_MSG ** ppk_msg, TMO tmout);
ER	ercd = tk_ref_mbx	(ID mbxicZ, T_RMBX * pk_rmbx);

扩展同步和通信函数

ID	mtxid = tk_cre_mtx	(T_CMTX * pk_cmtx);
ER	ercd = tk_del_mtx	(ID mtxid);
ER	ercd = tk_loc_mtx	(ID mtxid,TMO tmout);
ER	ercd = tk_unl_mtx	(ID mtxid);
ER	ercd = tk_ref_mtx	(ID mtxid,T_RMTX * pk_rmtx);
ID	mlofid = tk_cre_mbf	(T_CMBF * pk_cmbf);
ER	ercd = tk_del_mbf	(ID mbfid);
ER	ercd = tk_snd_mbf	(ID mbfid,VP msg,INT msgsz,TMO tmout);
INT	msgsz = tk_rcv_mbf	(ID mbfid,VP msg,TMO tmout);
ER	ercd = tk_ref_mbf	(ID mbfid,T_RMBF * pk_rmbf);
ID	porid = tk_cre_por	(T_CPOR * pk_cpor);
ER	ercd = tk_de~_por	(ID porid);
INT	rmsgsz = tk_cal_por	ID porid,UINT calptn,VP msg,INT cmsgsz,TMO tmout);
INT	cmsgsz = tk_acp_por	(ID porid, UINT acpptn, RNO * p_rdvno, VP msg, TMO tmout);
ER	ercd = tk_fwd_por	(ID porid,UINT calptn,RNO rdvno,VP msg, INT cmsgsz);
ER	ercd = tk_rpLrdv	(RNO rdvno,VP msg,INT rmsgsz);
ER	ercd = tk_ref_por	(ID porid,T_RPOR * pk_rpor);

内存池管理函数

ID	mpfid = tk_cre_mpf	(T_CMFP * pk_cmpf);
ER	ercd = td_del_mpf	(ID mpfid);
ER	ercd = tk_get_mpf	(ID mpfid,VP * p_blf,TMO tmout);
ER	ercd = tk_rel_mpf	(ID mpfid,VP blf);
ER	ercd = tk_ref_mpf	(ID mpfid,T_RMPF * pk_rmpf);
ID	mplid = tk_cre_mpl	(T_CMPL * pk_cmpl);
ER	ercd = tk_del_mpl	(ID mplid);
ER	ercd = tk_get_mpl	(ID mplid,W blksz,VP * p_blk,TMO tmout);
ER	ercd = tk_rel_mpl	(ID mplid,VP blk);
ER	ercd = tk_ref_mpl	(ID mplid,T_RMPL * pk_rmpl);

时间管理函数

ER	ercd = tk_set_tim	(SYSTIM * pk_tim);
ER	ercd = tk_get_tim	(SYSTIM * pk_tim);
ER	ercd = tk_get_otm	(SYSTIM * pk_tim);
ID	cycid = tk_cre_cyc	(T_CCYC * pk_ccyc);
ER	ercd = tk_del_cyc	(ID cycid);
ER	ercd = tk_sta_cvc	(ID cycid);
ER	ercd = tk_stp_cyc	(ID cycid);
ER	ercd = tk_ref_cyc	(ID cycid,T_RCYC * pk_rcyc);

ID	almid = tk_cre_alm	(T_CALM * pk_calm);	
ER	ercd = tk_del_alm	(ID alrnid);	
ER	ercd = tk_sta_alm	(ID almid,RELTIM almtim);	
ER	ercd = tk_stp_alm	(ID almid);	
ER	ercd = tk_ref_alm	(ID almid,T_RALM * pk_ralm);	

中断管理函数

ER	ercd = tk_def_int	(UINT dintno , T_DINT * pk_dint);
void	tk_ret_int	( );

系统管理函数

ER	ercd = tk_rot_rdq	(PRI tskpri);
ID	tskid = tk_get_tid	( );
ER	ercd = tk_dis_dsp	( );
ER	ercd = tk_ena_dsp	( );
ER	ercd = tk_ref_sys	(T_RSYS * pk_rsys);
ER	ercd = tk_set_pow	(UINT powmode);
ER	ercd = tk_ref_ver	(T_RVER * pk_rver);

子系统管理函数

ER	ercd = tk_def_ssy	(ID ssid,T_DSSY * pk_dssy);
ER	ercd = tk_sta_ssy	(ID ssid,ID resid,INT info);
ER	ercd = tk_cln_ssy	(ID ssid,ID residiINT info);
ER	ercd = tk_evt_ssy	(ID ssid,INT evttyp,ID resid,INT info);
ER	ercd = tk_ref_ssy	(ID ssid,T_RSSY * pk_rssy);
ID	resid = tk_cre_res	( );-
ER	ercd = tk_del_res	(ID resid);
ER	ercd = tk_get_res	(ID resid,ID ssid,VP * p_resblk);

1.2　T-Kernel /SM

系统内存管理函数

ER	tk_get_smb	(VP * addr,INT nblk,UINT attr);
ER	tk_rel_smb	(VP. addr) ,
void *	Vmalloc	(size_t size);
void *	Vcalloc	(size_t nmemb,size_t size);
void *	Vrealloc	(void * ptr,size_t size) ,
void	Vfree	(void * ptr);
void *	Kmalloc	(size_t size);

void *	Kcalloc	(size_t nmemb, size_t size);
void *	Krealloc	(void * ptr, size_t size);
void	Kfree	(void * ptr);

地址空间管理函数

ER	SetTaskSpace	(ID tskid)
ER	ChkSpaceR	(VP addr, INT len);
ER	ChkSpaceRW	(VP addr, INT len);
ER	ChkSpaceRE	(VP addr, INT len);
INT	ChkSpaceBstrR	(UB x str, INT max);
INT	ChkSpaceBstrRW	(UB * str, INT max);
INT	ChkSpaceTstrR	(TC * str, INT max);
INT	ChkSpaceTstrRW	(TC * str, INT max);
ER	LockSpace	(VP addr, INT len);
ER	UnlockSpace	(VP addr, INT len);
INT	CnvPhysicalAddr	(VP vaddr, INT len, VP * paddr);
ER	MapMemory	(VP paddr, INT len, UINT attr, VP * laddr);
ER	UnmapMemory	(VP laddr);

设备管理函数

ID	tk_opn_dev	(UB * devnm, UINT omode);
ER	tk_cls_dev	(ID dd, UINT option);
ID	tk_rea_dev	(ID dd, INT start, VP buf, INT size, TMO tmout);
ER	tk_srea_dev	(ID dd, INT start, VP buf, INT size, INT * asize);
ID	tk_wri_dev	(ID dd, INT start, VP buf, INT size, TMO tmout);
ER	tk_swri_dev	(ID dd, INT start, VP buf, INT size, INT * assize);
ID	tk_wai_dev	(ID dd, ID reqid, INT * asize, ER * ioer, TMO tmout);
INT	tk_sus_dev	(UINT mode);
ID	tk_get_dev	(ID devid, UB * devnm);
ID	tk_ref_dev	(UB * devnm, T_RDEV * rdev);
ID	tk_oref_dev	(ID dd, T_RDEV * rdev);
INT	tk_lst_dev	(T_LDEV * ldev, INT start, INT ndev);
INT	tk_evt_dev	(ID devid, INT evttyp, VP evtinf);
ID	tk_def_dev	(UB * devnm, T_DDEV * ddev, T_IDEV * idev);
ER	tk_ref_idv	(T_IDEV * idev);

中断管理函数

	DI	(UINT intsts);
	EI	(UINT intsts);
BOOL	isDI	(UINT intsts);
UINT	DINTNO	(INTVEC intvec);
void	EnableInt	(INTVEC intvec [, INT level]);

```
void      Disablelnt              (INTVEC intvec);
void      Clearlnt                (INTVEC intvec);
void      EndOflnt                (INTVEC intvec);
BOOL      Checklnt                (INTVEC intvec);
```

I/O 端口访问支持函数

```
void      out_w            (INT port, UW data);
void      out_h            (INT port, UH data);
void      out_b            (INT port, UB data);
UW        in_w             (INT port);
UH        in_h             (INTporr);
UB        in_b             (INTport);
void      WaitUsec         (UINTusec);
void      WaitNsec         (UINT nsec);
```

功率管理函数

```
void      low_pow( void);
void      off_pow (void);
```

系统配置信息管理函数

```
INT       tk_get_cfn (UB  * name,INT   * val,INT max);
INT       tk_get_cfs (UB  * name,UB    * buf,INT max);
```

1.3 T-Kernel /DS

内核内部状态查询函数

```
INT       ct = td_lst_tsk           (ID list[] ,INT nent);
INT       ct = td_lst_sem           (ID list[] ,INT nent);
INT       ct = td_lst_flg           (ID list[],INT nent);
INT       ct = td_lst_mbx           (ID list[],INT nent);
INT       ct = td_lst_mtx           (ID List[],INT nent) ,
INT       ct = td_lst_mbf           (ID list[],INT nent);
INT       ct = td_lst_por           (ID list[],INT nent);
INT       ct = td_lst_mpf           (ID list[],INT nent);
INT       ct = td_lst_mpl           (ID list[1,INT nent);
INT       ct = td_lst_cyc           (ID list[],INT nent);
INT       ct = td_lst_alm           (ID list[] ,INT nent);
INT       ct = td_lst_ssy           (ID list[],INT nent);
INT       ct = td_rdy_que           (PRI pri,ID list[],INT nent);
```

INT	ct = td_sem_que	(ID semid,ID list[ ],INT nent);
INT	ct = td_flg_que	(ID flgid,ID list[ ],INT nent);
INT	ct = td_mhx_que	(ID mbxid,ID list[ ],INT nent);
INT	ct = td_mtx_que	(ID mtxid,ID list[ ],INT nent);
INT	ct = td_smbf_que	(ID mbfid,ID list[ ],INT nent);
INT	ct = td_rmbf_que	(ID mbfid,ID list[ ],INT nent);
INT	ct = td_cal_que	(ID porid,ID list[ ],INT nent);
INT	ct = td_acp_que	(ID porid,ID list[ ],INT nent);
INT	ct = td_mpf_que	(ID mpfid,ID list[ ],INT nent); .
INT	ct = td_mpl_que	(ID mplid,ID iist[ ],INT nent);
ER	ercd = td_ref_tsk	(ID tskid,TD_RTSK * rtsk);
ER	ercd = td_ref_sem	(ID semid,TD_RSEM * rsem);
ER	ercd = td_ref_flg	(ID flgid,TD_RFLG * rflg);
ER	ercd = td_ref_mbx	(ID mbxid,TD_RMBX * rmbx) ,
ER	ercd = td_ref_mtx	(ID rntxid,TD_RMTX * rmtx);
ER	ercd = td_ref_mbf	(ID mbfid,TD_RMBF * rmbf);
ER	ercd = td_ref_por	(ID porid,TD_RPOR * rpor);
ER	ercd = td_ref_mpf	(ID mpfid,TD_RMPF * rmpf);
ER	ercd = td_ref_mpl	(ID mplid,TD_RMPL * rmpl);
ER	ercd = td_ref_cyc	(ID cycid,TD_RCYC * rcyc);
ER	ercd = td_ref_alm	(ID almid,TD_RALM * ralm);
ER	ercd = td_ref_ssy	(ID ssid,TD_RSSY * rssy);
ER	ercd = td_ref_tex	(ID tskid,TD_RTEX * pk_rtex);
ER	ercd = td_ inf_tsk	(IDtskid,TD_ITSK * pk_itsk,BOOL.clr);
ER	ercd = td_get_reg	(ID tskid,T_REGS * pk_regs,T_EIT * pk_eit, T_CREGS * pk_cregs);
ER.	ercd = td_set_reg	(ID tskid,T_REGS * pk_regs,T_EIT * pk_eit, T_CREGS * pk_cregs);
ER	ercd = td_ref_sys	(TD_RSYS * pk_rsys);
ER	ercd = td_get_tim	(SYSTIM * tim,UINT * ofs);
ER	ercd = td_get_otm	(SYSTIM * tim,UINT * ofs);
ER	ercd = td_ref_dsname	(UINT type,IDid,UB * dsname)';
ER	ercd = td_set_dsname	(UINT type,ID id,UB * dsname);

执行跟踪函数

ER	ercd = td_hok_svc	(TD_HSVC * hsvc);
ER	ercd = td_hok_dsp	(TD_HDSP * hdsp);
ER	ercd = td_hok_int	(TD_HINT. * hint);

错误代码表

正常结束错误类(0)

  E_OK O 正常结束

内部错误类(5～8)

  E_SYS ERCD(－5,0) 系统错误

  造成整个系统都受影响的未知错误。

  E_NOCOP ERCD(－6,0) 指定的协处理器不能使用(不能安装或检测到不正常的操作)

  在当前正在运行的硬件中并未安装所指定的协处理器或检测到不正常的协处理器操作时,返回此错误代码。

不支持的错误类(9～16)

  E_NOSPT ERCD(－9,0) 不支持的函数

  当不支持某些系统调用函数但却指定了这些函数时,返回错误代码 E_RSATR 或 E_NOSPTS。如果 E_RSATR 不适用,厕返回错误代码 E_NOSPT。

  E_RSFN ERCD(－IO,0) 保留的功能代码(function code)值

  当试图执行一个指定保留功能代码(未定义的功能代码)的系统调用以及一个未定义的扩展 svc 处理程序时,正确地保留功能代码。

  E_RSATR ERCD(－II,0) 保留的属性

  当指定一个未定义的或不支持的对象属性时,返回此错误代码。如果实行了相关的系统优化,则可以省去对该错误的检测。

参数错误类(17～24)

  E_PAR ERCD(－17,0) 参数错误

  如果实行了相关的系统优化,则可以省去对该错误的检测。

  E_ID ERCD(－18,0) 无效的 ID 号

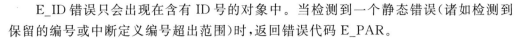

E_ID 错误只会出现在含有 ID 号的对象中。当检测到一个静态错误(诸如检测到保留的编号或中断定义编号超出范围)时,返回错误代码 E_PAR。

调用环境错误类(25~32)

  E_CTX ERCD(−25,0) 运行环境错误

  该错误表明指定的系统调用不能在当前的运行环境(任务部分/任务无关部分或处理程序运行状态)中发出(issue)。

  只要发出一个系统调用时(例如,从任务无关的部分中调用时,系统调用可能会使正在调用的任务进入等待状态)出现一个有意义的运行环境错误,就必须返回该错误。由于具体实现的限制,当系统调用从一个给定的运行环境(如一个中断处理程序中)中被调用时,可能会有其他的系统调用造成该错误的返回。

  E_MACV ERCD(−26,0) 不能访问内存;内存访问权(access privilege)错误

  错误检测取决于具体的实现方法。

  E_OACV ERCD(−27,0) 对象访问权错误

  当一个用户任务尝试处理一个系统对象时,返回该错误。系统对象和错误检测的定义取决于具体的实现方法。

  E_ILUSE ERCD(−28,0) 系统调用非法使用

资源限制错误类(33~40)

  E_NOMEM ERCD(−33,0) 内存不足

  当没有足够的内存(没有内存)可用来分配对象控制块空间、用户堆栈空间、内存池空间、消息缓冲区空间以及类似的空间时,返回此错误代码。

  E_LIMIT ERCD(−34,0) 超出系统限制

  当要尝试建立比系统允许的范围还多一个对象时,返回此错误代码。

对象状态错误类(41~48)

  E_OBJ   ERCD(−41,0) 无效的对象状态

  E_NOEXS ERCD(−42,0) 对象不存在

  E_QOVR ERCD(−43,0) 队列或嵌套溢出

等待解除错误类(49^−56)

  E_RLWAI ERCD(−49,0) 等待状态强制释放

  E_TMOUT ERCD(−50,0) 查询失败或超时

  E_DLT   ERCD(−51,0) 删除了正在等待的对象

  E_DISWAI ERCD(−52,0) 通过等待禁止释放等待

设备错误类(57~64)(T-Kernel/SM)

  E_IO   ERCD(−57,0) I/O 错误

  注:每个设备特有的错误信息可能会定义在 E_IO 子错误代码中。

  E_NOMAD ERCD(− 58,0) 没有媒体设备

各种状态错误类(65~72)(T-Kernel/SM)

  E_BUSY   ERCD(−65,0)   忙
  E_ABORT ERCD(−66,0)   处理被终止
  E_RONLY ERCD(−67,0)   写保护

修订记录

Ver. 1. 00. 00

- 增加了查询和设置 DS 对象名称的函数（td_ref_dsname0 和 td_set_dsname()）。
- 为下面的函数增加了 TA_DSNAME 属性：
  tk_cre_tsk()、tk_cre_sem()、tk_cre_flg()、tk_cre_mbx()、tk_cre_mbf()、tk_cre_por()、tk_cre_mtx()、tk_cre_mpl()、tk_cre_mbf()、tk_cre_cyc()和 tk_cre_alm()。
- 为设备打开(device open)函数(tk_opn_dev())增加了独立的读模式(TD_REXCL)。

Ver. 1. B0. 02

- 任务的使能/禁止任务异常操作也可在睡眠状态(DORMANT)下执行。它们不会返回 E_OBJ 错误。
- 删除了版本查询函数(tk_ref_ver)中有关 TRON 协会分配的制造商代码的描述。
- 在 T-Kernel/SM 一章的最前面增加了"总体说明和补充"内容。
- 描述了这种情况：在获取物理地址(CnvPhysicalAddr)时，如果不可能通过某种硬件限制来部分消除缓存，则这个 API 会清空高速缓冲存储器(cache memory)。
- 增加了将物理地址空间映射为逻辑空间的函数(MapMemory 和 UnmapMemory)。
- 获取变得可从任何保护级别中被调用的系统配置信息(tk_get_cfn 和 tk_get_cfs)。
- 描述了一个可被隶属于系统资源组(resource group)的任务调用的子系统和设备驱动程序的人口函数(主函数)。
- 将 T-Kernel/DS API 的保护级别违规错误修正为 E_OCAV，而非 E_CTX。
- 修正了常见的错误和描述遗漏的地方。

Ver. 1. B0. 01

- 为 TD_RTSK 结构体增加了任务起始地址(task)。

- 做了下面的修正：tmout＝TMO_POL 的 tk_snd—mbf() 是否可能出现在任务无关部分(task-independent part)或分派禁止状态(dispatch disable state)中，取决于具体的实现方法。
- 描述了这种情况：在 td_hok_svc() 中，如果调用完系统调用或扩展 svc 后才定义/取消一个 HOOK 函数，则可能不会调用 enter() 或 leave()。
- 描述了子系统 ID 的最大值取决于具体的实现方法。

修改记录

Ver.1.00.00

Ver.1.B0.01
- 监控指令中追加强行终止进程(Kill)。
- 监控函数中支持扩展服务功能(tm_extsvc)。

第5部分 参考

T-Kernel 的 API 索引

本规范中描述的 T-Kernel/操作系统核心的系统调用按字母顺序列出如下。

tk_acp_por(接受集合点端口)

tk_cal_por(呼叫集合点端口)

tk_can_wup(取消任务唤醒请求)

tk_chg_pri(更改任务优先级)

tk_chg_slt(更改任务时间片)

tk_cln_ssy(调用子系统 cleanupfn 函数)

tk_clr_flg(清除事件标识)

tk_cre_alm(创建报警处理程序)

tk_cre_cyc(创建周期性处理程序)

tk_cre_flg(创建事件标识)

tk_cre_mbf(创建消息缓冲区)

tk_cre_mbx(创建邮箱)

tk_cre_mpf(创建固定大小的内存池)

tk_cre_mpl(创建大小可变的内存池)

tk_cre_mtx(创建互斥体)

tk_cre_por(创建集合点端口)

tk_cre_res(创建资源组)

tk_cre_sem(创建信号量)

tk_cre_tsk(创建任务)

tk_def_int(定义中断处理程序)

tk_def_ssy(定义子系统)

tk_def_tex(定义任务异常处理程序)

tk_del_alm(删除报警处理程序)

tk_del_cyc(删除周期性处理程序)

tk_del_flg(删除事件标识)

tk_del_mbf（删除消息缓冲区）
tk_del_mbx（删除邮箱）
tk_del_mpf（删除固定大小的内存池）
tk_del_mpl（删除大小可变的内存池）
tk_del_mtx（删除互斥体）
tk_del_por（删除集合点端口）
tk_del_res（删除资源组）
tk_del_sem（删除信号量）
tk_del_tsk（删除任务）
tk_dis_dsp（禁止任务切换）
tk_dis_tex（禁止任务异常）
tk_dis_wai（禁止任务等待状态）
tk_dly_tsk（延迟任务）
tk_ena_dsp（允许任务切换）
tk_ena_tex（允许任务异常）
tk_ena_wai（解除任务等待禁止）
tk_end_tex（终止任务异常处理程序）
tk_evt_ssy（调用子系统 event 处理函数）
tk_exd_tsk（退出并删除自任务）
tk_ext_tsk（退出自任务）
tk_frsm_tsk（强制恢复挂起状态的任务）
tk_fwd_por（转发集合点到其他端口）
tk_get_cpr（获取协处理器寄存器）
tk_get_mpf（获取固定大小的内存块）
tk_get_mpl（获取大小可变的内存块）
tk_get_otm（获取系统运行时间）
tk_get_reg（获取任务寄存器）
tk_get_res（获取资源管理控制块）
tk_get_rid（获取任务所属资源组）
tk_get_tid（获取运行状态的任务 ID）
tk_get_tim（获取系统时间）
tk_get_tsp（获取任务固有空间）
tk_inf_tsk（获取任务统计信息）
tk_loc_mtx（锁定互斥体）
tk_ras_tex（产生任务异常）
tk_rcv_mbf（从消息缓冲区接收消息）
tk_rcv_mbx（接收邮箱中的消息）
tk_ref_alm（获取报警处理程序状态）
tk_ref_cyc（获取周期性处理程序状态）
tk_ref_flg（查询事件标识状态）
tk_ref_mbf（查询消息缓冲区状态）
tk_ref_mbx（获取邮箱状态）

tk_ref_mpf(获取固定大小的内存池状态)

tk_ref_mpl(获取大小可变的内存池状态)

tk_ref_mtx(查询互斥体状态)

tk_ref_por(查询集合点端口状态)

tk_ref_sem(查询信号量状态)

tk_ref_ssy(获取子系统状态信息)

tk_ref_sys(获取系统状态)

tk_ref_tex(查询任务异常状态)

tk_ref_tsk(获取任务状态)

tk_ref_ver(获取内核版本信息)

tk_rel_mpf(释放固定大小的内存块)

tk_rel_mpl(释放大小可变的内存块)

tk_rel_wai(解除他任务的等待状态)

tk_ret_int(从中断处理程序中返回)

tk_rot_rdq(回转任务优先权)

tk_rpl_rdv(集合点应答)

tk_rsm_tsk(恢复挂起状态的任务)

tk_set_cpr(设置协处理器寄存器)

tk_set_flg(设置事件标识)

tk_set_pow(设置省电模式)

tk_set_reg(设置任务寄存器)

tk_set_rid(设置任务所属资源组)

tk_set_tim(设置系统时间)

tk_set_tsp(设置任务固有空间)

tk_sig_sem(释放信号量资源)

tk_sig_tev(发送任务事件)

tk_slp_tsk(使自任务进入休眠状态)

tk_snd_mbf(向消息缓冲区发送消息)

tk_snd_mbx(向邮箱发送消息)

tk_sta_alm(激活报警处理程序)

tk_sta_cyc(激活周期性处理程序)

tk_sta_ssy(调用子系统 startupfn 函数)

tk_sta_tsk(启动任务)

tk_stp_alm(停止报警处理程序)

tk_stp_cyc(停止周期性处理程序)

tk_sus_tsk(使他任务进入挂起状态)

tk_ter_tsk(强制结束他任务)

tk_unl_mtx(解锁互斥体)

tk_wai_flg(等待事件标识)

tk_wai_sem(获取信号量资源)

tk_wai_tev(等待任务事件)

tk_wup_tsk(唤醒他任务)

本规范中描述的 T-Kernel/MS 的 T-Kernel/MS 扩展 SVC 和库函数按字母顺序列出如下。

CheckInt(检查中断)
ChkSpaceBstrR(检查字符串是否可读)
ChkSpaceBstrRW(检查字符串是否可读写)
ChkSpaceRE(检查内存空间是否可读可执行)
ChkSpaceR(检查内存空间是否可读)
ChkSpaceRW(检查内存空间是否可读写)
ChkSpaceTstrR(检查 TRON 字符串是否可读)
ChkSpaceTstrRW(检查 TRON 字符串是否可读写)
ClearInt(清除中断)
CnvPhysicalAddr(获取物理地址)
DI(禁止外部中断)
DINTNO(将中断向量转换成中断号)
DisableInt(禁止中断)
EI(允许外部中断)
EnableInt(允许中断)
EndOfInt(向中断控制器发送 EOI)
in_b(从 I/O 端口读出数据(字节))
in_h(从 I/O 端口读出数据(半字))
in_w(从 I/O 端口读出数据(字))
isDI(获取外部中断禁止状态)
Kcalloc(分配常驻内存)
Kfree(释放常驻内存)
Kmalloc(分配常驻内存)
Krealloc(重新分配常驻内存)
LockSpace(锁定地址空间)
low_pow(切换到节电模式)
MapMemory(内存映射)
off_pow(挂起系统)
out_b(向 I/O 端口写入数据(字节))
out_h(向 I/O 端口写入数据(半字))
out_w(向 I/O 端口写入数据(字))
SetTaskSpace(设置任务地址空间)
tk_cls_dev(关闭设备)
tk_def_dev(注册设备)
tk_evt_dev(向设备发送驱动程序请求事件)
tk_get_cfn(从系统配置信息中获取整数列信息)
tk_get_cfs(从系统配置信息中获取字符串信息)
tk_get_dev(获取设备名称)
tk_get_smb(分配系统内存)

tk_lst_dev(获取已注册设备的信息)
tk_opn_dev(打开设备)
tk_oref_dev(获取设备信息)
tk_rea_dev(读取设备数据)
tk_ref_dev(获取设备信息)
tk_ref_idv(获取设备初始信息)
tk_ref_smb(获取系统内存信息)
tk_rel_smb(释放系统内存)
tk_srea_dev(同步读取设备数据)
tk_sus_dev(挂起设备)
tk_swri_dev(同步写入设备数据)
tk_wai_dev(等待设备)
tk_wri_dev(写入设备数据)
UnlockSpace(解除地址空间的锁定)
UnmapMemory(解除映射内存)
Vcalloc(分配非常驻内存)
Vfree(释放非常驻内存)
Vmalloc(分配非常驻内存)
Vrealloc(重新分配非常驻内存)
WaitNsec(高精度延迟(纳秒))
WaitUsec(高精度延迟(微秒))

本规范中描述的 T-Kernel/DS 的系统调用按字母顺序列出如下。

td_acp_que(取得集合点接受等待队列)
td_cal_que(取得集合点调用等待队列)
td_flg_que(取得事件标识等待队列)
td_get_otm(查询系统运行时间)
td_get_reg(查询任务寄存器)
td_get_tim(查询系统时间)
td_hok_dsp(定义任务切换的挂钩程序)
td_hok_int(定义中断处理的挂钩程序)
td_hok_svc(定义系统调用/扩展 SVC 的挂钩程序)
td_inf_tsk(取得任务统计信息)
td_lst_alm(取得报警处理程序 ID 列表)
td_lst_cyc(取得周期处理程序 ID 列表)
td_lst_flg(取得事件标识 ID 列表)
td_lst_mbf(取得消息缓冲区 ID 列表)
td_lst_mbx(取得邮箱 ID 列表)
td_lst_mpf(取得固定长内存池 ID 列表)
td_lst_mpl(取得可变长内存池 ID 列表)
td_lst_mtx(取得互斥体 ID 列表)
td_lst_por(取得集合点端口 ID 列表)

td_lst_sem(取得信号量 ID 列表)
td_lst_ssy(取得子系统 ID 列表)
td_lst_tsk(取得任务 ID 列表)
td_mbx_que(取得邮箱等待队列)
td_mpf_que(取得固定长内存池等待队列)
td_mpl_que(取得可变长内存池等待队列)
td_mtx_que(取得互斥体等待队列)
td_rdy_que(查询任务优先权)
td_ref_alm(查询报警处理程序状态)
td_ref_cyc(查询周期处理程序状态)
td_ref_dsname(查询 DS 对象名)
td_ref_flg(查询事件标识状态)
td_ref_mbf(查询消息缓冲区状态)
td_ref_mbx(查询邮箱状态)
td_ref_mpf(查询固定长内存池状态)
td_ref_mpl(查询可变长内存池状态)
td_ref_mtx(查询互斥体状态)
td_ref_por(查询集合点端口状态)
td_ref_sem(查询信号量状态)
td_ref_ssy(查询子系统状态)
td_ref_sys(查询系统状态)
td_ref_tex(查询任务异常的状态)
td_ref_tsk(查询任务状态)
td_rmbf_que(取得消息缓冲区接收等待队列)
td_sem_que(取得信号量等待队列)
td_set_dsname(设置 DS 对象名)
td_set_reg(设置任务寄存器)
td_smbf_que(取得消息缓冲区发送等待队列)